理解与实践

——如何提高飞行素养

Redefining Airmanship

［美］Tony Kern　著

孙长华　孙云逸　朱　颖　刘　云　译

北京航空航天大学出版社

图书在版编目(CIP)数据

理解与实践 ：如何提高飞行素养 / (美) 托尼·科恩 (Tony Kern) 著 ；孙长华等译. -- 北京 ：北京航空航天大学出版社，2024.1

书名原文：Redefining Airmanship

ISBN 978-7-5124-4256-6

Ⅰ. ①理… Ⅱ. ①托… ②孙… Ⅲ. ①飞行员训练 Ⅳ. ①V323

中国国家版本馆 CIP 数据核字(2024)第 003849 号

理解与实践——如何提高飞行素养

Redefining Airmanship

[美] Tony Kern 著

孙长华 孙云逸 朱 颖 刘 云 译

策划编辑 董宜斌 责任编辑 王 实

*

北京航空航天大学出版社出版发行

北京市海淀区学院路 37 号(邮编 100191) http://www.buaapress.com.cn

发行部电话：(010)82317024 传真：(010)82328026

读者信箱：emsbook@buaacm.com.cn 邮购电话：(010)82316936

北京凌奇印刷有限责任公司印装 各地书店经销

*

开本：710×1 000 1/16 印张：21.25 字数：453 千字

2024 年 1 月第 1 版 2024 年 1 月第 1 次印刷

ISBN 978-7-5124-4256-6 定价：99.00 元

若本书有倒页、脱页、缺页等印装质量问题，请与本社发行部联系调换。联系电话：(010)82317024

版权声明

Tony Kern
Redefining Airmanship，1e
9780070342842

北京市版权局著作权合同登记号：01－2022－6446

译者序

当我第一次拿到 *Redefining Airmanship* 这本书的时候，并未过多关注，这主要是因为当时我正在民航局适航司从事与航空器试飞相关的工作，无暇顾及一本讨论飞行员基本养成的专著。直到退休后有了闲暇时间，再次打开这本书，不禁惊呼"我看到你太晚了!"

作为一名职业飞行员，从我参加中国人民解放军空军成为航校学员开始，就一直热衷于飞行技能的发展。在早期的学员生涯中，我曾有一段时间一直饱受"技术掌握不稳定"的困扰，技术表现时好时坏。我的高教机教员告诉我说："你这是心理问题。"当时，我实在是想不明白这怎么会是心理问题。在那个年代，飞行员"飞得好"的主要评价标准就是在采用各种操作动作控制飞机状态和飞行轨迹方面的精准性，而对于"飞得不好"的原因，通常归之于"主观不努力"、"天赋欠佳"和"不适于飞行"等非标准衡量因素。尤其是当时我们作为中国空军第一批大学毕业生飞行员，在人们的印象中似乎应该飞得比一般的高中毕业生学员更好，但事实并非如此。那时，还有一种质疑的声音："大学生当飞行员是不是大材小用了?"但就个人而言，直到今天，我仍然认为自己当初的选择没有错，飞行是我一生的追求。但也就是从那时开始，我遇到了一个、也是几乎所有追求卓越的飞行员都会遇到的问题："我们怎样才能提高飞行素质，确保飞行更安全、更有效?"

由于我国航空业起步较晚，在持续追赶的同时又在不断被拉开距离的条件下发展，当时自主设计、制造军用飞机是发展的主旋律，而对于提高飞行技术和飞行员素质的研究，也更多地集中在军事航空领域。对于更为深层次的如何提高飞行员的飞行素养问题，既缺乏基础性的研究，也缺乏相关的数据和国际交流信息。要想通过自我培训的方式提高个人飞行素养，几乎如同天方夜谭。特别是在我从军事航空转入民用商业航空飞行之后，更加深切地感受到，对于已经成为机长的飞行员来说，在缺乏足够的知识和技术资料支持的条件下，想要在个人技术和整体素质方面得到系统的发展，真可用"举步维艰"来形容。我也曾经想过在这方面做一些努力，但鉴于自己才疏学浅，也一直没有取得进展。

我在转入民航飞行后，曾经有很长一段时间在技术和综合素质发展方面陷入"平台期"，在评估飞行教学效果和飞行员能力水平方面也遇到了技术瓶颈。作为一名局方的技术检查员，当时最大的困扰来自如何判断和评估一名飞行员的真实技术能力和综合能力，仅仅依靠实际飞行数据与标准的偏差值来判断和评估飞行员的实际综合运行能力是不充分的。尤其是在我进入安全管理领域工作后，更加体会到，对作为航空安全重要影响因素的飞机驾驶员实施全面的素质评估，进而判断他们的"核心胜任能力”是否满足安全运行要求，是一件非常紧迫和重要的工作。但是苦于自己研究基础的薄弱，理论知识的贫乏，这项工作一直没能有效地开展起来。

终于，我发现了 *Redefining Airmanship*，尽管它的成书时间是在 20 多年前，却丝毫不影响其基础理论和实用工具的正确性、重要性及对当今中国飞行员培训的适用性。因此，我下决心把它翻译出来，为爱好飞行、想在飞行技术领域出类拔萃的新一代同行们提供一条具有实践意义的发展之路。

关于原著的作者和现实使用价值，在原著的数篇前言中已有详尽的阐明和描述。在此，我想从一名老飞行员、试飞员、飞行教员和飞行技术检查员的角度，谈谈我在阅读原著后的感想和翻译的总体思路。

首先，关于本书的书名。原著书名 *Redefining Airmanship* 似乎包含了在已经建立了“飞行素养”的基础上更进一步提高之意，但翻译中根据对原著叙事框架和关键内容的理解，对于我们中国的飞行员来说，我认为使用《理解与实践——如何提高飞行素养》这个书名可能更切合原著的主旨。其次，关于翻译 airmanship 时是使用“飞行技术”、“飞行素质”还是“飞行素养”的考虑。参考原著对 airmanship 所包含的各相关领域内容的描述，我认为使用“飞行素养”更能体现概念定义的内涵。关于这一点，请广大读者在阅读之后自行判定。

关于如何使用原著中的理论、飞行准则和训练方法，我的建议是在弄通理论的基础上，在确保能够准确理解各个飞行准则背后的基础理论和安全价值之后，通过选择适合自己的实践性练习，正确、合理地提高自己的飞行素养。特别重要的是，所谓的飞行素养应是对飞行员所具备的飞行品格、驾驶技能、理论知识、安全管理等各方面综合素质的全面系统的衡量。由于其中还包含了飞行作风的要素——飞行中的纪律性表现，因此它就不单纯是素质要求领域的主题了。良好的飞行素养是通过概念内涵中所包括的各个要素领域的均衡发展表现出来的，同时还会受到你所驾驶的飞机型别和运行类型的影响。在这里，我必须强调运行的概念。运行是一个人类设计的系统实现其功能的过程，简单来说就是用飞机干什么。所以运行不仅是让飞机飞起来，而且还要为实现特定的功能、完成既定的任务去飞。而对运行的理解，会直接影响你对所应具备的飞行素养标准的理解。请记住：良好的飞行素养是与你自己的身体和精神、飞机、运行种类息息相关的，一旦其中的某个因素发生变化，“良好”的定义可能就会发生改变。因此，一定要系统全面地理解这一概念。过去，我们曾把它称作“养成”，直到今天，民航飞行学院的飞行学员还被称为“养成生”。从某种意义上讲，优秀的飞行员是需要用一辈子的时间去培养自己的，飞行员最大的成就不仅是能否成为从困境中挽救飞机的英雄，更应该是从来不会让自己和所驾驶的飞机“不必要地涉险”。在这方面，军事活动和民用航空活动有着本质的区别。我希望当你不再飞行的那一天，你可以轻松地说出“一辈子没出过什么事”。

原著以构成飞行素养的诸多要素为主线，通过大量的军事航空、民用航空的典型事故案例，详尽回答了什么是优秀飞行员的飞行素养，有哪些主要的发展领域，飞行员如何通过自我培训获得进步和提升，为什么它们在保证安全和高效飞行中如此重要，等等。同时，引用了大量航空安全历史研究和技术研究成果，其中有很多驾驶舱中应当遵守的操作理念。尽管历史悠久，但在今天仍然不失为“金科玉律”，值得我们学习、研究和在飞行实践中遵守和应用。

由于原著的对象不仅仅是民用商业运输机驾驶员，同时还包含了军用飞机和通用航空飞机的驾驶员，所以其中列举了许多军事飞行中的事例。也许有些读者对军事航空领域不是十分了解，对军用飞机的一些作战机动动作也不太熟悉，但这并不妨碍我们用飞行素养模型去分析事故中人为差错和导致差错的根源及诱因，并学会如何识别危险、评估风险和决策行动。所以请大家不要纠结于“这是个什么样的机动”等问题，而要关注在飞行中如何通过自身的所感、所知、所想来发现威胁前兆，让大脑走在飞机的前面，防范“空中陷阱”于未然。

在这里，我要特别感谢我的夫人，尽管她没有飞行的经历，但是她对飞行安全和飞行员素养提高的关注并不亚于我和我的儿子(他现在也是一名飞行员)，要是没有她的坚持，本书的翻译也许还要持续若干年才能完成。同时，我也要感谢北京航空航天大学飞行学院的朱颖老师，感谢她在繁忙的校务管理工作中抽出宝贵的时间对本书的翻译进行校对，并在本书出版过程中做了大量保障性工作。当然，还有其他在本书出版过程中给予了大量帮助的同行和朋友们，在此就一并致谢了。

最后，希望本书的出版能够对改善中国航空界飞行员基础培训效果有所助益。同时，希望本书能够激发飞行爱好者们对飞行员基本素质的关注和研究，助力中国航空界在新的时代迈上新台阶。

孙长华

2023 年 2 月

谨以此纪念空军少将格伦·普罗菲特二世(Glenn A. Profitt Ⅱ.)。普罗菲特少将在担任美国空军空中教育和训练司令部(USAF Air Education and Training Command)计划及项目主任期间,以其远见卓识和坚持不懈的努力,为美国空军建立了首个覆盖飞行员职业生涯的综合人为因素训练体系。然而,令人惋惜的是,在体系建设完成后不到一年,普罗菲特少将在搭乘 C－21 飞机时却由于人为因素引发的事故而丧生。

序言

专业(Profession,名词)定义:一种需要专门知识及长时间深入学术准备的职业。

韦氏新大学词典(第7版)

碳基单位(carbon-based units,名词)**"人类,佩雷斯少尉,我们。"**

伦纳德·麦考伊(Leonard McCoy)博士,企业号星舰首席医疗官

(电影《星际迷航:无限太空》(*Star Trek: The Motion Picture*),派拉蒙电影公司)

从理论上讲,航空界是一个不能容忍差错的行业,然而,航空活动的安全有序性却一直饱受其不可或缺的组成部分——人类易出差错本性的威胁。无法想象缺少人类参与的航空活动,这是一个类似第22条军规①的棘手问题,是由于航空活动规则的创造者缺乏专业性而产生的。

那么,一名飞行员的专业化表现与具备飞行素养之间有什么关系呢?近年来航空领域的变化使我们更加清楚地认识到,无论是在职业飞行、娱乐飞行还是为了信仰或是国家的飞行中,飞行员越是能以传统职业标准所要求的那种严肃态度和奉献精神对待飞行,飞行就会变得越安全、越高效。换一个角度来说,现代的飞行素养需要飞行人员具备专业化的素质,而不是那种两眼透着绿光的冒险者品质。飞行安全的赌注太高,无法容忍其他的选择。

但是飞行人员真的可以被称作专业人士吗?考虑到当今航空设备的造价及事故发生后投入的资金和人力资源成本,我们没有理由接受低于专业水准的表现。我们就是专业人士,换句话说,不管我们在航空领域的定位如何,我们都必须扮演好自己的专业角色。

不必为把飞行员称作专业人士而感到尴尬,另一个定义也是合适的。我们知道在西方文化中,长期以来"专业人士"一直是特指那些从事所谓"高深学问"、特别是法律和医学领域的人员。然而,随着文明和技术的进步,英语在其语义范围内始终保持着接纳新兴事物的灵活性,创造出许多词汇去描述前所未有的活动,例如飞行(flying)。

举例来说,航空——飞行"实践"就是个典型的例子。实际上,我一直使用在医学

① 出自美国作家约瑟夫·海勒创作的长篇小说《第二十二条军规》,小说的英文名字是*Catch-22*。书中第二十二条军规:"只有疯子才能获准免于飞行,但必须由本人提出申请。"——某个人一旦提出申请,恰好证明其是正常人,而"只有疯子才能获准免于飞行";反之,如果这个人真的疯了,他却无法在疯癫状态下提出申请而免于飞行。"catch-22 situation"指本身存在问题、不符合逻辑、难以实现的规则或者进退两难的境地。——译者注

专业人员举办的培训研讨会上描述外科团队的定义（“经过严格训练的专业人员，在时间紧迫、高度结构化的工作环境中，利用复杂工具和设备达成特定目标；如果操作失败或能力不胜任，将在人员生命、财产两方面付出高昂的代价”）来描述“飞行专业”这一概念，原因就是该定义同样精确阐释了飞机驾驶员的职责性质和工作要求。鉴于此，优秀的飞行员确实应该归类于专业人士。

在本书中，科恩博士首次给出了飞行素养的全面定义，事实上它是一种特殊形式的专业化描述，是以个人接受永无止境的责任，并决心在飞机所有类型的操作中力求完美为先决条件的。换句话说，飞行素养要求参与飞行的人员全身心地接受并笃行职业道德标准，即使在业余飞行中（如纯娱乐飞行），也绝不容忍违纪行为和非专业行为。

此外，通常判断业务活动中的人员是否需要专业化的一个标准，是看该活动是否存在“赢利”，而航空活动却是一个例外。实际上，不论是否以飞行为谋生手段，飞行员都应该是一个以专业方式从事飞行的人。原因就是飞行安全的风险太大，无法容忍飞行素养处于“业余水平”。即使只是周末在幼兽 49 号俱乐部（’49 Cub）飞行，不参与驾驶的人员也不会容忍飞行员存在业余和非专业的行为。你只要留意任何一份本地的报纸，就会发现一年之中有多篇报道在谴责飞行员欠缺专业的行为，诸如对飞机油量疏于监控，企图测试飞机的积冰飞行性能，在明显不适宜飞行的环境中判断力不足等。那么要求每一位飞行人员时刻保持专业化水准，是不是一种过分的要求呢？只要你考虑到公众授予军队、商业运营人和非商业运行人在人们的头顶和财产上空驾驶大型、重型飞机的许可证时，你就不会觉得这样的要求过分了。事实上，一旦飞机离开地面（不管采用什么方式），无论是驾驶海军喷气机从航行在无人知晓水域中的航母上起飞，抑或是驾驶价值数亿美元的 B－2 轰炸机在国家首都上空巡航，还是驾驶满载旅客和货物的民航波音 747－400 飞机从美国某中心城市起飞，那些运营人都肩负了公众的信任。要求他们利用一切可用资源和智慧去保护飞机、乘客、拥有者的投资，以及地面上那些信任他们的生灵，这种责任是无限的。

如果你认为这听起来像一个有关个人责任的讲座，很好，的确如此！在航空领域，个人责任不仅仅是签署一份表格或是接受一个命令那样简单，它意味着你承担了一份终生的承诺，无论你在驾驶舱中坐在哪个位置，无论在哪一个航空组织或军队任职，无论职位或级别如何，你都要尽最大的努力和智慧追求卓越。同时，那些血的教训告诫我们，在必要时，采取行动、大声讲出来、主动沟通的职责同样是永恒和不可或缺的。不管飞行员对自己的社会化等级持什么样的看法，保证安全都是他的责任，不能托付于他人。

以上这些都是那场始于 20 世纪 70 年代末的人类航空革命——思维革命的组成部分。其核心主旨是：即便在无人机飞行中，定义为“碳基单位”的人类也是所有飞行活动中不可缺少的组成部分。为什么它是一场革命？因为我们第一次系统地承认并归类了人类的局限性，并在此基础上，构建了既能包容人为差错，又能保证安全的航空系统。这是一场刚刚开始的革命，如果飞行员及其所属组织拒绝接受这样的理念，那么他们就仍然没有完全意识到革命带来的益处。

很多时候，我们把疲惫不堪的飞行员送上死亡之路，只是因为承认飞行员会疲劳与盛行的英雄万能的论调相悖；很多时候，我们仍在否认飞行以及飞行素养中包含了人的自然属性的影响；很多时候，我们还在强迫飞行员盲目遵从过于复杂的设备和计算机指令，甚至不考虑那些明显可预见的结果（如模式混乱）；很多时候，我们仍然在不断损失飞机和机组，仅仅由于机组成员拒绝就飞行中发现的问题、个人的能力受限状况、操作决策失误或其他看似必然产生的结果进行大声讨论，最终直接带来灾难性后果；很多时候，只是由于没有人愿意承担责任，指出飞行中存在的问题。事实是我们的航空组织一直在接受危险和糟糕的人类行为。

实际上，航空组织内部所有部门之间畅通无阻的交流和信息的及时传递是航空安全的核心和灵魂。今天，我们确信在任何飞行环境中（包括军事战斗任务中），要想达到可接受的风险等级，就必须在决策时充分参考所有可利用的人类智慧和知识，无论它们是来自总部大楼、公司办公室、维修单位，还是驾驶舱。这是一条超越理论的真理。

电影桥段：我们辞退了詹姆斯·柯克（James T. Kirk）机长（一个无所不知、无所不见、飞行中的独行侠），聘用让-卢克·皮卡德（Jean-Luc Picard）担任机长，因为皮卡德机长知人善任，能够凝聚和用好身边训练有素的高质量优秀人才，即使在最困难的处境中也能做出最佳决策。

接下来要做的是一项极其独特的工作，也许是第一次，我们要为那些从事周期性航空活动的职业飞行员所应具备的职业素质做出定义。本书作者是我的朋友和同事，我们一起长期与官僚主义和习惯势力作斗争，尝试将CRM（机组资源管理）的开明原则引入军事领域。这是一项突破，也是一个标杆。

美国空军预备队中校约翰·南斯
飞行员、作家

前　言

在贯穿美国空军和通用航空的整个飞行生涯中，我始终坚信要对飞行员进行全方位的训练和培养，使他们有能力充分利用所有资源，在各种复杂环境中安全运行。在担任美国空军空中训练司令部指挥官期间，我参与指导完成了T-1A“Jayhawk”项目，该项目将驾驶舱资源管理(CRM)方面的培训整合到整体训练当中。这是首个将人类行为因素完整融合到机组协同训练过程中的军事训练体系，目的是让那些正在接受飞行专业本科训练的飞行员，在第一次执行多人制机组任务之前，就对机组成员间如何协同建立基本的概念和理解。我认为，这种训练模式不应仅限于多人制机组飞机，而有必要扩展到教室、飞行准备室以及战斗机和侦察机的驾驶舱。同样，也适用于民用商业航空运输及通用航空领域。

学校中学到的方法在实际应用中终究效用有限，这就是为什么尽管建立了许多旨在防止灾难性事故发生的组织措施和规章，但仍有很多人在原本可以避免的事故中丧生。毋庸置疑，我们的训练体系运转良好，安全记录也在不断改善，但是我们仍然有必要在航空领域进行文化变革，消除违纪行为，重建以良好的基本飞行素养为卓越标志的行业文化。

推动文化变革的驱动力必须发自内心。在军队中，就必须在那些数以千万计的陆军士兵、水兵，以及每天与飞机形影不离、为国奉献的飞行员们心中产生自主意愿，而高层领导则必须鼓励这种尝试。想要实现必要的变革，必须得到行业内部人员的支持。优秀同行带来的压力——而不是惩罚性威胁——将消除飞行违纪行为，重新唤起对表现卓越的渴望。当技能、熟练度和知识被当作飞行素养卓越与否的衡量标准之时，技能欠缺、熟练性差或知识不足将变得无法接受，随之而来的就是文化的变革。

多年来，卓越的飞行素养被冠以SH(Sierra Hotel[①])、“太空英雄”(the right stuff)等多种雅称。然而，现代飞行运行的复杂性为飞行素养增加了新的维度，人们开始逐渐失去了对飞行素养的共同认知，或许大家对此都负有责任。为了改善运行质量，提高安全水平，我们从数百个维度不断地对飞行机组、飞机和任务展开研究，对飞行活动进行了全面的剖析。在战术专家、社会学家和工程人员不断扩充各类重要相关专业知识的同时，飞行人员融会贯通、将这些知识转化为整体飞行素养的能力却大打折扣。目前，现代科学技术的应用已将飞机的整体性能提高了一个数量级，但这也可能会带来年轻飞行员对基础飞行技术的冷漠，使他们逐渐变为感兴趣的乘客，而

① 美国战斗机飞行员使用的术语，表示驾轻就熟，十分精通(Shit-Hot!)——译者注

不是恪尽职守的飞行员。同时，科技的进步保证了在大多数情况下即使飞行员出现人为差错和失误，也能避免犯错带来的后果。由此而来的那种松懈的职业态度，是不适合从事飞行这类高风险活动的。

虽然我们应当继续讨论战术和技术类问题，但是“我们是谁”以及“我们的立场是什么”等基本问题必须得到普遍的认知。正如本书绪言中指出的那样，“关于飞行素养的重要性，根本就不需要解释”。航空业界也确实需要把这一切重新整合起来，在这方面，本书给出了出色的解答。

书中第1章介绍的飞行素养模型直指要义。毫无疑问，恪守飞行纪律是对一名职业飞行员的基本要求。遗憾的是，有大量的事故数据表明，出于各种不同的原因，我们当中有一小部分飞行员并没有展现出这种最基本的专业精神。模型中的其他要素则全面定义了什么是真正的飞行素养：技能、熟练程度、学科知识，以及建立在它们之上的顶峰——处境意识和判断力。这个独特的组合式架构，向着“对每个飞行员来说什么最重要”的共识迈出了可喜一步。这种融合只能由一位深谙航空运行、飞行训练和人为因素的专家完成，而作者恰好具备这三方面的能力。作者以全新的视角审视过去的课题，将飞行素养理论与其一直在实践中应用的方法重新整合在一起，提倡自我改进和个人责任助力飞行素养的构建。这种训练模式既可以帮助新学员提升，也有益于具备一定经验的飞行员不断完善，因为他们都可以从众多航空专题中寻找并形成个人层面上的训练需求。向 *Redefining Airmanship* 致敬，特别是作者使用的运行案例，为我们提供了真实飞行环境下素养要素的最佳例证。

约翰·肖，美国空军将军（退役）

空军协会执行董事

致　谢

在本书编写期间，我得到许多人的帮助和指导，虽然无法在此一一罗列，但我仍要感谢那些促成本书面世的主要参与者。特别感谢戴夫·威尔逊(Dave Wilson)和休斯训练公司(Hughes Training)所提供的一些成为本书核心的案例。同时，特别感谢西北航空公司(Northwest Airlines)的泰德·马洛里(Ted Mallory)、达美航空公司(Delta Airlines)的约翰·劳勃(John Lauber)博士和机组训练国际公司(Crew Training International)的艾尔·马伦(Al Mullen)为研究提供的素材和见解。美国国家航空航天局/得克萨斯大学(NASA/University of Texas)机组研究实验室的鲍勃·赫姆里奇(Bob Helmreich)博士、约翰·威廉(John Wilhelm)博士、皮特·康纳利(Pete Connelly)以及全体工作人员，他们在我多年的研究工作中给予了极大的支持。感谢美国空军学院图书馆特色馆藏、美国空军安全中心、美国空军历史研究所、马克·威尔斯(Mark Wells)上校、艾伦·迪尔(Alan Diehl)博士、理查德·莱因哈特(Richard Reinhart)博士、罗伯特·阿尔科夫(Robert Alkov)博士、吉姆·奎克(Jim Quick)、伯尼·霍伦贝克(Bernie Hollenbeck)、查克·耶格尔(Chuck Yeager)准将、吉姆·西蒙(Jim Simon)、本·德鲁(Ben Drew)、艾琳·柯林斯(Eileen Collins)中校及美国国家航空航天局、斯蒂芬·库恩斯(Stephen Coonts)以及约翰·休斯顿(John Huston)少将。还要感谢大学航空协会(University Aviation Association)协助我验证飞行素养模型。特别感谢约翰·肖(John Shaud)将军和我的朋友约翰·南斯(John Nance)为本书写了前言和序言。

感谢我美丽的妻子莎莉(Shari)，感谢她不断编辑、录入及精神上的支持和鼓励，还有我的儿子雅各布(Jacob)和特伦特(Trent)，感谢他们让我在摔跤比赛及客厅足球活动中抽时间完成此书。最为重要的是，感谢上帝赋予我创造力和毅力，让我能在航空安全和飞行员职业精神方面做出贡献。

鸣　谢

罗伯特·A·阿尔科夫博士(Robert A. Alkov, Ph. D.)
南加州安全研究所

杰克·巴克博士(Jack Barker, Ph. D.)
美国空军上校

艾琳·柯林斯(Eileen Collins)
美国空军中校

皮特·康纳利(Pete Connelly)
NASA/得克萨斯大学机组研究实验室

斯蒂芬·库恩斯(Stephen Coonts)
作家

艾伦·迪尔博士(Alan Diehl, Ph. D.)
前NTSB和美国空军事故调查员

乌尔班·德鲁(Urban Drew)
美国空军少校(退役)

J·D·埃德(J. D. Garvin, Ed. D.)
美国空军上尉

伯尼·霍伦贝克(Bernie Hollenbeck)
美国空军上校(退役)

约翰·休斯顿(John Huston)
美国空军少将(退役)

格伦·霍弗(Glen Hover)
美国空军少校

理查德·詹森博士(Richard Jensen，Ph. D.)
俄亥俄州立大学航空心理学实验室主任

约翰·劳勃博士(John Lauber，Ph. D.)
达美航空公司,安全与规章符合事务部

艾尔·马伦(Al Mullen)
机组训练国际公司董事长

约翰·南斯(John Nance)
作家,航空公司飞行员

吉姆·奎克(Jim Quick)
美国空军安全中心

理查德·莱因哈特医学博士(Richard Reinhart，M. D.)
美国空军预备队上校

史蒂夫·里奇(Steve Ritchie)
美国空军预备队准将

约翰·肖(John Shaud)
美国空军将军(退役)
执行董事,空军协会

吉姆·西蒙(Jim Simon)
美国空军少校

查克·耶格尔(Chuck Yeager)
美国空军准将(退役)

目　录

绪言

本书旨在提供一个可以为飞行员终生修炼使用的飞行素养框架，从而为构建与提高飞行员的个人能力水平打下基础。这是迈向个人卓越至关重要的第一步，现代飞行素养的内涵已经呈现出不断增加有时甚至令人困惑的复杂性，导致许多飞行员不知道专家意味着什么。飞行人员需要理解飞行素养中各个要素是如何相互结合、共同作用的，更为重要的是要充分理解它们之间如何相互影响。无论是刚刚开始训练的飞行学员，还是想要提高综合飞行能力的成熟飞行员，提高飞行素养的关键都是理解。本书试图揭开飞行素养诸多复杂心理因素和生理因素的神秘面纱，并将这些信息反馈给飞行员，因为这才是它们的真正归属。用学术术语来说，本书绝对是一本“实用”教材。

现代飞行员面临着艰巨的任务，要在相当恶劣复杂的运行环境中，综合生理感知、认知理解、团队建设和沟通技巧，对所在处境同时实施监测、管理和动态更新。由于飞行活动跨学科的特性，在商业航空、军事航空和通用航空等不同运行环境中的飞行员，必须利用多学科知识进行评估和快速决策，此外还要具备安全有效的、执行决策的飞行技能和熟练性水平。事关重大，生死攸关，决不能视为儿戏。

虽然大量的教育和培训项目，已经能够确保我们掌握保持运行最低的可接受安全水平的基本能力，然而对于那些想要发挥自身最大潜能的飞行员，哪里是追求个人卓越的起点？显然，清晰、准确地理解什么是良好的飞行素养就是第一步。

这听上去似乎并不是一件难事，但随意找两名飞行员，让他们就现代飞行素养的定义达成共识，就会发现这并非易事。飞行素养的基本内涵已经发生了变化，已经从最基本的“一杆两舵”(stick-and-rudder)能力演变为更广泛的含义——人、机器和环境因素的复杂组合。在这个过程中，许多飞行员对良好飞行素养的构成要素感到困惑，这个问题已经超出了语义理解的范畴。操纵失误和航空事故的原因中约有80%与人为差错有关——通常归咎于“飞行素养拙劣”。虽然人们采取了包括解决人机界面的人机工程学、增强机组协作能力和处境意识能力训练在内的多种方法，尝试解决存在的问题，也取得了不同程度的成效；然而，应对航空领域最大的终极挑战——人为差错——的关键，仍然是直接操作飞机的飞行员。那些想要持续自我完善的飞行员会不断自问：“我应该把主要精力集中在哪个方面？”由于每一位飞行员都不一样，因此这个问题的答案必须来自每个人的内心，基于对飞行素养准确和一致的理解。

本书的目标之一就是提供用于共同理解的理论框架。

关于飞行素养的重要性，根本就不需要解释。空中的失误往往导致灾难的降临和无谓的死亡，不仅涉及犯错人员，还包括那些无辜的受害者。因此，所有共享天空的飞行员都应该对飞行素养有深入的理解，这是一个可以讨论、评估和改进的通识理念。

我们中那些有幸以飞行为职业谋生的人，都有追求持续改进的职业责任。这个群体包括在军事、商业和企业中所有类型的空勤人员：私照飞行员、非飞行员的空勤人员、飞行学员、飞行教员和飞行检查员。作为职业空勤人员，我们都有义务追求飞行素养的最高水准。

与军事、商业和企业飞行员的同行相比，通航飞行员也许能够从提升飞行素养的综合系统方法中获益更多，这是因为大多数通航爱好者缺乏足够的资金和时间去参与符合军事和商业运行行业标准的正规培训项目。尽管市面上有很多面向通航飞行员“如何……”类的书籍，但极少(如果有的话)有书籍提供理解和提高飞行素养的全面论述或系统性方法。

无论归属哪一类飞行群体，我们都肩负共同的道德责任：为了彼此和广大公众，安全、有效地飞行。飞行责任过于重大，除了依赖于对飞行素养标准的共同理解外，别无选择。

理解和改善飞行素养的系统方法

针对飞行素养这个模糊的概念，在大量历史研究的基础上，本书提出了一种全新的系统化思考方法。在人类特性复杂且不断变化的前提下，将飞行素养的每一个要素当作对整体飞行素养产生影响的基本因素。麻省理工学院(MIT)组织学习中心(Center for Organizational Learning)主任、《第五项修炼》(*The Fifth Discipline*)的作者彼得·圣吉(Peter Senge)指出，针对复杂的事物和现象，我们需要采取系统的研究方法：

> 从很小的时候，老师就教我们分解问题，剖析世界，显然这种方式能使复杂的任务和问题更加易于管理，但却让我们付出了看不见的巨大代价。我们再也看不到行为的连续性结果，失去了与一个更大整体关联的内在感知……我们试着将脑海中的碎片重新组合，列出并组织所有的片断，但……这项任务是徒劳的——就像把镜子碎片重新拼起来去看真实的影像那样。(Senge，1990)

与之类似，航空界世界著名的人的因素专家克雷·弗西(Clay Foushee)发现，飞行素养问题的根源通常是综合能力不足，而不仅仅是缺乏技能或熟练程度。如果真的属实，那么解决这些问题的方法必然在于，至少部分在于理解并将飞行素养概念根植于内心，而这恰恰就是本书的主旨之一。

本书的目标是打造一个成功飞行员的综合形象，在他们的世界里，没有哪一个飞行素养的组成要素可以独立存在。这个努力打造的形象将训练、操作和人的因素融为一体，即飞行素养。这种方式兼具必要性和适宜性。在任何一架飞机上，飞行员仍然是那个最大的变数，没有任何训练组织或评估机构的评估，能够达到哪怕是接近每个人内心评估个人能力状况的“晴雨表”水平，而这个“晴雨表”正是建立在我们已经具备内在飞行素养模型基础之上的。如果我们心中没有一个清晰、可接受的理想“形象”，就无法发挥内心的引导作用。一旦内心的飞行素养形象在某些特定条件下发生扭曲，甚至可能对自我完善过程产生负面影响。

自我评估的价值

伟大的数学家阿基米德(Archimedes)曾经说过，“给我一个支点，我就能撬动整个地球。”本书为每一位飞行员提供了一个在最恰当时机运用杠杆原理的思维框架。通过与内心树立的完美飞行素养形象进行比对，飞行员能够构建出准确的自我分析框架，这或许是现代航空领域最有价值的稀缺工具。

对于那些习惯躺在自己的舒适区、回避个人不擅长或不精通领域的飞行员来说，自我评估并不是一项符合其本性的任务。我们常常见到这样的飞行员，为了弥补某些领域的不足，他们会在另一方面过度补偿。例如，那些在侧风着陆方面存在重大能力缺陷的人员却能成为所谓的系统专家或规章专家，而那些自认为技能熟练可以弥补法规知识欠缺的人会成为所谓“技术娴熟型”专家。飞行素养模型让我们理解，这种补偿方法是不适宜的，有时甚至可能是危险的。飞行员应当像撑开的雨伞那样，尽力保持飞行素养在各个方面的平衡，从而为应对隐藏在墨菲(Murphy)[①]橱柜里的未知处境做好准备。

适用范围及目的

本书是一本提高个人成就、能力和专业知识的书籍，为所有在不同领域探索满足航空固有职业责任和道德义务的飞行员编写和设计。飞行素养模型将在四个主要方面为飞行员能力的提升奠定基础：

① 提供了一个相互关联的框架，用于整合那些需要终生学习的航空训练和教育所涉及的不同学科的内容，并将身体技能发展与认知教育和人的因素相融合。通过识别过去和现代成功飞行员的共同特征，提出了具有历史意义的飞行素养的准确定义。为了便于自我评估和自我完善，将飞行素养的抽象概念，以形象化的“整体框架”

① 墨菲定律是一种心理学效应，由爱德华·墨菲(Edward A. Murphy)提出，亦称墨菲法则、墨菲定理。“墨菲定律”有四条法则，其中最著名的是“凡是有可能出错的事，就有很大概率会出错”，即任何一个事件，只要具有大于零的概率，就不能够假设它不会发生。——译者注

模型方式呈现。

② 通过对军事、商业和通用航空领域的案例进行研究分析，本书让我们了解到不同场景下飞行素养各个要素产生的综合效应。同时，借助案例分析，帮助每一位飞行员将飞行素养应用经验引入自身的飞行环境中。

③ 飞行素养模型为培训人员和运行人员开展持续讨论和技能发展建立了一个工作框架。通过展示飞行素养中的各个学科要素如何在个人层面上的整合，使各学科间的进一步合作和交流成为可能。此外，来自专业训练机构和通用航空各个领域的培训人员也会发现，本书对于案例分析及训练课程的设置分析有一定的帮助。

④ 从传统意义上说，很多飞行员都把培训看作是职业生涯初期、晋升到新职位或转换新机型期间需要经历的过程，或是每年都要忍受的烦恼。他们厌倦了在自己已经擅长的领域进行“多余”的训练。为了克服那些自认为“已完成培训阶段”人员的自满情绪，飞行素养模型提供了持续自我改进的指南。

本书提供了一个建立在个人飞行素养自我诊断基础上持续自我改进的工作框架。那些已经在某一专业领域感到满足的飞行员，仍可以借助本书夯实自身的飞行素养基础，拓展能力范围，增强专业能力。除了一些小的例外，良好飞行素养的基本要素适用于各个航空传统领域。周末驾驶塞斯纳172飞机的私照飞行员，与驾驶B-1轰炸机以500节速度、200英尺高度飞行的飞机驾驶员相比，尽管要求的技术水平不同，但是熟练程度、系统知识和处境意识之间的关系却同样适用，也同等重要。

章节概述

本书共分为五部分，前四部分给出飞行素养模型的定义和描述，最后一部分对几个特别值得关注的问题进行了探讨。本书的内容围绕案例分析组织并展开，旨在帮助读者领悟现实环境中各种因素的综合作用。

第一部分：起源

第一部分概括了飞行素养的历史起源，通过对神话人物、航空发明家、空中竞技选手、军事行动和商业运行飞行员等代表人物的回顾，提炼出成功飞行者具备的共同特质。第1章简要介绍历史研究成果，展示那些出现在人类整个飞行历史中的主题场景。本章的中心论点是：成功者留下了足迹，现代飞行员不应当忽视航空先驱们开拓出的道路。

第二部分：基石

第二部分从描述飞行素养的模型入手，将飞行素养比作一个由基石、支柱和顶石构成的完整建筑。这部分的相关章节主要介绍飞行素养模型的“基石”部分：纪律、技能和熟练度。

第 2 章围绕“所有飞行素养要素实现的基础是个人的纪律性”这一主题，指出第一次的违纪行为可能正是迈向“违纪和不断妥协”这条下坡路的第一步。本章列举的相关违纪案例，形象地告诉我们缺乏纪律性的结局会怎样。

建立在严格纪律基础之上，第 3 章将个人技能和熟练度比作飞行素养的第二块基石。本章通过对研究成果进行综述，阐明良好飞行素养所必须具备的技能和熟练度等关键要素，同时拆穿了那些经验万能的谎言。在本章最后，作者详细给出了制定符合自身需求的飞行技能和熟练度的个人改进计划的方法。

第三部分：支柱

良好飞行素养要求我们掌握多门学科知识。第三部分介绍飞行素养模型的“知识支柱”，即良好飞行素养需要掌握的五类关键基础知识：自我认知、飞机知识、团队知识、环境知识及安全风险知识。

第 4 章阐述自我认知的重要性，苏格拉底(Socrates)将其比喻为开启智慧之门的钥匙。本章首先讨论了解生理因素的必要性，接下来讨论两个受生理因素影响的心理过程：思维和情感过程。本章建议使用自我评估工具，并明确指出在整个教学、训练和飞行运行中保持自我监测的必要性。为阐明主要观点，本章列举了许多研究案例。

第 5 章讨论飞行素养的第二个知识支柱，即飞机知识的重要性。众所周知，掌握这方面的知识是安全飞行的先决条件，本章指出要关注与飞机各系统知识相关的一些细节，包括探究飞机型别历史从而避免人机工程学“陷阱”，与维修人员建立良好的个人关系，掌握每架飞机的个性特征等。为了在现实世界中展开中心主题，本章再次列举了大量案例。

第 6 章重点强调了解个人所在团队的重要性。团队的定义包括那些在训练和飞行运行中，你要与之交流或者有理由与之交流的所有人员。本章概述了团队合作研究的基本原理，包括有效领导及追随趋势。本章所讨论的团队合作与在商业和军事航空领域行之有效的驾驶舱/机组资源管理(CRM)提倡的理念相吻合，特别强调如何对待那些有时自认为是“CRM 豁免”的两类飞行员：单座战斗机飞行员[①]和通航飞行员。

第 7 章介绍与飞行密切相关、由三个独立且相关的环境类别构成的环境整体，包括自然环境、监管环境和组织环境。自然环境、监管环境和组织环境被认为差异明显，但又相互关联，要发展完备的飞行素养，就需要深入了解其中的每一个部分。本章通过简短的案例讲述信息的相关性和重要性。在自然环境一节，详细阐述了掌握基本天气和天气现象的必要性。监管环境即在国际、国家和本地空域系统中运行必须掌握的基本“航行规则”，本章还讨论了被认为是良好飞行素养基础的其他几个监

① 驾驶舱/机组资源管理名称的使用，正是为了将单座飞机驾驶员包含在内的举措。——译者注

管方面的问题。最后，本章回顾了组织或企业环境知识，并推荐了如何在各个方面进行提高的策略。

第 8 章阐述飞行员应当了解多种安全危险源的基本要求，以此来结束对飞行素养知识支柱的讨论。本章涉及飞行素养的各个方面，采用多个案例对飞行中常见的危险源进行了详细描述，尤其是那些可能被大多数飞行员忽视的潜在危险源，提出了相应的风险管理策略，并明确了个人在风险管理中的角色和职责。

第四部分：顶石

第四部分讨论飞行素养的顶石：处境意识和判断力，并以商业和军事极端环境下的两个成功飞行素养案例作为总结。

第 9 章展示了前文讨论的飞行素养各个组成要素是如何成为处境意识（SA）的输入的，而处境意识则是一种众所周知复杂且非常重要的现象。通过对这个多层面问题的深入研究，让读者认识到综合性的系统方法对于理解飞行素养的重要性。本章首先介绍一些背景理论，重点讲述如何防止丧失处境意识，一旦出现丧失处境意识的前兆如何识别，如何从完全丧失处境意识的状态中安全恢复。反过来，良好的处境意识是准确判断和正确决策的依据。

第 10 章探讨了神秘的判断力，揭穿了“在某种程度上，良好判断力是少数人与生俱来的能力”的不实之言。实际上，良好的判断力不过是在前文描述的模型要素基础上坚实发展的飞行素养的顶峰。判断是通过对这些基石和支柱的有效使用管理实现的，这被称为决策。本章讨论了将这些技能效用最大化的方法，并推荐了个人的应用策略。

第 11 章通过两个扣人心弦的真实案例，让读者体会在实际飞行任务中，如何综合运用飞行素养的各个要素。第一个案例，机长艾尔·海恩斯（Al Haynes）讲述了在完全失去对飞机的控制后，如何成功挽救受损严重的 DC－10 飞机。第二个案例，是军事案例，详细介绍了在波斯湾战争期间，F－16 战斗机在执行搜救任务时的出色表现。两个案例说明，飞行素养的技能会随着时间的推移而发展，也许更重要的是，需要的时间不是你能够选择的。新一代的“太空英雄”可能需要具备更加全面的飞行素养，孤军奋战再也无法成为“太空英雄”——我们都是团队中的一员。

第五部分：专题

第五部分探讨了几个特别值得关注的问题，包括在培养飞行素养过程中的障碍、飞行素养的传授和评估、如何理解并纠正人为差错等，最后给出了作为优秀飞行员标志的飞行素养 10 项准则。

第 12 章指出影响每个人飞行素养潜能发挥的常见障碍，并推荐了有效的解决办法。本章讨论并分析了时间冲突、错误榜样、危险态度、同级压力等几方面问题，着重讲述了应对这些挑战的个人解决方案。

第 13 章指出飞行素养需要传授和评估,并系统地推荐了传授和评估的策略。本章讲述了飞行前准备、飞行教学、评估和讲评技巧,强调了近期实施的工具。

第 14 章讨论差错的作用。通过了解不同差错的意义,我们可以不断优化训练从而达到纠正差错的目的。此外,解读差错被证明是成功教学的关键。本章对飞行中的常见差错进行了分类,并用具体案例说明差错对安全飞行、有效力飞行和有效率飞行的影响。

第 15 章以优秀飞行员的标志作为总结。为了在本书搁置一段时间后,飞行素养仍能按既定方向发展,这些标志被设计成简单的参考列表方式。需要强调的是,如果不能很好地理解飞行素养模型,标志本身没有什么意义。

本书附录中提供了一个在多人制机组环境中评估飞行素养的优秀工具,并说明如果飞行员知道从哪里可以找到优秀的研究成果,将会对自己产生极大的帮助。

最后,本书激励所有飞行人员向更高的个人飞行素养水平迈进。归根结底,每一位飞行员都要对自己的发展负责。简而言之,以飞行素养模型作为指南,让良好的飞行素养成为个人选择。这似乎是老生常谈,我的导师曾经这样解释,一个人的未来取决于 10 个字母构成的 7 个单词,那就是“If it is to be ,it is up to me”(“如果是这样,那就由我来决定吧”),这句话当然也适用于飞行素养的个人发展。

飞行本身是令人兴奋和令人陶醉的,良好的飞行素养在避免差错和防范事故的同时还让你获益良多——可以充分享受个人最佳状态带来的愉悦。在阅读本书之时,思考一下自己的经历、目标和对成就的渴望。试想一下,如果身在战斗机、商业运输机和通航飞机的驾驶舱中,问问自己会做些什么,或者也许更重要的是,在未来的飞行中,你准备好应对类似状况了吗?

阅读建议

本书围绕真实案例组织内容,旨在成为“通识性读本”。认真阅读本书的每一个章节,并且思考这些概念对你所处的飞行环境意味着什么。本书并不代表飞行素养各部分的最终结论,只是希望为未来的教学、训练和讨论提供一个基本框架。因此,请随意点评书中的任何观点。虽然这个模型是在高水平专业人员的广泛研究基础上建立的,但这些结论并非真理,我们只有经过激烈的讨论才能对飞行素养产生更加深刻的理解。

最后需要说明的是,本书中的一些内容被多次提及。这些有意的重复,旨在帮助读者理解成为一名专家级飞行员的诸多相互关系。请记住,尽管完美的飞行素养是最高境界,但是不断自我改进和持续完善才是目标。我们不能确定是否会有人在飞行素养模型的各个方面都做到完美,即使做到了,也可能无法持续到下一次空中挑战的到来。倾听自己的内心,不断优化程序和技能,保持积极的态度,寻求适度而持续的改进,让我们的天空成为一个对所有飞行者都安全、愉悦和有益的环境。

作者声明

本书代表了什么是良好飞行素养的共同观点，这是由数百名飞行员——活着的和逝去的——给出的定义，它是由一些著名和默默无闻的飞行员经过几年的研究和整理形成的飞行素养规范。它并不会告诉你如何驾驶飞机，也许其他书籍更加适合学习驾驶飞机。它主要讲述要想成为一名具备专业化水准的飞行员，需要学习哪些知识和技能，以及为什么需要学习，并进一步阐明这些需要学习的大量知识和技能之间的相互关系。本书讲述的是对我们自己和彼此都应担负的责任。

这本书不代表美国政府、军队或其他组织任何部门的官方立场或政策。我是一名空军飞行员，在我的军事飞行生涯中所学和经历过的一切形成了我对飞行素养的看法，虽然这本书是个人的研究成果，但它并不是一个人的观点。就此而言，我不会傲慢或自大地建议所有人或任何人采纳我个人对飞行素养的观点。

这不是一本“安全”方面的书籍，虽然提高飞行素养无疑会改善安全水平，但本书主要关注的是个人责任和自我完善——这两个目标本身就很有价值。人为差错已经让我失去了七位亲密伙伴，他们都是由于各种原因，在紧要关头未能处理好飞行素养的某个关键问题。或许你也曾有过类似的经历，对于自己有机会去帮助的人犯下致命错误后的无法释怀，这种情绪会不断产生一个疑问“如果我当初做点儿什么，结果还会是这样吗?”正是为了防止类似事件再次发生，本书成为我努力的目标——旨在为个人飞行素养的发展提供一个框架，作为规避陷阱的指南和通往成功的路线图。

本书提出的飞行素养模型，是一个简单却又功能强大的自我完善工具。你可以选择任何一种适合自己的方式使用该模型，部分或全部修改该模型，讨论、改进或重新设计自己的模型。总之，不要忽视它！这一切努力(自己过去几年的生活)的最终目标是在个人层面上——唯一重要的方面——促进和激发飞行素养的兴趣和讨论。愿你的每一天都风和日丽！

第1章

飞行素养的起源与精髓

历史是对人性中不变的、普遍原则的发现。

——大卫·休谟(David Hume)

“飞行员的专业素养等级并非由他们的军衔等级和飞行技术等级所决定”，这种现象并非特例，大多数飞行员都能感受到这种普遍存在的、非官方认可的飞行素养差别，但却不了解如何提高自身的素养等级。《太空英雄》(*The Right Stuff*)的作者汤姆·沃尔夫(Tom Wolfe)指出，这种“专业金字塔”真实反映了飞行员的技术水平。那么究竟是什么造就了伟大的飞行员？这个看不见的专业金字塔的基本组成是什么？我们该如何登上金字塔的塔尖？在今天高科技的驾驶舱内，这些基本要素依然重要吗？在现代航空领域，飞行素养又意味着什么呢？

1.1 无法定义的飞行素养

当被问及良好的飞行素养应当如何定义时，大多数飞行员都会感到比较困难。通常的回答是“我一看见就知道”(Kern，1995)，这样的答案对于希望提升素养等级的新晋飞行员来说没有多大的帮助。我们知道，技术高超的飞行专家需要具备精准的手感、准确的判断力、严格的纪律性、广博的知识和高度敏感的处境意识。然而，似乎没有人会认同一个对卓越飞行素养包罗万象的描述。我们无法给出飞行素养的准确定义，这表明它已经超出了语义学范畴。我们应该怎样把自己培养成一名既无法定义，又无法完全为人所理解的人物呢？

尽管飞行技术和训练水平在不断提高，然而缺乏基本飞行素养的状况依然存在，其后果已不仅仅是飞行员自身或飞机的安全问题了。飞行员在飞行素养方面存在重大缺陷本身就是一场悲剧，如果这类问题发生在军事行动中，可能会对任务目标、部队间(协同)行动和国际间的信任产生深远而意想不到的负面影响。让我们来审视下述事件中的教训：

1. 两名F-15飞行员在空中预警机的指挥下发生敌我识别差错，向两架美国陆军直升机开火并将其摧毁，导致一场国际纠纷。在事故调查过程中，一名射击者承认：“确实发生了人为差错……这是一场悲剧，一个致命的错误，它将永远浮现在我的脑海中，令我无法安宁。我只能祈祷自己在逝者的灵魂和生者的内心中得到宽恕。"随着事故调查的深入，所发现的细节更加令人惶恐：事故的直接原因是交战规则没有被准确地理解、传达及遵守。(USAF，1994)

2. 一架 B-52 轰炸机在美国空军基地飞行时，由于实施了被禁止的机动导致飞机坠毁。调查显示，驾驶员是一名典型的"空中流氓"型飞行员，三年间多次违反美国联邦航空条例和军事条例，其上级却仍然纵容他的行为，并允许其继续飞行。更加不可思议的是，该名飞行员同时还负责联队机组成员标准化和技术评估。在此期间，联队和行动小组中至少有五名指挥官有机会干预他的不良行为。(USAF，1994)
3. 一名经验丰富的战斗机飞行员驾驶一架功能齐全、没有任何故障的 F-16 战斗机，在由工厂交付国外基地的转场飞行期间，因燃油耗尽坠毁在飞往备降机场的途中。
4. 一名空中交通塔台管制员，向正在实施模拟紧急进近的 F-16 飞行员通报："在短五边上有交通冲突。"由于管制员的指令不符合操作指南中的模拟场景规定，致使飞行员未能识别交通冲突是真实情况，继续操纵飞机进近，结果造成空中相撞，而燃烧的残骸还击中了停机坪上正在等待登上 C-141 飞机进行训练的陆军人员，事故共造成 24 名官兵的死亡。(Cross，1994)

1.2 飞行素养缺失

所有航空领域都存在飞行素养缺失的问题。有证据表明，虽然军事飞行在某些方面的要求可能比商业航空和通用航空更高，但在三个领域中出现的差错类型却相当一致。发生差错的飞行员中普遍存在纪律涣散、知识匮乏、处境意识丧失和判断错误等问题。

1.2.1 军事领域

在军事活动中，飞行素养缺失带来的不仅仅是安全问题。在一项对"沙漠盾牌/风暴行动"期间发生的 800 多起严重不安全事件的研究中发现，作战机组成员产生的差错已经严重影响到飞机操作、飞行安全和训练的完成(Kern，1994a)。尽管飞行人员都相信肾上腺素的分泌和作战时的专注能够提升自己的飞行表现，但仍有许多案例表明，上述两项因素同样可能导致相反的结果。下面我们来看看在沙漠风暴行动中飞行素养缺失的案例：

1. 两名 A-10 飞行员在执行近距离空中支援任务时，误将英国军用装甲车认作是伊拉克装甲纵队。他们向盟军车辆发射了"小牛"导弹，造成 9 名英军士兵死亡，11 名士兵受伤。英国对这一事件进行了为期 5 个月的调查，结论是"英国军队没有过失或责任"。随后几个月，英国媒体在小报头条上大肆报道

了这一事件。随之而来的是一场备受瞩目的诉讼,死者家属要求美国政府给予赔偿。(Powell,1991)

2. 在实施对地攻击行动中,一名战斗机联队指挥官罔顾标准操作程序要求——为规避萨姆地空导弹的威胁,飞行高度必须保持在8000英尺以上——在发射完一枚"小牛"导弹后,该指挥官发现敌军卸下一辆装甲运兵车,于是他调转机头,下降高度,向新的目标"开火"。他在6000英尺的高度完成了袭击,但遭到萨姆导弹的攻击,致使战机受损,无法继续参战。对他的下属而言,该指挥官树立了极坏的榜样。(Armstrong,1993)
3. 在战争最后一天,也发生了类似状况。一架F-16战斗机下降到规定高度以下,攻击正在撤退的伊拉克纵队。做出这项决定的飞行员事先已经知晓"战争将在几天内结束,要避免暴露在不必要的危险之中"的安全警示。由于没有遵守程序和规定,飞机下降到保护高度层以下,因而被击落。这个错误决定带来的后果并未随着飞机被击落而结束,一架试图营救该飞行员的军用救援直升机随后也被击毁,机上五人全部遇难。(Armstrong,1993)
4. 在完成作战任务后的返航途中,疲惫的B-52机组在处置一个小故障时发生失误,诱发了一系列灾难性后果。最终,飞机在目的地岛屿上空实施最后进近时坠毁,造成多名机组成员死亡。事故分析发现,部分机组成员协作能力差、程序混淆并存在知识缺陷,未及时做出弹射决定是造成事故的直接原因。(USAF,1991)

在整个海湾战争期间,美国空军轰炸机唯一的坠毁事故就是由于机组成员缺乏飞行素养造成的。美国空中军事力量已经强大到不用付出什么代价就可以打击千里之外的敌军,但却仍然无法摆脱最具杀伤力、最无法战胜的对手——自己的差错。在商业航空领域,也普遍存在着与这些军事领域案例相类似的事件。

1.2.2 商业航空领域

飞行素养缺失如果发生在商业航空领域,悲剧色彩可能会更加浓重。战斗机飞行员知晓作战飞行的风险,能够时刻保持戒备;通航事故虽然悲惨,但通常只有少量的人员伤亡;然而,在商业航空中出现的差错往往会带来众多生命的陨落,大多数受害者都是那些无辜的、想要准时到达目的地的付费乘客。以下是发生在商业航空领域、由于飞行素养缺失导致无辜乘客丧生的一些案例:(Helmreich et al.,1995)

1. 一架达美航空公司(Delta Airlines)的波音727飞机,在达拉斯/沃斯堡(Fort Worth)机场起飞过程中坠毁,事故原因是机组成员没有放出起飞襟翼。
2. 由于机翼积冰,副驾驶未及时向机长报告仪表显示异常,最终导致佛罗里达航空公司(Air Florida)的波音737飞机在华盛顿机场起飞过程中坠毁。
3. 一架英国米兰德航空公司(British Midlands)的波音737飞机在飞行途中发动机失火。机组错误地关闭了正常运转的发动机,最终飞机在高速公路上坠毁。

4. 一架美国东方航空公司(Eastern Airlines)的L－1011飞机,在迈阿密城外上空盘旋时,因起落架指示灯显示异常而导致机组成员注意力分散,没有注意到自动驾驶仪已经断开,最终飞机坠毁,机上人员全部遇难。

1.2.3 通用航空领域

毋庸置疑,通航飞行员同样无法避免飞行素养缺失带来的灾难。尽管绝大多数的通用航空飞行员都能做到安全飞行,严守纪律,而且大多数飞行素养缺失的现象普遍发生在经验不足的驾驶员身上,然而以下事件表明,飞行素养缺失绝不是军事或商业航空领域的独有现象:

1. 一名仅有300小时飞行经历的37岁通航飞行员,在离开地面后5～7英尺的高度上开始加速,试图在跑道尽头完成特技机动,结果导致飞机失速并撞向地面,飞行员死亡。(NTSB,1980)
2. 爱达荷州的一名飞行教员要求其带飞的新学员在极低的高度上沿斯内克河(Snake River)实施坡度60～70度的转弯,其结果不难预料——两人在撞地事故中丧生。(NTSB,1994)
3. 一名经验丰富的通用航空飞行员,驾驶塞斯纳340(Cessna 340)双翼飞机飞行在高度层FL250,在明知增压系统存在故障的情况下,关掉了备用氧气开关。由于缺氧,最终他失去了对飞机的控制,导致飞机在起飞4小时后,因燃油耗尽而坠毁。(NTSB,1994)

为什么飞行员们会接二连三地犯下这些危及生命和飞行任务的错误呢?至少有一部分原因是飞行员不能始终如一地将自身技能与知识整合起来,并在关键时刻融会贯通地综合运用,但问题不在于缺乏可用的信息。

1.3 需要新的方法:整合与信息

在诸多专业期刊和飞行安全期刊中,随处可见有关飞行员个人能力和处境意识的各种新发现。自20世纪80年代初以来,在载人飞行心理学方面的研究成果已经呈现出爆炸性增长(Provenmire,1989)。然而,信息的激增并未使缺失基本飞行素养带来的人为差错明显降低。在克雷·弗西(Clay Foushee)博士一项具有里程碑意义的研究中,一位国际公认的航空人因专家发现,飞行素养的缺失并非仅仅是缺乏熟练度或技能,更多的是飞行员无法将这些技能转化为有效的行动方案(Foushee,1985),这表明一些飞行员并没有察觉到其个人飞行素养中存在的一个或多个方面的能力不足。

大家都认可更高的飞行素养是值得追求的目标,然而对于怎样才能更好地解决这个问题仍然存在争议。我们已经在"面向航线"训练、判断力训练、处境意识、风险管理、驾驶舱资源管理(CRM)、人机工程学和压力感知等诸多前沿领域付出了很大的努力，上述领域的研究成果可以深入浅出地解释飞行员的大脑和身体如何工作，而这些成果还不足以构成如何解决飞行素养问题的全部或最终答案。事实上，各相关学科的日益专业化已经使年轻的飞行员在处理那些彼此相互关联的重要信息时产生了分散或割裂，让他们更难以将人格特征、技能和知识融合为个人全面的素质整体。飞行员们不断寻求一些基本问题的答案："我需要了解什么？到哪里可以找到？"

过去，飞行员主要通过事故调查和事故案例给出的结论确定自己需要在飞行素养的哪些方面进行提高和改进。虽然，通过对飞机故障和机组差错的案例分析得出了许多宝贵的经验教训，但这些经验教训几乎全部来自反面案例。到目前为止，通常的做法是："XX 飞行员实施了某个动作而导致飞机坠毁，因此不要像 XX 飞行员那样操纵飞机。"在飞机事故调查方面，应用最新科技，人们可以建立模型，发现并重现飞机故障或机组差错，这种模型在重现事故过程和细节方面具有极高的精确度。吸取教训对于提高飞行素养的确十分宝贵而且有效，但是我们应该有更加积极的方式。

成功同样包含有益的经验，有时成功案例甚至比事故调查中反复出现的反面案例更有价值。我们应当像进行反面案例分析那样，对依靠良好飞行素养获得的成功案例进行细致和深入的研究。遗憾的是，实际情况并非如此。通过分析成功飞行员所具备的共同特征，有助于解答那两个促使我编写本书的颇具争议性的问题："什么是飞行素养"以及"怎样培养飞行素养"。这种讨论显然需要从航空的根源——飞行素养的起源说起。

1.4　飞行素养的起源

从诞生之际，人类就梦想飞翔。我们常常仰望天空，注视那些自由翱翔的飞鸟，幻想自己在无尽的蓝天中飞翔的体验和愉悦。在人类从未离开地面之前，令人陶醉的飞行幻想，同样影响着今天的人类。从第一次观看军事飞行表演时产生孩童般敬畏的外行观众，到在极端天气下完成夜间大侧风着陆的全天候飞行员，飞行看起来很不错，感觉也很棒，当然这一切必须在操作得当的前提下产生。

但是，人类至今尚未完全掌握真正的飞行艺术。客观地说，鸟类飞行比人类早了 3000 万年，这或许可以解释为什么麻雀几乎从来不犯错误。回想一下，你最后一次看到雨燕因判断失误而没能落在电线上或在空中相撞，或者无法及时从向下的俯冲中转向振翅高飞是在什么时候？天生的飞行者可以将本能与动作融为一体，达到人类飞行员可能永远无法企及的空中飞行艺术水准。发自内心的更好整合内部和外部因素的渴望，是那些在新的飞行环境中不断奋进前行的人类飞行者改进的关键。鸟类拥有自然的本能，可以用一生的实践去整合自己的飞行技能，然而人类是在一生中相对较晚的时候才开始学习飞行的，而且采用了完全不同的学习方式。

作为成年学习者，我们喜欢对信息归类和分割，这种学习方式对于我们是再正常不过了。我们喜欢解析事物,研究其各个组成部分。尽管这种方式对于理解复杂概念有一定的帮助,然而它对飞行员整合及应用飞行技能和知识几乎毫无用处。比如,运动机能学家可能理解挥动高尔夫球杆时每一个神经元的活动与每一根肌肉纤维的收缩,但是,除非他在实际挥杆中了解各个部分之间的关系,否则这些知识几乎不产生任何实际效果。光靠知识本身并不能铲除障碍或提高飞行素养。飞行员必须理解飞行素养的各个组成部分,以及它们之间如何相互作用,才能在不断变化的飞行环境中有效地整合这些知识与技能。简单地说,飞行员要想成为飞行专家,脑海中必须有飞行素养的整体印象。

1.4.1 飞行素养的神话起源

早在开始真正的飞行以前,人类便知晓飞行者的人性弱点。古希腊神话中有一则故事,讲述了雕刻家、发明家代达罗斯(Daedalus)和他的儿子伊卡洛斯(Icarus,图 1-1),如何逃离克里特岛(Crete)上的一座囚禁他们的塔中监狱(Bulfinch,1934)。为了摆脱米诺斯国王(King Minos)的囚禁,代达罗斯用羽毛和石蜡偷偷做了两对翅膀。行动开始前,代达罗斯嘱咐年幼的儿子:"一定要保持适当的飞行高度,

注:这是目前所知最古老的伊卡洛斯传说的绘本,最初发表于 1493 年。

图 1-1 在最早的幻想阶段,人类便知道令人陶醉的飞行可能产生判断错误(美国空军学院图书馆特藏)

如果飞得太低，海面的湿气会增加翅膀的重量而使飞行受阻；如果飞得太高，太阳的热量会融化石蜡而毁坏翅膀。飞行时要尽量靠近我，这样才能保证安全。"说完，他们就向着自由的西西里(Sicily)飞去。伊卡洛斯很快就被飞行带来的令人窒息的壮观和愉悦所吸引，他飞得越来越高，完全无视父亲的忠告——太阳的热量会对身上的石蜡翅膀产生影响。最终伊卡洛斯的翅膀融化了，旋转着向海面摔去。代达罗斯无法原谅自己，认为是自己的发明导致了儿子的不幸。在安全抵达西西里后，代达罗斯把翅膀作为礼物献给了战神阿波罗(God Apollo)。

神话蕴含着真理，人类最早的飞行神话的确与今天高科技飞行环境之间存在着某些共性。如同代达罗斯和伊卡洛斯神话故事中所阐述的，成功的飞行仍然需要对飞行设备、同伴、环境条件以及自身有全面的了解。像伊卡洛斯那样缺乏自我约束，必然会招致不必要的痛苦和死亡。而代达罗斯的自责，与那些在飞行员差错事故中失去学员的飞行教员的悔恨何其相似。

虽然飞行梦想与人类一样古老，然而，在伊卡洛斯之后，人类还要等上数千年才能看到飞行素养的要素在载人飞行的现实中发挥作用。(尽管在 1783 年，法国的蒙戈菲尔(Montgolfier)兄弟就已经实现了热气球飞行，但就本书而言，载人飞行是指使用有动力并且可控的飞机实施的空中飞行。)

1.4.2　发明家：不仅仅是机械师

史料称，威尔伯·莱特(Wilbur Wright)和奥维尔·莱特(Orville Wright)兄弟是发明家，这只说对了一部分。几乎所有人都知道，他们成功研制了第一架依靠自身动力、比空气重的飞机——飞行者一号。1903 年 12 月 17 日，在北卡罗来纳州基蒂霍克(Kitty Hawk)人迹罕至的海滩上，他们永远地改变了这个世界。(对于莱特兄弟，称他们是世界上首次驾驶有动力飞机的人，这一点尚存争议。本书关注的是莱特兄弟早期飞行的相关事实，并不关注他们是否为第一人；更关注的是他们通过飞行实践，对飞行素养进行的最早期的探索。)然而，大多数人所不了解的是，威尔伯和奥维尔早在这个具有历史意义的日子之前就已经是飞行者了。现代飞行员可以从莱特兄弟所采取的周密计划和专业的飞行方法中学到很多东西。

莱特兄弟首先想到的是：需要了解飞行的本质。在研究了欧洲人尝试持续动力飞行的成果后，1896 年，威尔伯和奥维尔开始用风筝和滑翔机进行试验，整整七年之后，他们才在基蒂霍克成功地完成了那次著名的飞行。(Hallion，1978)他们很快发现，如果想保持持续飞行，需要控制飞机的爬升、下降和转弯。在向美国气象局咨询后，他们选择了北卡罗来纳杀魔丘(Kill Devil Hill)一个独立的海滩。截止到 1902 年年底，他们已经成功完成了 700 多次滑翔机飞行(见图 1-2)。此外，他们甚至还建造了一个风洞(尽管在今天看来有些粗糙)，用来验证各种空气动力方面的设计和假设。他们最终研制出一种复杂的"机翼翘曲"设计，在方向舵的帮助下，飞行者可以俯卧在机翼上方的支架上，通过左右摆动身体来协助转弯。飞行的爬升和下降则通过一组前置的小翼或鸭式翼完成。这架飞机是动不稳定的，操纵极有难度。（传统飞机的重心在升力中心的前方，从而提供正向操纵控制。在动不稳定的飞机上，二者的位置则相反，需要不断地控制输入来保持对飞机的操纵。有趣的是，像 F-16 这类现代战斗机也采用了这种不稳定操控系统，飞行员使用计算机辅助进行飞行控制。而莱特兄弟当时并没有这些先进设备，但这反而进一步证明了他们作为飞行员的才能。）

注：1902 年奥维尔似乎在通过滑翔研究地面效应。

图 1-2 在 1903 年那次历史性飞行之前，莱特兄弟想要弄清楚飞机和飞行的本质（美国空军学院图书馆特藏）

不论采用什么样的衡量标准，威尔伯·莱特和奥维尔·莱特都是出色的飞行员和发明家。事实上，莱特兄弟身上具有许多现代飞行员所追求的理想特质。兄弟俩都完全掌握飞行空气动力学原理；作为自己飞机的设计制造者，他们非常熟悉飞机的设计、性能和局限性；他们有理想的团队合作环境；虽然性格迥异，但他们以协作的方式相互弥补，他们一生都相互了解并信任对方。

兄弟俩认识到自然环境对自己努力的成功与否起着关键性作用，于是寻求美国气象局的专业信息来提高成功的概率。最后，经过 700 多架次滑翔机的飞行，他们成为自律性强、技能高超、并能熟练驾驶自制飞机的飞行者。当最后的难题被成功解决——一台动力强劲的轻型发动机被安装到位后，他们的成功似乎已近在咫尺。然而，即便具备了所有这些条件，成功也不是必然的。

12 月 14 日早上，威尔伯和奥维尔用抛硬币的方式决定谁将是第一个尝试有动力飞行的人。威尔伯获胜，但飞机在起飞时失速了。那天，威尔伯在给父亲的信中，乐观地讲述了自己的遭遇："机器的运转令人满意，看上去动力强劲，非常可靠。由于缺乏机器的使用经验,出现了一个微不足道的失误……毫无疑问,这台机器一定会飞得很棒的。"(Aymar,1990)显然,奥维尔也并不介意这个"微不足道的失误",在第二天给家人的电报中,他的乐观情绪丝毫没有受到影响。"开始时的误判导致它摔了下去……动力和控制力充足。只不过方向舵受损。相信一定会成功,不用大惊小怪。"(Aymar,1990)三天后,在奥维尔的控制下,"飞行者一号"冲上云霄,创造了历史。其实,那天这架飞机不只飞行了一次,而是四次,这也充分证明他们的乐观精神不是毫无理由的。

与神话中的代达罗斯和伊卡洛斯父子团队不同,莱特兄弟花费数年时间将飞行素养的各个方面——飞机、同伴、环境以及自身的知识——完美结合在一起。尽管人们主要将他们看作纯粹的发明家,但航空人士和历史学家都清楚,奥维尔·莱特和威尔伯·莱特组合在一起的不仅仅是飞机部件,他们全面、综合的飞行方法建立起飞行素养的第一个标准。

1.4.3 竞技选手:探索高性能

不久,越来越多的人加入飞行队伍,包括竞技选手、冒险家、冒失鬼和发明家。遗憾的是,从早期飞行者那里学到的经验教训往往随着他们在竞赛中丧生而消逝。然而,继续从事飞行的人从莱特兄弟及其他成功飞行先驱那里吸取了经验,将新技术发挥得淋漓尽致。新一代的飞行者们开始不断挑战个人极限以及飞机的性能极限。现代飞行素养的诸多要素,如计划、知识和纪律性等,都可以追溯到从这些勇士们身上学到的经验和教训。

1909年,传奇的航空先驱格伦·柯蒂斯(Glenn Curtiss)得知,自己将在8月代表美国前往法国莱姆斯(Rheims)参加首届国际飞机大赛——戈登·班尼特航空杯(Gordon Bennett Aviation Cup)。(Aymar,1990)这场比赛是数百场类似比赛中的第一场,不同类型的飞机要在比赛中相互比拼,比赛结果只受限于飞机制造者的想象力和物理定律。这种飞行速度的比拼通常持续时间很短——一般是20公里——并且极其危险。1909年,飞机的最快时速已经达到了每小时40~60英里,在一个比赛周内发生20~30架飞机坠毁不足为奇。尽管欧洲媒体报道法国飞行者布莱里奥(Bleriot)和莱瑟姆(Latham)已经创下了每小时60英里飞行时速的纪录,但柯蒂斯"依然信心满满",认为媒体夸大其词。(Aymar,1990)

柯蒂斯为赢得比赛而制定的计划充分展现了早期飞行素养的几个要素。为了挑战主要的竞争对手——法国人路易斯·布莱里奥(Louis Bleriot,见图1-3),柯蒂斯秘密研制了一台V形八缸50马力的新型发动机。舆论普遍认为,布莱里奥所驾驶的单翼机会在本次比赛中胜出,因为这架单翼机与他横渡英吉利海峡时驾驶的飞机是同一种类型。柯蒂斯对待比赛的态度与其他选手大相径庭。与布莱里奥不同,柯蒂斯在远离家乡的法国资金有限,而且"一旦飞机损毁,根本没有制造新飞机的备用部件"。(Aymar,1990)为此,柯蒂斯精心策划了一个方案以便保护自己无可替代的飞机，直到参加最后的“赢家通吃”环节。柯蒂斯的飞机和发动机分别由轮船和火车运送，抵达法国后，这名美国人拒绝参加任何预赛，这令他在场的美国同胞们非常失望。尽管压力巨大，柯蒂斯仍然下定决心保护自己的飞机。他解释道：

对任何人而言，制定行动方案并能坚持贯彻执行是非常不容易的，特别是在朋友们的期许下；对飞行员而言，在地面等待合适的升空时机更加困难。对我而言，每天在莱姆斯置身于比赛之外异常艰难，尤其是那里还有许多爱国的美国人……这些朋友们没有意识到，美国的机会不能仅仅为了满足某些人的好奇心而失去。(Aymar, 1990)

格伦·柯蒂斯凭借对自己飞机、自己团队(美国人)以及自身能力的直觉，顶住外部压力，坚持贯彻既定的铁律。飞行素养的这些特质对今天的飞行员来说，也如同选手参加重大比赛前一晚那样关键。1909 年 8 月 29 日上午 10 点，美国的飞行爱好者们再也不用等待了！格伦·柯蒂斯驾驶他的新型引擎飞机冲上法国的天空，以 6 秒的优势击败了布莱里奥，为美国赢得了首届戈登·班尼特航空杯冠军。(Aymar, 1990)作为航空史上第一个国际冠军——格伦·柯蒂斯所遵循的飞行素养准则，对今天的飞行员来说依然是有价值而且必要的。

注：当美国人赢得首届戈登·班尼特航空杯时，这种铁的纪律得到了回报。
他准备启动引擎的这张图片，印证了他的谨慎态度。

图 1-3a　在比赛中，格伦·柯蒂斯顶住压力，保护自己的飞机(美国空军学院图书馆特藏)

图1-3b 布莱里奥，格伦·柯蒂斯的死敌和主要竞争对手。柯蒂斯清楚地认识到，在莱姆斯飞行比赛期间，布莱里奥有更好的装备去参加多项比赛(美国空军学院图书馆特藏)

1.4.4 首次作战:终极对决

格伦·柯蒂斯在法国取得胜利后不到两年，飞行素养有了新的重要意义。双方都拥有军用飞机的意大利和土耳其两国，在利比亚交战。在不到6个月的时间内，包括侦察、防空、夺取空中优势、运输、对地攻击和轰炸等作战用途在内的，几乎覆盖所有现代军事航空的装备都涌现了出来。(D' Orlandi,1961)然而，驾驶这些飞机第一次执行作战任务的飞行勇士们，并没有多少可以借鉴和指导的经验、理论或规章。因此，他们的经历才让人们对良好飞行素养有了特殊的认识。由于之前没有受过有关战术和空中力量如何使用的训练，他们只是本能地采取行之有效的方法(见图1-4)。

第一次空战发生在利比亚境内的沙漠地面战争中。为了获取经济利益，意大利人和土耳其人在的黎波里(Tripoli)争战不休。意大利人在海军上尉翁贝托·卡尼(Umberto Cagni)的指挥下，于1911年10月5日占领了的黎波里，他们知道随时会遭遇位置不明、规模不详的敌人攻击。(D' Orlandi,1961)17天后，土耳其人开始反击了，在某种程度上，他们已经成功地将意大利人从防守位置击溃，意大利最高统帅部急需有关对手兵力部署和位置的可靠情报。由于意大利军队强制解除了被占领地区人民的武装，使当地居民对他们产生了敌对情绪，情报来源变得很不可靠。(D' Orlandi,1961)在这样一种不确定的状况下，意大利最高统帅部向新成立的航空小分队(air flotilla)指挥官卡洛·皮亚扎(Carlo Piazza)上尉请求援助，让他们在空中协助

图 1-4　早期作战没有过多的条例及指南束缚。那个时代的飞行员，只依据本能采取行之有效的行动。（美国空军学院图书馆特藏）

观察敌军的位置、兵力和行动部署。这支航空小分队包括 5 名完全合格的飞行员、6 名“资历较浅”的后备飞行员以及 9 架飞机——2 架布莱里奥(Bleriot)、3 架纽埃尔波特(Nieuport)、2 架法曼(Farman)和 2 架伊特里奇(Etrich)。9 架飞机全部装备了 50 马力的发动机，并拥有自己的机库——1 名中士和 30 名士兵。(D' Orlandi，1961)在这个小型战斗团队内，形成了战术作战飞行素养的根基。

1911 年 10 月 23 日上午 6 点 19 分，皮亚扎上尉驾驶法国布莱里奥飞机首次执行军事任务。1 小时零 1 分钟后，他飞了回来，向指挥官报告了敌方有几个营地，“每个营地有 150～200 人”。(D' Orlandi，1961)通过这份简单报告，皮亚扎上尉彻底改变了战争的本质，消除了躲藏在地形后面可能奇袭的因素，使战争向三维立体化模式转变。2 天后，当里卡多·莫伊佐(Ricardo Moizo)上尉驾驶着机翼上有 3 个弹孔的纽埃尔波特飞机降落在跑道上时(D' Orlandi，1961)，意大利飞行员们第一次意识到即使在三维空间中也无法免遭炮火的攻击。

飞机在意大利军事行动中的作用日益重要，为了最大限度地保护这个小规模的航空分队，使飞机和飞行员免遭敌人炮火伤害，迫切需要制定飞行战术和规章制度。皮亚扎上尉“为没有战斗经验的年轻飞行员制定了规则”(D' Orlandi，1961)。这些规则为作战飞机建立起首个飞行战术、风险管理程序和监管环境，通过权衡完成军事任务付出的代价与飞机和机组成员的价值，指导飞行员的决策和行动。从参与空中作战那天起，人们就意识到，在地面制定“如果……将会怎样”的决策，远比在复杂、不断变化的飞行环境中的临时决定更加合理。在现代作战环境中，飞机速度已经提高了近10倍,决策模式却并未改变,只是决策的时间发生了显著变化。

1.4.5　王牌飞行员:具备良好飞行素养的偶像

没有什么比战斗机王牌飞行员的传奇故事和事迹更能激发现代飞行员的内心斗志,然而许多现代飞行员惊讶地发现,自己渴望效仿的偶像往往是顶级的团队合作者。尽管事实如此,许多诚实的飞行员还是承认自己偶尔会做些白日梦,梦想自己驾驶飞机从天而降向毫无防备的敌机冲去,与敌机展开生死对决。经历过几次假想的死里逃生后,这位未来的王牌飞行员实施高过载机动摆脱并击落了对手,从喉头蹦出所有战斗机飞行员都想酷酷地喊出的那句话"又干掉一架"! 1960年9月23日,美国空军参谋长在美国王牌飞行员协会(American Fighter Aces Association)的一次聚会上表达了这种感受:"作为一个从孩童时代就梦想成为飞行员的人,如果让我在空军参谋长和王牌飞行员之间做出选择,我会毫不犹豫地选择成为一名王牌飞行员。"(White,1973)

如果深入研究被击落飞机的数量和类型,我们可以从那些传奇人物身上得到很多与飞行素养相关的启示。1918年9月,埃迪·里肯巴克(Eddie Rickenbacker)成为著名的"圈中帽"(Hat in the Ring)中队的指挥官。担任指挥官的同一天,他在一敌七的不利形势下击落了两架敌机,这一壮举为他赢得了荣誉勋章(White,1973)。引人深思的是,作为指挥官,里肯巴克非常反对个人主义而格外重视团队合作,他始终强调持续而有计划的风险管理。托马斯·怀特(Thomas White)将军曾提到,"据说在法国没有其他盟军的飞行中队……有那么多兄弟般的情谊,那么多强调个人服从组织的情况"(White,1973)。作为指挥官,里肯巴克建立了一种强制性"伙伴制度",并规定中队的飞行员们要相互关照。对于风险管理和飞行训练,他的观点更像当代驾驶舱/机组资源管理(CRM)课程中的内容,而不像第一次世界大战期间法国和德国上空最令敌军闻风丧胆的英雄所说的话。

> 经验丰富的飞行员不会去冒不必要的风险。他们的任务是击落敌机,而不是被击落。他们训练有素的双手、眼睛及判断力,连同枪炮一起构成了武器装备的一部分。对他们而言,除了那种……更好的飞机或飞行员损失是值得的情况之外,百分之五十的胜算是能够承受或应当承受的最大风险。(White,1973)

在后来的战争中,王牌飞行员们继续传递着同样的团队理念:团队合作、战术意识、纪律严明。在第二次世界大战中,理查德·邦(Richard Bong)少校被证实的获胜记录达40次之多,成为美国历史上最伟大的王牌飞行员。"他是团队合作专家,并坚信自己拥有能力出众、颇具攻击性的僚机。"怀特将军回忆道,"他是战术大师,也是一位出色的射手"(White,1973)。在欧洲战场,罗伯特·约翰逊(Robert Johnson)中校仅用13个月就取得了28场胜利,而他总是将大部分的功劳归功于自己的僚机:"如果没有僚机,你就失去了四分之三的视线和战斗力。"

"战斗机飞行员生活的方方面面都需要用最严格的纪律来约束。飞行本身就需要纪律。事实上，它既是纪律的最终结果，也是通过自律不断应用训练经验的结果……（成就一名伟大的飞行员）。”（White，1973）

这些功勋卓著的王牌飞行员们扩展和延伸了早期的理念，为飞行素养增加了新的内容。真正的飞行员被视为纪律严明、技能全面、驾轻就熟，并且了解飞机、自身、队友、环境和风险的人。只有具备了这些特质，飞行员才能保持清醒的处境意识，具备良好的判断力，并持续做出正确的决策。但战斗机飞行员并不是唯一展现完美飞行素养的沙场老兵，轰炸机机组同样是军事航空领域前所未见的最佳团队合作的典范。

1.4.6 轰炸机：勇气与团队合作的典范

在第二次世界大战中，轰炸机机组克服重重困难，将团队合作发展成一种可能再也无人与之匹敌的艺术。他们必须如此，因为彼此的生命完全依赖于轰炸机编队的协同以及每位机组成员之间的协作。在没有战斗机掩护的情况下，这些机组人员奉命深入敌方领空执行轰炸任务，他们参加了大型空战联盟，与世界上最致命的战斗机飞行员——德国空军作战。相对于如今的战损率而言，当时的战斗力损耗令人无法想象。根据空军历史学家马克·威尔斯（Mark Wells）整理的资料：

轰炸机指挥部作战记录显示，1942—1945 年，英国皇家空军轰炸机共出动 30 多万架次，其中，约有 8000 架飞机失事，另有 1500 架飞机因损坏而报废。死亡人数同样惊人。从战争伊始至战争结束的 6 年间，该指挥部下属的 12.5 万名空勤人员中，死亡人数接近 5.6 万——约占编制总数的一半，8400 人受伤，另有 1.1 万名被俘或失踪。美军同样损失惨重：美空军第八航空兵约有 2.6 万人阵亡，2 万人被俘。（Wells，1995）

勇士们大无畏的牺牲精神激发了人们的斗志。1943 年 7 月 26 日，94 轰炸团（重型）阿瑟·H·艾伦（Arthur H. Allen）上尉执行任务时，在德国汉诺威（Hannover）上空牺牲。人们在这位 B－17 飞机指挥官和沙场老兵的私人物品中发现了他在牺牲前几天总结的有关团队合作精髓的描述，他这样写道：

我想每个飞行员都认为自己拥有世界上最棒的机组成员，我肯定是这样认为的，如果再加上足够的幸运，我们就能够在完成任务后安全返航。显然，谈论机组成员中某个人比其他人更为重要不大合适，因为我们是一个团队，团队中的每一名成员都有自己肩负的使命。就我而言，我的副驾驶肯（Ken）在机组中显然比其他人更为重要。在过去的 7 个月中，作为机长和副驾驶我们一同飞行，我们学会了同时思考相同或相似的问题，这在战斗中真的非常重要。四周战斗机嗡嗡作响，天空被炮火弄得黑乎乎一片，编队在空中被打散，每当遇到棘手的问题，我不需要告诉肯去做什么——他都知道要做什么，他做到了！我们已经成为如此和谐的一体，我们甚至会同时低头。老实说，肯是最棒的专业飞行员。如果有一天上帝想要带他走，我会祈祷和他同去，因为与坐在身旁的人一起面对死亡我毫无畏惧。

机头下方的格雷格（Greg）和卡尔（Carl）必须要一起谈论，就像我和肯是一个小组，他俩也是……格雷格是爱尔兰人，作为领航员，我们这群人中没有比他更出色的了。和所有人一样，格雷格也会犯错，但他有一个大多数领航员所不具备的优点：他会主动承认自己迷航，这样我们就有了一起共同解决问题的时间。我想，如果他标绘出一条通往地狱的航线，我也会跟着他的。更为重要的是，对机组而言，他是团队的核心；对军官们来说，他是朋友和伙伴；对士兵们来说，他是一位老大哥。他是那种如果失去他，机组将很难正常工作的人。(Allen，1983)

艾伦上尉以同样的方式详细介绍了机组中的每一位成员，总结他们的优缺点、性格，以及在压力下的行为倾向。这样的感受并不是特例，马克・威尔斯汇集了许多退伍老兵对第二次世界大战经历的看法。

自尊、凝聚力和团队合作是机组人员士气的基石，其中，团队合作是机组成员每天参与作战行动的重要精神支柱。无论他们驾驶的是单座战斗机还是多人制轰炸机，都是如此。具有凝聚力的团队不但会制定行为标准，也会以团队被认可和安全飞行纪录作为良好表现的回报。(Wells，1995)

可以说，参加过第二次世界大战的轰炸机机组成员，至今仍对这种尚未被超越，甚至依然无法匹敌的团队合作精神心存感恩。有意思的是，在那个史无前例的恶劣空战环境中，每一位幸存者都抱有相同的信念，那就是团队合作是他们成功和生存的唯一最重要的因素(见图 1－5)。同样，我们也不应当低估它在现代飞行素养发展中的作用。

注：驻扎在英国的机组正在一幅“防空火力分布图”前进行飞行准备，
分布图上标注了可能存在高风险的区域。

图 1－5　现代飞行员很难理解在第二次世界大战早期白天执行轰炸任务的危险程度(美国空军学院图书馆特藏)

1.5 飞行素养的精髓:基于经验和教训的模型和定义

这些历史讨论告诉我们,优秀的飞行员都具备某些共同特征。此外,昔日的成功经验也为我们留下了关于良好飞行素养本质的启示。本章由“什么是飞行素养”以及“怎样培养飞行素养”这两个问题开始,通过回顾载人飞行在战场内外的历史,展望未来技术和战争冲突可能存在的需求,可以找到问题的答案。有意思的是,透过两种不同视角,得出的关于飞行素养的结论十分相似。在历史上,顶尖飞行员通常都具备某些共同的品质与特征,而这些特质不会随着未来技术的发展或潜在敌人的变化而出现太多的变化。随着时间的推移,构成卓越飞行素养的基本内容不会改变,只可能在程度上有所变化。无论分析的时间框架如何,分析揭示出良好飞行素养的三项基本原则都不变:技能、熟练程度以及安全有效应用它们的纪律。除了这些基本原则之外,那些飞行专家在其他五个专业领域也都具备深厚的知识储备:飞机、团队、环境、风险或敌人、自身。若具备了所有这些要素,优秀的飞行员就能始终保持良好的判断力和高度的处境意识。后面几章将详细介绍这些内容,图 1-6 集中展示了这些要素以及它们之间的相互关系。

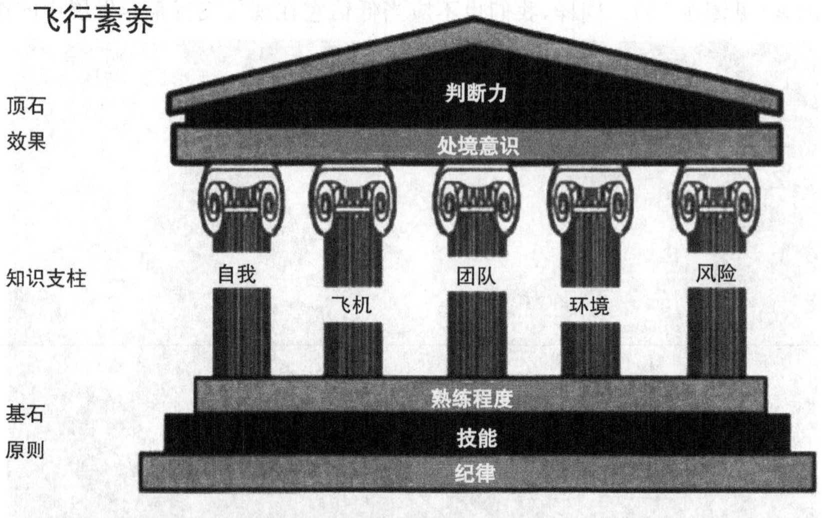

飞行素养是指持续应用良好的判断力和熟练技能去完成飞行任务。这种一致性需要建立在严格的飞行纪律基础之上,并通过系统的技能获取和熟练程度培养。高度的处境意识是飞行素养的顶峰,是依靠自身、飞机、团队、环境和风险的知识获得的。

图 1-6 飞行素养模型

一位专业的飞行员会将许多因素综合为一个整体,同时认识到这些因素都是不断发展变化的,需要持续、有计划地关注它们。专业的飞行员了解自身的能力和限制、自己的团队、自己的飞机、自然环境、监管环境和组织环境,以及与飞行相关的各种风险。他们是建立在纪律、技能和熟练程度基础上的。仅仅专注于某一个领域，无法成为优秀的飞行员。操纵技能不娴熟的战术专家无法得心应手地驾驶飞机，因而也无法有效地提升战斗力。反之，不熟悉交战规则或是将友军误认作敌人的“操纵娴熟型”飞行员，一旦犯下错误，也会给国家造成无法弥补的损失。

仅仅将战术与技术专长结合在一起还远远不够，即使那些了解敌方武器系统和战术相关风险、飞行技术也比中队其他成员更为出色的飞行员，如果不能与自己的僚机、机组、联合团队很好地协同工作，他们在空中/陆地战场上也无法发挥相应的作用。整合这些要素需要具备一种特殊的能力，这种能力泛称为人的因素。全面飞行素养融合了技术和战术专业知识、操纵熟练度以及各种人的因素，以便顺利、有效地将飞行员和飞机的能力整合到联合团队中。全面飞行素养带来处境意识的提高、差错的减少、操作效率的提高和训练的改进，使飞行更加安全。通过缩小飞行素养方面的差距，飞行员能够更好地应对飞行中不断快速变化的环境。

毫无疑问，飞行素养中也涉及其他方面因素。机遇、外部环境因素以及纯粹的运气都会对飞行员每一次决策的成败产生影响。飞行素养模型并没有试图用一个简单的框图来解释飞行中的所有成功，也不表明良好的飞行素养始终是一种“平衡”的方法，正如模型建议的那样。许多非常成功的飞行员都是用某一方面出色的能力来弥补自己其他方面的欠缺。历史表明，“只注重一个方面”的方法有时会产生效果，但大多数情况下会面临失败，而不是成功。墨菲（Murphy）总是不厌其烦地告诉我们：如果你有弱点，迟早会被其所害。

要求每一位飞行员都具备飞行素养模型中的全部要素似乎并不实际，但总体来说，大多数成功的飞行员都拥有图 1-6 中的那些特质。纪律、技能和熟练程度的坚实基础，结合制定决策的多种专业知识基础，这个完美的典范对于今天的飞行员具有良好的指导意义。

培养全面的飞行素养不是一项简单的学习任务，若想达到专家级的水平首先要发自内心，从改进的动机开始，不断掌握极端复杂（通常是恶劣的）飞行环境中所需要的技能和知识。始终如一的良好判断力和高度的处境意识，一直是良好飞行素养的标志，然而要达到这一理想目标，方法并不十分明确。许多人认为，判断力和处境意识是个人的天赋，某个人要么天生具备这种能力，要么不具备。这不是本书所采用的逻辑。历史告诉我们，良好的飞行素养有特定的基础，它们是可以通过系统化学习、训练及自我约束培养的。这些技能的培养是后续章节讨论的重点，它们将详细介绍飞行素养模型中的各个组成部分，并通过发生在过去和现在飞行员飞行中的实际案例，归纳出全面飞行素养的基本准则。

1.6 参考文献

[1] Allen, Arthur, H. 1983. Ramblings of a bomber pilot. Stories of the Eighth:

An Anthology of the Eighth Air Force in World War Two. John Woolnough, ed. : Hollywood, Fla. : The 8th Air Force News.
[2] Armstrong Laboratory. 1993. Collection of critical incidents (#00144) from Operation Desert Shield/Storm. Brooks AFB (HRMA), Texas.
[3] Aymar, Brandt. 1990. Men in the Air: The Best Flight Stories of All Time from Greek Mythology to the Space Age. New York: Crown Publishers.
[4] Bulfinch, Thomas. New York: The Modern Library. Bulfinch's Mythology.
[5] Cross, Christopher. 1994. Telephone interview. September 8.
[6] Curtiss, Glenn, and August Post. 1990. The first international aeroplane contest. Men in the Air. Brandt Aymar, ed. : New York: Crown Publishers, pp. 220-225.
[7] D'Orlandi, Renata (translator). 1961. The Origin of Air Warfare. 2d. ed. Rome: Historical Office of the Italian Air Force.
[8] Foushee, H. C. 1985. Realistic training for effective crew performance. Proceedings, 4th Aerospace Behavioral Engineering Technology Conference. pp. 177-181.
[9] Hallion, Richard, and Bildstein, Roger. 1978. The Wright Brothers: Heirs of Prometheus. Smithsonian Press.
[10] Helmreich, Robert. L. , Roy E. Butler, William R. Taggart, and John A. Wilhelm. 1995. Behavioral markers in accidents and incidents: Reference list. NASA/UT FAA Aerospace Crew Research Project Technical Report, 95-1.
[11] Kern, Anthony. 1994a. A historical analysis of tactical aircrew error in Operations Desert Shield/Storm. U. S. Army Command and General Staff College (CGSC) Monograph. June 2.
[12] ----. 1994b. Ignoring the pinch. Torch Magazine. September.
[13] ----. 1995. What is airmanship? A survey of military aviators. Unpublished research in progress. United States Air Force Academy.
[14] National Transportation Safety Board. ASRS. 1994. Aeroknowledge (CD-ROM)
[15] ----. 1980. Report brief. Accident ID #LAX89DUJ04. File no. 140.
[16] Powell, Stewart. 1991. Friendly fire. Air Force Magazine. December. 59.
[17] Provenmire, H. 1989. Cockpit Resource Management: An Annotated Bibliography. October.
[18] United States Air Force (USAF). 1994a. Air Force Regulation (AFR) Report on B-52 mishap. June 24. pp. 110-14.
[19] ----. 1994b. Report on Blackhawk shootdown. Vol. 12:13. July. AFR pp. 110-14.

[20] Wells, Mark K. 1995. Courage and Air Warfare. London: Cass Publishing.
[21] White, Gen. Thomas. 1973. Air Force Fact Sheet 73-7, AF Aces. Secretary of the Air Force Office of Information.
[22] Wills, Kelly, Jr. 1968. Feldfliegerabteilung 25—The Eyes of Kronprinz from the Recollections of Dr. Wilhelm Hubener. 9(1): The Cross and Cockade.

第2章

飞行纪律:飞行素养的基石

只有一种纪律——严格的纪律。

——乔治·巴顿将军(General George Patton)

2.1 美国空军中校艾琳·柯林斯(Eileen Collins)的观点

所有对运行能力有不同要求的飞行都需要严格的纪律作保障。在任何环境中,飞行都是一项风险相对较大的工作。作为飞行员,我尝试使潜在问题最小化的一种方法是研究系统和操作程序。任何飞行设备的安全运行都需要深厚的系统知识和准确的程序记忆。除了常规学习方法外,我会在日常生活中反复复习这些程序。比如,在慢跑或游泳时,我会在脑海中回顾紧急情况下需要执行的关键步骤。大家可以想象各种各样的紧急状况,然后在内心演练:应当采取什么样的措施,才能避免人员和财产的损失。

对于飞行素养和飞行准备,我一直都很自律。自律可以让我不厌其烦地研究那些复杂的系统。我现在所做的一切都是我在职业生涯中一直使用的,从本科飞行员培训的第一次飞行就开始这样做。

无论是单发通航飞行,还是空间飞行,如果都能尽自己最大的努力,那么我们不仅可以安全完成飞行任务,而且可以在那些有不同能力要求的飞行中始终保持向前的动力。这是一种责任,对我们都很重要,无论作为个人或是团队成员。每个人都应当掌握飞机的飞行原理,以及在正常及紧急情况下应当如何操作。这样,我们不仅能够挽救生命和飞机,而且可以激发和保持子孙后代对航空的兴趣。

艾琳·柯林斯中校是首位女性航天飞机驾驶员,她在30种型别的飞机上有超过4000小时的飞行经历。1991年,她作为一名宇航员在太空飞行了近300万英里。她曾担任俄美太空计划首次飞行任务的STS-63飞行员。(大约20年前,柯林斯中校在俄克拉荷马州万斯空军基地(Vance Air Force Base)任T-38禽爪飞机的飞行教员和飞行检查员,她是本书作者第一次接受仪表飞行检查时的检查员。)

卓越的飞行素养离不开绝不妥协的飞行纪律。飞行员可能拥有高超的驾驶技能,甚至具备比飞机设计师更丰富的系统知识,比武器学校教官更全面的战术知识,比查克·耶格尔(Chuck Yeager)更丰富的经验——但是如果不遵守飞行纪律,他只是一枚会行走的定时炸弹。本章分别从个人和组织的角度审视飞行纪律，试图让大家明白三个重要的教训。

1. 飞行违纪行为会对飞行员的良好判断力产生潜移默化的负面影响。

2. 飞行违纪行为是会蔓延的。

3. 对于任何一种飞行违纪行为，最好的抵制方法是采取零容忍的态度。

本章给出飞行纪律的定义，并讨论了违反规章的常见借口。以一个飞行纪律的案例为例，指出飞行违纪行为的蔓延特性以及组织纵容带来的后果——可能导致一种纪律涣散的文化氛围。尽管这个案例来自军事领域，但分析结果同样适用于商业航空和通用航空领域。在案例最后，给出了惩戒飞行违纪行为的指导原则。

2.2　神圣的信任

无论执行什么性质的飞行任务，大多数飞行员都可以凭直觉判断合理及不合理的行动方案。从接受训练开始，飞行员受到的教育是：完成飞行任务可以有多种选择。军事飞行员被灌输“机动灵活是保持空中优势的关键”的理念，因而他们在执行飞行任务时被授予相当大的战术自由度。这种灵活性是空中军事力量的主要优势之一，必须保持。同样，为了应对各种状况，商业航空和通用航空的飞行员在飞行时也享有相当大的操纵自由。在这种可以灵活变通的环境中，良好的飞行素养是保证飞机安全有效操纵的必要的先决条件。人们信任飞行员不会在飞行中滥用本身具备灵活性和创造性的这套系统。出于这种神圣的信任，飞行纪律势必成为飞行员整体飞行素养的基础。

2.3　飞行纪律的定义

除非出现紧急情况或是战斗任务另有要求，飞行纪律通常定义为在运行指南、监管规范、组织规定和常识的指导下，安全驾驶飞机的个人能力和意志力。我们首先从“能力”和“意志力”的概念开始，深入探究飞行纪律的定义。真正违反飞行纪律的行为肯定是有意识或有意的行为。如果某个飞行员由于缺乏技能或知识，不小心飞到限制高度以下，则不属于违纪行为。当然，它肯定显示出飞行员缺乏飞行素养，但应归入其他类别，如技能、熟练程度或环境知识欠缺。这个区分很重要，飞行违纪行为非常严重，我们不能不认真对待。作为飞行员群体，我们必须能够识别违规者，要么改变他们，要么将他们从飞行队伍中剔除出去。

定义的第二部分提到要遵守“运行指南、监管规范、组织规定和常识”。运行指南涉及飞机本身的操作限制，通常颁布在相关的飞行手册和技术指令中。飞行手册的操作限制会经常更新，而在实际工作中对手册进行更新却常常被大家忽视。这些更新可能来自新的工程数据，或是他人的惨痛教训，无论属于哪种情况，飞行员都必须保证与设备操作限制技术指标的同步更新。

符合监管意味着了解并遵守所有国际、联邦、各州和运行所在地的飞行规定。根据飞行性质的不同，规章涉及从国际民用航空组织（ICAO）、联邦航空条例（FARs），到其他与现实飞行环境相关的条例和特殊指令等一系列信息。同样，这些内容会经常更新，了解相关变化是每个飞行员的义务。

再下一个层次，在飞行中还必须遵守组织规定和指令。遗憾的是，它们通常被许多飞行员看作是“软规则”，或是最容易免受惩处的规定。为了进一步明确组织内飞行员所要遵守的指导原则，航空公司或军事部门一般会制定某些制度或“操作细则”。例如，在冬季增加燃油量，或降低经验不足飞行员的侧风标准。

智者曾说：“常识并非都为人熟知。”这句话对于违纪飞行员所采取的行动真是一语中的。绝大多数飞行员都知道，书面制度和规章不可能适用于所有情况，因而总有一些飞行员会另辟蹊径地寻找现有规章中的漏洞。这种情况的一个典型例子是，一群飞行员“发明”了一种可以摆脱飞行手册中对360度横滚的新增限制，他们解释说，只要在相同的方向上做两个180度的横滚，依旧是“符合规定的”。这样的操作，实际上比禁止的机动操纵更加困难和危险。显然，这些飞行员并非不懂得增加机动限制的意图，他们只是在为自己的违规行为寻找借口，这是一个典型的违反飞行纪律常识的例子。

飞行纪律定义的最后一部分涉及某些特定环境，在这样的环境中，不遵守运行指南、监管规范、组织规定，甚至有悖常识可能是必要而合理的。法规和条例无法预见空战或紧急情况下的所有可能的状况及处置需求。此时，飞行员必须充分利用所有可用资源保证任务的完成和飞行的安全。然而，即使在极端危险的处境下，也必须保持谨慎，一旦危机解除，飞行员应当尽快将飞机恢复到符合安全规定的状态中。

飞行纪律性似乎是一个非常简单的命令，实际上，大多数飞行员也的确按照要求遵守程序和规定；然而，总有一部分人会为自己不遵守程序和规定寻找这样或那样的借口。

2.4 五个常见借口

有时，飞行员会抵制不住违纪的诱惑，有意在执行程序中简化操作或在飞行时短时间超出操作限制。飞行的本质意味着飞行员在空中的行为通常没有组织的监管，组织只是相信飞行员会正确行事。一次小小的飞行违纪行为通常很少或没有显著的影响，但却可能让那些不知谨慎的飞行员为自己愚蠢的行为找理由。以下是在飞行违纪行为中常见的五个借口：

1. 如果违纪行为不为人所知，也没有人受伤，那有什么问题？

2. 每个人都知道，所有规章都有安全裕度。

3. 规定只是为了保护那些不称职的飞行员。

4. 这个行业监管过度。在政府介入之前，飞行员就已经这样干了几十年。

5. 如果被这些愚蠢的规定束缚住，我就无法挑战极限，真正提高飞行水平。

不难看出，如果想要为违纪行为找到理由，飞行员就会乐于接受这样的“合理”解释。一名随时可能违反飞行纪律的“顶尖”飞行员是真正优秀的吗？对这种没有职业精神的行为，答案肯定是“不”！

政策、程序和规章的存在有多种原因，违规者本人往往看不到缺乏纪律性的影响。在军事环境中，这种影响可能很微妙而且会被放大。军事飞行员经常会在联合行动中与其他军种和国家的成员一起计划、训练和作战。为了达到特定目的，行动中会制定相关程序、政策、标准操作程序和交战规则。尽管这些对于单个的机组成员来说，目的看起来并不明显，也不那么容易接受，但必须坚决准确地贯彻执行。在本场周边常规枯燥的训练中，一些不起眼的飞行违规行为看似是安全或可接受的，但在相对复杂的环境中，则可能产生灾难性后果。

在商业航空领域，飞行违纪的后果可能比在军事航空领域更为严重。面对如今拥挤的空域和大型喷气式客机，哪怕是一起事故，也可能造成重大的人员伤亡。为了保护无辜的生命，必须留有一定的安全裕度。

在通用航空领域，相对宽松的运行环境必须在很大程度上依赖自我监管。宽松的环境，加上一些飞行员经验不足，要求采取更为保守的方式。在展开进一步讨论前，让我们逐一分析“五个常见借口”，根据上述的缺乏纪律性的后果，看看它们是否能站得住脚。

*如果违纪行为不为人所知，也没有人受伤，那有什么问题？*真正的问题是，不可能存在永远“无人知晓”的故意违纪行为，那个最重要的知情人就是违规者本人。心理学家告诉我们，一次侥幸逃避惩罚，很可能会导致后续相同或类似行为的出现。违纪行为就像一条溜滑的下坡路。简而言之，你绝不可能只做一次，一次有意违规很可能会为你的再次尝试预先设置陷阱。

*每个人都知道，所有规章都有安全裕度。*是的，出于一些考虑通常是这样。制定安全裕度是为了兼顾仪表、导航设备的容差及人为差错的叠加影响。基于假设的内在安全裕度而无视规章的前提是一切都完美运行。当飞行员做出这样的决策时，实际上是在一个有瑕疵的假设基础上，拿自己和其他人的性命作赌注。

*规定只是为了保护那些不称职的飞行员。*这个借口的逻辑是：规章是针对可接受的最低标准制定的，因此优秀飞行员可以违反这些规定却依然能够保证安全。从某个角度来说，这个解释有一定的道理，因为规章旨在保护所有的人，包括飞行技能娴熟的和不熟练的。这一点令这个借口极具诱惑性，但其中存在逻辑缺陷，航空系统的正常运行是建立在假定所有飞行员必须遵守各项规章的基础之上的。这就如同在地面交通系统中，如果某个人一直在闯红灯，或在高速行驶的状态下闯黄灯，他这种不安全的驾驶行为，迟早会连累那些遵守交通规则的人受到伤害。没有人能够独享天空，因此无论技能是否娴熟，我们都有遵守既定指南的道德义务。

这个行业监管过度。在政府介入之前，飞行员就已经这样干了几十年。这个借口的前半部分肯定会在航空界许多部门引发激烈争论。然而，当今飞机性能和复杂程度的提升、运行数量的激增都需要监管能力达到某种水平。从飞机和运营模式的角度来看，现行规章的严格度及合理性对个体运营者似乎没有必要。然而，换个角度，从整个航空领域来看，当你发现喷洒飞机、娱乐飞机、运输喷气机和军用飞机在共享同一片天空时，监管的必要性就不言而喻了。

如果被这些愚蠢的规定束缚住，我就无法挑战极限，真正提高飞行水平。许多飞行员认为自己飞行能力的提高受到现有规章或组织环境的限制，他们认为只有在既有规定之外实践，才能变得更加优秀。绝大多数的高风险机动动作必须在教员的监督和指导下、或在特殊空域中实施。几乎所有的安全规章都是源自那些与你抱有类似想法的事故飞行员血的教训。认为只有通过“挑战极限”才能提高的飞行员，建议他们在挑战极限时，不要忘记遵守规章和操作指南。盲目挑战个人或飞机的极限，很有可能会迅速在游戏中消失，这是最可怕的——如果骰子转错了方向，就会要了你的命。

2.5 “更棒”的陷阱

飞行员争强好胜的天性可能会令哪怕很小的违纪行为变得失控，并很快引发严重后果。通常，同级别的飞行员都想在危险性极高的“我能做得比他更棒”的游戏中超越对方。数十年前，在欧洲某空军基地，指挥官制定了一项政策，每周五下午允许最后一架返航飞机高速“低空通场”，以此来鼓舞部队士气。这项纯粹用来提振维持保障部队士气的行为，迅速演变成飞行员之间的“惊险表演”竞争。起初，低空通场保持规定的飞行速度和高度，在安全范围之内。渐渐地，通场飞行的高度越来越低、速度越来越快，甚至引发了当地政府官员和附近居民的不满。然而这项活动仍在持续，最终一名飞行员在低空失去对飞机的控制，坠毁在居民区附近。

在关岛的某次军事演习中，也出现了类似的飞行违纪行为，当时空军和海军的飞行机组正在进行联合攻击演练。每天在飞行的最后阶段都要进行突袭机场的模拟演习，强击机和轰炸机要尝试突破该岛周边的对空防御，飞越安德森（Andersen）空军基地，然后返回机场准备着陆。机组成员通常每隔一天飞行一次，没有任务的时候，组织讲评并布置计划。每天下午，没有任务的机组成员都会拿着摄像机爬上屋顶，赶去拍摄比很多航展表演都要刺激的“空袭”行动。晚上，大家一边喝啤酒，一边看录像，点评哪个人表现最好。到了演习第三天，几乎所有的飞机都擦着屋顶呼啸而过，只能平躺在屋顶上的“观众们”开始为自己的性命担忧。此时，如果事态再不加以控制，那么将只有一种终结方式——灾难！现场指挥官进行了干预，发布命令强制军官集合。在所有飞行员、领航员和武器系统操作员集合完毕后，指挥官明确指示，如果下一次哪个人飞行高度低于安全标准或飞行速度超出安全标准，他将收到一张遣返的单程机票，并受到严厉的行政处罚。指挥官的干预避免了可能会降临的灾难。这类情况并不罕见，一旦违纪行为发展成趋势，飞行员们很难自我叫停。飞行违纪会令许多飞行员上瘾，一旦出现苗头，就需要外界力量加以干涉。飞行员争强好胜，加上宽松的指导和监督体系，很容易为违纪行为搭建施展舞台。面对诱惑，最好的抵制办法就是牢记本章开头巴顿将军的那句话，并要记住所有飞行员都会说的那几个最危险的字——“看我的！(Watch this!)”

2.6 “空中流氓”——飞行员中的另类

飞行纪律差的表现方式并不总是像前面描述的那样“集体歇斯底里”，还有这样一类飞行员，他们通常经验丰富、技术高超，他们将航空活动固有的灵活性视为可以实现自我满足的混沌环境，但往往导致悲剧性结局。这类流氓飞行员往往善于交际，很受大家欢迎，他们深谙可以违反什么规定、什么时候违反以及和谁一起违反。一般说来，上司对他们的看法与同事或下属对他们的看法截然不同。由于被认为技能出众、专业知识丰富，“空中流氓”拙劣的飞行素养会产生更为广泛的不良影响。许多年轻的飞行员会把这类“空中流氓”视为榜样，并模仿他们所具备的“不良飞行素养”。从下面的案例中，我们可以看到这类飞行员的危害。需要注意的是，随着势态的发展，违纪行为的性质会不断升级。无论是发生在个人身上还是群体中的飞行违纪行为，似乎都遵循着类似的逐步升级的规律。同时还要注意，组织纵容会让这类愚蠢行为持续下去，直到灾难的降临。

案例分析：飞行素养和领导力同步缺失

1994 年 6 月的一个午后，阳光明媚，太平洋夏令时(PDT，Pacific Daylight Time) 13 时 58 分，代号沙皇 52(Czar 52)的一架 B－52H 飞机从太平洋西北部某空军基地起飞，为即将到来的航展进行飞行预演。机组在经验丰富的飞行教员带领下，对一项飞行剖面远远超出飞机性能和规章标准限制的飞行任务进行了准备，并完成了飞行简令。演习结束准备着陆时，由于跑道上有其他飞机，塔台要求机组“复飞”或中止进近。飞机在距地面仅有 250 英尺的高度上，围绕塔台做了一个向左 360 度的最小半径盘旋，盘旋到 270 度左右时，飞机坡度超过 90 度，飞机失速，导致左机翼撞上了地面的输电线，飞机坠毁。事故发生在 14 时 16 分，四名校级军官无一生还。(McConnell，1994)

事故调查发现，至少在三年时间内，机长拙劣的飞行素养一直令人不安。这个案例告诫我们，飞行纪律涣散是如何蔓延的，如果不加以制止，最终会导致一个公然无视甚至沉迷于挑战操作限制和规章的流氓飞行员的出现。正如一位机组成员在谈及事故时所说的那样，“你可以看到、听到、感到、闻到它的来临。希望它发生的时候，我们都不在飞机上。”(Anonymous，1995)

鲍勃·哈蒙德(Bob Hammond,化名)中校是沙皇 52 飞机的带队机长,毫无疑问,事故发生时他在驾驶飞机(93rd Medical Group,1994)。哈蒙德中校也是飞行标准化和评估部门的负责人,令人意料不到的是,他还负责基地所有飞行员飞行技术标准的监督执行。B-52 中队的指挥官也在事故中丧生,他是一名飞行教员,担任副驾驶。大量证据表明,控制该飞机的两名飞行员之间存在着很大的分歧。鉴于哈蒙德在与机组一起飞行时,多次公然违反飞行纪律,中队指挥官曾经想要将其停飞,但没有成功。在飞机起飞前最后一分钟,基地副指挥官决定加入飞行计划,这也是他最后一次飞行,按照空军传统,飞行员会在最后一次飞行后退役。他的妻子和朋友们计划待飞机着陆后,在停机坪上为他飞行事业的成功举行庆祝仪式。雷达领航员由轰炸中队作训处主任担任。耐人寻味的是,沙皇 52 飞机所有机组成员全部是校级高级军官。在事故调查中还发现,由于哈蒙德臭名昭著的违纪行为,许多下级军官公开拒绝与哈蒙德中校一起飞行。

所有致人死亡的飞行事故都是悲剧,而那些原本可以轻易避免的事故,其悲剧色彩愈加浓重。顶级的"一杆两舵"飞行员违纪行为造成沙皇 52 的坠毁,更为讽刺的是,这名所谓的"顶尖"飞行员,其飞行素养其实极其糟糕。这则案例生动细致地告诉我们,缺乏飞行纪律性的飞行员就是一场随时可能发生的事故。即使飞行员经验丰富,知识渊博,技能熟练,也不可能例外。良好的飞行素养与飞行违纪行为势如水火。

不管怎么说,鲍勃·哈蒙德都是一位极具天赋的"一杆两舵"飞行员。哈蒙德中校的飞行时间超过 5200 小时,飞行检查记录始终保持着完美的 31-0(全部通过)。自 1971 年 3 月以来,他一直驾驶 B-52G 和 H 型飞机(Aeronautical Order,1989),被许多人认为是整个 B-52 联队中最杰出的飞行员之一。同时,哈蒙德中校还是一名经验丰富的飞行教员,曾经在战略空军司令部第一作战评估小组工作,被许多飞行员认为是重型机驾驶员的"金字塔塔尖"。遗憾的是,在 1991 年至 1994 年 6 月期间,哈蒙德中校开始表现出不良的飞行素养。也许天才飞行员的称谓影响了指挥官们的判断和决策,他们没有对哈蒙德中校这种极具破坏性的行为加以阻止。在事故发生前的三年时间内,哈蒙德中校的同事和下属曾经对其飞行违纪行为发出过严重警告,但他的上司却有着不同的看法,以下是上司们的一贯评价:

- "鲍勃是我见过最好的 B-52 飞行员。"(McConnell Tab V-3.3)
- "鲍勃……在驾驶时非常放松……有处境意识的家伙……是和我一起飞过 B-52 人中最有学识的一位。"(McConnell Tab V-2.8)
- "据我所知,鲍勃应该是联队中最好的 B-52 飞行员,即使他不是兵团中最好的那个,也应该是其中之一。他曾任职于史丹·艾瓦尔指挥中心的作战评估小组,经验丰富……对规章及这种型号的飞机性能非常了解。"(McConnell Tab V-6.3)

然而,在那些要求定期与哈蒙德中校一起飞行的初级机组成员的声明中,却发现另外一种截然不同的观点。

- “有人说过，他可能会尝试一些荒谬的机动动作……他一生的目标就是驾驶 B－52 做横滚动作。”（McConnell Tab V－21.4）
- “我想，这次航展他可能还会尝试，荒谬，可能会造成数千人丧生。”（McConnell Tab V－21.7）
- “我不打算和他一起飞行；我认为他很危险。总有一天他会置人于死地，但不会是我。”（McConnell Tab V－21.10）
- “当我告诉他不愿意和他一起飞行时，哈蒙德中校用玩笑岔开话题。在那之后他经常找我并对我说，‘嘿，麦克，我们要去飞行了，你想和我们一起去吗？’每次我都会微笑着说，‘不，我不打算和你一起飞行。’”（McConnell Tab V－32.10）
- “哈蒙德中校违反规定或超出限制……几乎每次飞行都这样。”（McConnell Tab V－32.3）

这些相互冲突观点的背后原因可能永远不为人知，但它们却暗示了一种违反规定的复杂性，这通常是飞行员开始偏离已被证实的合规之路的一种模式。下面的场景详细描述了哈蒙德中校是如何一步步滑向深渊的。

场景一：基地航展，1991 年 5 月 19 日

哈蒙德中校是 1991 年航展 B－52 飞行表演的驾驶员和带队机长。在这次表演中，他公然违反数项规章及 B－52 飞机的技术指令限制，不仅飞行动作超出了坡度和俯仰极限，而且违反 FAR 91 部规章要求，直接从航展观众的头顶飞了过去。回看表演录像也令人印象深刻——他极有可能违反了联邦航空条例有关飞行高度的限制。然而，他在航展飞行表演中的违纪行为，并没有受到相关的纪律处分。一些机组成员已经对如此容忍高级飞行教员公然无视规定的体系丧失了信心，当被问及为什么有那么多的机组成员对这些违纪行为都避而不谈时，其中一名飞行员说：“91 年的航展，整个联队参谋部都坐在那儿看着他这样做（违反规定），说这些话还有什么意义呢？他们已经给他颁发了违规许可证了。”（Anon.，1995）

场景二：指挥权交接仪式上的超低空通场，1991 年 7 月 12 日

1991 年航展后不到两个月，哈蒙德中校担任轰炸中队指挥权交接仪式通场飞行的带队机长和驾驶员。在演练和实际通场过程中，哈蒙德中校驾驶飞机的通场高度估计“在 100～200 英尺之间”。（McConnell Tab V－3.5）此外，飞行中违反手册限制的动作包括超过 45 度（极限是 30 度）的大坡度转弯、极大的俯仰角度，以及半滚——一种机动动作，飞行员将飞机滚转到一侧，然后飞机机头向下，俯冲至水平以便重新获得速度。由于侧滑会对飞机造成损伤，因此飞行手册中不建议实施半滚机动。

围绕哈蒙德中校行为的文化氛围，可能助长了他继续实施这类未经许可的机动动作的决定。与以往一样，通场任务在没有任何干预的情况下进行准备、简令并执行。在指挥权交接仪式上进行低空通场需要得到美国空军副参谋长的批准，但此次通场并没有执行这样的批准请示或授权（ARF 110－14，AA－2.7）。虽然高级官员口头惩戒了哈蒙德中校严重的违纪行为,但这只不过是轻微惩处。联队中的其他飞行员肯定也注意到了这一点,于是一些人开始以哈蒙德中校为榜样。

场景三:基地航展,1992 年 5 月 17 日

哈蒙德中校再次被选为基地航展 B-52 轰炸机飞行表演的驾驶员。飞行剖面包括超过 45 度倾角的几个低空大坡度转弯和跑道上高速通场。高速通场结束后,哈蒙德中校驾驶飞机来了一个机头大约超过 60 度的高仰角爬升,在爬升到最高点时,B-52 做了一个滚转,然后改回到平飞状态(AFR 110-14,"Executive Summary",1:5)。这一次,作战副指挥官训斥了哈蒙德中校,"如果让我知道你又做出违反规定的事情,我就让你永远停飞"。(McConnell Tab V-3.10)显然,这次的警告又被当成了耳旁风,因为哈蒙德中校的飞行违纪行为仍在持续,其飞行素养状况进一步恶化也就不足为奇了。

场景四:全球力量训练任务,1993 年 4 月 14—15 日

此次违纪发生在一次训练任务中。哈蒙德中校担任双机编队的指挥官,目标是梅迪纳·德·费拉隆(Medina de Farallons)轰炸靶场(位于太平洋关岛海岸外的一个小岛链)。在执行任务过程中,为了拍摄特写照片,哈蒙德中校与另一架 B-52 飞机超密集编队,这显然违反了空军作战司令部的规定。在随后的任务中,哈蒙德中校让一名机组成员离开主机舱,到开放式投弹舱拍摄飞机投放实弹的视频,再次违反了现行条例(McConnell Tab V-26.20)。这一事件表明,哈蒙德中校的违纪行为已经不仅仅限于在人前炫耀,任何与他个人观点相悖的规定,这位飞行员都会毫不犹豫地违背。

场景五:基地航展,1993 年 8 月 8 日

尽管(或者也许是因为)哈蒙德中校有以往的飞行表现,但他仍被再次选中在 1993 年基地航展上担任 B-52 轰炸机的飞行表演任务。飞行任务剖面与前几次航展大致相同,但倾斜角度和俯仰角度明显更加陡峭。在低空高速通场结束后,他驾驶飞机做了一个高仰角的机动动作,其中一名机组成员估计机头当时的仰角达到了 80 度,仅比垂直角度小了 10 度。显然,鲍勃·哈蒙德似乎已经陷入个人版的"更棒"陷阱中,也许他认为每一场表现都必须比上一场要棒。

现在,基地的其他机组成员似乎已经习惯了哈蒙德中校在飞行表演中的套路。但是,他不断违反飞行纪律而明显不受处罚的能力,对缺乏技能的年轻飞行员产生了更大的影响。案例一,一名 B-52 飞机的带队机长在加拿大航展中试图模仿哈蒙德中校做"机头上仰"表演,几乎造成灾难性后果(McConnell Tab V-26.12)。据当时的领航员说,机头在从上仰状态改出的过程中,"速度降到了 70 节……感到了抖动"(McConnell Tab V-26.12)。这个速度应该在 80 节左右,低于 B-52 光洁形态①下

① 光洁形态:指飞机在收起所有起落架、襟翼、缝翼时的形态。——译者注

的最小飞行速度。(如果70节这个数字是准确的,那么飞机应当已经停止飞行。在这样的状态下,飞机很容易脱离受控状态。“改出”结果只不过是机头俯冲时幸运地进入了“恢复锥”(recovery cone))。飞行时速在70节时,B-52处于飞行力学所定义的失速状态,则不可能继续飞行。在好运气或上帝的庇护下,避免了可能降临在加拿大观众眼前的灾难。

案例二,发生在新墨西哥州的罗斯韦尔(Roswell),由于模仿鲍勃·哈蒙德在航展上的机动动作,一名新晋升的带队机长被行政停飞。飞机当时接近地面,襟翼已经放下,转弯坡度超过60度。该机长的前教员在谈及此次事件时表示,“听到这些我很震惊,我尊敬的人竟然这么做”(McConnell Tab V-32.7)。现场指挥官也非常惊愕,下令停飞年轻的飞行员,并命令他接受纠正训练。“空中流氓”树立的坏榜样,已经开始被初级以及那些容易受他人影响的军官所效仿,一个差点儿造成灾难,另一个则造成初级军官受到行政处罚,而他们两人都是在效仿鲍勃。

场景六:雅基马轰炸靶场,1994年3月10日

这一次哈蒙德中校是执行单机任务的带队机长,任务是到雅基马(Yakima)轰炸靶场进行投弹训练,同时让一位授权摄影师在地面拍摄B-52轰炸机投弹的画面。哈蒙德中校的飞行高度远远低于训练航线规定的最低飞行高度500英尺。实际上,其中一次拍摄到的飞机通场高度也就30英尺,一名机组成员回忆说:“飞越最高山脊时,距地面某处大约只有3英尺。如果他不及时干预,向后拉杆操纵飞机爬升的话,飞机可能就撞山了。”摄影师也停止了拍摄,因为“是不是飞行员认为我们干扰了飞行……他们闪开了”(McConnell Tab V-28.8)。随后,哈蒙德中校加入A-10攻击机的临时编队,即兴飞越摄影师头顶。这次任务违反了空军作战司令部有关最低安全高度条例,以及FAR 91部和空军有关飞越地面人员上空的高度限制(AFR 60-16)。

飞行期间,机组成员强烈表达了他们对违纪行为和违反规章行为的担忧。据传闻,有一次,雷达领航员不愿违反规定打开携有弹药的飞机投弹舱门拍摄照片,哈蒙德中校就质疑雷达领航员的男子汉气概。还有一次,在低空通场后,领航员告诉哈蒙德中校,其飞行高度“很愚蠢”(McConnell Tab V-28.9),而此次飞行的真正英雄是埃里克·琼斯(Eric Jones)上尉。琼斯上尉是一名B-52飞行教员,在低空通场时,他担任哈蒙德中校的副驾驶。当天,他几乎施展了自己所有的技巧、智慧和谋略,才确保飞机和机组成员平安返航。在意识到仅仅告诉哈蒙德中校他违反了规定但不能奏效之后,琼斯上尉就装作不舒服,让飞机暂时爬升到一个较高的高度,但终究还是哈蒙德中校在控制飞机。以下是琼斯上尉的回忆:

我们突然意识到哈蒙德中校已经将我们带到离地面只有50英尺的高度了。我提醒他这个高度远远低于规定的飞行高度限制,我们需要爬升,他却置若罔闻。当飞机接近山脊时,我再次提醒,急切地对他大喊:“爬升,爬升,爬升”……飞机飞越山顶时我几乎看不到高度差……在我看来,他有自己执迷的另一个目标。我再次喊“爬升,爬升,爬升”,他依旧充耳不闻。我一把抢过驾驶杆,快速向后拉……我估计飞机

掠过山顶时的高度只有15英尺左右……雷达领航员和领航员都吓得尖叫起来，指责哈蒙德中校没必要飞那么低……对于大家的反应，他只是大笑——我的意思是开怀大笑。(McConnell Tab V-28.9)

任务结束后，机组成员就此事进行了内部讨论，最终的结论是今后他们将拒绝同哈蒙德中校一起飞行。琼斯上尉“向他们发誓，再也不让他们和我一起跟哈蒙德中校飞行了。如果有必要，我会不惜一切代价确保这种情况不会发生”。第二天，琼斯上尉向中队作训处主任报告了这一事件，表示“即便我无法继续成为空军的飞行员，我也不会和哈蒙德中校一起飞行”。(McConnell Tab V-28.13)中队作训处主任表示，事情不会发展到那个地步，因为琼斯上尉不是唯一发表此类声明的中队飞行员。(McConnell Tab V-28.13)

这一事件表明，每个机组成员都可以通过不同方式对抗其他人的飞行违纪行为。事发当天，机组成员按照正确的程序采取了积极果断的措施。首先，他们向违规者表达了自己的不满，特别是指出这种行为违反规章制度，并且他们不愿意参与。发现上述措施不起作用之后，他们采取了力所能及的必要行动，包括暂时控制飞机，使飞机和机组成员摆脱险境，避免了灾难的发生。在飞机安全返航后，他们向上级报告了相关情况，并表示拒绝与违规者再次飞行以强调违纪行为的严重性。遗憾的是，并非所有的人都是如此果断或主动。一名B-52飞行教员总结了许多的感受：

每个人都有关于哈蒙德的恐怖故事。他就像是一个疯婆子……父母说“别理她”……“他就要退休了”……“那是鲍勃·哈蒙德，他在B-52上的时间比你睡觉的时间还多。”没错，他是有如此多的飞行经历，但他已经变得自满、鲁莽，并故意违反规定。(McConnell Tab V-39.7)

到1994年6月，基地的组织氛围充满不信任和敌意。尽管如此，哈蒙德中校还是被选中参加1994年的航展。“这不是问题，”一名指挥官说，“鲍勃是航展先生。”

场景七：航展演习，1994年6月17日

哈蒙德中校执行了1994年航展两次预演任务中的第一次飞行。除了两个完成的剖面外，飞行剖面与事故任务完全一致。哈蒙德中校再次无视联队指挥官“坡度小于45度、上仰角度小于25度”的指令(这些操纵指令依然超出了安全规定和技术指南限制范围)，违反安全规定和技术指南标准，驾驶飞机以超大坡度和仰角爬升。在训练中，尽管他所飞的两个剖面都超出了联队指挥官的指令要求，但在演练结束时，作战副指挥官却告诉联队指挥官，“依我所见，剖面看上去不错，看起来很安全，都在参数范围内。”(McConnell Tab V-2.23)

基地机组成员对这种状况感到十分不满。实际上，由于机组中有哈蒙德中校，一位中队领航员拒绝参加航展飞行。中队的作训处主任也同样不安。“我担心他会在航展中再次尝试一些荒谬的操纵，那可能造成上千人丧生。”(McConnell Tab V-21.7)

紧张的不只是飞行人员，应急服务部的医护经理特里萨·科克伦(Theresa Cochran)少校参加了航展策划会。会上，哈蒙德中校简要介绍了自己将驾驶飞机以

65度的坡度实施机动。联队指挥官立即提醒他，坡度最大上限是45度。在一次和另一位参与策划会的同事讨论预案时，科克伦少校回忆起哈蒙德中校的反应。

哈蒙德中校最初的反应是吹嘘对自己的操作很有把握……他说他能完全控制住飞机，然后以200节速度直冲天空。鲍勃和我面面相觑，鲍勃说："他……(删去脏话)"我说，"我只希望他周五出事，而不是周日，那样我就不用处理那么多的尸体了。"……这些话确实让我心有余悸。(McConnell Tab V-19.7)

6月24日，太平洋夏令时(PDT)13时35分，鲍勃·哈蒙德中校滑行至23号跑道，进行最后一次航展预演。14时16分，飞机撞向地面，机上人员全部遇难。

2.7　组织在遵守飞行纪律中的作用

就像如果没有"上"，"下"就没有意义一样，领导力必须从追随的角度来定义。飞行员有遵守现有规章指南的道德和职业义务，组织也有确保规章被执行和遵守的同等责任(如果不是更大的话)。哈蒙德中校拒绝遵守既定规章和飞行手册的限制，无视指挥官的口头命令和指示，组织有充分的理由对他采取纠正措施。即便口头谴责和相关会议集中在飞行素养的具体问题上，他仍执意拒绝恪守规定。有一次，在事故发生前的几周，他就高级军官的指导明确发表了自己的看法："我将参加航展表演，是的，可能会和一些军衔比我高的军官一起飞行，……在地面，他们可能是老板，但是在空中，我是老板，我要做自己想做的事。"(McConnell Tab V-21.10)很明显，鲍勃·哈蒙德已经失去了控制，迫切需要外界强有力的纪律措施来阻止他走向毁灭。遗憾的是，该组织非但没有进行干预，反而扮演了推手角色，任由违反飞行纪律的行为继续肆意发展。

2.8　经验教训

对于现在和未来的飞行员以及组织来说，从案例中得到的经验教训和启示是：信任是在言行一致的基础上建立起来的。如果不能做到言行一致，立刻会被一些飞行员觉察到。退役空军上将佩里·史密斯(Perry Smith)写道："如果没有领导和下属之间的信任和相互尊重，一个庞大组织将呈现表现不佳和士气低迷的现象。"(Smith，1986)结合上述案例，他的论述一语中的。如果组织不能或不愿意介入制止不良飞行素养的蔓延趋势，那么通常只有事故一种结局。

为什么会是这样？为什么顶尖的飞行员会偏离正确方向而越走越远？从这个悲剧中汲取的飞行素养的经验教训是：飞行纪律是一种文化，也是一种个人现象，绝对不能妥协。组织必须有明确的政策：绝不容忍任何程度的毫无理由地违反规定。一旦默许了某种违纪行为，就会不可逆转地向错误的方向发展。事故发生时，鲍勃·哈蒙德正在操纵飞机，但那些为他喝彩或是无动于衷三年多的人，也要分担损失的责任。用陆军中将卡尔文·沃勒(Calvin Waller)的话来说,“坏消息不会随着时间的推移而变好”(Waller,1994)。遇到违纪现象或迹象,任何等级的飞行员都必须采取行动。每个飞行员还必须学会识别“空中流氓”的特征,虽然一些人不像哈蒙德中校那样突出,但他们今天仍在参与飞行,只是不那么明显而已。

2.9 本章精要

飞行违纪行为肯定不只发生在“空中流氓”身上或是军事行动中。在美国国家运输安全委员会的文件柜中,随处可见始于一次飞行违纪行为的悲剧故事。与大多数事故一样,沙皇52号的失事也是一连串事件作用的结果。这些错误包括无法识别和纠正个别“空中流氓”的行为,这最终导致不良的管理氛围以及飞行员之间的不信任。在大多数飞行事故中,飞机失事是连锁反应的最后一张多米诺骨牌。然而在这个案例中,三年多的时间里有数十名年轻且易受影响的飞行员一直将这名“空中流氓”视为自己学习的榜样。反过来,他们又把自己受到的影响传授给他人。连锁反应的最后一张多米诺骨牌也许还没有倒下。

与“空中流氓”形成鲜明对比的是这样的飞行员:具有创造力和决断力,在满足任务要求的同时又不违反既定的指导方针,具备了坚定而不妥协的飞行纪律。接下来谈论飞行员需要培养的飞行素养又一关键要素:操纵技能和熟练度。

2.10 参考文献

[1] 93d Medical Group/SGP. 1994. Medical statement to the Accident Board. August 19.

[2] Aeronautical Order (PA) Aviation Service. 1989. 92d Bombardment Wing, Combat Support Group. March 10.

[3] Anonymous. Personal interview with captain pilot, 525th BMS.

[4] McConnell, Col. Michael G. 1994. Executive summary. AFR 110-14 USAF Accident Investigation Board, vol. 1, ed.: 1. June 24.

[5] Smith, Perry. 1986. Taking Charge: A Practical Guide for Leaders. Washington D. C.: National Defense University Press.

[6] Tab V-26.18. 1994. Air Combat Command message, DTG 2811552. February.

[7] Waller, Lt. Gen. (Ret.) Calvin. 1994. U. S. Army Command and General Staff College (CGSC) lecture slides. March.

第3章

操纵技能和熟练度：飞行素养之剑的剑刃

每个人一生中都会有某个时刻被赋予特殊使命，只有具备能力、掌握技巧并完成必要的训练，才有可能把握住这个机会。如果在那一刻发现自己毫无准备，将会遗憾终生。

——温斯顿·丘吉尔(Winston Churchill)

3.1 美国空军准将查克·耶格尔(Chuck Yeager，退役)的观点

经过半个多世纪在飞行中的不断摸索，我对什么是良好的飞行素养有了自己的感悟。我认为未来的飞行员必须牢记以下三项原则：

原则1 最顶尖的飞行员也会被自满扼杀。我认识一些非常资深的试飞员，由于自满，他们在本该愉快的飞行中受到了伤害。当你觉得一切变得越来越顺手，最好小心一点，飞机马上就要给你苦头吃了。要时刻告诫自己不能自满，这样才能在未来的某一天拯救自己。

原则2 全面了解自己所驾驶的飞机，特别是在紧急情况下可以挽救生命的系统。我总是为自己比其他人更加了解逃生系统而自豪。当我不得不从NF-104飞机中弹射时，这项原则挽救了我。弹射中，座椅的火箭推进器击中了我的头盔，打裂了压力服的面罩，火箭推进器喷出的火焰引燃了密封橡胶圈。由于压力服增压使用的是百分之百的氧气，因而在距离我面部几英寸的地方冒出像乙炔喷灯似的火焰。虽然被击中后我感到头晕目眩，但我清楚地知道如果此时拿下面罩，就会切断助燃的氧气。我成功摘下面罩，拯救了自己和自己的飞行生涯。

这里的重点是，简单掌握书本中的知识是不够的。在速度为零的地面上看起来非常明确的事情，一旦在空中发生，可能会变得很混乱。要充分了解系统的组成和工作原理，以便在压力状态下——某些情况下甚至是半昏迷状态——使用它们。其中一个最好的学习方法是结识飞机的维护人员。如果养成提早15分钟到达飞机的习惯，你就可以利用这段时间与机械师、地勤主管等人员交流。这15分钟很有价值，你不仅会结识机械师，而且也能像他们那样对每架飞机有独特的认知。

原则3 如果你想飞行，那就把它做好。我极其欣赏那些始终如一保持专业水准的飞行员。这些能够日复一日达到如此水准，把事情做好的人的确给我留下了深

刻的印象，他们既不做作也不浮夸，只是一贯的表现良好。有许多飞行员说得头头是道，甚至他们的故事会随着他人的转述而更为传奇。请不要用别人的故事来评判自己，努力提高自己——这才是真正专业人士的标志。

专业飞行员飞得好。如果缺乏飞行技能和熟练度，飞行天赋和飞行纪律也就没有了用武之地。技能的提高和熟练程度的保持需要认真对待，因为我们永远不知道会在什么时刻被赋予特殊使命，如果那时候才发现自己的能力非常有限，将会留下遗憾。下面的案例都是军事部门、商业航空和通用航空领域的真实事件。墨菲正盯着那些毫无准备的人，等着他们犯错误。

3.2 案例分析：充分的准备

1975 年 5 月 12 日，在正式结束美国参与东南亚战争的和平条约签署整整两年之后，柬埔寨军队扣押了美国军舰马亚克斯号(SS Mayaguez)及其船员。路易斯·威尔逊(Louis L. Wilson)将军回忆了这个针对美国船只无端海盗行为带来的举国尴尬：

事件的核心……船只被扣押影响到美国的声誉和尊严……毫无理由地扣押美国船只……普遍认为是一种公然的侮辱……认为美国缺乏果断行动的决心或能力。(Talon，1979)

实际上，美国做出了果敢的响应。截至 5 月 15 日中午，近 230 名海军陆战队员和空军机组人员就已经部署到被认为是马亚克斯号船员关押之处的泰国湾孔泰岛(Koh Tang)，国家指挥当局也已经下令展开营救行动。

下达救援任务时，26 岁的唐·贝克伦德(Don Backlund)中尉被派往驻扎在泰国那空法侬(Nakhon Phanom)的空中搜索与救援第 40 中队。他 4 年前毕业于空军学院，负责驾驶 4 架救援直升机中的一架，解救被柬埔寨大批军队围困在孔泰岛上的美军士兵。当天早些时候，负责将海军陆战队员机降在该岛的 9 架直升机中已有 8 架失踪或严重受损，形势十分严峻，并且越来越危急。美军已经无法压制柬埔寨军队的进攻，整个救援任务变得十分危险。眼见黑夜即将来临，军队的士气由于时间的拖延而越来越低落，贝克伦德中尉用无线电联络了对空管制中心管制员，十分明确地报告了事态的紧急，他坚持认为是采取行动的时候了。贝克伦德中尉结合自己的技能和熟练度，以及所掌握的柬军部署和火力配备情况，做出风险评估。美军正陷入困境，而自己是他们最好的，也可能是最后的机会。他驾机高速地从低空飞到海滩，看到了幸存者发出的烟雾信号。贝克伦德中尉把直升机的机尾甩向海滩，降落下来。尽管遭受了一整天空袭，有 3 架美军直升机在林木线上方扫射，柬军仍然持续发起疯狂进攻。当柬埔寨士兵发现海军陆战队员正准备摆脱他们的控制时，转而向直升机发起猛攻，距离最近时曾逼近到手榴弹投掷可达范围。当机组确认所有 25 名海军和空军士兵都已登机，贝克伦德中尉才撤出战斗。

鉴于在马亚克斯救援行动中出色的表现，唐·贝克伦德被授予空军十字勋章。在一部庆祝美国空军学院成立 25 周年的影片中，他总结了自己在马亚克斯任务中的感受："今天是和平，明天就是战争，没有时间健身，也没有时间重新学习程序，更没有时间研究你应该持续研究的资料。"

当命运召唤时，唐·贝克伦德做好了准备。他的操纵技能以及所保持的熟练水平成为拯救许多美国年轻人生命的关键。当危机来临，这种技能和熟练度带给他内心的自信，使他能够冷静执行别人眼中近乎自戕的任务。(Talon，1979)①

3.3　技能培养

飞行员只有具备了在正规及非正规训练中培养的多种技能才能满足飞行要求。显然，除了飞行操纵技能外，还需要沟通、决策、团队协作能力以及或许是最重要的自我评估能力。飞行员有能力评估自己当前的技术和熟练水平，并根据需要寻求适当培训，才能进行合理的风险评估。无论是像贝克伦德中尉这样的战斗机飞行员，还是那些需要调动所有技能应对严重紧急情况的商业运输或通航飞行员，所有渴望具备卓越飞行素养的飞行员都需要培养这些能力。

一般来说，飞行训练大纲是针对确保安全的最低一级操作技能标准而编制的，学员的技能水平通常采用飞行检查或评估等方式评价。检查通过后，飞行学员方可不受特定限制地参加实际飞行。某些通用的和年度培训是为了保证飞行员能够持续达到最低熟练水平，但这些要求主要出于保证飞行安全的目的，而不是挖掘飞行员的潜质。除非幸运地被选中参加一些高级训练项目，否则，想要自身优秀，你就需要亲自参与自己的培养。因此，要善于利用飞行中每一分钟的宝贵时光。遗憾的是，许多飞行员都没有做到这一点。如果能用反向进近替代目视盘旋进近，或者在起落航线上额外做一些失速练习，比起保持固定高度巡航或单纯执行目视程序进近，都会使自己的飞行经历时间在提高飞行能力方面更加有效——当然，除非是自己需要在这几方面提高熟练性。最后，发挥个人潜能还需要制定一份建立在诚信及合理自我评估基础上的个人行动计划。

这种类型的纪律不同于我们在第 2 章中谈到的，它是一个建立针对自己优势和短板严格评估基础之上的寻求持续改进的承诺。苏格拉底说"了解自己"是智慧的首要支柱，对飞行员来说这句话肯定是对的。自我认知对于能力的培养和提高至关重要。在正规训练环境中，针对自己的薄弱环节，你有责任帮助教员了解需要补充的额外训练科目；而在正规训练结束后，自我认知是不断提高的基础。然而，能力的培养不仅仅是自我认知。在我们完全掌握提高飞行素养技能的个人特质前，有必要了解

① 1979 年，贝克伦德少校在一场悲剧性事故中丧生。同年 11 月，美国空军学院报《塔隆报》(*The Talon*)刊登了一篇题为《悼念》(*In Memoriam*)的文章。这个案例故事部分转载和改编自《悼念》。

在迈向卓越飞行素养的过程中所要经历的不同技能层次。

3.4 四个技能层次

在职业生涯中，所有飞行员都必须达到一定的最低标准才能通过评估并合法驾驶飞机。然而一旦达到这些标准，继续提高技能的动力往往会由于许多原因而减小。有些人只是单纯满足于成为飞行员，在通过飞行检查后，目的达到，提高的动力就消失了；另一些人则面临时间方面的冲突，追求更高的学位、家庭、教会及其他活动，使他们的学习习惯转向其他兴趣领域。无论什么原因，令人遗憾的是一旦达到一定的技能水平，许多飞行员就会变得不思进取。要想避免这种飞行素养水平停滞不前的状况，一种有效的方法就是深刻理解飞行操纵技能四个层次的含义。

3.4.1 第一个层次：安全地操纵

对那些最终通过飞行检查的人来说，他们达到了第一个技能层次，至少暂时达到了。在飞行中他们能够按照教员的要求完成操作，不会伤害自己，也不会伤及他人。仅凭这一点，他们就可以对自己说，“我能够保证飞行安全。”这一个技能层次的认定，通常以通过初始资格飞行检查、能够单独飞行为标志。我们已经向世界证明，自己具备驾驶飞机的能力，我们为此而骄傲！相对于那些不曾尝试飞行，或者曾经尝试却没有通过的人来说，这种自豪无可厚非。然而，安全操纵只是达到了最基本的技能水平，对专业飞行员而言，还有许多技能需要提高。

3.4.2 第二个层次：有效力地操纵

在基本掌握执行飞行任务所需要的操纵能力后，飞行技能等级就达到了第二个层次。对于这一技能层次认定的标志，商业运输飞行员是通过航线检查，军事飞行员是获得任务资格，通航爱好者是能够独自驾驶飞机进行本场和转场飞行。除非想要进一步提高，比如从副驾驶晋升为机长或教员，否则这就是飞行员必须达到的最后一个技能层次了。达到这个层次以后，职业飞行员可以拿到薪水，通航飞行员可以享受单飞的乐趣，因此，许多飞行员找不到进一步提高技能等级的动力来源。除非身处“不晋升就得走人”的军队，或是为了晋升得到更高的薪水，否则，从有效力操纵技能等级向更高技能等级提升的动力只能发自内心的渴望。然而，所有的成功者一直都在追求更高的目标。

3.4.3 第三个层次：有效率地操纵

一些飞行员不会仅仅满足于基本的安全操纵和有效力操纵的飞行，他们追求比标准要求更加高效的飞行。这意味着飞行剖面在满足训练效率最大化的同时，还要节省燃油和飞行时间，并减少不必要的空中通信。这些飞行员遵循的准则是“我不仅能够安全有效地完成任务，还要使资源消耗最小化，为自己和组织节省时间和费用”。要达到有效率操纵的技能等级，需要学习操纵技术和程序知识，并尝试新的更加高效的操纵方法。然而在追求提高效率的同时，必须注意保持平衡，因为提高效率本身可能会很快变为追求的终极目标，反而降低了操纵的有效性，甚至安全性。

3.4.4　第四个层次：精准地操纵及持续改进

飞行操纵技能的最高层次以不断追求更加精准操纵的少数飞行员为代表。这样的飞行员如果在周二最后进近时的空速偏差控制在 3 节，他会在周三尝试降到 2 节，并争取在周六飞得更加完美。他们追求完美并不是因为痴迷，而是源自个人持续改进的动力。他们已经将自我评估能力提高到了极致，分析每一个错误，即使一切进展顺利，他们也会问“怎样才能做得更好？”这个技能层次建立在成熟、持续和诚实的自我评估基础之上，极少有人能够达到。

了解技能层次（见图 3－1）有助于我们了解何时会在飞行技能发展中遇到瓶颈，但是解决这些问题需要一个计划。随着飞行素养的发展，我们可能会发现自己不断在参与正规的培训项目，这些培训项目旨在为各种目的培养和磨炼我们的技能。在整个发展过程中，我们应当不断地自我评估和自我训练，从根本上说，我们要对自己的训练负责。

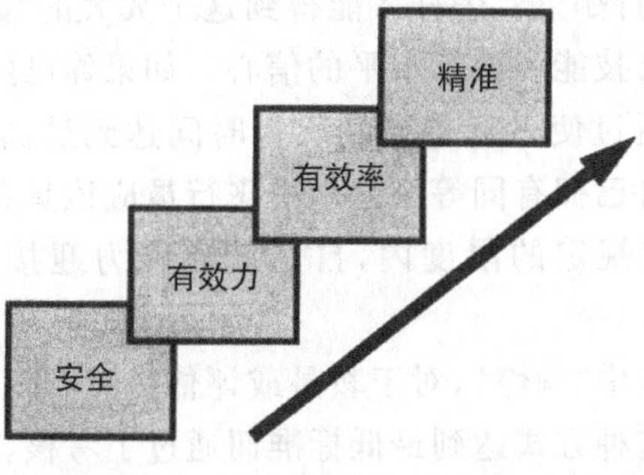

注：这些方框不是混凝土建造的，需要持续地关注和评估才能保持。

图 3－1　飞行员应当努力建立并不断提升技能层次
安全是首位，接下来是有效力、有效率和精准

3.5　大“C”：信心是技能的倍增器[①]

高技能等级和高熟练度的最大回报是信心，在飞行中，信心至关重要。与那些需要技巧和“感知”的精细运动技能一样，信心是成功飞行的先决条件。如果你置疑丧

① C：Confidence（信心）的首字母。——译者注

失信心对身体机能所产生的影响,可以随便找个棒球手问一下,如果他对自己的投球能力产生怀疑,会出现什么状况;或者问一个连续罚篮四次都没有命中的篮球运动员,他的大脑对双手产生了怎样的影响。这些状况同样适用于飞机驾驶。如果在进近过程中遭遇大侧风,飞行员通常会有两种反应。

第一种反应是"我没办法降落。"此时的飞行员如同站在悬崖边上,牙关紧咬,双手紧抓驾驶杆,脚尖蜷缩在方向舵踏板上。由于缺乏信心,飞行员失去了风对飞机状态影响的敏锐感知,操纵变得生硬,并且时机不当。"做不到"的预言应验在自己身上。

第二种反应与之相反,自信的飞行员面对这种情况的处理方式截然不同。在第一次感到不安时,他会自言自语地迅速调整自己的情绪,"是的,目前的风比我之前遇到的更为强劲,但只不过是程度的差别。方向舵多踩一些,油门多加一点——应该没问题。如果情况不妙,大不了就复飞,在第一次尝试中我可以学到很多东西,这样我就能在第二次尝试时做得更好。"这位飞行员保持警惕但心情放松,始终处于戒备状态。他可以敏锐地感知飞机姿态的变化,比起那位缺乏信心的同行,他能够在正确的时机稳定地操纵飞机。

上述两位飞行员之间唯一的区别是精神状态——信心。自信的飞行员更容易控制自己,因此也更容易控制飞机。

这种神奇的力量源自哪里?怎样才能得到这个大大的"C"呢?答案就在个人的训练方法,就在你对自己技能和熟练水平的信心。如果你已经尽了自己最大的努力,**真的尽了最大的努力**,通过使飞行指导和飞行时间达到最高效率,做好了充分的准备,就可以合理地假定自己拥有同等经验水平飞行员应该具备的技能,甚至更高。你清楚地知道只要条件在规定的限度内,自己就有能力迎接挑战。简而言之,你有信心。

反之,如果你在训练中"偷懒",对于教员或评估员没有发现自己不为人知的薄弱方面而感到庆幸,并以这种方式达到最低标准而通过了考核,你就会不断置疑自己的能力,并且这种感觉会慢慢摧毁你的信心,特别是在你最需要它的时候。

3.5.1 消除恐惧

尽管大家都不愿意承认,但恐惧的确是飞行员的一种本能反应,特别是在刚刚开始飞行的时候。在无法避免要谈到恐惧时,我们更倾向于用焦虑、忧虑或担忧来替代,随你怎么称呼。在飞行中产生恐惧感是不争的事实。恐惧可能来自异常的处境,或者缺乏应对特定飞行挑战所需要的飞行技能或熟练程度。大多数飞行员本能地知晓必须克服恐惧,如果不加以控制,即便是起初的一点儿担忧,最终也会发展成心烦意乱、令人崩溃的恐慌。用大卫·鲍伊(David Bowie)的话说,要战胜恐惧,就必须"转身直面"。而要做到这一点,就需要一种成熟的自我评估和训练方法。想要拥有"自信"这个神奇的技能倍增器,就必须了解自己飞行能力方面的薄弱环节,并开展有针对性的强化训练。

自信可以消除恐惧。当第一个恐慌征兆出现时，自信的飞行员会抱着学习态度来面对即将发生的状况，而不是畏惧。勤奋和守纪带来的自信，会使飞行员以一种“其他人已经学会如何处理这种状况了，我也同样可以学会”的成熟心态来面对那些从未遇到过的情况。如果你已经做好了准备，这样的态度就是正确而合理的；反之，这将是一种危险的自欺欺人。

3.5.2　过度自信的危害

毋庸置疑，信心对飞行员来说是必要的。但是需要多大的信心呢？多大的信心算适宜的？而多大的信心又算太过？我们怎样确定自己不会从充满信心转变为过度自信或自大呢？这几个问题非常重要，每个人都必须认真对待。当自我意识开出一张自己的知识和技能无法兑现的支票时，就会产生过度自信。肮脏的哈利（Dirty Harry），那个虚构的、由克林特·伊斯特伍德（Clint Eastwood）饰演的旧金山警察，常常会喃喃自语：“一个人应当知道自己的极限。”我们将在下一章详细讨论这一睿智的建议。以下是对这句话最好的诠释：一旦意识到自己展示出的能力，也就是说，那些你过去多次能够成功完成的飞行科目，你就完全有理由对自己在这些领域的能力充满信心。我们以在 10 节侧风中着陆为例。如果你曾经经常做到过，并且技术熟练程度、身体和精神状态都没问题，就应当对自己的着陆能力充满信心。

对于类似的、但是对能力的要求超出你经验范围的飞行活动，处理的方式应当有所区别。当侧风达到 20 节时，尽管你已经掌握了相关的程序和技术，但是近期你可能没有在这样的气象条件下飞行，着陆时就应谨慎地保持适度的信心。有一些担忧是正常的，但你可以识别处境状况，谨慎驾驶，当技能出现问题时，能够给自己的处置“留有余地”（例如，复飞）。

如果遇到的状况完全超出经验范围，例如，25 节侧风并伴有低空风切变，就没有理由自信了，除非你已经接受过风切变识别和改出的飞行课目训练——也许还不够，进近安全成功与否还取决于气象条件的复杂程度以及飞机的性能。墓地中到处都是过于自信的飞行员，当经验、技能或熟练程度不足以保证他们能够应对挑战时，他们却盲目地认为自己能够成功。由此可见自我认知的重要性，我们将在第 4 章详细讨论。

3.5.3　内心演练（Visualization）的危害

内心演练是一种提高现场表现能力的训练技巧，多年来一直应用于田径、销售和公众演讲等领域。本章稍后将详细讨论有效的内心演练技巧，但它也会带来一定的危害。内心演练通过“内心想象”演练正确的举止，达到实际热身的目的。虽然心理学家和神经学专家对如何激活特定的神经通路及其中的奥妙有专门的解释，但我们还是简单地把它称作心智演练或“椅子飞行”（chair flying）吧。这是一种建立习惯模式、最大限度地利用飞行时间、让自己做好充分准备的极为有效的方法。从罚篮到公众演讲，内心演练已经在很多领域被证明行之有效，然而它也会带来与自信相关的潜在风险。虽然我们可以在内心想象自己所做的每一件事都很完美，但这并不是真实的，我们绝不能让潜意识欺骗自己。

飞行人员，特别是驾驶员，通常会根据自己的最佳表现评估自己的能力。当满怀热情地回顾自己所取得的飞行成就时，我们的脑海中往往会浮现自己出色的表现。这样做会导致自负以及危险的过度自信。我们需要时刻对自己的优势和弱点保持清醒的认知。

3.6 经验因素

众所周知，经验能带来飞行技能的提升，而且近期经验可以决定你的熟练程度。实际上，在许多人眼中，经验就是最伟大的技能缔造者。传奇飞行员查克·耶格尔(Chuck Yeager)总结了经验的价值：

我在世界各地——英国、法国、巴基斯坦、伊朗、日本、中国——与各种各样的飞行员一起飞行过，他们之间几乎没有任何差别，除了一个不变的事实：最优秀、最熟练的飞行员经验最为丰富。(Westenhoff，1990)

然而，人们普遍认为：某些类型和某种水平的经验会向飞行员发出警告信号，而且某类经验会比其他经验更有价值。在“飞行经验与美国海军飞机事故的可能性”(1992)这一项具有里程碑意义的研究中，研究人员发现，“在某种型别飞机上的飞行时间少于500小时的飞行员，发生操纵差错事故的风险要大得多。”(Yacovone，et al.，1992)有意思的是，研究还发现，总的飞行时间与事故率之间没有明显相关性。这表明，进行机型改装的飞行员与那些第一次在自己的第一架飞机上接受飞行检查的飞行员一样，面临较大的人为差错风险。

这项研究总结了一些对飞行训练有明显影响的因素。尽管对“经验不足的飞行员需要特殊的‘关照和培养’，但同时，对那些经验丰富、正在接受机型改装的飞行员，以及离开驾驶舱很长一段时间后恢复飞行的飞行员也必须给予同等的关注。”(Yacovone，et al.，1992)这项研究对改装训练的学员或教员，具有重要的指导意义和实用价值，它破除了“在其他机型上获得的经验或专业知识，可以在新机型上用来防止判断错误和差错发生”的传言。这种观念有时被称作“光环效应”，即认为专业知识可以在不同机型之间通用。然而从研究的结果来看，这显然不符合实际情况。事实上，我们对待每一种新机型，都要像对待自己驾驶的第一架飞机那样；而对待每一名机型改装的飞行员，都要像对待新学员一样。

正如上述研究所指出的那样，使用总的飞行小时数来衡量机组成员的飞行素养能力水平可能不是一个行之有效的方法，与能力相关度更高的指标是“机型飞行时间”，即使这个数据可能也具有欺骗性。经验是一位好的老师，但它并不能总是给学员传授好的习惯、技术或程序。经验的获得在很大程度上取决于和谁一起飞行，以及在飞行过程中发生了什么。其中，有三个重要事件对新学员飞行素养的形成具有关键性的影响。

3.6.1　第一个榜样

新学员就像个孩子，非常容易受到其他人的影响，他们常常会接受并模仿最先接触对象的行为特征。父母曾告诫我们，“明智地选择朋友。”这个建议对飞行员来说有特别的意义，因为他们的飞行环境通常是由拥有共同爱好和职业的、一个相对较小的朋友圈来界定的。在我们的发展过程中，估计没有什么比第一个榜样更重要了。尽管第一个榜样通常是我们的第一个教员，但榜样也不一定都是教员。与其他探索性活动相比，在飞行活动中也许一个好榜样的作用更为突出。从第 2 章的案例中我们已经看到反面典型带来的灾难性后果，这里我想分享一个更为积极的个人故事。

在我的飞行生涯中有几个榜样，这里我想把给自己印象最深的那一位介绍给大家，他就是克雷格·沃尔芬巴杰(Craig Wolfenbarger，绰号“狼”)中校，是他教会我如何成为一名飞行教员的。毋庸置疑，“狼”[①]是一名优秀的飞行员，但我也曾与许多在操作技能上与“狼”难分伯仲的飞行员一起飞过。

有两件事让他与众不同。首先，他几乎从来不犯程序方面的差错；其次，他从不走捷径[②]。我和他一起飞过几次，据我的观察，他从来不会省略一个简令项目，也从来不会跳过任何一个检查单步骤。他几乎每次都在起落航线上的同一点放下襟翼，并且始终保持对起落航线位置漂移偏差的有效管理。尽管我在飞行中很难做到完美，但他似乎每次都能做到，他就像一部精密的机器那样运作，令人难以置信。这种能力水平为我树立了一个我可能永远无法达到、但会一直努力追求的目标。虽然“狼”在教学方面也同样出色，但我已经不记得他跟我说过些什么。然而，我永远不会忘记的就是他飞行的方式和态度。他的榜样作用那样巨大，永远地改变了我对待飞行的态度。

“狼”在地面上同样也是一丝不苟。虽然很多教员都会参考飞行手册和规章进行讲评，但“狼”会找出每一项适用于讲评条目的内容，把文字拿给我看。如果学员有疑问，他要么找出书面参考，要么打电话给制造商，从源头查找答案。克雷格·沃尔芬巴杰是一名专业的飞行员，从不走捷径，在他的许多学员身上，都可以看到他的痕迹，这些学员都在努力模仿他严谨的作风和精明强干。

并不是所有的人都足够的幸运和明智，能找到像“狼”这样的榜样；他们可能还会受到那些不守纪律、执行程序不严谨、缺乏判断力的飞行员的不良影响。部分另类飞

---

① 克雷格·沃尔芬巴杰(Craig Wolfenbarger)的姓 Wolfenbarger 的前几个字母是 Wolf(狼)，在美军中，通常会给飞行员特定的昵称，一般会与他们的姓名缩写或特征有关。——译者注

② 这里指在操作上的丢项或漏项。——译者注

行员甚至以能走捷径为傲,并向年轻的飞行员炫耀自己所谓的"独门秘籍",当然这些人也留下了有益的馈赠,那就是告诫我们不要成为他们当中的一分子！所以,要认真选择你心目中的英雄,因为在现实世界中,他们将会成为你的一部分。

3.6.2 第一次遇到紧急情况

第二个在你身上留下永久印记的重要经历是你第一次遇到严重的紧急情况。在紧急情况发生之前,你一直想知道自己会如何应对;而发生之后,你可能再也忘不掉自己做过些什么。作为飞行员,你的形象是自己在面对飞行中严重不安全事件或挑战时所采取的应对行动塑造的。这就是为什么做好应对第一次紧急情况的准备如此重要的原因。如果处置得当,你的自信心会大大增强,同时也会激发他人的信心。你终于明白,如果做好了充分的准备,无论发生什么,自己都可以应付。相反,如果你在第一次处置紧急情况时表现得很糟糕,或者你惊慌失措靠侥幸逃生,尽管你没有过错,但你已经在自己和其他人心中种下了怀疑的种子,可能永远都不会彻底消除。

3.6.3 第一次做出重大改变

第三个重要经历源自为完成任务或实现飞行目标,你第一次不得不对既定计划做出重大的改变。这是你第一次在有时间压力的情况下在飞机上的思考。改变可能是源自意料之外的气象条件、飞机故障或其他因素,总之,无论什么原因,要修改飞行计划,你要利用现有资源来解决问题。你动用所有知识和接受过的训练,收集所有的信息,评估相关风险,然后做出决策。飞行的主要乐趣之一是你要对不断变化的状况进行控制。在空中,你比在当今世界上任何地方都更容易成为自己命运的主宰者。这个塑造飞行形象的关键事件非常重要,它可能建立或摧毁你的信心,最终结果取决于你处置的态度和采取的行动。

上述这三个重要经历都有一个共同之处:你的决策和采取的行动控制着最终结果。如果你选择了积极的榜样,做好了应对第一次重大改变或紧急情况的充分准备,并且处理得很好,那么你已经为良好的飞行素养设定了方向,你今后的行动也会以当之无愧的信心为基础。

3.7 熟练程度

驾驶飞机与骑自行车不同,如果近期你没有参与飞行,你有可能会忘记某些操纵动作和驾驶感受。驾驶飞机更像是抛接杂耍,如果技能不娴熟,很可能会伤到自己。在之前曾介绍过的海军有关经验和事故相关性的研究中发现,熟练度欠缺与经验不足同为高风险因素(Yacovone, et al.,1992)。在任何连续的 30 天内,与飞行时间在 10～30 小时的飞行员相比,飞行时间少于 10 小时的飞行员,将面临更大的风险。耐人寻味的是,飞行时间超过 30 小时的飞行员也呈现出高风险趋势,这表明在高负荷工作环境下，疲劳或自满可能会降低飞行员的熟练程度。

所有与飞行相关的组织，包括 FAA、商业航空公司、军方，甚至地方飞机租赁公司，都建立了帮助飞行员保持操纵熟练水平的规定要求。此类要求旨在防止机组成员的技能生疏，但这并不能确保飞行安全。虽然出于好意，然而由于个体差异太大，组织根本无法准确识别每个人的保持熟练性需求。因此，要再次回到个人义务与个人责任的话题上，我们应当对保持自身的操纵熟练度负责，在起飞前必须确保自己已经达到需要的能力水平。

个人熟练性水平

尽管“只是符合规章标准，并不意味着安全”在航空界是陈词滥调之一，但它却十分适合描述“合规”熟练水平与个人实际熟练程度之间的关系。以下两种情况表明，采取个性化方式对待飞行员熟练性要求确有必要。

第一种情况是组织没有针对机动操纵技能提出熟练性要求。例如，几乎所有的组织都对着陆操纵技能建立了熟练性要求，通常要求在每 30 天或 45 天之内，达到规定的次数。但是你听说过在侧风中着陆或在低能见度下着陆的次数要求吗？也许没有，但这里却明显存在着个人熟练度差异的问题。

第二种是组织的要求与你的需求不相匹配。例如，为了保持熟练性，许多飞行员（包括作者在内）需要比规章标准更多的夜间飞行时间。这类个性化要求必须成为个人训练计划的一部分，否则你将可能面临丧失对飞机有效操纵和安全操纵的风险。

由于个人熟练程度属于个性化问题，因此从监管要求或研究结论中归纳出对每个人都有意义的方法非常困难，然而从以往的研究成果中，我们仍能得到一些有益的启示。关于个人熟练程度，也许最广泛的研究是查尔斯（Childs）、斯皮尔斯（Spears）和普罗菲特（Prophet）在 1983 年完成的“在通过认证 8、16 和 24 个月后私照飞行员飞行技能的保持水平”项目。该项目旨在研究飞行员操作技能的保持程度以及飞行员对技能熟练性的自我预期。通过两年的努力，研究得出两条重要结论：首先，在着陆、不正常姿态改出和侧风起降等与飞行安全高度相关的科目方面，飞行技能会呈现快速下降的趋势；其次，可能更为重要的是，针对具体飞行科目，飞行员对自己熟练水平的预期并不十分准确。报告指出，“从飞行安全角度看，缺乏这种关联（熟练程度的自我预期）最令人担忧，这表明飞行员无法准确判断出自己的持续训练需求。”（Childs et al.，1983）这个事实尤其令人不安。

3.8　需要采取保守方式

我们一直强调，最了解个人能力水平的人应该是他自己，然而，科学研究指出，我们也可能对此并不那么擅长。究竟要听谁的？在评估个人熟练程度时，我们应该相信谁？也许电视节目《X 档案》中给出的建议是最佳可行方案：“不要相信任何人。”由于高估个人熟练水平会带来很高的风险，因此当内心对自己的技术有所怀疑时，我们就必须采取保守方式，同时不要让缺乏熟练性的恐惧侵蚀自己的信心。与其一个人在那里满头大汗，嘴里念叨着《小火车头做到了》中的咒语“我想我能做到，我想我能做到[①]……”不如和教员再多飞一次。

3.9 操作技能退化模式

为了对自身熟练性水平做出有根据的推测，我们需要了解哪些操作技能最容易退化。从上述关于通航私照飞行员技能水平保持状况的研究结论得知，最不希望出现、退化程度最严重、却最可预见的技能是：着陆及起落航线运行（Childs, et al., 1983）。随着时间的推移，退化状况高发的其他技能包括：机动失速、侧风着陆、侧风起飞、最小操纵速度飞行和急转弯[②]。在上述这些机动飞行中，需要一种共同的能力特质：操纵的灵敏性。研究结果显示，在需要精细化操纵技能的科目中，人工操纵飞行的熟练程度下降最快。图 3-2 中显示了在常规飞行中，超过 24 个月技能退化最快的科目。

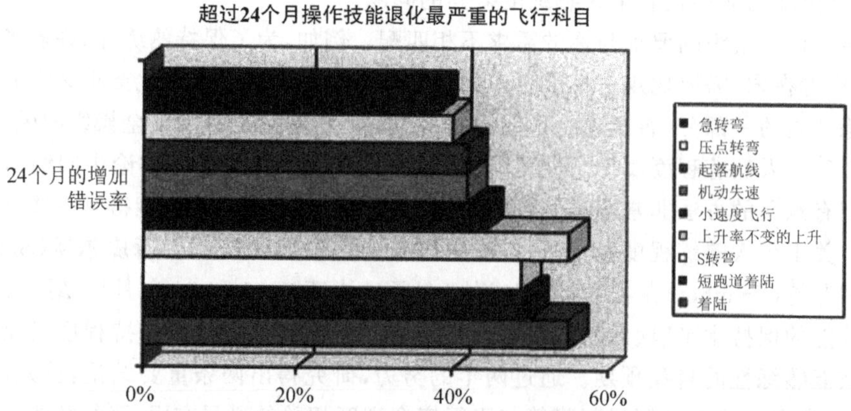

图 3-2　需要操纵灵敏性的科目技能退化迅速，你哪一项飞行技能退化最快？

即便是经验丰富的军事飞行员，也会出现这种技能退化的现象。1973 年，海军研究生院开展的一项研究发现，进行模拟航母着陆的飞行员会受到长时间不参加飞行的负面影响。（Wilson, 1973）对于经常飞行的人来说，这种趋势不足为奇。简单地说，飞行员每隔一段时间就需要大量训练，特别是那些需要操纵技能更加精细的

① 《小火车头做到了》(*The Little Train that Could*)是美国家喻户晓的关于小火车的故事，故事传达了自信、乐观、善良与勇敢等美好的精神特质，其中不断重复的经典语句是“我想我能做到！(I think I can!)”。——译者注

② 指坡度 45 度或以上。——译者注

科目。

但是对于预测、估算以及决策等认知类任务，其熟练程度会如何呢？我们的大脑是否也会像手感那般退化迅速呢？

3.10　思维熟练程度

研究表明，我们在思维或认知、领航技能等方面的退化速度与身体技能退化速度一样快，甚至更快。事实上，由于飞行包含复杂的心理活动，因此它被定义为大脑活动和身体活动的综合过程。很多时候，驾驶员和其他飞行人员严重依赖线索识别和预先习得的心理反应模式行事，这些显然都是认知过程。如果我们无法识别某个线索，如起落航线上规定的放襟翼点，它就有可能成为打乱我们主动控制飞行参数的第一张多米诺骨牌。常见的思维能力差错包括：时间估计不准确、缺乏交流或不恰当的口头交流、疏于对燃油的监控、无线电频率调错或识别错误，以及由于未能识别环境因素（如侧风）而操作不当。（Childs，1983）离开驾驶舱环境的时间长短同样对执行应急程序检查单项目和规章指南的使用产生负面影响。图 3－3 展示了熟练度欠缺导致的认知差错。

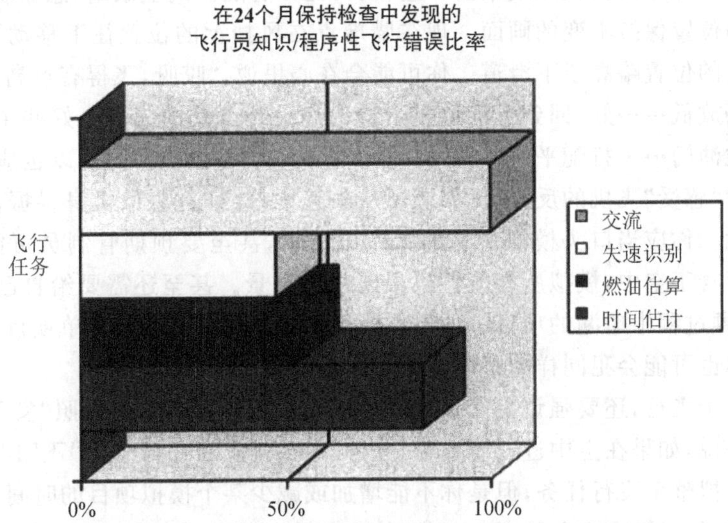

注意：需要心算的技能和记忆能力之间的相关性。同时关注可能对你造成伤害的差错，如燃油计算、失速识别等。

图 3－3　思维能力会随着时间的推移而下降

避免熟练度欠缺的最佳方法是经常参加重在保持身体和思维能力熟练水平的飞行，并在飞行中严守纪律。遗憾的是，许多外部因素会打乱持续飞行计划。不过有证据表明，还有其他一些方法可以延缓熟练度的退化。

3.11 椅子飞行:目的和方法

椅子飞行是一种最简单、最有效的自我提高方法,它综合了内心演练技巧、程序练习、思维建模和认知训练。从形式出发,我们姑且把它称作椅子飞行。椅子飞行可以使用各种道具或者没有任何道具,当然有一些座舱模型效果会更好。许多参加过军事训练的飞行学员会深情地回想起这样一些夜晚:他们坐在直背座椅上练习第二天的接地程序,两腿之间夹着疏通管道用的搋子作为模拟操纵杆。这是一个毫无技术含量的模拟器,但它不是玩具。大量经验数据表明,采用椅子飞行的方法确实有效,尤其在技能保持和技能学习方面效果更佳。(Childs,1983)

有效的内心演练只需要很少的用具——一份检查单、一把椅子、自我提高的意愿及活跃的想象力。"学员"只需要具备按照飞行任务逐步操作的经验:飞行简令、完成检查单步骤、模拟通话,尽量完全模仿在飞机上的操作。比如,如果你在模拟关断油门,那么你的手应当做出相应的动作。在练习黑体字印刷的应急程序时,你的手指应该"触碰"到对应的开关。虽然模拟飞机上的噪声没什么必要,但可以增强训练的趣味性。

你还可以练习需要视觉线索的一些科目,比如着陆。闭上眼睛,想象着陆瞄准点在风挡上的位置保持不变的画面。现在瞄准点在风挡上的位置往下移动了一些,你"看到"飞机的位置略高于下滑道。你可能会在心里说,"哎呀,飞得有点高,收点儿油门……机头放低……好,回到下滑道……抬头……补点儿油门……好些了……对准跑道……收油门……打配平……拉平……拉平……轻两点"。你可以也应当练习操作的过程和"感受"飞机的反应,比如练习从失速中改出时,想象机身抖振,并感受改出后的感觉。你应当口头模拟所有的无线电通话,甚至要预期管制员可能的答复。想象自己置身于空中,模拟所有能够想象出来的场景。甚至还需要给自己作飞行任务讲评,回顾过程中遗漏的项目。如果在椅子飞行时漏掉某个检查单项目,那么在实际飞行中你也可能会犯同样的错误。

关于椅子飞行,还要强调几个关键点。首先,椅子飞行应当参照"实飞时间"完成。也就是说,如果在空中进近需要 10 分钟,那么就应当在椅子上"飞"10 分钟。尽管不需要模拟整个飞行任务,但是你不能增加或减少某个模拟项目的时间。其次,作为一项规定,如果没有充分的理由,不要练习不当的操作。例如,我不会在椅子上练习着陆跳跃,除非是在专门练习"中断着陆"或从跳跃中复飞。潜意识的作用十分强大,因此潜意识里最好都是有价值的东西。最后,由于很难克服"担心有人在角落拿着摄像机对着我拍摄"的心理,因此或许有必要给"椅子飞行"找个私密空间。

不要轻视这项技术。它可能是除了实际飞行和模拟机训练之外,能够帮助飞行员准备飞行程序、操作技术和飞行技能最好的方法了。

3.12 制订个人能力发展计划

每个人都有不同的天赋和学习曲线，并会将它们带入自己的飞行生涯中。这样就比较容易理解“飞行能力培养过程中，在诸如飞行检查或评估等标准检查点上，不同飞行员表现出的技能水平存在巨大差异”。例如，刚刚通过私照检查、从飞行专业本科毕业，或取得商业或航线运输驾驶员资格的两名飞行员，在技能水平方面存在着较大的差距。在学习风格方面，每个人也不尽相同。很多人擅长视觉学习，在教员的示范中学习效果最好；另一些人则在实际操作中获益最大。由于能力、学习曲线和风格等方面的差异，每个人的持续改进计划也会有很大的不同。本书第 15 章包含了一个为期 6 个月的改进计划大纲，综合了技能建立与飞行素养其他方面的培养。

由于个体差异，训练大纲编制人员通常会根据学员的“平均”水平确定课程目标。课程内容过深会使班上排名靠后的学员跟不上进度，而内容过浅则缺乏挑战性或不能满足对“尖子”学员的培养。因材施教的个性化训练大纲不会受到这样的限制，它能够优化个人发展，迈向卓越；同样适用于正规训练，学员可以帮助教员了解自己的训练需求和学习风格，从而使训练效果和成本更加优化。我们不可能永远有一位单独的教员，因此，想要不断进步，就必须成为自己的教员、评估员和大纲的编制者。遗憾的是，我们很少有人接受过此类培训，至少在开始的时候。不过，我们有自己的优势，那就是比任何教员都更加了解自己，同时自我教学能力可以通过学习来培养。

制定个人计划的简化方法

教学系统开发，也称作 ISD(Instructional System Development)过程，包含各种需求和验证活动，这些步骤和过程复杂单调，像一个无限循环[①]反馈的迷宫。完整 ISD 过程的复杂性可以用一个警告提示表达，就像电视上特技表演时出现的那句话：“以上动作是由训练有素的专业人员完成的——不要在家中尝试！”不过，ISD 过程仍然可以简化，在最为简化的形式中，训练大纲的编制包含六个独立的活动，普通人就能轻松完成。(这里解释一下，尽管许多人可能不太同意这个观点，我们仍然认为飞行员是普通人。)此外，我们的优势是了解自己的能力水平、技术缺陷和学习风格，有效建立个人训练的关注点，这对训练的有效性至关重要。图 3-4 展示并介绍了简化的 ISD 过程。

第一步：确定技能发展目标

我们以一名希望提高自身仪表飞行能力的飞行员为例，说明整个过程。假定仪表程序飞行是他的潜在薄弱环节，目标很简单，就是尽可能让他成为最好的仪表飞行

① 作者的博士论文是关于航空人因训练课程开发的加速模型，观点是 ISD 过程的某些方面虽然在某些学术领域中很有价值，但可以大大简化，简化后对航空领域仍然实用。

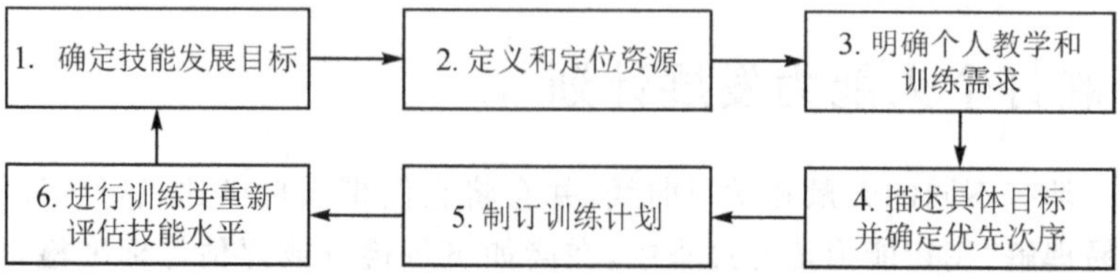

注：六个活动与专业课程开发人员和训练专家使用的模型基本一致。

图 3-4　为自己的发展负责

员。明确这个基本目标后，进入下一步。

第二步：定义和定位资源

提高仪表飞行能力和熟练程度需要一定的资源，必须识别这些资源并做好计划。例如，我们首先需要复习仪表飞行规则和仪表飞行操纵技术，因而必须找到优质的信息源，像联邦航空条例及其他相关规章中的仪表飞行规则。这些资源可能要到不同的地方查找，包括本地的训练机构或互联网。在互联网查找时，可以在搜索引擎中输入关键词“航空”、“FAA”（联邦航空局）或“FAR”（联邦航空条例），就可以在搜索结果中找到需要的内容。另外，我们应当查找那些在特定机动和进近过程中采用的先进技术。在图书馆或本地训练机构中，你会看到 FAA 发行的“如何……（how to）”类的书籍或小册子。写信给 FAA 或从网上下载，我们就可以得到 FAA 模拟考试题，通过作答，不仅可以评定自己当前所具备的知识和技能水平，发现薄弱环节，而且还能在全部训练结束后评估自己提高的程度。

一旦找到了需要的技术资料，接下来就要确保有机会得到飞行或使用模拟器资源，通过实践改善我们希望获得的技能。有没有可以让我们使用的、配备了 IFR（仪表飞行规则）设备的飞机或模拟机？我们可以去哪里飞仪表进近？是否有进行仪表熟练性飞行训练（比如“垂直 S①”）和练习等待模式的专用空域？这里有一个提示：不要因为住所附近没有理想的资源或环境而沮丧，要充分利用现有资源。如果在最近一段时间没有办法找到飞机或模拟机，也可以采用“椅子飞行”的方法。记住，当下就是最好的起点，这是在提高，而不是追求完美！不要以缺乏完美解决方案为借口而不去编制个人改进计划。这就是为什么在“明确个人教学和训练需求”的步骤之前有“定义和定位资源”步骤的原因，一旦明确有什么资源可用，我们就可以根据现状，确定如何调整训练需求。

第三步：明确个人教学和训练需求

我们已经明确自己想要在哪些方面提高以及需要做些什么。接下来，为了成功，应当根据目标细化训练的具体需求。这些需求不过是目标的精炼阐述。鉴于总体目标是成为最好的仪表飞行员，因此教学和训练需求大致包括以下要素（注：这不是一

① 垂直 S：在等待过程中，飞机在不同高度层等待并逐步下降的过程。——译者注

套完整的需求，只是为了说明整个过程）。在“教学需求”的标题下，我们决定从基本操作开始，确定了一个需求，要记住基本仪表飞行的四个步骤。

1. 建立基本飞行轨迹图；
2. 配平操纵杆力；
3. 分析性能；
4. 进行调整。

除此之外，我们可以建立一个掌握所有等待程序和仪表飞行进近程序规则的训练方案，也许还应当更好地理解通信中断程序。目标不宜过高，要把关注点集中在能够取得即时成效的小目标上，短期成效会激励你向着最终目标继续前进。

第四步：描述具体目标并确定优先次序

这是最后一步细化，首先要详尽、具体地描述需要完成的事项。例如空中等待程序，要达到的目标通常是：

1. 能够根据进近管制员的指令随时随地建立等待航线；
2. 掌握从任意方向通过等待点进入规定等待航线的方式；
3. 掌握平均海拔高度 14000 英尺以上及以下的等待速度和等待航段长短。

然后是优先排序。飞行技能的提升有其自然规律，训练目标的建立应遵循这个规律。例如，我们可以按照运行中的顺序，即标准仪表离场程序、航路程序、等待程序、进近程序的模式建立仪表飞行程序。当然，我们也可以根据自己当前的技能熟练水平或愿望确定优先顺序。除非某项技能需要直接建立在另一项技能基础之上，否则目标完成的顺序并不重要。

不要在目标这一步做得太过。对于像航路图图例那样仅仅需要熟悉的内容，就不需要花费时间或精力去记忆；而像通信中断情况下的复飞程序这一类确实需要记忆的内容，就必须了如指掌。因为在最后进近过程中，如果由于天气原因导致通信中断，你根本没有时间在操作手册中查找相应的 IFR 补充程序。完成目标细化、确定优先顺序，并做好相应记录之后，即可着手下一步——制订训练计划。

第五步：制订训练计划

这一步用于制订个人改进计划的日程安排。首先，你确定了目标并明确了可用的资源；其次，编写了实现总体目标的具体训练目标；现在需要制订实现这些具体训练目标的行动计划。如果你正在接受某个训练项目或者正在飞行，那么只需要在每个飞行架次中补充一些计划中的内容，就有机会实现自己的目标。如果在训练过程中需要专门的指导，那么可能需要与一位有该项技能专长的教员协商。计划阶段的重点同整个改进计划一样，都要围绕如何有序而系统地提高飞行能力这个核心展开。

第六步：进行训练并重新评估技能水平

对自己的训练产生兴趣的一个特别之处在于，你清楚地了解自己正在追求的目标带来的益处。你已经花费了大量的时间组织和计划如何提高自己的技能水平，因而你就能更加认真地对待训练——你会觉得那是自己的训练。与此同时，持续进行自我能力和技能水平的评估也十分必要，因为它不仅反映出自己迈向既定目标的进展程度，也决定了未来的训练安排。

这个六步活动过程与专业课程开发人员和训练专家所使用的流程基本相同，删去了所有可能发生误导的验证步骤，这是因为我们对自己的弱点及需要改进的领域非常明确，因此就不需要这些步骤了。个人发展计划可以在个人层面上验证训练效果，你的技术水平将在自己认为重要的领域获得快速而可预见的提升。在正规训练环境中，个人发展计划可以为教员提供有价值的信息；而在日复一日的飞行中，个人发展计划则为训练提供有效的关注点，让你在自己认为最重要的领域获得系统而可预见的提升。

3.13 本章精要

假如你不去实际操控，就没有人能代替你驾驶飞机或完成飞行任务。飞行素养的任何一个支柱或顶石都无法弥补操纵技能或熟练度的缺失。如果你怀疑自己的能力尚未达到应当具备的水平，那就有责任和义务去解决这个问题——否则就远离天空。世界上几乎每一个飞行员商店都在出售印有这句名言的海报："航空活动本身并不危险。但是它比大海更加无法原谅任何的不注意、疏忽或粗心。"所以，千万不要忽视操作技能和熟练程度。

3.14 参考文献

[1] Childs, J. M., W. D. Spears, and W. W. Prophet. 1983. Private pilot flight skill retention 8, 16, and 24 months following certification. Atlantic City Technical Center: New Jersey Department of Transportation/FAA. p. 32.

[2] Westenhoff, C. M. 1990. Military Airpower: The CADRE Digest of airpower quotations and thoughts. Maxwell Air Force Base, Alabama: Air University Press. p. 23.

[3] Wilson, W. B. 1973. The effect of prolonged nonflying periods on pilot skill in performance of simulated carrier landing task. Masters thesis. Monterey, Calif.: Naval Postgraduate School.

[4] Yacovone, D. W., M. S. Borosky, R. Bason, and R. A. Alcov. 1992. Flight experience and the likelihood of U. S. Navy mishaps. Aviation, Space, and Environmental Medicine. 63:72-74.

第4章
自我认知

理查德·莱因哈特(Richard Reinhart),医学博士
杰克·巴克(Jack Barker),博士

了解自己。

——苏格拉底(Socrates)

4.1 乌尔班·"本"·德鲁(Urban "Ben" Drew)的观点

攻击好斗是大多数飞行员的天性,有些人可能会说这是他们性格中必不可少的一部分,但是如果任其不受控制地发展,就会让你跌跟头。当攻击好斗的天性叠加上对战斗的渴望,感觉就可能会蒙蔽你自己,令你陷入危险境地。

我们驾驶着野马(Mustang P-51)战斗机执行一项远程护航任务,飞机在一片云层下巡航。飞行编队的带队长机几天后将回美国轮休。中队中绝大多数的同伴都参加过空战,而他仅参加过一次地面作战警戒,因此他的内心渴望一场空战,他甚至已经嗅到了杀戮气息。当突然有飞机从前方几英里处的云层中穿出时,他的攻击渴望一下子被唤醒。"扔掉副油箱,12点方向。"带队长机下达了指令,我们当中一些人并不确定那是否是真的敌机,质疑道:"你确定是敌机,还是不明飞机?""敌机",他肯定地答道。随后,一个翻滚向"敌机"编队中最后一架飞机发起攻击。那个可怜的家伙根本没看见他飞过来,就在空中爆炸了。当其余的"敌机"意识到自己受到攻击,准备迎战时——我们才看清所谓的"敌机"是英国的喷火式战斗机。

攻击好斗、内心渴望以及环境压力交织在一起,就会带来麻烦。如果能够提前意识到这一点,你就会放慢速度,确定事态是否真的如你所见。这种情况不仅在战斗中会遇到,在仪表进近过程中,当飞行员预期在特定高度转入目视飞行而没有实现时,通常会推杆过多。类似的例子还有当飞行员预期飞机能够飞抵目的地时,在他看来,燃油表的指示就会比实际数值高一些。渴望和攻击性的确是一对危险组合。

本·德鲁是第二次世界大战中的王牌飞行员,也是空军十字勋章的获得者,他是第一位击落两架德国Me-262喷气式战斗机的飞行员。本·德鲁曾任密歇根州迪尔国民警卫队(Michigan Air National Guard)的最高指挥官,也是一位具有1.6万小

时飞行经历的商业和私企飞行员。

自我认知可能是在要求我们发展的能力中最为困难的部分，人类的生理系统和心理系统比任何人类发明的机械系统都要复杂精妙得多。然后是自我形象的问题，我们都喜欢将自己看作是伟大的飞行员，每次着陆都很轻，平稳地保持在下滑道上，快速应对空中挑战，保持良好的处境意识。然而，当你不能完全具备所有这些能力时，谁又能保证不会空中历险或至少有过一次难忘的经历呢？毕竟每个人都有不顺心的时候。但是，为什么那些经验丰富、多年保持良好飞行素养的飞行员，最终会驾驶一架性能完好的飞机与地面相撞而成为 NTSB 的一份事故档案中的主角？“可控飞行撞地”(CFIT)——多么丢人的墓志铭啊！怎么会这样？但它的确是发生了。在事故调查报告中，虽然基本飞行素养很少作为事故可能的原因或诱因被提及，但这并不意味着事故中的飞行员具备了足够的基本飞行素养。

本章着眼于理解可能是飞行素养模型中最为关键的组成部分——与你自己有关的问题。我们首先从生理自我①开始讨论，这是飞行素养中经常被忽略的一部分，最后探讨有关个人适航②的一些心理专题。本章始终穿插着改进建议，并通过实例和案例分析说明行动准则。为了阐明重点，我们有时必须使用专业术语，但使用频率尽量控制在最低限度，并只用于那些与飞行操纵环境相关的论述中。

4.2 生理自我：飞行医学适航(Medical Airworthiness)

如果在起飞前发现飞机存在机械故障，或者已经知道将遭遇严重结冰或雷暴天气，你还会继续飞行吗？维修飞机的人是你最满意的汽车修理工，你能感到安全吗？这些都是比较愚蠢的问题，因为我们知道，最好不要随意摆弄一架功能完好的飞机——一架通过适航认证的飞机。

但是，当自己的身体出现缺氧、生病、疲劳或在其他不适状况下驾驶飞机，再问自己同样的问题，就不那么愚蠢了。你是否处于适航状态——飞行医学适航？你可能更关心飞机的性能，而不是自己和其他机组成员的表现能力。“我们可以战胜一切生理挑战”是人类的一种倾向，在飞行员群体中尤其明显，这种“我能做得到”的态度，虽然令人钦佩，但是它与现实的自我认知以及良好的飞行素养准则相违背。

另一方面，源于厌倦或过度自信带来的自满与冷漠，也会产生与不良飞行素养类似的负面影响。有时，尽管你非常在意自己的生理状况，但却忽略了它们对自身能力

① 生理自我是社会心理学中的一个术语，属于自我意识的内容。按照特定分类，自我意识的内容可以分为生理(物质)自我、社会自我和心理自我。生理(物质)自我指个体对自己躯体、性别、形体、容貌、年龄、健康状况等生理特质的意识。——译者注

② 适航性(airworthiness)的准确定义是指在设计的使用环境中和在经申请并被核准的使用限制之内运行时，航空器(包括其部件和子系统的性能和操纵特点)的安全性和物理完整性。作者在这里将航空器的适航性概念扩展到参与航空器运行的人员。——译者注

产生的影响或造成的注意力分散。这种情况通常出现在有缺氧、疲劳、擅自用药、空间定向障碍等飞行生理损伤的时候。此刻，尽管你具备令人称道的飞行素养，但已经不再满足飞行医学适航标准，你的能力表现会降低。潜在的隐患是，你和其他机组成员可能并没有意识到你正处于那种通常被称为“轻微行为能力丧失”的状态。

4.2.1 飞行医学适航的定义

这个新术语——飞行医学适航(Medical Airworthiness 或 MAW)表达的确切含义是什么呢？简单地说，它承认你可能是世界上最优秀的飞行员，但是，如果你的生理状况未达标，却仍要去参加飞行，就等于在自找麻烦。生理状态或心理状态会对我们在飞行中的表现产生直接的影响。如果我们处于疲劳、宿醉、感冒、压力过大或低血糖状态，飞行能力就达不到预期标准，也就是不满足飞行医学适航。如果在飞行中的表现达不到预期，后果可能是致命的，尤其是在缺乏信心的情况下。

每个人——包括飞行员都会出差错，那么，为什么要让自己身处险境呢？为什么要去创造那些对飞行有效性操纵和安全操纵产生风险的条件呢？当个人飞行医学适航性降低时，单一错误造成意外或困境的风险程度就会增加。如果你在生理上挑战自己的能力极限，飞行素养的发挥就会受到影响。

谈到飞行医学适航，我们是自己的“机械师”，不应当由他人决定我们是否适合飞行。适航与否终归要由我们自己负责，这是个人的职责。当然，如果对自己的健康存在疑虑，就应当去找航医或医生，但自我意识是识别个人处于不适航状态的关键。

身体不具备飞行医学适航性，你会陷入那些不易被察觉的主观状态，通常被称为身体损伤或轻微行为能力丧失。更为严重的是，随着身体机能的下降，自满或冷漠程度会上升，个人的表现欲望会膨胀，操纵盲目性会增加，你可能会采取更多的冒险行动，并变得不再关注飞行本身。接下来就开始丧失处境意识，反应时间延长，在最后进近中如果预期状况发生变化，就会……

在讨论飞行素养、飞行安全及飞行适宜性时，飞行员和机组成员必须考虑团队中每个人的飞行医学适航状态。实施良好的驾驶舱资源管理(CRM)将有助于发现团队整体飞行素养的缺失，并采取措施相互弥补，使机组整体状态稳定维持在必需的水平。然而，如果你确实不适宜飞行，那么再好的驾驶舱资源管理也无济于事。我们都有过不同程度的疲惫不堪、渐渐不再关注自己表现水准的相似经历。同时，与意识到自身能力下降相比，发现他人的这种生理变化更加困难；尤其是在你和其他机组成员处于同一生理状态时，发现这样的变化几乎是不可能的。

如果我们确实能够有预见性地防止身体损伤、行为能力丧失、注意力分散和定向障碍，那就既不需要编写这一章，也不需要任何飞行生理学方面的训练了。也许正是因为有这一章、这本书以及其他生理学方面的训练，我们才能从另一个角度找到控制事故率的一些方法。然而，正规训练只是建立飞行医学适航性的一小部分，要真正解决这个问题，我们还是需要深入到个人管理层面。

如何才能降低身体损伤带来的风险,保持飞行医学适航性?下面,我们将分门别类地介绍这些专题,看看它们如何产生作用。需要强调的是,下面的各种状况有可能同时存在,进而产生叠加效应。单独某方面的身体损伤,可能不是什么大问题——但是如果多重损伤同时存在,恐怕就是另一回事了,我们必须关注和直面由于疏忽或过度自信引发的后果。

4.2.2 飞行医学适航性专题讨论

本小节介绍常见的、可能对飞行员或机组成员造成身体伤害导致不适宜飞行的一些情形。相关内容并非所述专题最终的或最权威的资料,查阅那些权威资料是你的个人责任。本章的参考资料中详细列出了涉及所述专题的优秀出版物。

高度引发的危险

这是一个真实的故事。一位专业而且经验丰富的航空公司机长,在公司接收新购买的飞机前承担了额外的验证工作。验证内容中有一部分要求评估"发动机失效"时的飞机飞行性能,其中一个场景要求伴有客舱释压。在某次试飞后的第二天,他给航医打电话,说自己出现头晕、视力模糊、虚弱及全身不适等症状,担心是不是中风了。他向航医补充道,这些不适症状出现在发动机失效过程中。当被问及当时的飞行高度时,他答道:"只有大约 15000 英尺也许更高——应该没什么大不了的。我需要来找你吗?"

他没有必要去看医生。他打电话的时候没有任何症状,那些症状只是由于在飞机上缺氧造成的,可怕的是他并未意识到这些症状是如何产生的。这位飞行员没有军方背景,为了识别缺氧症状,战斗机飞行员会定期在高空减压舱内"飞行"。尽管商业飞行员同样需要接受高空生理学方面的训练,但在民用航空领域,这是一个不被重视的问题。实际上,无论你驾驶什么类型的飞机,都需要意识到高度带来的危险。

事实上,每位飞行员都经历过不同程度的缺氧,表现出的症状也多种多样。缺氧的问题在于,几乎没有飞行员重视缺氧是如何在精神和生理方面造成损伤的,甚至不知道缺氧会带来身体损伤。疲劳、视觉障碍、反应迟钝、主动性降低,或者接受不安全处境的态度,都是常见的缺氧表现。一般情况下,当你意识到缺氧时,可能就已经太迟了,因为这时候飞行员已经没有能力或不愿意采取纠正措施。飞行员的有效意识时间(TUC, Time of Useful Consciousness)或有效工作能力时间(EPT, Effective Performance Time)——两者意思相同,一般只有几分钟。在快速释压状态下,这个时间会更短暂。这一点必须引起重视,因为根据定义,TUC 或 EPT 是飞行员确定问题并脱离险境所需要的时间。过了这个时间点后,飞行员即使有想法,身体却无法行动,也就不会产生任何的作用和效果。

为了舒适,几乎所有的飞机都进行了舱内增压,没错!想象一下大型客机巡航时的客舱高度是多少?——6000~8000 英尺!即便在这样的高度下,你仍会处于轻微的缺氧状态,尤其是在这样的巡航高度上飞行几小时之后。由于大脑和视觉系统对缺氧更为敏感，在经历长途夜间飞行后，比如在你准备实施复杂进近和着陆开始下降前，身体会受到进一步的伤害。幸运的是，当飞机下降到对身体不产生任何影响的高度以下时，所有在巡航期间出现的奇怪感受通常就会消失。如果缺氧效应没有干扰到决策，你甚至都不会意识到自己已经接近身体极限了。一旦做出不当的决策，或者看仪表及图表感到吃力，你就要考虑是否产生了缺氧症状。在正常舱压下，我们只是不会去想它——而它就在那里。

智者说“时间能治愈一切创伤”，但这显然不包括缺氧反应。随着年龄的增长，你对缺氧症状和接下来要讨论的其他生理状况的耐受力会逐渐下降。就像佩戴老花镜那样，除非飞行员自己认为真的需要，否则大部分人都不愿意佩戴，结果是他们的近视力严重受损。有关这一点稍后会详细介绍。

另一个与飞行高度相关、可能导致行为能力丧失的问题是耳朵或鼻窦阻塞。感冒、花粉症或者流感引起的充血都存在阻塞风险。但是，感冒、流感或过敏严重到什么程度，才会对飞行医学适航产生不安全的影响呢？没有标准答案，关键是每一个飞行员都必须了解这些不适会对自己产生什么样的影响。在下降过程中，一旦察觉到耳朵有任何阻塞或“满胀感”，应当立即采取纠正措施，通常就足以将耳朵的阻塞程度降到最低。可以做瓦尔萨尔瓦动作（紧捏鼻子，用力鼓气）、来回移动下巴等。千万不要等到耳朵完全阻塞后再去处理，那样可能会立刻丧失行为能力。当然也可以操纵飞机重新爬升高度来缓解阻塞感，然后再以较慢的速率下降。

还有一个与飞行高度相关的问题是高空减压症（DCS），俗称“减压病”，这种情况虽不常见，但的确存在，尤其是在水肺潜水后飞行或乘机。水肺潜水是戴着自动潜水呼吸器进行潜游的一项运动，目前越来越普及。因此即使你没有减压病症状，但飞机上可能有乘客出现这种症状。减压病不需要空中紧急医疗救助，更多相关信息可以咨询本地的航医或生理训练官员。

定　向

提到“定向”（orientation），飞行员马上会联想到“定向障碍”（disorientation）。而且，飞行员经常将定向障碍混同于空间定向障碍（SD，Spatial Disorientation）。实际上，空间定向障碍分为不同的类型。当我们受到身体其他问题的负面影响时，定向问题的危险性是最大的，甚至可能是致命的。

定向不需要定义，它是一个相对概念，描述我们相对于其他物体的空间位置。显然，定向障碍与之相反，我们不知道自己身处何方。定向障碍会对飞行素养带来严峻的挑战。至少有五种定向障碍是航空领域所固有的，而空间定向障碍通常具有双重含义，以下是这几种定向障碍的简要描述。

(1) 姿态定向障碍(Postural disorientation)

姿态定向描述的是我们相对于重力矢量的位置，这是肌肉和关节的相对运动产生的本体感觉，它让我们感受到在飞行中的某一时刻，身体是在向上、向下还是横向移动，抑或是组合移动。感知当前位置上的运动状态，也取决于内耳的耳石系统（前庭系统的一部分)。这一组感官输入可以让我们在没有视觉参照物的情况下“凭感觉飞行”。当这些输入向大脑发出冲突和错误的信号时,我们就会产生姿态定向障碍。

(2) 位置定向障碍(Position disorientation)

简单地说,位置定向障碍意味着我们迷失了方向,哪怕只有片刻,它通常等同于丧失处境意识。人类是被习惯支配的动物,我们每次洗澡的方式都相同。一旦改变这种习惯,就会迷失在自己的身体中!如果你不相信,可以在下次晨浴时试着改变一下动作的顺序——你可能不得不停下来想一想下一步该做什么!这样做在淋浴时可能会很有趣,但在飞行中就没那么有趣了。我们很多人都会飞相同的航线,输入颁布的相同的进近航路,并与相同的管制员进行例行通话,这些已经在我们的大脑中根深蒂固。改变这种习惯,哪怕只有一小会儿,我们都会感到困惑,不知道自己身处何方,下一步该做什么。由于打乱了设定的程序,我们会暂时迷失方向,常常是失去自己的位置定向。

(3) 时间定向障碍(Temporal/time disorientation)

活动数量的增加会使我们对时间的感知“膨胀”,以为还有更多的时间去完成任务,但事实并非如此,特别是当多个任务快速到来的时候。这方面最有代表性的案例是军事飞行中的一个场景——决定是否从飞机中弹射。通常在很短的时间内有大量工作要处理,又由于对时间感知膨胀,因此飞行员常常花费大量时间进行“弹射”。人的大脑在危急时刻会超速运转,飞行员感到他有时间把问题想清楚并尝试恢复飞机姿态。在与许多弹射幸存者的交谈中,这一论点得到了印证:幸存者们通常会花20分钟的时间描述一段只有几秒钟的弹射顺序。B-1B弹射幸存者迈克(古斯)·戈塞特(Mike (Goose) Gossett)上尉曾经不可思议地以超现实主义细节描述南达科他州拉皮德城(Rapid City)一个漆黑的夜晚,随着弹射座椅沿轨道的上升,仪表盘上的荧光渐渐消失的景象。这虽然是一个极端的例子,但表明我们的大脑如何转换为超速运转,进而导致时间感知上的混淆。相反,在缺乏脑力活动的乏味平淡的飞行中,飞行员会感觉时间变慢,这是时间定向障碍的另一种形式。

在继续下面的讨论前,停下来思考一下,姿态、位置和时间的失真可能发生在同一时间,那将会导致失能性处境意识丧失。让这一复杂现象更为混乱的是,还有两种发生在不同场景、却通常被混淆的类型:空间定向障碍和前庭定向障碍。

(4) 空间定向障碍(Spatial disorientation)

大多数飞行员可能认为我们在谈论半规管如何受到扰乱,但这并不完全是我们的意图。空间定向障碍,或“相对运动错觉”,使我们的周边视觉(余光)看到身体在空间相对于周围物体的运动或位置变化。当你坐在车内洗车或在十字路口等绿灯时,如果你旁边的车在非常缓慢地向前移动,这种感觉会非常强烈。你发誓自己的车也在向前移动,然后猛地踩下刹车——在静止不动的车上踩下刹车。周边视觉是一种超强的感知,即便自身没有移动,但观察到空间中你旁边的物体在移动,你也会产生移动的感觉。同样,在雨雪中飞行也会让你产生同样的相对运动的空间定向障碍。

这或许会让一些飞行员感到困惑,因为他们被灌输的是更为广义的空间定向障碍的概念。如果空间定向障碍不是我们所知道的这一种,那么另一种空间定向障碍又是什么呢?

(5) 前庭定向障碍(Vestibular disorientation)

人类大脑中有一套自己的陀螺仪——前庭系统及其三个半规管,每个半规管代表一个方位轴,作用是确定三个方向的运动,通常是三个方向的组合。如果这些半规管发出的信号与其他感官(视觉和本体感受)不一致,像处在一个不协调的转弯中那样,就会导致前庭定向障碍。我们的陀螺仪"翻转"了,即使我们没有在转弯,也会有一种难以克制的"正在转弯"的强烈感受。如果内耳中的陀螺仪"翻转"到一定程度,任何一位飞行员都会产生晕机的感觉。在飞行模拟机中,如果身体感受到的运动与周边视觉感知不一致,哪怕只有几分之一秒,飞行员也会感到身体不适。

这种定义上的变化并不是为了让大家产生困扰,而是由于后两种定向障碍在所有定向障碍中对人体的影响最为强烈,我们必须加以区分。我们还没有提到视觉错觉。此外,如果不满足飞行医学适航条件,你对任何一种定向障碍的耐受力都会严重降低。比如,假使你处于疲劳或是缺氧状态,尽管你没有丧失克服方向信号冲突引发错觉的能力,但这个能力也会受到影响,可能你会将飞机控制权交给其他机组成员或自动驾驶仪(如果有的话)。因为即使是轻微的定向障碍也会导致飞行素养应用水平的降低。

这些都是飞行中确实存在的——缺氧和定向障碍,可能造成不易察觉的身体损伤的例子。其他的医学生理问题的影响不那么容易界定,但是飞行素养中包含了如何意识到这些损伤,识别出何时自己处于危险之中,并实施相应飞行管理的内容。下面的案例指出,定向障碍对驾驶舱内的任何人都会产生影响,如果这种影响持续产生作用,后果会很可怕。

案例分析:惊恐的乘客(NTSB 1994)

一架小型多发飞机在飞往目的地途中,天气从起飞时的晴空万里逐渐变为"阴天,云底高 100 英尺,RVR 1200(跑道视程 1200 英尺)"。尽管这与 3 小时前飞行员在准备期间收到的气象预报完全不同,然而由于具有仪表等级、能力出众并且信心十足,飞行员决定继续飞往目的地。在接近目的地时,飞行员决定实施仪表进近,他用了几分钟时间把一些程序通过飞行简令向乘客做了介绍。乘客虽然没有飞行执照,但他接受过一些飞行训练,以前也体验过仪表飞行。飞行员向乘客介绍了如何识别进近灯光,并把寻找进近灯光的任务交给了他。飞行员还解释了进近要点,以及着陆和复飞的判断标准。总之,飞行员尽其所能,通过向乘客提供有用的工具,试图使团队的力量达到最大化。

除了在目视条件下飞机降至低于下滑道切入高度约 200 英尺时进近管制员的温和提示外,进近过程还算比较顺利。在穿云(云顶 800)过程中,飞行员的精力集中在仪表上,每间隔 100 英尺会报出高度,飞机在决断高度 220 英尺时停止下降。由于看不到跑道，飞行员准备复飞，他调整构型并开始爬升。突然，乘客大喊“飞机在下降”，抓过操纵杆用力向后拉，使飞机仰角急剧增加，触发了失速警告，然后飞机转入向下俯冲。在抢夺飞机操纵杆的过程中，飞行员最终让乘客松开手，飞机恢复到正常姿态，继续爬升，所有这一切发生在零—零气象条件下[①]，距离地面高度仅几百英尺。

飞行员在报告中表明，在乘客夺取操纵杆之前，他并未觉察到有什么异常。他同时补充说，如果没有在复飞开始时获得了额外的数英尺高度，飞机想要从那种极端的机动状态中改出几乎是不可能的。塔台和进近管制都没有注意到飞机高度的偏离，也许是由于偏离时间很短，雷达上并未显示飞机状态异常。飞行员认为乘客是空间定向障碍和压力的受害者。飞行员在报告中表示，“如果在复飞过程中我持续讲话，可能会减小环境压力。今后，在飞行过程中我会加强交流。我从未有过如此可怕的经历。”

睡　眠

睡眠必不可少！谁都知道睡眠不足对身体绝对是一种伤害。无论采用哪一种值勤期和休息期规定或政策，飞行员都应该重视睡眠需求。虽然这个要求很简单，然而研究表明，飞行员在管理自己休息时间方面是出了名的不负责任。在该休息的时候，他们经常做着其他事情，因而对睡眠的讨论和理解就变得非常重要。

当身体需要食物时，大脑会让我们产生饥饿感；当身体需要水分时，我们会感到口渴(但通常是在严重的缺水之后)。因此，如果身体需要睡眠，我们________(会怎样？请填空)。问题是存在两种不同的睡意，而我们通常对这个信号的反应却不像饥饿或口渴那样强烈，我们只是坚持下去，以为自己能挺过去。

第一种睡意是生理上的，身体需要睡眠，睡眠的长短因人而异。如果严重缺乏睡眠，身体会因生理需求而睡去，可能表现为微睡眠状态，持续时间从几秒钟到几分钟不等，但你的确睡着了，甚至自己可能都没有意识到。

另一种是主观困倦，它是我们的心理感受。这是一种容易被其他因素抑制的信号，兴奋的活动或谈话、咖啡因或其他刺激物，以及完成工作的强烈动机，都会给飞行员一种安全错觉，从而去接受可能无法完成的挑战。我们表现得很警觉，我们必须这样，对吧？我们可能是在欺骗自己，但却无法愚弄自然，生理对睡眠的需求很快就会占据上风，而且通常是在执行任务期间，可是在接受这些任务时，我们都感觉良好。

美国国家航空航天局(NASA)在疲劳应对计划中的睡眠相关研究结果表明，大多数人都有相对频繁的睡眠缺乏情况，唯一的解决办法是——你猜对了——睡一会儿！就像口渴或饥饿必须补充水分或营养一样，睡眠不足也只有一种治疗方式。但是如何保证获得充足的睡眠却是一种挑战，组织在制定运行政策和排班过程中，如何确保达到安全的最低可接受标准一直是具有争议的难题。这也是为什么无论政策如何规定，个人都必须确保自己精力充沛的原因。

---

① 指完全看不到外界的目视参考。——译者注

睡眠如何产生、管理睡眠和警觉性的技巧等课题过于宽泛，不适合在书中讨论，但其解决方法已经明确。肯定地说，只有你才能了解和管理自己的睡眠需求，没有人可以替代。

时 差

与睡眠密切相关但完全不同的是跨越时区对身体造成的影响，俗称“时差反应”。如果你想给同伴们留下更深刻的印象，也可以使用它的正式名称“同步失调性症状(desynchronosus)”。两者含义相同：人体诸多生理节律被打乱，其中之一是睡眠周期，其他还包括一些保持身体有效运转的生物节律。当它们变得混乱时，你会感觉很糟糕。经过的时区越多，感觉就越糟糕。

全球范围内的飞行已经是“进行时”，航空界一直在努力寻找应对时差反应的最佳方法。尽管应对时差反应的方法有很多，而且都很个性化，但要记住的一个关键点是：暴露在阳光下仍然是适应当地时间最有效的方法。另一种方法是安排旅行，这样身体就没有时间产生同步失调性症状。但是，目前我们所谈论的问题通常不在个人可控制的范围，例如合理排班问题。

然而，我们还是能够控制加剧时差反应的其他因素。时差反应的症状很多，其中最主要的是疲劳和睡眠不足。在生物钟重新调整的关键时期，我们必须非常自律，从而消除导致睡眠不足的其他自我诱因。那些可以自我掌控的因素必须优先加以控制。

疲 劳

在讨论飞行生理学和安全问题时，没有什么话题能像疲劳那样更能扰动飞行员的情绪了，任何其他话题都不会产生如此多样的反应，而且大多数是负面的。如果你要问飞行员从生理学角度看飞行中最担心的问题，答案可能就是疲劳。当谈到飞行素养时，疲劳是最常见的生理影响因素。

每个人都有过疲惫不堪的经历，因此不必描述疲劳症状。除了不良的身体反应外，疲劳还有两个主要问题。首先，疲劳是很难量化的个人主观感受，因此难以监控。如果无法对疲劳进行量化或调节，如何确定疲劳到怎样的程度才是安全的呢？什么时候应该因为过度疲劳而请“病假”或不去飞行呢？

其次，疲劳不仅仅是由于缺乏睡眠或过度劳累造成的，疲劳有多种原因，许多原因尚未得到明确的认知和重视，而这些因素都会对飞行能力产生负面叠加效应。例如，前面提到的三种因素：睡眠不足、缺氧和时差。在飞行医学适航中所讨论的每类问题都会导致疲劳：极端的温度、噪声、压力、低血糖、咖啡因戒断、疾病和酒精后效等，所有这些因素可能会同时出现，当叠加的因素过多时，身体就无法抵御疲劳了。有效管理疲劳的诀窍是确定究竟是什么导致了个人的疲劳。换句话说，疲劳是多种因素作用的结果，而许多因素是可控的。这并不是说长时间的昼间飞行或夜间飞行本身不会让人产生疲劳，而是说，在面对疲劳和管理休息期时，我们必须考虑那些可控的因素,从而达到最佳的飞行状态。

休息期管理不是飞行员群体所擅长的,尽管提供了充足的休息时间,飞行员们通常还是把这些时间投入到其他活动中,比如参加休闲飞行或者与预备役部队一起飞行、乘坐飞机或开车长途通勤、在风景独特的地方长时间观光,以及其他所有你能想到的活动。这是一个很容易改进的领域——只需要一点点的意志力和常识。

疲劳有许多与缺氧相似的症状,包括思维受限、执迷、反应时间变长、易怒以及满足于低水准表现能力的危险态度等。识别疲劳最有效的方法是,不管出于什么原因,当你感到疲劳时,在心里记住自己的感受(希望是在家中,而不是在开车或驾驶飞机)。注意你的态度、思维过程以及“低落”的感受是如何出乎意料地超出自己的克制范围的。现在,想象自己坐在驾驶舱中,考虑自己是否做好了应对空中紧急情况的准备。良好的飞行素养要求我们向包括自己在内的所有机组成员承认,自己的疲劳状态已经达到影响安全的程度,从而使所有人能保持警惕,应对可能出现的能力状态下降。疲劳是杀手,需要引起大家足够的重视。

自行用药

飞行员喜欢充当自己的医生,这可能是他们个性中想要保持自我控制的一部分。一旦自己做出诊断,可用于“治疗”的非处方药物(OTC)的确有数百种之多。然而,飞行员要注意两点:疾病的症状以及药物的副作用,两者对飞行产生的影响都无法预料。

尽管全世界的航医看到这里都会感到尴尬,但是仅仅因为身体上些许小恙就不让飞行员参加飞行也不现实。飞行素养中包含了飞行员识别自己是否适宜飞行,知道自己因身体不适而不处于最佳的能力状态或许是答案的一部分。为了弥补表现能力的下降,你可以采取更加保守的飞行方式及其他预防措施。同时,必须让其他机组成员知晓自己的身体条件没有达到标准,然而自尊有时会让你很难迈出这关键的一步。

只有那些仔细阅读药品包装上小字的人才会了解药物的许多副作用。求医问药很常见,因为自己的症状已经影响了工作或娱乐。大多数药物标签都迎合了这一需要,通常给同一种药物(或化学制品)标注两种不同形式的药效。例如,大多数用于感冒、过敏和流感的非处方抗组胺药的副作用是镇静。那么,你认为什么是安眠药呢?对的——抗组胺剂,这就意味着你实际上是在服用安眠药来治疗感冒!下次去药店时,请仔细阅读安眠药、抗过敏药、感冒药和抗流感药的成分说明。你会发现这三种药物的共同成分是苯海拉明(一种抗组胺药)。因此,今后使用这类药物自我治疗之前,请考虑一下药物的功效。

除此之外,你还需要知道许多非处方药物的成分中含有大量的酒精,通常高达50%标准酒精浓度。同时还要对一种危险的“常识”保持充分的认知,即如果服用一粒药或一口药有用,那么两倍或三倍的用量肯定效果更好。为确保症状完全消除,同时服用几种药物会不会疗效更为显著呢?嗯,同时被药物击倒的可能不仅仅只有症状。

飞行素养意味着你知道在对自己的大脑和身体做什么，这取决于你对自行用药、疾病及其对自我表现力影响的熟悉和掌握程度。底线是：在身体微恙时去飞行是你的决定，但不要自行用药后去飞行，除非你自己是医生。下面，我们来仔细看看这些小毛病。

常见疾病

正如前面所讨论的，我们的感受、如何看待疾病的严重性，以及如何进行主动的自我控制都会对飞行适宜性产生很大的影响。通常我们都不重视普通感冒，认为自己可以克服那些症状。这并不是说一旦流鼻涕我们就不应该飞行，而是说我们应当充分认识到常见疾病如何影响自己的表现能力，从而切实地平衡它们给安全和飞行素养的发挥带来的风险。

例如，普通感冒是呼吸系统的病毒性感染。虽然我们也许可以忍受并克服咳嗽、流鼻涕和充血等不适症状，但与此同时，为了抵抗感染，身体的工作负荷加倍，其结果是我们普遍感到疲劳和不适，并伴有轻微的伤害。飞行员必须根据实际情况权衡利弊，认识到某些感冒或流感可能比其他疾病对飞行影响更为严重。在这种情况下，最好的处理办法是向航医或航空体检医师请教。

视　力

毫无疑问，我们在飞行中使用的最重要感官是视觉。然而，在看清物体与佩戴眼镜带来的烦琐和形象问题之间存在着内在的冲突。视觉话题非常广泛，就我们所要讨论的其与飞行素养要素的关系而言，显然是每个飞行员都必须清楚地看到飞机周围和驾驶舱中在发生什么。许多飞行员为了顾及自身形象，或省去频繁更换眼镜的麻烦，而忽视了他们的视力会因佩戴名牌太阳镜、缺氧、疲劳、视觉细胞老化以及其他一些因素的影响而导致的问题。

也许视觉问题上最主要的困境，是上了年纪的飞行员们不愿佩戴老花镜。直到那些难为情的飞行员发现自己看不清进近图，或不得不用记号笔写下关键数据时，才会把放在口袋里的老花镜拿出来。毕竟，FAA 并未要求佩戴老花镜——只要有就行。一般情况下，超过 45 岁的飞行员都会有一定程度的近视力问题，尽管仍然能够达到 FAA 的体检标准。如果这样的飞行员在 7000 英尺高度上飞行 5 个小时后，再进入夜间飞行，他们的近视力会恶化到引发危险的程度。年龄和经验并不总是等同于良好的飞行素养。

其他损伤

其他一些因素也会对我们的飞行能力产生影响。虽然绝大多数飞行人员相当重视酒精对飞行能力的影响，但他们往往并不清楚普通宿醉的影响有多么严重。在血液中的酒精含量变为零以后的几个小时，甚至几天内，飞行能力和思维活动的降低同样存在，有时甚至更加明显。你也许并没有违反 8 小时或 12 小时的饮酒禁令，但却可能仍然处于不安全的状态。实际上,你的飞行素养将面临严峻的挑战。你的身体受到了酒精的伤害,需要时间自我修复。

营养不良不仅仅会带来外观上的变化或耐力的下降,还会让你更容易罹患疾病,并且带来前面讨论过的一些生理影响。例如,低血糖不是一种疾病,它是一种由于错过正餐或食用自动售货机里的可乐和奶油蛋糕替代午餐而感到疲劳及肢体颤抖的可控状态。正如计算机程序员说的那样"无用的输入,无用的输出[①]",在正确的时间食用正确的食品,身体才会关照你。

压力无法释放是一个常见而且强大的导致注意力分散和身体机能削弱的因素。当我们的表现能力越过巅峰状态,进入高压力、低效率的状态时,你会在飞行中变得马马虎虎,也不再严格地遵守程序要求。同时,压力也会让身体产生疲劳感,对于飞行人员而言,保持适度的压力非常必要,如果完全感觉不到压力,你就会处于所谓的"死亡"状态。但是,压力太大会干扰大脑工作,令人感到精神痛苦,因而我们必须想办法去释放压力。释放压力的部分解决方案是定期锻炼,直截了当地处理问题,和理解你的人开诚布公地讨论需要解决的问题。将一堆没有释放的压力带到空中是既不明智也不安全的行为。

我们可以一直讨论下去,但实际上这些主题都有相关书籍,随着你对飞行素养自我认知支柱的认识逐步深入,应当主动深入地阅读这些资料。应该说,即使最轻微的生理损伤也会影响到飞行素养的发挥。苏格拉底说过"了解自己"是打开智慧之门的钥匙。虽然说起来容易,但在实际生活中却不容易做到。骄傲以及对飞行表现能力不切实际的期望,常常会干扰对个人飞行医学适航状态的掌控。如何保持平衡是解决问题的关键。

据说第二次被骡子踢到是学不到什么东西的。从自己的错误和教训中学习,调整自己的身体并把它照顾好,这对任何人来说都是很好的建议,尤其是飞行员。自我认知对于良好的飞行素养至关重要。

4.3 飞行心理适航(Psychological Airworthiness)

了解了健康的体征,并依此确定自己的身体达到了"飞行医学适航",就可以安全飞行了吗?错!身体健康只能提供一半的保证。你对自己心理健康了解和重视的程度如何?许多与身体健康没有直接关系的因素也会对飞行安全产生影响。我们并非要把每位飞行员都培养成航空心理专家,而是要大家建立起对影响飞行心理适航要素的总体认知。下面的案例描述了在飞行医学适航和飞行心理适航都不满足标准的情况下,航空安全受到了怎样的影响。

---

① Garbage In Garbage Out 是程序员常用俚语,意思是如果输入错误数据,那么计算机输出结果也肯定是错误的。——译者注。

两架由经验丰富的空军飞行员驾驶的F-15战斗机在空中相撞。事故调查委员会的结论是,由于超出个人能力、疲劳和疾病等因素,其中一名飞行员的判断力受到影响。发生事故的飞行员是一名飞行指挥官,并兼任飞行标准化/评估考试员、中队级别飞行简令执行情况监督员和即将开展的总部级别监察项目的主管。在工作闲暇时间,他还忙于攻读硕士学位,并在圣经学习班担任指导。更为糟糕的是,事故发生的前一天,他出现了流感症状。显然,这名飞行员的身体和心理两方面都不适宜飞行。然而,他还是按照计划接受了任务。作为一名出色的飞行员和军官,这次他显然在飞行素养方面表现得很糟糕。他并不真正了解自己需要受到限制和约束。和大多数成功人士一样,他不愿向自己及他人承认工作负担可能过重,认为自己依然可以应对挑战。我猜测,在航空领域存在的这种不健康趋势恐怕比我们愿意承认的更为普遍。我们可以看到,即便是尽全力追求卓越的顶尖人才,也可能由于缺乏自我认知而沦为二流的飞行员。

究竟是什么原因导致一个理性的人,对自己当下的能力状态做出不切实际的判断?有时是飞行员普遍具有的那种对自己要求过高的A型人格特征所致,就像刚才描述的那名飞行员一样。但更常见的是,有一种危险的态度,如果我们没有意识到这些航空思维恶魔的类型和倾向,它就会悄无声息地影响到我们每个人。

4.3.1 危险的态度

飞行员的个性千差万别,有驾驶穆尼Ovation①飞机到各地参加计算机展会、性格温和的计算机极客②,也有驾驶F-16战斗机到轰炸靶场、傲慢自信的战斗机飞行员。虽然研究人员一直在寻找完美飞行员的人格特征,但能否达成最终目标尚不可知。无论人格类型如何,你都有可能在某些心理诱惑下,向影响飞行能力和飞行安全的各种危险态度妥协。

本小节介绍一些危险态度的行为特征,并讨论如何进行识别和规避。这些描述可能并不全面也不是最终结论,或许你知道的比这些更多,但重要的是,要识别任何可能对飞行素养产生影响的态度,并制定一个抵制方案。下面是一些常见危险态度的描述:

1. 完成既定计划强迫症(Get-home-it is,也称作“必须到达症”或者简称为到达症)

有多少次你强迫自己按照既定计划抵达下一个目的地?为尝试成为最年轻的飞行员,七岁的杰西卡·杜布罗夫(Jessica Dubroff)在转场航线飞行时不幸坠毁就是这

① 穆尼(Mooney)是一家美国单发通用航空飞机制造厂商,M20R Ovation是一款经典的高性能飞机,曾经是世界上速度最快(132项世界纪录)的单发活塞式飞机。——译者注

② 极客是美国俚语Geek的音译,形容对计算机和网络技术有狂热兴趣并投入大量时间钻研的人。——译者注

种态度的实例。尽管当时天气恶劣，大风夹杂着冰冷的毛毛雨，飞行教员仍然坚持驾驶超载的塞斯纳 177 飞机起飞。值得关注的是，与此同时，一架联合快运（United Express）的商用飞机却因天气恶劣推迟起飞。为什么一位经验丰富的飞行教员不能等到天气转好后再起飞呢？这样的心理压力不知是来自怀俄明州那些等着观看起飞的观众，还是来自印第安纳州期待飞机抵达的人群，抑或是新闻报道影响了飞行员的决策？都有可能。我们还有很多飞行员强迫自己执行既定飞行计划或赶去目的地的事故案例。

如何避免这个陷阱呢？首先，当你真正想要或需要达到某个目的时，要坦诚地面对自己。如果发现自己准备接受通常情况下不会考虑的风险，问问自己这是怎么了。如果发现自己内心说出必须到达某个目的地，那么就问问自己愿意为此付出多大的代价。不要为自己的欲望开出一张飞机或自己的技能都无法兑现的支票。如果在通常情况下你不会这样做，那就推迟计划。推迟一天到家总比永远到不了家要好。

2. 对抗权威(Anti-authority)

一些飞行员将监管相对松散的飞行环境看作是自己对抗权威的机会。作为飞行人员，我们必须遵守“空中规则”。有时，在心理诱惑的驱使下，人们会认为稍稍偏离规则不可能伤害任何人，但事实上它确实可能也确实发生过，而且确实有可能再次造成伤害，除非所有的人都能遵守规则。飞行中违反规定，并不只是叛逆心理作祟，同时也是一种幼稚行为——不成熟、缺乏知识或两者兼而有之。要知道，规则是为所有人制定的，而不是仅仅针对他人才有效。如果在飞行中不遵守规则，你就是在威胁他人的生命，同时让真正的飞行员因你而蒙羞。除非在紧急情况下行使应急权力，否则只需严格遵守既定规则就能避免这种行为。虽然规则往往偏于保守，但通常是正确的。

3. 英雄主义(Machismo)

很多飞行员认为自己在空中无所不能，他们甘冒巨大的风险，徒劳地试图向别人证明什么。虽然合理的信心对安全、有效的飞行运行至关重要，但是具有“英雄主义”的飞行员往往信心爆棚，有时仅仅为了证实自己的能力，就会冒险尝试某种机动动作。你也许是世界上最好的飞行员，但如果你最后一次在 30 节的侧风中着陆是 10 多年前的事，那就请你放下骄傲，将此时的注意力转移到操纵上。如果冒险，那就必须做好准备接受相应的后果。

避免这种行为最为有效的办法是，考虑一下，如果按照自己的决定实施，而一切都不顺利，你该如何向安全委员会的成员解释。如果你对自己的答案感到满意，那就放手去做；否则，就应当考虑其他的行动方案。除了自己良好的判断力和飞行素养，你没什么要去证明的。明智一些，记住航空领域最危险的几个字“看我的！”（Watch this!）

4. 坚不可摧(Invulnerability)

一些飞行人员——通常是驾驶员——感觉自己刀枪不入，认为灾难或霉运只会降临在别人身上。有这样一厢情愿想法的人通常是燃油耗尽、飞入雷暴或结冰坠毁事故的主要候选人。这种坚不可摧的态度会随着飞行经历的增加而强化，尤其是在遭遇过几次恶劣天气、严重机械故障还能够侥幸逃脱之后。我们的空中经验越多，就越容易受到这种危险态度的影响。“能毫发无损地飞行一万小时，我一定是吉人天相。”错了！雷暴可不在乎你的飞行经历是 100 小时还是 10000 小时，无论经验如何，它都有可能害死你。我们当中的许多人非常幸运，在进入到本该规避的环境中后能够侥幸逃生。明智的飞行员会从这些错误中吸取教训，避免将来重蹈覆辙。而另一些人则抱着这样的态度:“这一次我成功了，下一次还会成功。”可能会，也可能不会。为什么要冒这样的风险呢？许多认为这种事情不会发生在自己身上的飞行员都丧了命，他们的好运气用尽了。如果你坚持这样的态度，总有一天，你的好运也会用光。

5. 冲动(Impulsiveness)

有很多这样的案例:机组行动仓促，事后懊悔。一架从伦敦起飞的空客飞机，出现了发动机故障，机组迅速采取措施关闭了发动机。唯一的问题是，他们在分析和判断飞机状况时过于仓促，错误地将运转正常的发动机关闭了，于是这架飞机成为世界上最大的多发滑翔机。如果机组能够意识到自己的鲁莽操作，这场毁灭性的灾难就可以避免。

毫无疑问，一般情况下，飞机极少会出现需要立即采取措施的状况，在行动之前大多都有充分的思考时间。一位军方 C－141B 飞机的飞行教员坚持要求学员在实施处置飞机故障程序前，先给自己佩戴的机械手表上发条，这种做法可能有点极端，但是很容易理解。三思而后行！给大脑一个机会，去抑制瞬时的兴奋和肾上腺素的影响。

6. 听天由命(Resignation)

我们有时在飞行中发现自己“无路可走”，于是就放弃了。这种态度通常称作“那有什么用”综合症，或者听天由命。避免这种态度的最好方法是，永远不要让自己陷入“无路可退”的境地。在山区飞行，我们学会要留有后路并要规避箱形峡谷。通过训练，我们掌握了如何从失速及其他复杂飞行状态中改出。接受的训练越多，技能就越高，“退路”也就越多。你对飞机系统和运行程序了解得越多，成功处置各种特殊情况的可能性就越大。即便从来没有进入过螺旋状态，但只要你真正掌握了改出程序，照样可以轻松地从螺旋状态中恢复。

无论之前的经验和训练水平如何，你都有可能遭遇自己前所未遇的处境，此时只有两种选择:要么放弃，不做任何尝试，听天由命；要么能够认识到自己不会孤立无援，可以有所作为。这方面的经典案例是美国联合航空公司 232 航班(详见第 11 章)事故，当时一架 DC－10 飞机完全丧失液压系统和飞行控制。一名亲历此次非凡遭遇的飞行员回忆说，在他尝试解决这个从未遇到过的难题时，首先想到的是自己的教员曾经反复强调的一句话：“不要放弃——试着做些什么，永远不要放弃。”232 航班机组没有说“那有什么用”，相反，他们坚信自己可以做出改变，并且做到了。

7. 自满(Complacency(been there, done that 我也经历过))

有时飞行会变得索然无味，当你发现自己在同一条航线上第一百次飞行并且毫无新意时，我们往往会放松警惕。这种自满态度会造成注意力不集中。陆军准将查克·耶格尔经常强调，自满是经验丰富飞行员的头号敌人。新晋升的飞行教员是一个非常容易自满的群体。一旦成为飞行教员，飞行就变得比自己开始努力掌握这架飞机时更加乏味。从那些一直对军事和通航领域产生困扰的多起忘记放起落架着陆的事故中，我们都能看到这种态度的影子。仅仅在 1983 年，就有两架 C-5 银河飞机由于飞行员的操纵差错，着陆时没有放下起落架(全部 28 个轮子)而发生事故，而这两个机组中都至少包括一名飞行教员。

为了避免自满态度，即使在日常飞行中，也要不断向自己挑战，比如在飞行平稳阶段，可以做做“如果发生了……我该怎么办”的游戏(例如问自己“如果现在发动机熄火了，该怎么办?”)来避免无聊和注意力分散，两者都可能由自满态度产生。

8. 飞行表演综合症(Air show syndrome)

当飞行员认为“自己该出名了，要给地面上的人留下深刻印象”的时候，便会产生这种危险态度。飞行员们常常因抵御不住“向朋友和家人展示自己实力”的诱惑而冒险行事，不幸的是，许多时候，家人和朋友看到的“表演”并非他们想要看到的。一架海军 F-14 战斗机在田纳西州的纳什维尔(Nashville)坠毁，部分原因是飞行员的家人当时在现场观看，他便实施了最大性能起飞，并进入了复杂天气。这个毫无必要的机动导致两名海军机组人员、两位平民死亡，同时还报废了一架昂贵的战斗机。

在另一个案例中，两名空军飞行员驾驶 T-37 飞机转场时，擅自偏离计划，去给其中一名飞行员的家人做飞行表演，结果家中的老人却拍下自己儿子坠机失事的残酷画面。为了防止类似事件的发生，所有的飞行任务都要求详细规划、下达充分的简令并确保飞机处于适航状态。除非在飞行表演前做了预告，否则观众应该根本看不出动作的区别。

9. 情绪性思维滞后(Emotional jet lag)

对于崇尚完美的飞行员来说，这种态度尤其危险。当飞行中确实出现差错后，这些完美主义者们似乎无法将差错阴影从脑海中抹去，他们的大脑仍然停留在差错点、纠结于差错原因或是为了别人的看法而焦虑。这种状态带来的明显问题是，飞机仍在继续飞行，而飞行员的思维却产生了滞后。虽然我们很多人都厌恶错误，但它们是生活和飞行无法避免的一部分。我们都会犯错，可在空中则不是纠结的时候。不要让自己的思维落在飞机后面，如果你处于这样的状态，随之而来的可能是更大、甚至更致命的差错。情绪性思维滞后可能导致处境意识的丧失并危及飞行安全。在地面进行飞行讲评时，再去细想和担心错误吧。

这里讨论的危险态度会影响独自飞行的驾驶员，或者一起飞行的机组成员。当飞行员——特别是经验丰富或高级别的飞行员作为乘客或加机组飞行时，有些态度对飞行安全有特别的影响。

10. 过度职业顺从(Excessive professional deference)

如果我们作为副驾驶或乘客，与经验更加丰富的飞行员一起飞行；或在军事飞行中，与军衔更高的飞行员一起飞行，我们经常会纠结于要不要提醒他们表现出来的能力欠缺，有时即便是指出来，用词也往往含混不清。处于见习期的副驾驶没有告诉机长她在最后进近时速度慢了 15 节，而是使用“速度有点慢”这类含糊词语。这类含混建议并不是特别有帮助，而且还极有可能掩盖问题的严重性，实际上会更加危险。无论你与谁一起飞行，如果发现问题，一定要大声说出来，并且要具体，然后再去考虑后果。大多数飞行员都会感谢他人在驾驶舱给予的帮助，有问题最好能在为时已晚之前说出来，否则也许就再也没有机会说了。

现实生活中确实有些飞行员不喜欢别人指手画脚，并且对其他机组成员所表现出的果断感到愤怒。在一位小型多发商用飞机机长的 ASRS(航空安全报告系统)报告中，看看飞机上副驾驶当时的困境吧。

案例分析：要不要果断(NTSB,1994)

在一个低于冰点的寒冷夜晚后，我们开始当天的第一段航班。得到起飞许可后，我将油门推到垂直位置，等待发动机运转稳定。在扫视发动机仪表时，我们注意到 2 号发动机显示为慢车 EPR，而其他仪表指示与 1 号发动机读数相同。我认为是 2 号发动机 EPR 显示仪表故障，就下令接通自动油门。然而，副驾驶拒绝执行命令，说他认为发动机结冰。天空晴朗，不具备结冰条件。我告诉副驾驶这是仪表问题，而他却开始谈论另一起由于结冰导致的起飞事故。此时，我们加速到了 35～40 节。我决定中断起飞，而不是在起飞期间与副驾驶争论。在脱离跑道、完成相应检查单、联系公司维修人员之后，我和副驾驶讨论了为什么我认为应该继续起飞。除了 EPR 仪表之外，所有的发动机参数都正常。副驾驶训练不足，不清楚当时的状况，导致飞机中断起飞；此外，驾驶舱资源管理培训增强了他在起飞过程中拒绝履行规定职责的魄力。【着重强调】

这位机长不明白，尽管他的判断也许是正确的，确实是仪表故障，副驾驶应当更好地把握当时的状况，但是，攻击驾驶舱资源管理培训和副驾驶的魄力是不明智的。通过让副驾驶“闭嘴，否则让你好看”，会导致机长在未来可能再也得不到这位副驾驶的任何支持了。权衡一下，机长似乎是更希望避免一次起飞中断，而不是为自己选择一位在驾驶舱内积极、果断的合作伙伴——这实在是一桩不划算的交易。人们不禁要问，下一次这位副驾驶还愿不愿意发表意见。这个案例表明，不是每个人都愿意听取他人的意见，但如果像这位机长那样反应过度，就是他们的飞行素养问题了。因此，即便偶尔遇到像这位机长那样保守的人，我们也仍要避免过度职业顺从这样的危险态度。

11. 乘客/副驾驶综合症(Passenger/copilot syndrome)

与过度职业顺从密切相关的另一种危险态度表现为：相信无论做什么，都会有老大哥来解救。在这种态度的驱使下，驾驶飞机的副驾驶(或乘客)会认为，机长或教员能够发现并纠正飞行中出现的任何差错。这种态度会给驾驶舱内的同伴带来很大的压力。即便是学员，教员也希望你具备一定的能力，如果你只是来凑凑热闹，能力低到不足以帮助教员应对特殊情况，那么，对你和教员来说都是一个坏消息。如果你取得了资质，那么就应该具备相应的思维和操作能力。飞行时不要指望其他机组成员帮你发现错误——要像机长或教员那样飞行；毕竟，总有一天你会成为机长或教员。

4.3.2 心理压力的危害

除了了解和防范危险态度外，我们还需要关注心理压力水平造成的影响。尽管在上一小节讨论过了身体压力，但也应当知道仅仅是严重的心理负担，也足以让飞行员无力应对空中的突发情况。生活本身充满压力，判断压力什么时候会影响到自己的飞行水平是自我认知的关键。请看下面的事故案例。

事故调查发现，个人压力可能是某架海军战斗机坠毁的一个因素，这可能是10年来最保守的说法。该飞行员最近刚离婚，与前妻的关系也很复杂。这种情况肯定是严重的压力源，大部分飞行员在遇到这类事情时都会请几天假。但这名飞行员还有许多其他的麻烦。新女友怀孕了，儿子陷入了法律纠纷。更为严重的是，他当前的经济状况也很困难，由于债务，他的房子和汽车面临被罚没的风险。虽然许多飞行员在飞行时能够有效屏蔽外界的干扰，但是人们不禁要问，这个家伙的大脑中需要多少隔间，才能把所有这些压力隔离开呢？或许应当比他现在的多一个。希望正在阅读本书的读者，不会遇到这位年轻人面临的压力。我们都需要关注自己，并确定自己是否在承受可能影响专注力和飞行能力的压力。如果是，就勇敢一些，把自己从飞行计划中撤换下来，等到事情平复以后再去飞行。

尽管通常被忽略，但必须强调的是，“好”的压力——比如结婚、购置新房或者宗教开悟，可能与离婚、家人亡故或工作压力过大这样的“坏”压力同样危险。可以把压力想象为一条向两个相反方向延伸的坐标轴，在任何一个方向上偏离太多，都有可能扰乱心理平衡并波及飞行素养水平。在遭遇个人不幸后，取消飞行是一个明智的决定，同样，你也可以考虑在刚当上父亲或得到梦寐以求的晋升之后，取消飞行。底线是，每位飞行员都必须评估自己的心理压力，然后做出是否飞行的决定。

4.4 本章精要

飞行素养是一种个人责任，它依赖于我们身体和心理的承受范围。如果我们不能清楚地认识到这一点，就会削弱在个人持续改进过程中所付出的努力。尽管意识到自己什么时候会受到损伤至关重要，但是解决问题的方案也并不复杂：保持身心健康！这不仅可以提高你的表现潜力，而且在你身心可能受到伤害时更加容易识别。

成熟是飞行人员的重要标志。向自己和他人承认自己当前不适宜飞行是良好飞行素养必不可少的要素。采取积极的措施可以帮助我们防范这些产生不适宜飞行的状况。积极锻炼、合理饮食、充足睡眠、避免过度放纵、缓解压力、不要自行用药、保持健康，照顾好自己的身体和心理，这样当你在飞行中召唤它们的时候，它们才会关照你。

4.5　参考文献

[1] NTSB ASRS. 1994 Aeroknowledge [CD-ROM]. Assession number 133773.
[2] NTSB ASRS. 1994 Aeroknowledge [CD-ROM]. Assession number 180477.

第5章

熟悉飞机

知识分为两种，一种是我们的学识，一种是我们知道在哪里可以找到与之相关的信息。

——塞缪尔·约翰逊(Samuel Johnson)

5.1 美国空军上校伯尼·霍伦贝克(Bernie Hollenbeck，退役)的观点

在手册中极少提到但需要驾驶员掌握的那部分飞机知识，就是存在于每个驾驶舱内的人机工程设计问题。有些开关和装置似乎就是为了让飞行员把事情搞砸而设计的。下面举几个这样的例子。

某型号战斗机的发电机开关设计在电子对抗(ECM)开关的旁边，两个开关形状和大小完全相同，极易混淆。考虑这样的场景：按照检查单的要求，在滑行进入停机位时需要关闭ECM开关，不难看出，在操作时极有可能造成意外断电。如果此时飞机在滑行道上且不需要电力驱动前轮转向，情况也许还没那么糟糕。再如，某种脚踏控制的三级刹车系统功能开关，该开关最下面的位置是防滞刹车“开”，中间的位置是防滞刹车“关”，最上面的位置是“停留刹车”①。一旦在高速状态下出现防滞刹车故障，由于飞行员无法将刹车踏板停留在中间位置关掉防滞刹车，从而导致发生过多起刹爆轮胎的事件。如果我们不解决此类设计问题，相似的事件还会发生。我认为大多数飞机都存在可能诱发飞行员出差错的隐藏陷阱——通常那些“老家伙”们都知道陷阱在哪里以及规避的秘诀，然而新手却不知道，这就是悉心传授如此重要的原因。传授就是有经验的飞行员将新学员置于自己的呵护下，向他们教授“秘诀”的过程。悉心传授的关键是确保那些没有经验的飞行员了解驾驶舱中固有的设计陷阱，并在亲身体验前就知道如何规避。虽然飞行手册是我们开始熟悉飞机的重要信息来源，但还有更多需要学习的内容——包括向其他飞行员请教。

① 从飞行员的使用角度看，这种垂直刹车功能分配系统有设计上的缺陷：飞机在高速滑行状态下，飞行员很难踩到防滞刹车“开”的位置，由于没有保护，会刹爆轮胎。这类设计缺陷的解决方法是，将防滞刹车“开”和“停留刹车”的位置互换一下。现代飞机的刹车系统已经不再采用这类设计。——译者注

伯尼·霍伦贝克(Bernie Hollenbeck)曾经担任F-4的飞行教员,具有驾驶25种不同机型的飞行经历。

飞行员与所驾驶飞机建立亲密关系的能力是具备卓越飞行素养的一个重要标志。这种能力不仅是能够驾驶或操纵特定种类或型号的飞机,而且是真正想让飞机成为自己的延伸——尝试与飞机融为一体,成为一体化的功能单元。与其他社会分工一样,这种关系必须建立在知识、理解和信任的基础之上。

甘愿把自己的生命托付给他人,的确是一种特殊的信任。我们在航空领域每天都是这样做的。你会把生命托付给一个刚刚认识但几乎不了解的人吗?可能不会。然而,每天有许多机组成员,驾驶着自己并不完全熟悉或了解的飞机飞上天空。这种漫不经心的态度会给那些毫无准备的飞行人员带来诸多麻烦。幸运的是,现代飞机知识架构已经有了明确的定义,它是建立在一代又一代飞行人员对飞机系统、程序和技术的研究基础之上的。然而,除了这些最低要求之外还有更为复杂的飞机知识,比如人机工程学方面的因素和维修历史等。让我们像第一次与新朋友握手那样从头开始!首先研究前纽约扬基队球星瑟曼·曼森(Thurman Munson)悲剧坠机的过程,事故是在他崭新的塞斯纳奖状(Cessna Citation)飞机上发生的,当时他刚刚通过了考核,准备驾机带几个朋友去兜风。

案例分析:始料未及(NTSB,1980)

瑟曼·曼森学什么都很快,是大多数人眼中的"天才"。在棒球职业生涯取得辉煌成就的同时,曼森发展了一项新的爱好——飞行。和许多新学员一样,曼森在塞斯纳150飞机上开始接受飞行训练。1978年2月至4月间,他在单发塞斯纳飞机上完成了训练,然而他很快便开始尝试更大的挑战——驾驶双发飞机。1978年6月11日,训练开始还不到四个月,他便通过了私照检查。四天后,在一架山毛榉BE-60"公爵"飞机上他拿到了多发飞机的等级认证。对瑟曼·曼森来说,飞行看上去就像打棒球那样轻而易举,然而事实却是,他在飞行游戏中不过是个菜鸟。日志显示,遇难前,曼森在公爵飞机上的总飞行经历不到100小时。

一年后,曼森决定尝试驾驶喷气式飞机,并在1979年7月6日购置了一架塞斯纳奖状。在完成了11天的型别等级训练及10次教学飞行后,他获得了奖状飞机的型别等级。曼森在这架双发喷气式飞机上总共飞行了23.2小时,着陆32次。在奖状飞机的飞行训练期间,教员认为他是一名优秀学员。

通过飞行检查后,曼森决定驾驶自己的新飞机返回俄亥俄州,在那里向朋友们展示。8月2日,他邀请两位朋友到俄亥俄州坎顿附近的阿克伦-坎顿机场(Akron-Canton)参观自己的新飞机。这次飞行从一开始就呈现出不遵守纪律,不了解适用规章的特征。登机后,他没有对乘客下达安全带使用、紧急出口操作以及在紧急情况下应遵循程序的飞行简令。两名乘客都是获得执照的飞行员,虽然他们没有驾驶过涡轮喷气式飞机,但仍有一人坐在右边的驾驶员座位上。乘客们回忆,直到曼森请示并获得本场起落航线的飞行许可后，他们才知晓飞行员的实际意图。

首次起飞正常，桨状飞机向左转弯进入起落航线的第三边，并计划在23号跑道实施连续起飞。此时飞行员的思维已经滞后于飞机，飞机速度逐渐上升至接近200节，远高于起落架放下时174节的限制。在完成一个正常的连续起飞后，飞行员收起起落架和襟翼，然后收回右侧油门，开始展示飞机的单发爬升性能。在这一过程中，乘客们注意到，当时飞机的飞行高度高出航线高度约500英尺。平飞后，飞行员加满油门，开始展示飞机的加速能力，显然他很喜欢炫耀自己的宝贝。

再次完成一个正常的连续起飞后，飞行员将飞机的控制权移交给坐在右座、无型别等级的乘客，让他做襟翼收上的连续起飞。进近速度被设置在“游标[①]”——可移动的空速参考指标——93节，且没有重置为襟翼收上所需更快的速度值上。飞行员为右座乘客操纵油门，并保持飞机的速度远远高于参考速度。右座的乘客只负责用操纵杆、方向舵和配平操纵飞机。飞机在接近跑道中心处触地，随即跳跃至离地5～10英尺的空中。此时，曼森接管了飞机的控制权，他加满油门，完成了连续起飞。在整个过程中，两位乘客均未看到飞行员使用检查单。

在第四次起飞时，由于与其他飞机冲突，塔台通知桨状飞机进入19号跑道的右起落航线。飞机又一次高出正常起落航线的飞行高度，飞行员发现自己飞得又高又快，于是将油门收到慢车位置，降低空速和高度。据乘客回忆，当油门减至某个位置时，起落架放下警告突然响起，飞行员随即切断了警告音。所有这些举动表明飞行员的思维已经滞后于飞机。

在塔台调整进场顺序后，飞机在光洁状态下转向起落航线的四边。右座的乘客注意到飞机正在接近下滑道，于是提醒：“你不会不放下起落架就着陆吧。”曼森这才放下起落架。此时，由于阻力的增加飞机开始向下偏离下滑道，并偏向跑道的左侧。乘客提醒飞行员飞机在下沉，并让他留意19号跑道头的着陆端可能存在下洗气流。飞行员已经力不从心，开始感觉哪里不对劲。据一位乘客回忆，“他的脸色表明他已经感觉到哪里不对劲儿……我感到飞机在下沉，瑟曼的表情告诉我飞机可能失去控制了。”哪里出错了？很显然，飞行员忘记了放襟翼，但却以襟翼放下的速度在飞行。右座的乘客观察到飞机的速度保持在游标设定的93节上，这比规定的无襟翼飞行速度慢了大约20节。

飞机的高度仍在持续下降。一位沿77号州际公路向东南方向行驶的司机注意到，桨状飞机“飞得极低并不断下降，几乎擦着树梢”，他补充道，“飞机飞得很慢，就像一架小的轻型飞机。”他还注意到，当飞机从他前方飞过时，机翼在“抖动”。飞机最终消失在一团红色火焰和黑色烟雾中。瑟曼·曼森完成了自己的最后一次进近。

飞机在距跑道约100码处着陆，此处的地面呈略微上升趋势。飞机在起伏不平的地面上翻滚着穿过一片小树丛，最后撞在树桩上并立即燃起大火。两名乘客从座

① 指空速表上定基准空速的游标。——译者注

位上挣脱，并试图把飞行员从着火的飞机中拖出来。然而这位纽约扬基队队员卡在座位和仪表板之间，令人束手无策。在几次勇敢地尝试解救朋友之后，为了活命，他们被迫撤离飞机。官方公布的瑟曼·曼森的死因是“急性肝水肿以及吸入过热空气和有毒物质引起的窒息”。瑟曼·曼森惨死的直接原因是他根本不熟悉自己的飞机。对于一位美国体育明星来说，这无疑是个不幸的结局。

和大多数事故一样，上述案例中所发生的一切是多种因素综合作用的结果。纪律松散、注意力分散以及不熟悉运行环境，都是导致这场悲剧的原因。究其根源，飞行员只是没有做好准备，没有意识到将要出现的状况。例如他对飞机下沉率的感知严重滞后，我们永远无法知晓他那时是否意识到了自己错误的本质。总之，知识不足及缺少对新飞机的“感觉”，使得他将自己和乘客置身于高风险处境中，再加上他对飞行简令漫不经心的态度，缺乏在机场实施起落航线所需的精准操纵技能，没有使用检查单以及临时起意指导乘客飞行，这些都加剧了运行的安全风险。打一个还算恰当的比喻，他是在试图用一个菜鸟的经验及知识去和一位老将比拼。

5.2　学什么及怎样学

即便对那些最具专业精神、最积极主动的飞行员来说，掌握复杂的飞机系统知识、飞机性能、飞行程序和操纵技术也是一项艰巨的任务。幸运的是，学习和理解飞机系统可以采用系统化方法，我们将在下面的小节中简要介绍。同时，为了使这种方法更加有效，我们还必须克服一些人类的本能行为偏好。大多数飞行员都不愿意深入探究飞机的系统知识，而更喜欢直接跳到操作程序，想搞清楚“如何驾驶这个宝贝”。每当这个时候我们都要牢记，耐心是一种美德，我们首先要做的是对一架飞机有整体上的基本了解。

教育心理学家谈及不同的学习层次时，提到了一种根据学习者在需要时运用所学知识的能力来评估其理解力的方法。“僵化知识”(Inert Knowledge)，或者在压力下想不起来、无法运用的知识，是所有飞行员的梦魇。那些在地面上能够熟练背诵，但在飞行中却怎么也想不起来的关键操作程序，不仅毫无用处，还有可能带来错误的安全感。如何确保在需要的时候回想起所学的知识呢？这个问题的答案涉及诸多生理和心理因素，而我们学习新知识的方式，是解决这个难题的重要组成部分。尽管我们无法确保在巨大的压力下立刻回忆起全部所学内容，但我们在强化某些关键知识点的同时，发展并保持将飞机知识整合到飞行素养整体框架中的能力，却能对问题的解决有所助益。

5.2.1　起　点

系统化地学习飞机知识，可以从通读飞机飞行手册(flight manual)的“综述”(general description)开始。在这一步不要尝试记住所有内容，也不要期望太高。要知道,这些资料是今后深入学习的基础,只需了解飞机的一般操作及不同系统之间的联系即可。这份资料大多枯燥乏味,但却是后续学习的重要基础。

初步阅读飞机综述后,就该进入我们都希望嵌在自己脑海中的基本资料——应急程序中的关键操作及飞机操纵限制。这些都是拯救生命的知识,我们不仅要努力学习,更要经常研究复习。掌握操纵限制和应急程序有三种方法,我的建议是每一种方法都要使用。第一,阅读相关资料,并牢记关键的操作步骤和操纵限制。第二,将飞机用作训练工具,进入驾驶舱重复练习应急程序,让身体配合完成相应的动作,触摸开关,背诵限制,从而强化对各种系统操纵限制的记忆。第三,当你进行模拟机或飞行训练时,练习各种程序步骤——如果需要就在教员的监督下进行模拟。这些步骤强化了书本知识在大脑中的记忆,从而在你最需要的时候,这些辛苦得来的知识才不会辜负你。当你确信完全掌握了这些内容后,你就可以将更多的学习时间投入到其他领域,如飞机性能、通信和导航设备、正常程序和操纵技术等。

5.2.2 获得专业知识的关键:持续系统地学习

要想成为某一特定机型的专家,关键是在完成初始检查和训练大纲内容后,要保持实施一个持续的学习计划。完成这项计划有很多种方式,对大多数飞行员而言,最有效的方法是将系统性复习与基于经验的探究结合在一起。

第一种学习方法是系统性复习,即按照具体计划,定期持续地回顾飞机的技术标准和操作数据。系统性复习计划通常按年度安排,具体复习的章节和专项内容则细化到月计划中。许多飞行员会借助初始资格测试的考题或其他方式来评估自己对资料的理解和记忆情况。即便是仅仅通读复习的材料也会有帮助,但如果能在学习之前提出问题,那么你的时间利用率会更高、注意力也将更加集中。例如,“如果交流电源断电,哪些设备将无法使用”,或者“这架飞机上的通信设备,能提供多少种空中通信方式”。最后要说明的一点是,即使没有其他原因,单纯是为了提醒自己多长时间没有看书而建立和保存一份书面的学习记录,也是有意义的。

第二种学习方法是基于经验的探究,它是用飞行中真实发生的事件来激发对某类知识的深入研究。这样做会在所涉及的相关资料之间建立自动的联系,因而是一种非常有效的学习方式。举例来说,如果在飞行中遭遇了湍流或者风切变,飞行员就应该去研究所有能找到的与湍流或风切变相关的技术资料。这种学习方式通常能发现技术标准或飞机操作手册中没有包含的信息。严谨的飞行员不会因缺少信息就望而却步,他们会给制造商、FAA或其他飞行训练机构致电或写信,索取更多的资料。

系统性复习结合基于经验的探究方法,为飞行员提供了一个扎实的、对所驾驶飞机不断增进理解的方案。开启有效学习之门的钥匙掌握在你自己手中,因为只有你才真正了解自己最不擅长的知识领域,也只有你才能系统化地解决问题。记住,许多飞行员会被自己熟悉的系统知识所迷惑,这会滋生自满情绪,从而妨碍他们有计划地回顾学习过的内容。

5.2.3　口头知识及人机工程学“陷阱”

有很多重要信息并没有纳入飞机技术手册或操作手册中。一些飞行操纵特性和人机工程学方面的注意事项，最好是通过与拥有该机型丰富经验的飞行员交流进行学习。当然，其他的途径还包括借助灾难数据库及制造商的支持。关键是要明白一点，飞机的全部知识会分布在不同的地方，只有那些具有严谨治学态度的飞行员才能将它们找到。此外，每一种机型的系统知识库都是在不断更新和变化的。因此，即便是你已经掌握了的飞机知识，如果保持原地踏步也还是会落后的；要做到与时俱进，唯一方法就是始终保持好奇和质疑的态度，不断去发现新的信息。

5.2.4　把你的飞机当作单独的个体去了解

即便了解了所飞机型的所有公布信息，但要完全掌握它仍有大量工作要完成。单独一架飞机与其他同型飞机在许多细微而重要的方面也还是不同的，其中一个重要差别就是每架飞机的维修历史。第一，飞行员必须熟知当日执飞的飞机曾经做过哪些维修。翻看维修记录，可以详细了解飞机是否已经完成所需的检查，或处于某个“豁免”状态。第二，查阅近期重大的检修记录，如军机的“例行维护”或其他主要部件维修更换记录，通常飞机在重大维修后发生问题的概率会明显高于日常飞行期间。第三，要仔细查看上次飞行后更换过的部件记录，实际上本次飞行就是替换部件的功能试飞。第四，对于记录中任何“无法重现”的故障要保持质疑的态度，因为这意味着维修人员在地面无法重现上次飞行中的故障，也就意味着没有进行过维修工作，因此，尽可能收集更多的信息，做好应对计划，以防飞行中再次出现这个故障。

此外，向熟悉这架飞机的维修人员或其他飞行员询问该机有无特别之处。这个看似简单的问题也许会让你得到许多有价值的信息，其中一些信息可能对安全飞行至关重要，另外一些信息则可能使你信心倍增(见图 5-1)。我们以挡风玻璃上有划

注：早期的学员在维修教员的指导下学习如何对飞机进行维护。

图 5-1　维修人员是宝贵的知识财富(美国空军空中教育与训练司令部档案室)

痕为例解释这类个性化信息的重要性。玻璃上的划痕会使夜间着陆更为困难，也可能会发出吱吱嘎嘎的噪声。如果不知道噪声来源，在整个飞行期间你可能都会为此而焦虑。当你具备的飞机知识达到了一定的深度和广度，你就已经做好成为团队资产而不是累赘的相关准备了。

5.2.5 在团队中发挥你的价值

每次飞行，无论是驾驶单座通航飞机、驾机独立执行侦察任务、驾驶单座空中优势战斗机，抑或是作为传统多发喷气机的机组成员，我们都是团体协作中的一分子。本书其他章节给出了这种论断的理由，我想强调的是，在几乎所有的飞行环境中，个人所掌握的全部知识只是制定决策和解决问题所要考虑因素中的一部分。因此，我们要么成为团队中有价值的资产，要么成为危险的累赘，这取决于我们的知识和技能可以为团队所提供的信息和行动的效用。当你对自己的知识水平进行反思时，请参考下面两个案例的差异。

案例分析：了解飞机带来的价值(Hughes，1995)

一架执行跨洋任务的多人制机组运输机正在高度层 FL220 的高度上巡航，自动驾驶仪处于接通状态。此刻天气良好，没有乱流，云顶高 6000 英尺。突然，机组听到一声巨响，随即一团白雾涌入驾驶舱，飞机向下俯冲并开始向右偏转。两名飞行员都感到了肩带的拉紧，而几名未系安全带的乘客从座位上被抛了起来。此时，自动驾驶仪仍处于工作状态。驾驶杆移动很不规律，飞机出现中度到重度的抖振。

断开自动驾驶仪后，飞机停止了抖振，但机身仍处在持续不断的中度振动之中，飞机对操纵反应迟滞。主要机组成员及两名机械师都戴上了氧气面罩。到这时，飞行员仍然无法确定问题出在哪里，于是决定开始操纵飞机以 200 节指示空速(KIAS)、500～1000 英尺/分的速率下降。装卸长向机长提供了故障所在位置的第一个确凿证据，他报告说，机翼前方的机身顶部出现了一个大洞。正是由于飞机顶部这个炸出的大洞，导致机舱快速释压。所幸这架飞机的机组成员训练有素并且知识丰富，即使他们身处大洋之上，在面对灾难性紧急状况时，仍然保持着镇定和冷静。

飞行机械师查看发动机仪表和油量表后，向飞行员报告 3 号和 4 号主油箱的油量表显示为零，其他所有仪表指示正常。飞行员听到报告后并没有轻信表面现象。他知道如果 3 号和 4 号主油箱里没有燃油，那么他一定能在操纵中感受到横向的不平衡，但此刻飞机却没有这样的不平衡。飞行员将自己的感受反馈给机械师。与此同时，装卸长仔细查看了右机翼，并未发现明显的燃油泄漏迹象。飞行机械师随后意识到可能是 3 号和 4 号主油箱中的油量过低令传感器无法探测，因而出现刻度指示为零。参照技术指令，为了防止燃油系统出现电气短路，他建议机组拔下油量表跳开关。这时，搭乘这架飞机的另一名编外飞行机械师迅速赶到驾驶舱，替换下当班的飞行机械师，后者则进入货舱进一步评估飞机的受损情况。

在飞机释压前，领航员已经根据当时的飞行航迹位置，向带队机长提供了最近可用的应急备降机场信息。这是他惯常的工作方式——一旦出现紧急情况，飞行员能够立即转向备降机场；这一次，这种工作方式得到了回报。

带队机长很快与领航员确认了备降机场的信息，开始以 5 度坡度转向 250 英里外的备降场。副驾驶此前一直在为带队机长提供应急支持，在确保飞机处于可控状态后，立刻用高频无线电宣布紧急状况，但却发现他无法与任何一个空中交通管制单位取得直接联系。随后，他用其他的无线电设备联系到附近一架美国军用飞机，请求它帮助转发信息，将飞机的紧急状况和机长意图发送出去。这一关键的步骤触发了启动搜索与救援以及地面应急计划。如果飞机能够成功抵达，该应急方案就是机场当局所要采取的救援措施。

此时，当班飞行机械师已经结束对飞机状况的检查，他向带队机长汇报了破洞附近飞机的损坏情况。受损部位包括飞机外部右侧、中心整流罩、电线束和机炮炮座。此外，空调管道弯曲并撕裂，更为糟糕的是空调管道在气流的作用下，与上部的飞行控制钢索缠绕在一起，如果飞行控制钢索受损，将很可能导致飞行控制失效。飞行机械师试图移除缠绕在节气门/变距操纵杆控制钢索中损坏的空调部件碎片，但收效甚微。随后他回到驾驶舱的工作岗位。

机组人员使用飞机上的六分仪——用于拍摄或观察天体进行水上导航的一种小型导航望远镜——察看飞机外部，进一步评估机身的受损状况。借助这种非常规的手段，机组掌握了极有价值的信息。他们注意到 1 号高频天线不见了，2 号高频天线从尾部安装处断开，很可能也无法工作。鉴于找到了高频无线电通信故障的根源，机组人员就不必在高频通信方面浪费更多的精力。

此刻飞机已经得到控制，情况趋于稳定，机组开始着手准备进近和着陆工作。飞机在持续下降期间，当高度通过 9000 英尺平均海平面时，机组开始实施飞机可控性检查。机长选择使用 50%的襟翼、以 150 节速度进近，并计划以 140 节速度着陆。在可控性检查过程中，机长以 5 节的减速间隔将飞机速度逐渐降低至 140 节，并将襟翼以 5%的增加间隔逐渐放出到 50%。当速度每减少 5 节或襟翼放出每增加 5%后，飞行员都会进行坡度 5 度的 S 转弯和轻微的俯仰操作，以测试飞机操纵的可控程度。除了发现飞机对操纵反应迟缓外，并未发现其他方面的控制困难。显然机组非常熟悉应急程序，并考虑到了一切可采用的方法。

由于副驾驶主动联系其他飞机向备降机场转发了他们的困境和意图，一架救援飞机和一架直升机从备降机场起飞，将故障飞机护送到达备降机场。距机场 30 英里时，机长放下起落架，在地面精密进近雷达引导下精确切入五边，平安着陆。由于高频天线松动，可能导致外来物损伤风险，机组没有使用飞机的反喷减速。在着陆并脱离跑道后，一名机组成员走下飞机确定飞机能否继续安全滑行。根据评估，机长决定将飞机滑至停机位，发动机顺利关车。从飞机突发释压到着陆，整个过程耗时 1 小时 12 分钟。

总结这次出色的故障应急处置，我们注意到了其中的关键点，即从机组表现中反映出来的机组成员准备充分和足够的知识储备。全体机组成员的应对措施系统而有条理，并且充满想象力。由其他飞机中继通信及六分仪的使用，充分表明机组全面掌握飞机的系统功能，因而才能创造性地提出解决问题的方案。评估飞机状况时，飞行员在操纵中没有感到“机翼沉重”，故而排除了一个可能导致注意力分散的干扰因素。在爆炸性破损产生急剧释压后，机长保持了对飞机的控制，而其他机组成员，包括作为乘客的加机组人员与随机机械师共同协作，详细分析了飞机状况并帮助其他的乘客。飞机受损设备中包括空调系统、液压系统、飞行控制钢索、引气、氧气和节气门/调节水平钢索等多个部件，若想采取恰当的纠正措施则要求机组全面掌握飞机系统知识并结合当时状况进行分析。在事故调查的个人访谈环节，两位飞行员和两位工程师都提到面向任务的模拟训练（MOST）——一种机组资源管理工具，在此次事故中产生了增进机组协作的效果。尽管在飞行中突发爆破性释压及不同程度的结构/系统失效，但事实证明，机组人员的协同能力足以应对这一挑战。

理想状况下，所有机组人员在面对挑战时都应当具有这样的能力和信心，然而下面的悲剧告诉我们，并非所有的机组成员都能达到这样的水平。

案例分析：知识匮乏的代价（Rouse，1991）[①]

1991年2月2日，当地时间12点16分，绿巨人46号（Hulk 46）——一架B-52G飞机从印度洋某基地起飞，执行“沙漠风暴行动”（Operation Desert Storm）。这是三架由B-52飞机组成的小型作战编队成员之一，该编队共携带了数十吨弹药，计划对萨达姆·侯赛因（Saddam Hussein）的野战部队实施轰炸。这是机组第四次执行战斗任务，也是第一次在敌方领空实施日间作战行动，根据作战需要，前几次的任务都是在夜间完成。带队机长概略地下达了作战简令，“作战任务和我们每天的飞行任务差不多，起飞，两次空中加油，飞到敌方境内投放弹药，脱离，第三次空中加油，然后回家……和我们之前的任务流程差不多。（这次）只不过是境内的目标不同。”任务预计的飞行时间是15.5小时。遗憾的是，这次飞行成为本架飞机和机组的最后一次任务。随着案例情节的展开，我们会看到始于本次任务前几个月发生的一系列事件，最终导致绿巨人46号坠毁在距基地仅15英里的海水中。

虽然有多种因素导致事故的发生，但最终分析确定事故的直接原因与B-52的电气系统有关。为了帮助不了解B-52G机型的读者更好地了解事件的发展过程，这里先介绍一些相关的背景资料。与大多数飞机类似，B-52使用直流电和交流电作为机上设备的工作电力。直流电由蓄电池提供，通常仅供部分照明和应急设备使用；飞机主电源是交流电，由四台发电机提供——每台发电机由B-52发动机吊舱中四台序列为奇数的发动机（1，3，5，7）带动。虽然系统进行了冗余设计，但单台发电机

---

① 本案例所有信息都来自这个报告或B-52技术指令，并不包含任何来自仅用于事故防范的AFR 127-4 “Aircraft Mishap Investigation”中的保密信息。

依然无法承担多个系统共同工作时的电力负荷。虽然这并不是极其复杂的系统，但机组人员必须具备，或者能够回想起或定位到保证系统安全工作的特定知识的能力，尤其是在紧急状态下。

飞行前准备和起飞阶段都很顺利，只是在维修机尾蓄电池指示灯时耽误了一些时间，但影响不大。然而，机组所不知道的是，这架尾号59－2593的飞机存在两个反复出现且必须维修解决的故障，不掌握这一情况，会使他们在接下来的任务中饱受困扰。第一个问题是1号油量表故障，自上一年11月起，该故障已报告过五次，持续了两个多月。为了解决这个问题，维修人员尝试过多种不同方法，包括从主油箱中排水以及清洗油量表接插件和探头。从上一年11月至今，这个油量表并不是每次任务都会发生故障，而是每隔一次才出现。上一次飞行任务是在1月31日，记录中未显示油量表出现异常。按照现行维修规定，油量表故障的书面记录无法描述为“反复出现”的故障，因此当天机组并未在维修表格中看到该故障的存在。

机组进行飞行准备查看飞行记录簿时，也没有看到这架飞机5号发动机的近期故障记录，这是第二个反复出现的需要维修的故障。一个月前，1月2日，5号发动机功率曾降至40％以下，同时机组报告当时滑油压力低。由于维修人员无法重现故障，因而在维修记录中的纠正措施是“运行发动机，无缺陷，故障在发动机试车中没有重现！”另一个飞行员证实，几天后在发动机启动期间，他遇到了类似问题，维修人员调整了燃烧室压力和燃油控制活门后，问题似乎得到了解决。然而无论是故障现象还是纠正措施均未记录在飞行记录簿中。

事实证明，这两个机组成员不知道的飞机故障，在局势的逐步恶化过程中产生了重要影响。由于两个故障都会对带动发电机的发动机产生影响，因此都很重要。第一个，简单的油量表故障，却被机组误判。第二个故障造成励磁不足，在最为关键的时刻，继电器切断了5号发电机的电源，又一次证明墨菲定律依然适用。1991年2月2日清晨，当绿巨人46号机组驾驶B－52笨拙地冲向天空时，导致他们毁灭的一系列事件已经拉开帷幕。

起飞后不久出现了第一个故障。在第一次和第二次空中加油之间，驾驶员注意到燃油重心液位咨询系统显示油量表故障，1号主油箱油量表读数为零。根据副驾驶的回忆，“我拔出并重置了1号主燃油箱跳开关，故障就消失了。”B－52的技术指令以警告方式提示了这种操作，指出“任何燃油油量表的故障都可能表明，在某个特定的条件下，该故障可能会将高压电引入相关的油箱。因此，在出现燃油油量表指示问题时，要拔出相应的油量表指示器跳开关。”看上去机组最初采取的措施是正确的，但重置跳开关则完全是另一回事，正如紧随上文的警告信息中指出的那样。

警告

如果燃油油量表出现故障，拔出相应的油量表指示器跳开关。在进行彻底检查和维修前，不得拆卸或更换油量表，不得重置跳开关。（美国空军，1991）

或许机组认为在作战任务中需要燃油量信息，因此有必要冒险违反警告；又或许表明机组缺乏知识和漠视规章，这种知识匮乏和漠视规章的现象在本次飞行中一再出现。

接下来的坏消息出现在第一次空中加油和在轰炸目标后转弯之间。（据带队机长和炮手回忆，故障发生在前两次空中加油之间，而副驾驶回忆发电机故障是在目标上空向南转弯后出现的。实际上故障发生的时间节点不会对机组采取的措施产生很大影响。）3 号发电机断电，意味着它无法继续为飞机提供交流电。副驾驶对发电机进行了两次重启尝试，但都没有成功。如以下证词表明的那样，虽然知道它可能会带来其他问题，但带队机长对该故障并不十分在意，“在伊科（Eaker，机组的基地），轰炸机损失一台发电机不算什么，我们几乎把它当作……如果还有其他问题，我们再进一步讨论，但这个问题嘛——只是一台发电机，不影响飞行。”

机组结束轰炸任务后，调头飞往位于印度洋的前线作战基地。此时，天色已晚，机组用过餐，在返回基地的长途飞行中逐渐安静下来。由于归途中还要进行一次空中加油，为了能让大家在最后一次加油前休息片刻，带队机长将这段时间的值勤机组调整到 10 人，这是长途飞行任务的标准程序。带队机长正好在空中加油前回到座位，绿巨人 46 号按计划完成了第三次[①]空中加油，燃油由两架 KC－10 加油机提供。在此次加油期间，1 号油量表又出现了故障。机组人员再次拔出并重置了跳开关。当 1 号主油箱的油量对比其平衡的 4 号油箱油量低 7000 磅时，飞行员们开始讨论燃油泄漏的可能性，但并未执行检查单。尽管技术指令中指出，“燃油泄漏最明显的标志，可能是俯仰或横向配平的异常变化。”然而，机组在判断时没有充分利用这一点，因为他们没有断开自动驾驶仪去验证这种感觉上的差异。讨论结束后，副驾驶离开岗位准备轮休。

不久后，带队机长注意到 5 号发动机显示“异常指示”。发动机的读数低于其他 7 台发动机，这引起带队机长的重视，他派人叫醒副驾驶，让他作为团队成员共同参与解决问题。机组讨论了种种现象：仪表板上 5 号发动机的仪表读数很低，发动机只对收油门操作有反应，而对加油门操作没有反应。副驾驶证实 5 号发电机仍然在供电。他们决定不关闭发动机，随后，副驾驶重新回去休息。

考虑到绿巨人 46 号存在多个故障，着陆后可能导致基地岛屿上唯一的跑道关闭，带队机长认为它排在编队最后落地可能更好。编队领队采纳了这个建议，调整了编队各个飞机的位置，安排绿巨人 46 号最后落地。

当飞机以 20 度坡度转弯进入等待航线时，1 号发动机和 2 号发动机突然熄火。当副驾驶返回岗位时，机长告诉他，由于“燃油耗尽”，1 号发动机和 2 号发动机都熄火了。（虽然从这份证词中，无法确切了解熄火的真正原因，但至少有部分原因可能是机组自己造成的。作者做出这个推断是基于机组并不确定是否还有燃油，以及飞

① 原文是第二次空中加油，但根据上下文及前文机长简令的内容，这应该是第三次空中加油。——译者注

行期间他们在燃油面板上实施了多项操作。)在对燃油系统状况出现短暂分歧后,副驾驶在没有参照手册的情况下立即着手处置故障。事后证明这是个严重的错误,因为在技术指令中,检查单包含一个专门以放大强化方式强调的燃油不足导致熄火的处置程序,考虑到两台发动机是同时熄火的,因此熄火原因极有可能是燃油不足。这个检查单规定了一些特定的油门操作,旨在"清除燃油控制装置的空气和发动机余油",这将大大提高发动机空中启动的成功率。(USAF,1991)幸运的是,那天2号发动机重启成功了,但是连着发电机的1号发动机却没有。

事态在迅速恶化。考虑到5号发动机曾经出现过亚慢车状态,可能会停车,机组于是准备实施6发进近。讽刺的是,5号发动机最为关键的输出不是推力,而是发电机发出的电力。尽管5号发动机的转速不时接近发电机断电的转速,但机组似乎没有意识到它会熄火。虽然机组花费大量时间进行了双发故障着陆的准备,却没有考虑到只有一台发电机工作的可能性。当看到仅存的、分别由5号和7号发动机带动的两台发电机电流读数过高后,副驾驶的确建议机组减少用电负荷,然而他显然没有意识到5号发电机会因欠压保护即将停止工作。

开始沿等待航线下降后不久,飞机就只有一台发电机在工作,然而机组却对此毫无察觉,5号发动机由于转速低于发电机工作转速,励磁不足而导致继电器跳闸。值得注意的是,主警告灯上没有出现新的故障显示。(根据证词判断,主警告灯在整个飞行期间可能都没有工作,这在飞行前的操作中可以明显看出。)此时,如果机组知道只有一台发电机在工作,他们就不会放下襟翼,因为这会大大超出单台发电机的工作负荷,造成交流电系统彻底崩溃。

2136:10Z(Z代表世界协调时),绿巨人46号呼叫指挥中心,"长官,绿巨人46号宣布进入紧急状态,飞机丧失动力,请求直飞着陆。"管制员将前面一架加油机移出航线后,向绿巨人发出起始进近航向的指令,"绿巨人46号,航向170。"绿巨人46号应答时,机组犯下事故链中最后一个错误。飞行员答复:"长官,我需要无电罗盘航向引导。"

当飞机航向系统发生故障,机组无法确定航向时,就需要采用"无电罗盘引导"进近方式。在本案例中,飞机上仍有一些可以提供航向信息的设备,包括一个C-2A航向指示器和一个备用磁罗盘。执行无电罗盘进近时,机组需要根据雷达管制员的指令,启动或停止转向。由于飞行员要按照管制员的指令尝试精确地"左转/右转"和"停止转向",通常会因操纵反应滞后而导致操纵动作粗猛。

B-52丧失所有交流电时,也同时失去了为发动机提供燃油压力的电动燃油泵的功能。虽然发动机驱动的增压泵能够继续提供燃油压力,但很容易发生气塞,继而导致发动机熄火。为了防止这种情况的发生,在B-52技术指令的应急程序章节中包含了一个关键的三个步骤的"无增压泵燃油管理"程序检查单。然而,这个检查单既没有被想起来,也没有被机组参照执行。检查单的第三步要求是:"3. 尽可能保持飞机处于平飞状态,避免速度和方向的突然改变",并以紧接在检查单下方的"警告"

强调这一点。

警告

飞行姿态或加速度的变化有可能导致主油箱增压泵露出油面使系统吸入空气，从而造成发动机熄火。(USAF,1991)

接下来的几分钟，雷达管制员批准绿巨人46号实施无电罗盘进近，并按程序要求发出转向和停止转向的指令，帮助飞机对准跑道。

在飞机持续向跑道进近时，一位地面值班飞行教员也在对机组提供技术方面的支持，该教员曾多次采用这种方式为空中机组提供尽可能多的技术帮助。就在他建议机组要确保实施黑框中的应急程序时，突然听到机组的报告，“长官，等一下，等一下……”值班教员从声音中听出了紧张情绪，安慰道：“不要着急伙计们，不要着急。”随后是机组报告：“是的，不要着急。但是长官，动力完全丧失了。”绿巨人46号的所有发动机在印度洋低空停止运转，与预计着陆时间仅仅相差不到5分钟。

看来缺乏信息和飞机知识毁掉了B-52机组的这一天。根据两名飞行员的证词，事故调查委员会判定，机组在飞行期间多次违反技术指令，包括重置1号油箱油量表跳开关(两次)、执行燃油泄漏检查单不完整不准确、燃油控制面板操纵差错、实施发动机空中启动时未遵照规定程序，以及没有实施无增压泵燃油管理程序并遵守相关警告。然而程序知识欠缺和分析能力不足的影响还不止于此。

无线电通信记录显示，与值班飞行教员通话时发动机全部熄火的时间为21:41:32。我们可以假定这个无线电呼叫大约是发动机故障的实际时间。据副驾驶回忆，发动机熄火时，飞机高度大约为1800英尺。带队机长的证词表明，当时他正专注于保持飞机的飞行速度，因而没有在第一时间发现发动机停车。直到副驾驶报告，“机长，我们需要从飞机上撤离”，机长的反应是“为什么?”随着副驾驶用手电筒照亮发动机仪表板，带队机长这才突然意识到此刻为什么如此安静。

雷达领航员的弹射座椅必须推出飞机底部后才能工作，低高度令他迫切希望尽早离开飞机。他坚决地说道：“我们赶紧离开这个鬼地方吧!”然而，机组却在30多秒后，即21:42:09才通过无线电发出“绿巨人46号弃机，无法保持空速，没有动力”的弃机信号。根据幸存机组人员的证词，弹射高度在600～800英尺之间，飞机当时处于170节的快速下降状态。

现在让我们停下，把书扣过来，盯着手表上的秒针，想象一下自己在寂静的黑暗中下落37秒，花些时间，现在就做!时间上的延误极有可能令领航员和雷达领航员无法完成空中弹射。然而我们永远无法知道他们是否尝试过弹射，因为飞机和尸体都没有找到。

对于低空弹射，B-52有明确的技术要求。

警告

不要因徒劳启动发动机或其他可能导致弹射不安全或危险着陆的尝试，而将弹射高度延迟到海拔2000英尺以下。事故统计数据表明,如果飞机高度低于2000英尺,成功弹射的概率会大幅降低。(USAF,1991)

最后一个错误的代价最为惨痛,也是机组没能充分了解和掌握飞机性能和系统知识而被迫付出代价的最好例证。在这个案例中,一些知识原本应该在机组成员获得机型资格时就已经掌握,然而正是由于机组在知识水平和知识深度方面的欠缺,使得他们在关键时刻无法应对挑战。

5.3 本章精要

没有人能够确保自己的知识足以应对飞行中出现的所有状况,即便是最博学的飞行员也对自己掌握的系统和程序知识产生过怀疑。也许害怕自己知道的不够多正是具备了与飞机知识相关良好飞行素养的标志。同时,这样的担心又反过来激励飞行员去进一步探究知识。就这一点来说,极具讽刺意味的是,那些自诩知识渊博的人却极有可能正面临着最大的风险。

真正的飞行素养是在系统化、自觉自律的持续学习中体现出来的。花点时间构建一个适合自己的学习体系。坚持下去,直到它成为一种习惯,然后与他人分享。

5.4 参考文献

[1] Hughes Training Inc. 1995. Aircrew coordination workbook. Abilene, Tx.: Hughes Training Inc., CS-61.

[2] National Transportation Safety Board (NTSB). 1980. Aircraft accident report NTSB-AAR-80-2. Washington, D. C.

[3] Rouse, D. M. 1991. Report of aircraft accident investigation B-52G serial number 59-2593. February 3.

[4] United States Air Force (USAF). 1991. Accident Investigation Technical Order 1B-52G-1-11.

第6章

团队意识:团队合作与机组资源管理

皮特·康纳利 NASA/得克萨斯大学机组研究项目

托尼·科恩

互不相识的四位勇士不敢向狮子发起攻击,而远没他们勇敢、但彼此熟悉、相互信任、互相支持的四个猎手,绝对会发起对狮子的猎杀。

——阿尔丹·杜皮克(Ardant D'Picq)

6.1 美国空军预备队准将史蒂夫·里奇(Steve Ritchie)的观点

能获得如此多的荣誉让我感到非常荣幸,事实上,这些荣誉更应该属于那些在我成功背后矗立着的更多的人。他们是包括空中机械师、维修人员、武器装载员、飞机和武器系统制造过程中的质量控制人员在内的、成千上万的军人和平民百姓。其实,我所能做到的一切,很多战斗机飞行员也都能够做到,只是我们幸运地在越南空战舞台上得到了绝佳的表演机会;另外,正像你们所知道的那样,还有许多重要因素促成了我们的成功,那就是:充分的准备、积极的团队合作、严格的纪律、无私的奉献精神、全面的素质培养和技能训练、所有参战人员之间无障碍的交流、每个人心中充满激情同时又能保持冷静的态度、坚定的意志、果敢的决心、诚实正直的品格以及持续不断地在精神世界的发展。

归根到底,正是由于那些追求卓越及高质量的保障人员的支持,才确保了我们能够获得胜利而避免战败、取得成功而远离失败、活着而不是死去。几年前,海军上将海曼·里科弗(Hyman Rickover)就曾指出:"为了美国的生存,我们需要再次召唤追求卓越的精神。我可以肯定,内心的平庸与很多外部不利因素一样,会击垮我们的精神。"我很想知道他是否意识到自己在阐述一条真理。巴顿(Patton)将军也曾经说过,"我们使用机器作战,但依靠人员取胜。"如果没有训练有素、准备充分、积极主动的参战人员,我们就不可能取得海湾战争的胜利。因为每个人都能带来不同的改变,能够在团队中相互合作,这是我们为取得成功而学会的最重要技能。

1972年7月8日,我们在1分29秒内击落了两架米格-21战机。如果没有整个团队的完美配合,这根本不可能发生。每天早上,我都会在起飞前与空军和海军的管制员进行加密通话,告诉他们我们的名字、呼号以及任务概要。为创造与管制员和其他飞行员见面的机会,我们甚至飞到了科拉特(Korat)。我认为能够直呼 100 多英里外那些为我们提供重要信息的人员名字非常重要。1972 年 7 月 8 日,这一切都得到了回报。

在河内(Hanoi)西南方约 30 英里的地方,我们收到地面管制员的通报,在我们以东方向,飞行高度大约 5000 英尺的区域内有两名“蓝匪”(米格-21)。突然,我们听到耳机中传来了“Heads up①”的告警。“Heads up”意味着米格战机已经看到我们,并且占据了攻击的位置。这条信息应该是 40～60 秒前发出的,而此刻我却依然没有看到米格战机的影子!就在这时,远在 150 英里外、正在雷达上密切关注战场势态发展的管制员省略了正常通信加密程序,直接呼叫,“史蒂夫,他们在你北边两英里。”我立即实施左急转弯机动,轻松地“Tally ho②”。整个战斗不到两分钟就结束了,我们非常幸运地发现并击落了那两架米格-21 战机。

这是团队合作的一个经典范例,汇集了成功所需的全部要素!雷达和计算机运转状况良好,100 多英里外监控势态发展的管制员在关键时刻直接呼叫,三枚麻雀导弹完美地精确制导,机组协作天衣无缝。在这次任务以及其他作战等级不同的任务中,我将 30 年里所学和所经历的一切在短短的几秒钟内汇集到了一起,也就是说,在那 89 秒的时间内,汲取了每一滴生活阅历用于夺取胜利。1972 年那个值得纪念的日子,多年的准备、完美的团队合作、严明的纪律让我们与众不同。

史蒂夫·里奇准将是越战王牌,是唯一击落过 5 架米格-21 战机的美国飞行员。他曾荣获空军十字勋章、4 枚银星勋章、10 枚卓越飞行十字勋章和 25 枚空军奖章,并于 1972 年荣获詹姆斯·贾巴拉上校飞行技术奖章(Colonel James Jabara Award for Airmanship)。

6.2　团队合作与 CRM

优秀的团队由优秀的个人组成。然而令人意想不到的是,与其他飞行素养要素一样,团队合作也是一种个人职责。随着飞行历史的演化,团队合作的理念也在不断发展,已经从一个飞行者及其机械师之间的简单联系,逐步演变成更为复杂的关系。随着飞机尺寸变大和重要性的增强,机组成员的数量也在增加:可能是空战中的僚机、抑或是大型商用及军事飞机中的多人制机组成员。团队合作的探索也从简单的人际关系研究,逐步发展为现代航空最广泛和备受青睐的一个研究课题,这不是没有理由的。

---

① Heads up:空中截击通话代语“当心”,表示敌机向你飞过来了,而我方没有占据攻击位置的作战单位,无法对你实施掩护。——译者注

② Tally ho:发现目标!——译者注

目前团队合作的概念包含飞行员与多种信息源、设备、其他人员之间的多重关系。在许多当代通行的驾驶舱/机组资源管理(CRM)课程中,都定义了那些伴随航空团队的发展,并在商业飞行、企业运行和军事航空活动中需要的协同技能。尽管本章引用了军事和商业领域中有关CRM课程的一些介绍,但目的并非再现这些优秀课程中的教学内容,而是旨在强调团队建设中的关键要素,包括成功团队的基本特征、领导力和追随力。此外,本章还谈及一度被认为CRM豁免的两个飞行类别:单座战斗机飞行和通用航空运行。

6.3 团队合作的价值

团队合作主要以三种基本方式强化团队的表现。第一,在面对各种状况时,增加了可用的知识和专业技能。第二,可以综合各种想法与技能,为团队提供新的可选方案。第三,专家团队具有协同效应,通过个人能力的相互弥补,使团队的整体表现优于个人单独能力的总和。同时,参与团队合作也是飞行员个人的安全保险策略。

那么,要成为一名合格的团队成员,自己需要做好哪些准备?如何才能在团队合作中最大限度地发挥个人作用呢?答案与飞行素养的其他要素一样,它需要从个人能力和专业知识等方面入手,通过熟练掌握与岗位职责相关的知识和技能,你就迈出了实现良好团队合作的第一步。也只有这样,你才能为接下来的一步做好准备——通过理解和实践航空团队建设中特有的技能优化团队表现。

6.3.1 团队的优势和风险

在本章的开篇语中,法国将军阿尔丹·杜皮克(Ardant Du Picq)强调了团队合作的两个突出优势——提高可靠性和相互支持。它们是在所有环境中飞行任务成功完成的关键要素,因为个人的处境意识能力有时可能无法适应快速变化的飞行环境。在知识深厚、甚至达到专家级别队友的激励下,团队中的每个人都会变得更加自信而主动。每个人都可以不必过于谨小慎微——不是不安全,而是在确保相互支持的基础上采取行动,从而在完成任务的过程中可以保持更加积极的态度面对挑战。虽然每个人都能够从良好的团队合作中受益,但很少有人能够深刻理解团队合作在复杂甚至恶劣的飞行环境中所展现的本质特征及复杂性。

不容忽视,团队合作也存在风险。驾驶舱和飞机座舱内的人际关系可能会对飞行操纵和决策产生负面影响,从而使团队的整体表现比个人的独自表现还要差。这种不可思议的表现力下降可能来自团队成员之间的内部冲突;或者来自另一个极端,即所谓的"群体思维"现象。在"群体思维"模式的影响下,机组成员会普遍认为避免冲突比完成当前的任务更为重要。正是由于这些不可避免的缺陷,团队合作的建立和发展应当系统化地进行,并有效识别出那些与团队活动相关的固有隐患。

6.3.2　个人职责：当魅力掩盖了不称职

良好的社交才能无法弥补个人在专业知识或技能方面的不足。在需要相互支持的行动中，要求团队成员之间建立并保持一种内在的信任，团队中每一位成员都应该为自己的履职做好充分的准备，并要坦诚面对个人能力的欠缺。这涉及飞行员个人的诚信问题，当需要依靠你的技能和能力去解决困难，而你却无能为力时，就会产生极其严重的后果。幸运的话，最终可能是有惊无险，尴尬收场；但如果没那么走运，则你和你的同伴面临的将是一场灾难。飞行本身充满危险，当别人信赖你的时候，你既有责任也有义务奉献出称职的表现。一名技能欠缺、操纵不熟练或不遵守纪律的飞行员对团队没有什么帮助，在实际飞行中，如果一名不称职的团队成员在扮演着称职的岗位角色，并希冀借助团队其他人的力量掩饰自己的不足，那么事情就会变得更加糟糕。从保障整个团队飞行安全和完成任务的有效性角度来看，这种人就是不负责任的寄生虫。

6.4　高效团队和称职成员的特征

成功的飞行团队有非常明显的特征，通过广泛的研究，目前已经得出高效团队能力的数十个参考属性特征。其中，最完整的属性特征表来自罗伯特·赫姆里奇(Robert Helmreich)博士领导的美国国家航空航天局埃姆斯研究中心(NASA-Ames)与得克萨斯大学合作的机组研究项目(University of Texas Crew Research Project)。经过多年对多人制机组的研究，这个项目创建了用来评估飞行团队在飞行中或模拟机中表现的 NASA/UT LINE/LOS 检查单。本章有关高效团队能力特征的释义即源自 LINE/LOS 检查单。(具体的 LINE/LOS 检查单内容请查看附录 A，在本书第 13 章中也大量引用了该检查单的相关内容。)

6.4.1　团队管理和机组交流

优秀的团队会营造一种开放的交流氛围，这些技能我们曾在第 3 章中做过介绍，例如某一团队成员在发言时，团队中的其他人会耐心倾听，不随意打断，并与发言者有适度的目光和其他非言语方式的交流。优秀团队在进行飞行准备时，内容全面、系统而且让人感到饶有趣味。领导者下达的简令虽与飞行任务密切相关，但却不刻板教条，同时包括了出现预期偏差时的处置程序和预案。如果你旁听过高效团队的飞行准备或飞行后讲评，你就会发现他们的交流方式得体，一般语言也很幽默，而所有这些都为飞行任务的成功播下了种子。

成功飞行团队在交流时的其他一些特征还包括，所有的团队成员都能够探索性地提出问题，并坚定自信地表达自己的顾虑或建议。飞行中发生的事件、引发的变化和做出的行动决策都会及时传达给全体机组成员。

6.4.2 处境意识和决策过程

成功的团队会公平、合理地分配任务和工作负荷。当出现偏离标准操作程序的状况时，领导者必须慎重地预留出完成任务的充足时间并确保沟通顺畅。没有什么比工作分配不当或者让机组成员独立完成能力之外的工作，更能破坏有效的团队合作了。团队合作意味着团队成员的共同参与，这意味着你要协助他人完成工作。要知道，在高负荷工作期间，任何人都不会忽视他人提供的哪怕是很微小的支持。同时，这种相互的支持能够大大强化团队成员之间的纽带作用。

而在低负荷工作期间，优秀的团队会继续交流，分享信息，始终保持适度的意识警觉和警惕性，一些飞行员把这称为"警戒状态"。优秀的团队会利用"空闲时间"提前为进近、着陆和其他工作负荷大的任务做准备。在空中，时间是一种宝贵资产，高效的机组会认真加以管理和利用。除了彼此之间的互动交流外，高效的团队还需要与他们使用的设备步调一致。

6.4.3 自动化系统的管理

自动化技术的使用，旨在减轻机组成员的工作负荷及改善飞机的飞行性能。遗憾的是，这通常也会带来新的挑战及某种程度的自满。美国国家运输安全委员会(NTSB)和军方安全机构的档案中，记录了大量与自动化系统相关的事故和事故征候案例。深刻理解设备在团队中的作用，对于高效机组技能的应用和操作的实施至关重要。请记住：自动化并不一定意味着高科技。即使是简单的甚高频无线电设备也可能亦敌亦友，完全取决于使用者的技能和处境需求。

高效团队对有自动化系统参与的过程非常谨慎。他们为自动化设备的使用制定了专门的操作指南，其中包括在什么情况下使用，而更为重要的是在什么时候禁止使用。团队成员之间采取口头传达及回复确认的交流方式，以确保整个团队成员都"理解"相关系统的当前工作状态。这是由于在一些特定的飞行时段，即使没有人员参与，自动化设备的状态也会自主变化。优秀的团队懂得要对自动化系统进行定期的监控和交叉检查，并会在飞行中建立查看自动化设备状态的时间表。

最为重要的是，注重有效、安全运行的飞行人员明白，自动化系统就像人类团队中的成员一样，并非绝对可靠。为了确保飞行安全，优秀的机组从来不会完全依赖于计算机系统。当数据更新或编程需求可能带来系统对外界的感知能力降低或造成系统超负荷运转时，自动化系统的性能就会下降，有时甚至会出于系统保护而自动断开。

6.4.4 高效团队的其他特征

尽管成功团队的一些其他典型特征并未包括在前面的讨论之中，但我们发现，主动反馈、有效的冲突管理、及时识别危险并主动采取措施应对某个机组成员因身心障碍产生的能力下降等特质，普遍存在于那些表现能力始终处在中等以上的飞行机组中。

反　馈

反馈应当及时而准确，并应当成为整个机组主动学习的过程。每一位机组成员都应适时发表具体、客观并具有建设性的意见。在工作负荷允许的情况下，一旦观察到某些不适宜的行为后，立即做出反馈，通常效果最好。这是优秀团队正常互动的组成部分，因此，每个人都应该以开放的心态接受并采纳反馈。

冲　突

即使在优秀的机组成员之间也会产生冲突，但他们能够妥善处理。冲突在驾驶舱中在所难免，有时甚至受到鼓励，目的是确保在处置问题或飞行挑战时，所有的意见和反馈都能充分地表达。回避冲突是迈向"群体思维"的危险开端，其表现为追求群体和谐胜过一切。这种倾向往往导致处理具体问题时，人们去接受提出来的第一个"合理"方案。

优秀的机组懂得冲突不过是自信和交流的副产品，是日常飞行中正常的组成部分。它使个人和团队专注于眼前的挑战，而不是个人的批评或冲突。具有建设性的争论和破坏性的争吵之间只有一线之隔，为防止出现这种转化，团队的领导者必须随时做好介入的准备。另外需要注意的是，团队成员之间的公开争论可能会造成不必要的注意力分散，或导致部分成员退出进一步的互动。

最保守的响应法则

当冲突无法有效解决时，飞行人员需要采取特殊措施处理当前的矛盾。为此，"最保守的响应法则"提供了一种现成的解决方案，只要简单声明如果团队成员之间无法达成共识，团队默认的万全方案就是所讨论的全部方案中最为保守的那一个。采用"最保守的响应法则"的决定必须在冲突发生前做出，否则将会成为争论的另一个话题。有许多高效的团队会在团队组建阶段——下达飞行简令时公布这条法则，作为标准操作程序的一条实施准则。

"最保守的响应法则"并不意味着在任何情况下驾驶员都必须保守行事，对于有灵活性要求的空中作战来说，这种限制性较强的方式也不一定适用。这条法则只是表示，如果在飞行中意见无法统一，团队就会自动采取所讨论方案中风险最小的那个"万无一失"的方案。对机长而言，采取这种方式通常比较困难，因为机长会认为这一法则在某种程度上侵犯了自己神圣的指挥权，然而并非如此。事实上，依靠坚定自信的机组成员及合理的"万无一失"方案的双重保险，"最保守的响应法则"能够让机长更加安全和自由地讨论并提出可行的行动方案。机长可以充分运用他的经验、创造力和领导力，积极应对任务中的挑战，而不必担心会将机组带入有麻烦的行动方案中。

预防性措施

优秀的团队会在问题发生之前采取行动。他们懂得相互监督，并且采取积极措施应对疲劳、超负荷、自满和压力等风险。比如委婉地提醒有自满情绪的机组成员、幽默的谈吐、社交话题的讨论等，都是应对这类问题的有效手段。但这里有一个潜在的前提就是，优秀的机组中，团队成员会彼此关注对方，并监视个人责任区内特定的自动化系统，这意味着每位团队成员都必须能够通过同伴的作为或不作为、语调变化、身体姿势或明显的疲劳状态等非语言信息，察觉到同伴的微妙变化。

预防性措施可以防范"轻微行为能力丧失"这类严重的机组问题。我们在第 4 章中已经详细介绍了这种不易察觉的失能状态，即团队中部分成员的飞行表现能力正在下降，而其他成员却没有意识到这一点。这种状态可能由多种生理问题产生，如疲劳、低血糖或宿醉，但通常很难被其他成员发现，甚至处于该状态中的人自己也没有觉察。处于轻微行为能力丧失状态时，该机组成员可能仍然觉得自己在履行职责，执行检查单操作等，但他的飞行表现能力却降低了。通常只有细心观察的同伴才能够帮助他们摆脱困境。

两次质疑法则

尽管在飞行表现能力下降、轻微行为能力丧失等问题转变为危险状态之前，大多数优秀团队都能够识别并加以解决，但是如果这种状况出现在全体成员高负荷工作期间，就极有可能无法被察觉到，特别是当这种状况发生在负责操纵飞机的驾驶员身上时，就会更加危险。这种行为能力的丧失有时可能会突然出现：一架飞往玛莎葡萄园岛(Martha's Vineyard)的通勤飞机在最后进近过程中，负责驾驶飞机的飞行员突发心脏病。NTSB 调查后震惊地发现，副驾驶并没有接管飞机，飞机在毫无干预的情况下直接坠地。这表明，副驾驶可能根本没有意识到机长出现了问题。随后调查人员在模拟机上进行了事故重现研究，结果表明大多数副驾驶都未发现机长失能的问题并及时采取挽救飞机的干预操作。

判断机组成员丧失行为能力的一种方法是采用"两次质疑法则"。机组成员之间事先达成共识，如果在两次口头纠正或"质疑"中，某位机组成员没有回应，则发出质疑的机组成员自动接替其职责。"两次质疑法则"的示例如下：在着陆进近时，副驾驶注意到机长向下偏离下滑道，于是提醒："机长，我们向下偏离了 50 英尺。"在没有得到任何动作纠正或语言回应后，他更加果断地快速重复："机长，我们向下偏离了 100 英尺，我们应回到下滑道！"如果副驾驶发现机长仍无反应，他就应该实施预先确定的行动方案。"机长，我操纵。"用语言描述"两次质疑法则"的时间比实际执行的时间要长，在实际飞行中，通常整个控制的交接过程只需要 10～15 秒。

鉴于机长可能由于下属接管飞机而气得发狂，以及处于有潜在风险的环境中接管飞机需要协调、交接飞机控制权等诸多关键操作，质疑者不可能有足够的时间进行争论，因此在下达飞行简令时，预先确定这种法则的使用规定非常重要。在前面讨论的案例中,采用"两次质疑法则"的机组成员没有因控制飞机的驾驶员丧失了行为能力而受到任何影响。制定"两次质疑法则"这类防范措施既是良好飞行素养的体现,也是高效团队领导能力的标志。

6.4.5 奠定基础:领导力

优秀的领导者在新团队成立的最初几分钟就建立起团队的观念(Ginnett,1987)。创新领导力研究中心科罗拉多校区的研究主任罗伯特·基耐特(Robert Ginnett)博士把团队框架称为"关键的杠杆支点"(Weiner et al.,1995)。他发现了一种有趣的现象,有效的领导者通常不会直接讨论"任务",在团队组建初期,他们首先会解决三个方面的问题:边界、规范和权威。也许这是一种信任和能力的体现,有助于在成立初期就开始打造一个有效的团队。

基耐特博士发现,有效的领导者会在团队组建初期,花时间尽快扩展或打破团队成员之间,甚至团队本身及更上一层组织的其他单位之间的传统"边界"或界线。有效的领导者通常使用"我们",而不是"你做什么,我做什么",同时经常提及团队的行为对其他人员的影响。例如,为了让机务人员在维护飞机时更加方便,飞行机组会主动实施某些燃油传输操作,这些举手之劳奠定了有效互动和协作的基础。

为团队建立规范是另一个关键的初始步骤。有效的机组领导者最经常建立的三个规范是强调安全、交流与合作。在早期的团队情况介绍会上,只需简单的技巧和陈述就可以建立这些规范。领导者可以简单地表示:"我们需要互相监督。不要指望我什么都知道,如果大家看到或听到非常重要的信息,一定要大声说出来。我们需要并期待每一个人的参与,这样才能保证安全高效地完成任务。"有了这个简单的开场白,领导者已经营造出一个安全、协作的团队氛围。

优秀的团队领导者不惧怕承担责任,他会根据团队成员的资质和能力行使适当的权力。虽然他无法像了解自己那样了解所有的团队成员,但是团队领导者(以及所有团队成员)都应当尽力像了解自己那样去了解同伴。他们的资质如何、擅长或不擅长什么?经验是否丰富?看上去是否注意力不够集中?是否有什么隐藏的个人意图?团队中是否有人看上去很疲惫、愤怒或沮丧?有了这些印象,领导者的管理尺度就可以在两个极端——完全命令及专制、充分民主及参与——之间进行调整。基耐特博士认为,优秀的领导者不太可能完全被动或放任自流,他们会根据所在团队和每个人的具体情况调整自己的领导风格。领导者应通过展现自我能力、否认自身完美,以及利用每一个机会让团队的其他成员参与任务简令和行动等方式来建立自己的权威。即便具备这些特质,优秀的领导者依然需要有优秀的追随者。

6.4.6 追随:被遗忘的艺术

追随品质,通常被认为是通往领导职位道路上暂时的过渡。然而事实并非如此。在很多方面,成为优秀的追随者或同伴,远比成为优秀的领导者要困难得多,因为追随意味着要根据领导的风格或环境的需要，调整自己的行为方式。在任何社交场合做到这些都很困难，更不用说在时间紧迫的驾驶舱里了。追随，意味着要灵活地适应环境和环境中的其他人，只有具备大量技能和经过多方实践才能逐步具备这样的能力。追随或许是一门被遗忘的艺术。

尽管追随者有不同的类型，但优秀的追随品质大都具备某些可辨识的典型特征，能够在促进团队的凝聚力和协同性方面发挥积极作用。一名优秀的机组成员应当具备专业技能、掌握沟通技巧、充满自信而且有预见性。或许对追随者类型最简练恰当的描述来自图 6－1 所示的凯利(Kelly)追随者模型(Kelly，1988)。

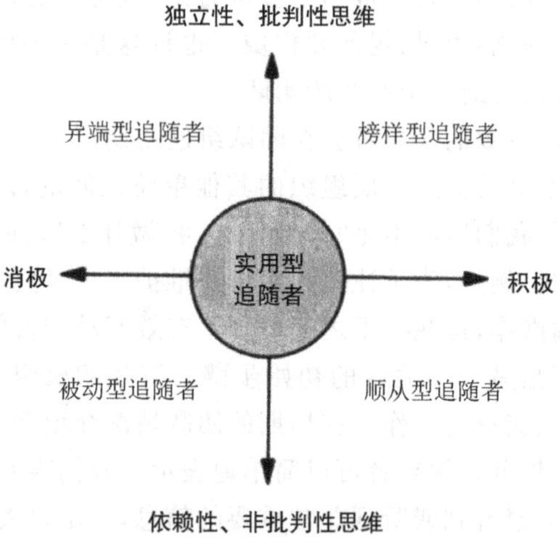

这个模型展示了对团队合作产生重要影响的追随者类型。你属于哪一类？

图 6－1　对飞行来说，被忽视的追随品质至关重要(Kelly，1998)

虽然追随一直被忽视，但重要的是，我们有一些方法在讨论领导力的细节上讨论追随力。凯利概括了五种类型的追随者。

被动型追随者(Sheep)

被动型追随者既不是积极的思考者，也不是批判的思考者，对于空中决策，他们起不到什么作用。他们总是安静地坐在驾驶舱自己的位子上，占据着空间，默默履行自己的检查单职责。被动型追随者既没有能力也没有兴趣为机组提供更多的信息，他们只是人类机器。

顺从型追随者(Yes people)

也许对有效的团队合作来说，更加危险的是那些“不断说是”的顺从型追随者。他们非常活跃，但却像一群政客，无论“老板”的立场如何，他们都坚决拥护。对机长做出的每项决定，他们都不停地表示赞同，他们的脑袋就像坐在汽车后座上的小狗，频频点头表示认可。顺从型追随者之所以危险，主要有两个原因：首先，他们没有独立思考能力,因而无法为机组决策提供更多的选择;其次,也是更为严重的是,他们会让机长产生无所不能的错觉,而实际上机长也许只是一个糟糕的决策者。

异端型追随者(Alienated followers)

与顺从型追随者相反的是异端型追随者,通常他们都很聪明,是批判的思考者,但由于与其他机组成员或整个组织存在敌意,对于为团队作贡献,他们丝毫不感兴趣。异端型追随者通常被描述为"化脓的伤口",他们甚至暗自希望团队失败,因为这"罪有应得"。由于这类追随者会彻底摧毁有效的团队合作,并危及任务完成或机组安全,因此,如果无法纠正他们的态度和行为,就应尽早识别,并将他们从团队中剔除出去。

实用型追随者(Survivors)

实用型追随者是凯利模型的第四种类型,通常被称为"合伙人",他们是典型的平庸者。他们不断将自己转换成其他类型的追随者——不是为了更加有效的合作,而是为了避免冲突。虽然实用型追随者的危险性或破坏性不像顺从型追随者或异端型追随者那样明显,但他们同样没有发挥应有的作用,而且产生的影响往往难以预料。

榜样型追随者(Effective followers)

榜样型追随者对飞机安全有效的运行至关重要。在飞行中,他们积极主动,但却不是那种"不断说是"的顺从型追随者,他们不畏惧对大多数人认同的观点提出挑战。下面的例子展现了榜样型追随者在团队中的价值。

20 世纪 80 年代初,作为对利比亚恐怖分子持续袭击美方军事人员慎重而有节制的回应,美国实施了代号为"埃尔多拉多峡谷"(El Dorado Canyon)的军事行动——轰炸穆罕默德·卡扎菲(Mohammar Quaddaffi)的利比亚总部。在从英国飞往目的地的长途飞行期间,一名不在带队长机上的 KC-135 领航员注意到,轰炸机编队已远远滞后于任务的规定时间。一开始,他不愿冒险打破无线电静默阐述自己的观点,于是重新核对了自己的计算数据。根据对任务的理解,他认为如果按照当前的飞行速度,轰炸任务将滞后于计划中的其他关键节点——结果可能造成意外损失,并危及整个行动的安全与成功。幸运的是,这名年轻的军官是一位榜样型追随者,他打破了无线电静默,向带队长机上报了自己的发现和计算结果。经过多次反复认真核对,带队机长下令机群大幅提速,从而避免了可能出现的攻击时间点滞后的差错。虽然在历史文献中很少记载果敢主动型追随者的事迹,但绝不能忽视他们对团队成败产生的巨大影响。

这个例子突显了榜样型追随者的三个重要特征:良好的倾听技巧、坚定自信以及沟通能力。作为良好的追随者,首先必须善于倾听。主动倾听就是将注意力集中在讲述者身上,并从讲述者的语调变化、肢体语言,甚至一些话外音中提取信息。虽然在大学有许多关于倾听艺术的沟通课程,但这门艺术的精髓可以简单地概括为"努力倾听"。练习仔细倾听别人对你说的每一个字,聆听每一条信息,就像它们是诺克斯堡(Fort Knox)金库的密码。

坚定果敢是成为优秀追随者不可或缺的先决条件。虽然坚定果敢的特质可以通过优秀团队的领导者培养,由开放的组织氛围增强,但它仍是保证安全有效飞行的个人责任。坚定果敢的特质会受到诸多因素的影响,其中包括同级压力、对上级的畏惧及害怕出错等。链条的强度取决于它最为薄弱的一环,一名缺乏自信的团队成员可能瓦解一支原本有效的团队。某位机组成员提供的重要信息如果一开始没有被机长或飞行领队采纳,那么他们通常可能就再也不会提出任何建议了。人们不禁要问,漂在空中的巨大机组休息室中究竟进行过多少次飞行讲评,在那里,人为差错造成的空难的幽灵在低语:"我有答案,但你就是不听。"一定要让别人感受到你的存在。提出问题,给出建议,参与到飞行中。

6.4.7 沟通:成功团队的关键

沟通是团队凝聚的黏合剂。由于航空活动的本质,沟通与所实施的飞行类型密不可分,而文化规范往往决定了驾驶舱内的沟通风格。航空研究者富施(Foushee)和阚利(Kanki)将航空活动中的沟通类型分为18种,对于机组间的有效沟通,他得出了下面一些结论(Foushee and Kanki,1989)。

通过对驾驶舱中不同沟通类型的分析,研究人员能够对沟通与机组表现之间的关系做出一定的推断。效率低下的机组沟通较少,在回答中使用不确定性词语的概率较高,反映出机组缺乏采取行动所需要的信息。不良机组的其他常见沟通特征包括沮丧或愤怒和尴尬,很少有统一的意见。另一方面,如果机组能够开诚布公地就潜在的和确实存在的飞行条件或飞行问题进行讨论,那么他们的工作似乎更加有效。与那些沟通方式单一的机组相比,更多使用命令、询问和观察等多种沟通方式的机组发生差错和失误的概率也较小。显然,团队合作的有效性取决于沟通的质量和数量。

这些研究结果与驾驶舱领导力、追随力及坚定果敢特质的研究所得出的结论相当一致。虽然关于高效团队特征的讨论可以很长很复杂,但也可以用许多当代CRM课程引用的经典名句来概括:"良好的团队合作是有参与的权威和有尊重的果敢。"

6.5 驾驶舱资源管理(Cockpit Resource Management,CRM):团队合作的正规训练

CRM意味着有效利用所有的可用资源,实现任务效能和安全性的最大化。的确如此!作为训练计划,CRM的独特之处在于其所针对的环境和目标受众。CRM旨在训练团队成员如何能在时间有限的压力环境下,实现任务效能的最大化。尽管CRM已经很普及,但是仍有许多人不了解它的基本原则。

对CRM产生的困惑,往往与上面使用的几个关键术语有关。为了更好地理解什么是"任务效能最大化",我们可以将其分解为三个方面,任务效能可以通过以下方

式实现最大化：

1. 完成目标：包括到达目的地、在目标上空投放弹药或者按时送达物资。
2. 保护资源：意味着飞机不会坠毁、没有机组人员死伤、节省燃油，以及防止机组人员自己引发的飞机故障，如发生过载或结构损伤等情况。
3. 训练效率：提高训练效率意味着在飞行和地面教学中，教员与学员之间关系融洽、互动性好，交流更加有效，这也意味着能够有效利用可用的训练时间和燃油。

“所有可用资源”包括硬件、软件、印刷资料、人员、环境（风、太阳、地形）、时间、燃油等。研究发现，很多机组成员甚至不清楚自己有哪些可以利用的资源，因此更谈不上在时间紧迫的紧急情况下使用了。

最后，“团队成员在时间有限的压力环境下工作”是指所有的飞行人员。简而言之，CRM 训练旨在培养团队成员始终能够运用合理的判断，做出高质量的决策，并在时间有限的压力环境下，获得一切所需的资源。为了理解 CRM 对飞行素养和团队建设的重要性，有必要回顾 CRM 的发展背景以及 CRM 训练所取得的成效。

6.5.1　CRM 简史

从伊卡洛斯（Icarus）想要检验自己新翅膀最大升限的那天起，飞行员就不断做出错误的判断。1951 年，名为“缺乏团队合作是飞行事故的原因之一”的空军监察长报告指出，1948 年至 1951 年期间发生的 7518 起重大事故的数据（现在是一个数据库！）显示，“低下的组织能力、人员差错以及缺乏团队合作”是造成大多数飞行事故的主要原因。报告进一步指出，“人的因素……有效的团队合作对降低事故率至关重要。”监察长报告甚至建议实施“团队合作训练”。遗憾的是，报告中忘记加入完成此项任务的截止日期。直到 30 多年后，我们才又回到这个主题。

1978 年 12 月，美国联合航空公司（United Airlines）一架 DC－8 客机在俄勒冈州波特兰市（Portland）坠毁，引起了广泛关注，人的因素培训需求重新成为航空界普遍关注的焦点。在一个晴朗、天气条件良好的夜晚，为了查明可能存在的起落架问题，机组驾驶飞机在目的地附近上空盘旋直到燃油耗尽。这起事故导致美国联邦航空条例（FAR，Federal Aviation Regulations ）121 部进行了修订，要求航空公司开展目前的 CRM 训练。

随着 CRM 训练的实施，航空公司开始注意到事故发生率明显下降。但 CRM 原则在军事领域的应用却滞后于民用航空领域。20 世纪 80 年代中期，海军安全中心和空军前军事空运司令部（Military Airlift Command，MAC）开始实施与航空公司相似的这类课程，并收到良好的效果。从 20 世纪 80 年代到 90 年代初，这些课程越来越受欢迎，以至几乎每个人都有“一套训练大纲”。实际上，商业和军事领域都认为 CRM 必不可少，目前基本上所有的机组成员都要求进行 CRM 训练，机组成员被划分为初级意识、教员晋升和评估员等不同群体，安排不同级别的 CRM 课程。为了让飞行员将以往所学的人因技能有效地整合到新式武器系统中，一些军事项目的课程大纲甚至有针对特定机型的 CRM 课程要求。这里需要简单介绍一下当今绝大多数商业和军事组织中的一些优秀 CRM 课程。尽管所有的 CRM 课程都是针对组织需求而专门设计的，但是大部分课程中都包含了以下部分或全部内容①：

1. 处境意识(Situational awareness)。理想的 CRM 训练的最终目标是具备高度敏感的处境意识。这部分内容涵盖了防止处境意识丧失的工具、处境意识丧失线索的识别以及从处境意识丧失状态中恢复的技巧。
2. 团队动力学特性(Group dynamics)。这部分内容包括命令授权、领导力、责任、果敢、冲突解决、危险态度、行为风格、表达异议的合理方式、团队建设以及期望的特性。
3. 有效沟通(Effective communication)。这部分内容包括常见沟通差错、全体机组成员的参与、文化影响，以及等级、年龄和职位的沟通障碍，其中还强调与其他参与者的合作、合作界面问题、倾听、反馈、准确性和沟通效率。
4. 风险管理与决策(Risk management and decision making)。这部分内容涵盖风险评估和风险管理方式、过程、工具、判断失误、纪律涣散、问题处理、风险评估以及紧急情况下偏离规章要求的管理。
5. 工作负荷管理(Workload management)。这部分内容包括超负荷、低负荷、自满、自动化系统的管理、可用资源、执行检查单纪律和标准操作程序。
6. 压力认知与管理(Stress awareness and management)。这部分内容包括压力来源、益处、危险效应及应对技巧。
7. 任务计划、审查与讲评策略(Mission planning, review, and critique strategies)。这部分内容涵盖执行任务前的分析和计划、简令、任务执行期间或中期审查、任务后讲评。
8. 生理和人的表现(Physiology and human performance)。这部分内容包括认知过程、注意力异常、压力和压力管理、行为风格、心态以及疲劳效应。

正如你看到的，飞行素养与 CRM 相辅相成。实际上，可以说飞行素养是 CRM 所建立的个人结构。尽管目前几乎所有商业和军事飞行员都强制要求进行 CRM 的课程培训，但仍有许多飞行员认为 CRM 对自己并不适用，不愿意接受这种强化团队合作训练的文化转变，其中就包括单座战斗机飞行员，他们中的一些人认为 CRM 对自己毫无意义。

6.5.2 僚机是你的副驾驶：战斗机飞行员的团队合作与 CRM (Wagner and Diehl, 1994)

团队合作及 CRM 与驾驶单座战斗机的飞行员有什么关系？遗憾的是，这个问

① 这些条目来自美国空军指南(AFI 3622－43)的 CRM 课程，但它们是许多其他课程的代表。

题的答案可以在许多军方事故报告中找到。在一次事故中，带队长机将三架战斗机编成楔形队列。随着天气变得越来越复杂，长机飞行员眼前呈现出“箱形峡谷”效应，需要迅速做出决策。更加糟糕的是，较低的云底降低了可目视飞行的高度，迫使飞行高度低于训练期间首次查看该区域建立的 1000 英尺的安全高度限制。

为了避开云层，3 号战斗机驾驶员请求实施编队大转弯，从一处较高地势脱离原有的飞行航线。带队长机飞行员采纳了他的意见，但在下令并执行转弯时，他选错了方向，编队飞向更高的地势，长机撞到了山脊。尽管 3 号飞行员没有受到官方的惩处，但是当他看到失事飞机有可能撞山时，本可以明确建议其转向相反的方向，或许还能挽救同伴。也许他认为好的僚机应该让长机自己做出决策，抑或他缺乏表达自己观点的魄力。

长机飞行员有一大堆个人“包袱”。中队中大部分人都知道这位不幸的飞行员有两份全职的普通民事工作，同时个人生活也非常糟糕。演习开始三天后，他被法庭传讯，法院宣布强制执行扣发其工资，以支付给孩子的抚养费。此外，他还负债累累，主要的几张信用卡已经透支。事故当天，种种压力过大的迹象已经显露。在下达飞行简令时，他遗漏了几项关键内容，在前往飞机的路上，还曾忘记带弹射座椅的安全带。最重要的是，在这个家伙成为统计数据之前，中队的同伴处在可以制止他出错的最佳位置。或许他们认为作为好的僚机，长机的飞行路线应该由他自己决定。或者他们缺乏优秀追随者所具备的魄力和倾听技巧。

缺乏交流还导致了另一起灾难。某次例行转场训练下达简令过程中，飞行领队派 2 号机飞行员去拿最新的气象报告。2 号机飞行员得知天气正在变坏，他估算了抵达目的地的时间，那时机场天气肯定是仪表气象条件。2 号机飞行员尽职地在 DD 175-1 表格上记录了这条信息，但当他返回飞行准备室时，领队正在下达简令，编队抵达目的地时将实施小航线着陆——一种仅允许在目视条件下才能完成的机动动作。

2 号机飞行员没有表达任何异议，仅将填有“天气将转为恶劣”的表格递给领队，而领队也没有注意到这条信息，就让大家解散。在抵达前方基地时，领队才第一次知晓天气即将变得很恶劣。随后他宣布，实施五架飞机逐一跟进模拟攻击后恢复编队。尽管大家都知道对于这样的气象条件，联队标准规定此类编队标准最多是四架飞机，然而没有人质疑领队的这项决定。在进近过程中，天气持续恶化，并伴有降雨和乱流。5 号机飞行员是第一次参与此类飞行任务，由于他注意力分配错误，忘记了一个关键的下降限制高度，致使他的飞机撞上了林木覆盖的山脊线，虽然他成功弹射逃生，但这个不堪的结局近乎可笑，飞机最终停在附近的一家农舍里（纳税人购置的），这可能是“买下农庄”（buying the farm）[①]这个谚语唯一一次在字面上成立，好在并不致命。

---

① 买下农庄（Buy the farm）是英语谚语，是某人死去的一种幽默表达。——译者注

调查还披露了另一个驾驶舱间的协作问题。4 号机飞行员无意间穿越了塔康[①](TACAN)航道，于是决定实施一个难度极大的转弯飞回原航道——显然，这对没有经验的新手来说实在太难了。5 号机飞行员完全没料到会有如此难度的航线修正，受到打击，反应过激，变得非常慌乱。当问及 4 号机飞行员为什么不用无线电提醒其队友时，他答道不想让那些"地面上监听的人"认为自己很糟糕。又一个本可以避免的统计数据。

请记住，战斗机飞行员通常是作为团队成员一起飞行和作战的。更进一步来说，战斗机"团队"中包含的不仅仅是飞行中的作战人员，还包括那些所有与你沟通和协作的人员，即机载预警与控制系统（AWACS，Airborne Warning and Control System）、空中交通管制、指挥所、维修、前线空中管制、加油机等系统中的人员。显然，这些人通常并不坐在我们身边，但他们仍然和我们同属一个团队。另外，节省协调时间对于空中作战而言是不可或缺的。因此，战斗机飞行员与重型机飞行员同样需要 CRM（甚至更需要）。

海军安全中心是得出战斗机飞行员能够从 CRM 类型的课程中获益结论的第一个组织。1989 年，他们将飞行机组协作训练引入 A－6 训练联队。尽管面临同样的文化障碍（战斗机飞行员不需要 CRM），然而在随后的几年间，他们的事故率却明显下降，见图 6－2 所示。1991 年事故率上升发生在"沙漠风暴"行动期间，战争结束后，事故率又迅速下降到正常水平。

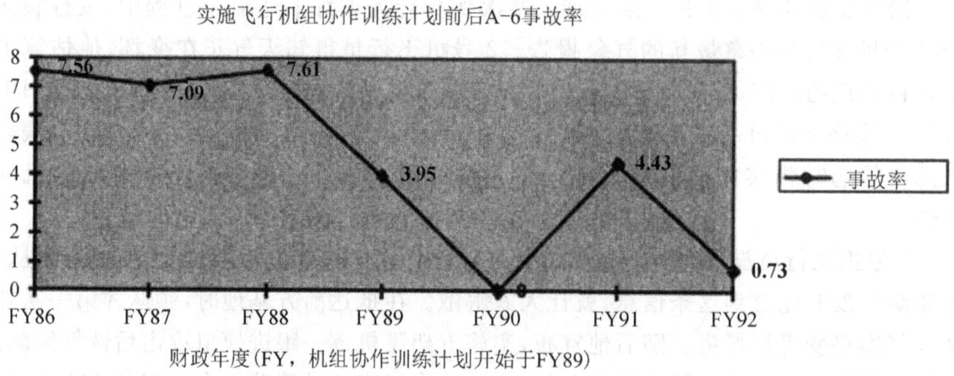

图 6－2　驾驶舱资源管理（CRM）或飞行机组协作训练（美国海军的称谓），在民用和军事航空领域都取得了显著效果。当认真贯彻 CRM 原则时，团队合作的有效性将显著提升（U. S. Navy Safety Center，1993）

图表和统计数据通常都是冷冰冰的数字，没有人情味，但是你可以问问因人为差错而失去朋友的那些人，这些统计数据意味着什么。正是由于一些海军战斗机飞行

① 塔康：TACAN 音译，即战术空中导航系统（Tactical Air Control And Navigation），一种超高频电子导航辅助系统，使用地面信标协助飞行员确定飞机方位和距离，属于早期的 VOR 系统。——译者注

员非常明智地学习新事物,同时海军有远见地提供了相应的训练,因而让那些原本可能会牺牲的人今天可以继续飞行。虽然飞行素养是个人的责任,但请记住自己对联队同伴的义务和责任。

CRM 必须进入的最后一个巨大真空地带是通用航空。下面的章节说明 CRM 原则和概念更适用于那些私照飞行员。

6.5.3　通用航空中的 CRM

资深商业和军事飞行员使用的那些 CRM 原则,对于通航飞行人员来说,同样也有很大的帮助。分析以下案例,看看有效的 CRM 原则如何避免灾难的发生。

案例分析:在他头顶上方

这一天在南加州是飞行的好天,晴空万里,能见度 15 英里。上午 11 点 40 分,飞行员驾驶一架单发派珀弓箭手(Piper Archer)飞机搭载两名乘客从托伦斯(Torrance)机场起飞,前往洛杉矶西部山区的度假胜地大熊山(Big Bear)。派珀,呼号 91F(Nine One Foxtrot),向东转弯,准备爬升到 9500 英尺的巡航高度。

尽管总的飞行时间只有 231 小时,91F 的飞行员却非常认真,与他一同飞过的人评价他对待起飞前检查单就像"老处女"那般刻板,有时甚至对规定"过于认真"。同他一起飞过的飞行教员则认为他勤奋专心,相比无线电导航,他更喜欢采用参考地标的目视导航,是一位"喜欢向外看的 VFR 飞行员"。前往大熊山之前,他曾经与一位熟悉该航线的飞行员讨论,得到的建议是如何以高速公路为地理边界,避开洛杉矶终端控制区。然而,由于刚刚搬到洛杉矶,91F 的飞行员在空中并不熟悉这些高速公路。这天早上,91F 的飞行员将应答机调定在 1200,拿出航路图,在爬升至长滩时实施了几个小转弯,准备在没有空中交通管制许可的情况下进入世界上最拥挤的空域。

7 分钟后,一架飞往洛杉矶国际机场的 DC9 飞机——墨西哥航空 498 航班,在 7000 英尺高度呼叫进近交通管制单位。这是 498 机组当天最后一段航程,这段从提华纳(Tijuana)起飞的 40 分钟航程非常忙碌,目前 498 航班已经飞行了 27 分钟。进近管制员也很忙碌,引导飞机,通报交通状况。就在 498 航班完成"进入管制区"通讯后,他们得到管制员通报,有一个不明物体正向他们飞去,"11 点方向,1 英里,高度未知。"随后,498 航班获准减速至 190 节,下降到 6000 英尺。

在 91F 从托伦斯起飞 11 分钟后,一架单发格鲁曼"老虎"(Grumman Tiger)飞机在受理 498 航班的管制员那里办理了登记,请求实施飞行跟踪运行管制。在管制员给格鲁曼飞机分配应答机编码时,墨西哥航空 498 航班上的驾驶舱语音记录仪记录了这些对话,498 航班最后一句话是:"哦(删去脏话),这不可能!"就在格鲁曼飞机的飞行员复述应答机编码时,498 航班水平安定面的前缘从侧面击中了 91F 的客舱部分,小飞机上的乘客被削首。两架飞机同时从 6500 英尺的高空坠落到洛杉矶喜瑞都(Cerritos)郊区。

现代驾驶舱中的许多警告装置上都写满了事故的名称,例如"起飞构型警告""近地警告”，以及喜瑞都事故后的“空中交通预警与防撞系统”（TCAS）。但是，这些警告系统大部分只安装在客机及一些军用飞机上。客机、军用飞机以及派珀飞机上共有的预警系统只有一种——那就是人类的预警。航空培训公司飞安国际（FlightSafety International）的座右铭说明了一切，“在所有飞机上最有效的安全装置是训练有素的飞行员。”

机组资源管理（Crew Resource Management，CRM）是许多军事和航空公司机组成员非常熟悉的一个术语，然而许多通航飞行员却没有真正理解它。一些通航飞行员可能听说过 CRM，但感觉它只适用于由“机组”驾驶的飞机，而与单个飞行员驾驶的飞机无关。我们在前面提到过，军方多年来也在自己的战斗机飞行员那里听到过类似的议论。此外，在一些由一名以上机组成员执飞的通用航空业务，如包机、企业飞行、空中救援，甚至飞行教员/学员教学等飞行活动中，大家可能也认为 CRM 只适用于航空公司或军方。显然，CRM 训练是人因事故统计以及 FAA 和 NTSB 压力下的产物，尽管通用航空也存在大量人的因素造成的事故征候和事故记录，但通用航空领域却没有这样的压力。就像在更加有序的商业和军事航空飞行环境中一样，人为差错也经常发生在通航环境中，甚至更为频繁。我们共享同一片天空，有时——就像在喜瑞都上空相撞——飞行员在空间和时间上也在共享同一点。

目前，航空公司和军方机组都接受了强制的 CRM 训练，然而通航飞行员却尚未接受该项训练。航空公司和军方机组学习的 CRM 技能是否可以应用于通航飞行员身上？一些 CRM 技巧是否普遍适用？也许 CRM 训练应当成为每位飞行员训练的一部分，从私用飞行执照开始，一直到成为航线运输驾驶员（ATP）。

资源管理

大约 15 年前，NTSB 成员约翰·劳勃（John Lauber）给出了最初称为驾驶舱资源管理（Cockpit Resource Management，CRM）的机组资源管理（Crew Resource Management，CRM）定义：利用所有可用的资源——软件、硬件和人件（liveware）——实现安全高效的飞行。在这个前提下，驾驶单发塞斯纳的飞行员与驾驶涡喷发动机的航空公司飞行员共享一些公用资源：硬件方面，二者都有无线电通信设备、飞行控制系统、应急设备，有些甚至还包括自动驾驶仪；软件方面，二者都可以访问航图、飞机手册、检查单和飞行日志；人件方面，二者都可以联系 ATC、地面支持人员（如签派员或飞行服务人员），甚至其他机组成员或乘客。在航空安全报告系统（ASAR）中，记录了一名通航飞行员在紧急情况下极好地利用人件资源的案例，充分说明 CRM 原则可以成为所有机型飞行员的救命稻草。

我在目视气象条件下实施仪表飞行计划飞行，我妻子是飞机上唯一的乘客，她坐在前排右座。此时飞行高度接近 6000 英尺，飞机处于巡航爬升构型，巡航许可高度 10000 英尺。起飞大约 10 分钟后，我们飞到了海面上。飞到 6000 英尺时，我注意到真空计的指针正好在绿弧上方摆动。这时发动机发出 3 秒钟左右的异响，螺旋桨突然停了下来。

我立即将飞机速度下调 35 节,降至指示空速 85 节,转向出发机场,关闭整流罩鱼鳞板,并将发动机故障以及航线偏离情况向离港管制员做了报告。随后我将应急程序的卡片交给妻子,让她大声念给我听;同时关闭燃油阀和混合燃料控制装置,保持速度,通知 ATC 我准备关断应答机。

我一边监控飞行速度,一边将机场保持在视野之中,同时让妻子系紧安全带及肩带。空中交通管制将我转交给机场塔台控制。我通知塔台,飞机正在实施紧急进近。塔台允许我在"任一条跑道"上着陆。可用跑道是 24 号。飞行高度、速度及进近到机场的过程都很正常,我决定提前三转弯,然后转向 24 号跑道的四边。为尽快下降,我在五边上放下了起落架。在短五边前,我始终将速度保持在 85 节。我放出襟翼降低速度,飞机以正常姿态着陆。

机轮正常接地,飞机落地平稳、正常、安全,滑行一段距离后停了下来。从飞机发动机突然剧烈抖动、停车到停在 24 号跑道,总共用时 12 分钟。我确信,这次应急处置的成功归因于自己始终专注于手头工作,驾驶飞机,并利用了一切可用资源,包括为我朗读应急程序的妻子。我认为自己非常幸运,因为所遇到的情况都在自己的能力处置范围内。(ASRS,1993b)

显然,这名飞行员在事故发生前就清楚地考虑过应对紧急情况的方法。他利用所有可用的资源并及时做出决策,这些都是确保 CRM 原则具体落实的范例。在这个案例中,"夫妻团队"的理念为团队合作呈现出一个新的维度。在问题出现之前,CRM 准则可以帮助我们识别出潜在的危险。

红色警告旗和错误链

美国一些主要航空公司将 CRM/人的因素安全主题作为飞行员定期培训的科目内容。虽然这些主题重点关注机组概念,但也包含了对通航飞行员或两人制企业/包机机组有价值的理念。美国联合航空公司(UAL)使用"红色警告旗"概念,并将其与错误链识别结合在一起。当驾驶舱仪表上出现红色警告旗时,飞行员通常都会识别出来。实施仪表着陆系统(ILS)进近通过外指点标后,出现红色的 GS(下滑坡度)旗对飞行员就是一个严重的警告标志,并具有特定的安全含义。就像培训飞行员识别设备上的红色警告旗并掌握处置程序那样,联合航空公司也在训练飞行员如何识别人的因素领域内的红色警告旗。

联合航空公司采用航空培训公司飞安国际(FlightSafety International)有关错误链的论文"通过识别错误链顺序减少人为差错事故"(Schwartz,1990),帮助飞行员理解什么是错误链,以及如何识别错误链中的"红色警告旗",以此防范潜在事故征候或事故的发生。一旦识别出红色警告旗并采取纠正措施,就会断开错误链,事故征候/事故就能得到有效预防。飞安国际的论文进一步指出,"极少出现唯一的致命因素,通常是有一系列相互作用的因素或错误,因此才有'错误链'这个术语。这些所谓的错误链的联系可以通过 11 条线索来识别,这些线索是:模棱两可、凝视或忧心忡忡、空虚感或困惑、违反最低标准限制、非法程序、没有人在驾驶飞机、没有人看向窗外、未达到目标、尚未解决的偏差、偏离标准操作程序(SOP)、缺乏交流等。”下面介绍一个经常在CRM训练课程中引用的错误链事故案例。

案例分析:老虎66

CRM训练中有一部经典影片,讲述不幸坠毁在马来西亚吉隆坡的一架波音747飞机老虎66的悲剧故事。几个“红色警告旗”构成的错误链最终导致了老虎66机组的丧生。只要识别出错误链中的任何一个环节,都有可能阻止这起不幸事件的发生。这是一个典型的缺乏信息交流的实例——一个可能让独自驾驶塞斯纳的飞行员、DC3包机机组、F-111军方机组或这架B747货机机组陷入的困境。

老虎66号下降进入吉隆坡空域时,进近管制员与机组之间词意的混淆,导致机组误解了许可要求。当机组在航线上开始下降时,收到的第一条ATC许可是“老虎66,下降5 5 0 0(descend five five zero zero)”,机组重复“55 00(fifty-five hundred)”。下一条许可是“老虎66,下降2 7 0 0(two seven zero zero)”,机组重复“2700(two thousand seven hundred)”。这架747飞机的飞行高度是2700英尺平均海平面(msl),向机场方向下降。随后是致命许可,倒数第二个红色警告旗,“老虎66号,下降2 4 0 0(two four zero zero),批准NDB33进近。”

收到无方向信标(NDB)进近,飞行员最初很恼火,这可能分散了他们的注意力而恰好忽略了管制员的意图。“NDB——真是可恶!”副驾驶怒气冲冲地说。机长回复管制员,“好的,4 0 0(four zero zero)。”机长错误地将管制员的“2(two)”理解成了“到(to)”。由于意料外的NDB许可干扰,两名飞行员都没有觉察飞机正朝进近图上标明的地形飞去。此时他们的命运尚未决定!最后一个红色警告旗是近地警告系统(GPWS)的11声“PULL-UP”警告,但机组竟然没有注意到。NDB33的初始进近高度为2400英尺,老虎66号撞上一座小山,高度为平均海平面400英尺。

错误链分析也能够成为通航飞行员的有效工具,有关这方面的事故报告你可以从NTSB或者地方安全办公室得到。

工作负荷管理及避免注意力分散

工作负荷管理是军方和航空公司训练的另一个工具,通航飞行员同样可以使用。总的来说,工作负荷管理就是对任务进行优先排序的一种方法,这样就不会由于驾驶舱中负荷过重或注意力分散导致处境意识丧失,从而避免由于自身失误引发的事故征候/事故。工作负荷的管理能力,反映出飞行员或机组对任务分配的管理程度和如何避免个人负担过重的管控水平;此外,工作负荷管理还要考虑如何避免机组人员在重要的操作中分心以及如何编制任务的优先排序。应当按照任务重要性的优先顺序排序,次要任务的排位顺序首先要保证主要飞行任务有充足的处理资源。任务优先级排序和避免注意力分散的准则是所有CRM/人的因素工具中,对通航飞行员最为适用的部分。

打破错误链

20 世纪 70 年代，美国东方航空公司（Eastern Airlines）一架 L1011 三星客机在佛罗里达州大沼泽地（Everglades）坠毁，这是在飞机下降过程中发生的一起典型的、由于机组注意力被不起眼的起落架指示灯故障分散而造成的事故，飞机逐渐下降到地面并坠毁。航空安全报告系统（ASRS）档案中有一份来自通航飞行教官的报告，上述事故的教训引起了他的警觉，从而打破错误链，阻止了可能发生的另一起可控飞行撞地（CFIT）事故。

今天起飞时，飞机起落架出现问题，对收上操作没有反应；实际上，起落架甚至都没有离开起落架放下并锁定的位置。我们来回操纵起落架收放手柄，尝试过几次后，还是没有反应。我们检查了断路器、电路总线等，但都没有效果。在确定起落架已经放下并锁定后，我们联系塔台请求（故障状态下的）正常[①]着陆。

有意思的是，我发现这次事件与发生在佛罗里达州大沼泽地的坠机事故非常相似。学员在飞行，我在着手解决故障，随后他也加入进来和我一起处理问题。过了一会儿，我突然意识到没有人在真正操纵飞机，于是我告诉学员，他驾驶飞机，我来解决这个问题。谢天谢地，我们打破了错误链，否则处境可能会变得更加糟糕——比如意外撞地。（ASRS，1993a）

通航飞行员也可能成为与军方或商业航空机组人员类似危险态度的牺牲品。虽然我们已经在第 4 章中详细讨论过这些危险态度，但下述案例明确告诉我们，通航飞行员也应关注这些问题。

麦克哈顿（McElhatton）和德鲁（Drew）合著的《时间压力是航空安全事故中的一个偶然因素：匆忙综合症》（*Time Pressure as a Casual Factor in Aviation Safety Incidents: The Hurry-Up Syndrome*），是 1993 年 NASA 针对大多数飞行员熟知的“完成既定计划强迫症”现象所做的一项研究。该研究将“匆忙综合症”定义为“出于预期或实际需要，以任何理由匆忙或仓促完成任务或职责，进而导致飞行员表现能力下降的任何情况”。（McElhatton and Drew，1993）虽然这份报告引用的数据来自航空公司的 NASA 报告，但是他们的许多发现对通航飞行员也有着同样重要的意义。

NASA 报告中位居前两位的“匆忙”征候是：不遵守 ATC 许可或联邦航空条例，占比为 48%；违反公司政策或程序（SOP 和检查单），占比为 28%。大多数的事故征候始于起飞前的准备阶段（63%），其次是滑出阶段（27%）。更为重要的是，报告发现在起飞前阶段发生的人为差错会在随后的起飞阶段显现出来。例如，起飞前注意力不集中，会导致飞行员忽略某个重要的检查单项目，进而在爬升过程中产生致命影响。1984 年 4 月，发生在马里兰州科基斯维尔（Cockeysville）的通航事故就是一个很

---

① 原文是 we called the tower and returned for [an uneventful] landing. 此处指飞机在故障状态下，不需要机场救援设施的正常着陆。如果需要机场提供救援，机组成员应发出紧急呼叫“PEN”call 或“MAYDAY”call。——译者注。

好的例证，为了赶时间，飞行员在起飞前的准备阶段就播下了差错的种子。

事发当天上午，双发航空之星(AeroStar)的飞行员挑选了这架发动机改型、升级为新版 Machen 656 Superstar 的飞机。在接受 30 分钟的适应性带飞后，他粗略地查看了性能图表、飞行手册，以及两个区域的天气简报。飞行员给飞机加满油，提交了飞行计划，然后载着乘客向佛罗里达飞去。

起飞 9 分钟后，华盛顿中心批准这架代号为 79R 的飞机爬升到高度层 FL180。8 分钟后，华盛顿中心收到 79R 发出的最后一条信息："好吧，Mayday！发动机失效，发动机失效，坠落速度很快。"巴尔的摩(Baltimore)进近管制的雷达数据显示，从 16900 英尺高度下降至 2300 英尺，79R 只用了约 90 秒的时间，平均下降速度超过每分钟 9700 英尺。目击者看到飞机从左向右翻转过来，机头朝下撞向地面。

机场内的目击者称，起飞前飞行员非常紧张，"手在发抖"。适应性带飞 79R 飞行员的教员向 NTSB 证实："飞行员说他感觉不舒服而且紧张。"NTSB 检查了飞机残骸，发现电动燃油增压泵处于"关闭"状态，燃油混合控制处于"富油"状态。飞行手册规定，飞机爬升至 10000 英尺以上时，需要"开启"燃油增压泵，起飞爬升检查单中也有同样的要求。如果飞机爬升至 10000 英尺以上，增压泵仍处于"关闭"状态，将会出现贫油状况；如果燃油混合控制处于"富油"状态，发动机将无法重启。

NTSB 的结论如下，飞行员未按检查单要求打开增压泵，致使飞机在爬升过程中两台发动机熄火(NTSB，1985)。前往佛罗里达的飞行任务让飞行员感到紧张不适，由于经验不足带来的心理压力加剧了他的不安。一旦熄火故障引发的状况超出他所具备的处置能力，就会导致飞行员对飞机失去控制。在每分钟 9700 英尺的下降过程中，飞行员根本无法完成包括 28 个步骤的"飞行中发动机故障"或"重新启动螺旋桨顺桨发动机"检查单。

这架飞机离开地面之前，就已经暴露出可能出现错误链的心理方面的"红色警告旗"，包括凝视或忧心忡忡、困惑、非法程序，以及遗漏关键的检查单项目。飞行员急于加快起飞前的准备工作，很可能是造成致命的双发熄火及随后丧失对飞机控制的根本原因。

这份 NASA 报告的另一项重大发现是，80％的事故原因中都提到了高负荷的工作状态(McElhatton and Drew，1993)。这个发现非常重要，因为在高负荷工作状态下，不太容易发现程序错误。当飞行员有多项任务要急于完成时，常常会忘记某些重要事情，执行检查单的工作很可能会被推迟或忽略。一名从事紧急医疗服务(EMS)的飞行员向 ASRS 报告了如下事件。

> 起飞前我忘记拿掉方向舵阵风锁，直到从 32 号跑道起飞后我才意识到这一点，我请求返航，飞机正常着陆，没有发生事故。原因：救援飞机需要紧急起飞，起飞前检查不彻底。纠正措施：机长和我讨论了对飞机进行全面检查和执行检查单步骤的重要性，不要只顾及时间方面的压力。(ASRS，1994a)

为了避免飞行员忙中出错，NASA 的研究给出了一些具体建议：

1. 在起飞前准备和起飞滑出阶段，要对潜在的“匆忙综合症”保持警觉；要特别当心在这些阶段遇到的干扰。

2. 当被迫加快速度时，特别是在起飞准备阶段，花点时间评估任务风险及其优先级顺序。

3. 如果程序或检查单被中断，要回到任务的初始点，重新开始。

4. 严格遵守执行检查单纪律是起飞前准备和起飞前(滑出)阶段的关键。

5. 将书面工作和其他不重要的任务推迟到低工作负荷运行阶段完成。

6. 有效应用 CRM 技巧能够消除许多差错。

放上轮挡才算结束

“通用航空着陆事故征候和事故：ASRS 和 AOPA 研究成果回顾”(Morrison et al.，1993)是 NASA 的另一项研究，其在错误链、工作负荷管理、飞行着陆阶段的匆忙综合症等方面的研究结果，对所有飞行员都有着重要的意义。

研究发现，63％的着陆事故造成飞机受损，其中最为频繁的是螺旋桨撞击，其次是起落架舱门和机身受损。ASRS 中 33％的着陆事故涉及飞机失去控制，其次是占 31％的未放起落架着陆。

依据对着陆事故研究的结果区分出两个主要失误类型：差错型失误(error of commission)(飞行员有作为)和疏忽型失误(error of omission)(飞行员无作为)。按照发生频率排序，差错型失误依次为控制装置使用不当、进近稳定性下降和不稳定进近、误入跑道或滑行道、延迟实施复飞。疏忽型失误包括未放起落架、着陆前没有查看关键仪表指示、没有执行着陆前检查单、在着陆期间没有保持对外观察、起飞前计划和准备不充分。作者指出“未放起落架着陆与其后三个疏忽型失误之间的关联显而易见。”

在分析 ASRS 的报告人员所引用的事故诱因时，作者发现对人和环境潜在的事故原因评估中，有 45％的报告中出现了注意力分散。其中，被其他飞机或 ATC 通信分散注意力者占 57％；其次是操作技术使用不当，例如未使用检查单、误用起落架或襟翼开关、在短五边未检查起落架状态指示。在错误链方面，研究发现在每份 ASRS 报告中“通常存在不止一类错误”。就飞行员缺乏经验而言，研究发现“在着陆事故中，型别经历时间似乎是比总飞行小时数更为重要的变量……具体地说，那些飞机型别时间不足 200 小时的飞行员看起来风险最大”。(Morrison et al.，1993)

这项研究清晰勾勒出发生在着陆阶段的典型事故或事故征候的大致轮廓：涉事飞行员中，91％的人在驾驶飞机，其中 80％是独自飞行。由设备小故障造成注意力分散占事故总数的 29％。这类设备问题中有三分之一涉及起落架系统。不管是一天中什么时候，这些事故的 91％发生在 VMC 条件下。如果再加上飞行员经验不足，风险因素就会倍增。

研究得出以下结论和建议：飞机型别时间和失去方向控制是主要风险因素。大多数着陆事故会导致飞机受损，起落架系统问题与未放起架落着陆紧密相关。最终，研究建议通航飞行员也需要学习 CRM 知识。“注意力分散及与之相关的注意力不集中是许多着陆事故征候和事故的主要因素。通用航空需要 CRM,特别是飞行员在独自飞行的时候。通航飞行员应该接受注意力分配、任务优先级排序、遵守驾驶舱纪律(使用检查单以及遵守标准操作程序)等方面的正规指导。”

ASRS 中有一份报告,是这项研究所描述的着陆事故轮廓的真实写照。虽然这位飞行员在独自驾驶飞机,但“墨菲”绝对是一位看不见的乘客。

漫长的一天即将结束,我在执行一项 3 小时的飞行任务,这架飞机自大修后共计飞行 6 小时,自年检后飞行 3 小时。飞行任务的最后一个半小时在夜间,崎岖地段的上空。没有月亮的夜晚,四周漆黑一片。虽然当时是目视飞行气象条件,但由于看不到地平线,我不得不密切关注仪表。不用说,这段航程对我的压力很大。

我终于看到了着陆机场,却发现如果飞机从巡航高度下降,会因高度过高速度过快而无法直接进场着陆。于是,我把飞机速度下调至襟翼放出速度,并同时放下了起落架和襟翼。由于必须降低飞行高度,在短五边前,我一直采用侧滑飞行方式。进入短五边后,我拉平飞机准备着陆。接下来我听到螺旋桨的滴答声及机身与混凝土地面的摩擦声。起初我以为是自己忘了放起落架。但是,为了增加阻力,我记得已经放下了起落架。我查看了起落架选择手柄,它的确在放下的位置。然后我记起来自己并未确认起落架是否真的放下来。为什么会发生这种事情呢?我意识到一定是三个系统出了问题。

首先,起落架系统肯定存在故障,这类机械装置并非绝对可靠。的确,由于电动机驱动的液压泵无法启动,事故当晚只有部分起落架被放出。其次,飞行员肯定出了问题。经过漫长的一天,我饥饿、疲惫,同时又精神紧张,还要尝试挽救一个计划不周的进近。最后,起落架告警系统肯定出了故障,这是另一个容易发生故障的机械系统。在这次进近中,该系统与起落架系统同时失效。作为飞行员,而非机械师,我只能改进第二个系统。我认为避免这类人为差错最重要的因素就是执行完整的着陆航线,并坚持自己的习惯模式。要正确而成功地按既定航线飞行,我需要在下降进入着陆航线前降低高度。在这次事故发生之前,只有在空域中有其他交通活动时,我才会采用这种进近方式。现在我认识到,除了保持飞机进近顺序外,航线还有一个作用——帮助分配和处理着陆所需完成的任务。每个步骤都有各自的作用。(ASRS,1994b)

这位飞行员的经历突显了习惯模式和处境意识的重要性,以及与压力和注意力分散相关的危害。这些内容在优秀的 CRM 课程都会详细介绍。

飞行教员作为团队建设者

在 CRM 概念形成和技能培养过程中,对每一位培训学员来说,他们的通航飞行教员都扮演着重要的角色。从学员第一堂飞行课到其通过航空公司航线运输飞行员(ATP)检查的过程中,飞行教员有很多机会强化学员的操纵技能、团队合作,以及良好的人因技能。对飞行学员来说,操纵技能阐述得很清楚,而在 CRM 技能方面,除了个人风格之外,教员并没有什么可以直接传授的。在标准化更加完善之前,飞行素养模型和现有的 CRM 课程为通航飞行教员提供了可用于指导的坚实的知识基础。

在《FAA 单发飞机飞行教员实用测试标准指南(1991)》(*FAA Flight Instructor for Airplane Single-Engine Practical Test Standards Guide*(1991))手册中,只有两处提及 CRM 或人的因素。驾驶舱管理任务要求飞行教员申请人展示自己具备如下知识:能够正确整理和保护驾驶舱内的基本物品和设备;确保飞行记录按序准确;安全带、肩带和座椅的使用;向机内乘员简要介绍应急程序和安全带的使用等。人因培训任务要求飞行教员申请人展示其所具备的"与人的因素相关的教学知识,包括人类行为控制、开发学员潜能、人类需求与行为和学习的关系、心理防御机制与学员学习的关系、心理防御机制与飞行员决策的关系、在学员训练期间为确保良好的人际关系飞行教员应遵循的一般规则(USDOT/FAA 1991)"等。针对民用航空飞行学员、有技术等级的飞行员或飞行教员,这些是在 FAA 飞行教员培训手册中唯一提供的有关 CRM 或人的因素的内容。此外,无论是任务分配、驾驶舱管理,还是人的因素,都没有专题传授 CRM 的内容,例如工作负荷管理。

在商业和军事航空领域,CRM 已经非常普及,我们学到了很多 CRM 的原则,其中许多内容可以应用在通用航空领域。TCAS 系统或许能够防范墨西哥航空 498 航班与派珀弓箭手飞机在喜瑞都上空的相撞事故,然而遗憾的是当时它还没有研制出来。虽然像 TCAS 这类高科技预警系统通常只用在客机上,但人类的预警系统却是所有飞行人员所共有的,同时可以分享的还有大量的知识、程序和技术。但是,改进的动力必须源自通用航空领域的教员和学员们内心的渴望。

6.6　本章精要

最近的管理研究潮流集中在团队的终极权力和可靠性方面,尽管在航空领域团队合作至关重要,但它并未免除机长确保飞机安全运行的终极权力或责任,我们也不希望这样做。驾驶舱中并不民主,但也不应该是韦氏词典定义的"血腥、暴力或长时间持续冲突的地方"。(Webster's,1990)理想的工作状况介于这两个极端之间,本章目标就是提供自我提升的几个关键领域。

良好的团队合作始于有效的领导力,这种能力通常在团队形成的初期便表现出来。优秀的领导者会建立安全、遵从、沟通及合作的规范。优秀的领导者不会伪装成一个无所不知、无所不能的全能者,他会建立一个有利于团队合作的环境。这个环境能够创造出自信、诚实及信任的氛围,但高效的团队同样也需要优秀的追随者。

追随可能是一门被遗忘的艺术,但并不是一门失传的艺术。有效追随的关键是个人能力和专业知识、良好的倾听和沟通技巧、批判思维能力及坚定果敢。研究结果指出,各个团队的沟通方式存在差异,而这些差异将会影响团队成员的表现能力。基于上述这些重要发现,本章给出了提高团队沟通效率的一些建议。

最后，在军事和商业航空领域，虽然正规的团队合作训练采用 CRM 的形式，但这些技能会渗透到我们的飞行素养中。飞行人员不要等到年度培训或晋升时才去学习和练习 CRM 技能。通航的热心人士也已经看到在他们的飞行活动中如何运用 CRM 和飞行素养准则。事实已经表明，CRM 对所有型别的飞机都是有效的——或许是不可或缺的。团队运行非常复杂，但是，如果我们能够用知识和团队合作技能武装自己，团队环境就能够得到优化，从而超越任何个人单独努力的结果。

6.7 参考文献

[1] Aviation Safety Reporting System (ASRS). 1993a. Heads up, somebody! NASA CALLBACK. Publication 169. Moffett Field, Calif.: NASA-Ames Research Center.

[2] ----. 1993b. A well-planned response. NASA CALLBACK. Publication 173. Moffett Field, Calif.: NASA-Ames Research Center.

[3] ----. 1994a. If misfortune knocks . . . don't answer. NASA CALLBACK. Publication 178. Moffett Field, Calif.: NASA-Ames Research Center.

[4] ----. 1994b. The pattern serves a purpose. NASA CALLBACK. Publication 187. Moffett Field, Calif.: NASA-Ames Research Center. December.

[5] Foushee, H. C., and B. Kanki. 1989. Communications as a group process mediator of aircrew performance. Aviation, Space and Environmental Medicine. 60: 56-60.

[6] Ginnett, R. C. 1987. First encounters of the close kind: The formation process of airline flight crews. Unpublished doctoral dissertation, Yale University, New Haven, Conn.

[7] ----. 1995. Groups and leadership. Cockpit Resource Management. Eds.: E. L. Weiner, B. G. Kanki, and R. L. Helmreich. San Diego: Academic Press.

[8] Kelly, R. E. 1988. A two-dimensional model of follower behavior. Leadership: Enhancing the Lessons of Experience. Eds.: Richard Hughes, Robert Ginnett, and Gordon Curphy. Homewood, I11.: Irwin Press. p. 229.

[9] McElhattan, J., and C. Drew. 1993. Time pressure as a causal factor in aviation safety incidents: The hurry-upsyndrome. Proceedings of the Seventh International Symposium on Aviation Psychology, Ohio State University, Columbus, Ohio.

[10] Morrison, R., K. Etem, and B. Hicks. 1993. General aviation landing incidents and accidents: A review of ASRS and AOPA research findings. Proceedings of the Seventh International Symposium on Aviation Psychology,

pp. 975-980.

[11] National Transportation Safety Board. 1985. Accident/incident summary report: Cockeysville, Md. : April 28, 1984. NTSB-AAR-85-01-SUM.

[12] Schwartz, Doug. 1990. Reducing the human error contribution to mishaps through identification of sequential error chains. Safetyliner. pp. 13-19.

[13] U. S. Department of Transportation/FAA. 1991. Flight Instructor for Airplane, Single Engine. Practical Test Standards. Washington, D. C: U. S. Department of Transportation and Federal Aviation Administration.

[14] Wagner, B. , and Alan Diehl. 1994. Your wingman is your copilot. Flying Safety Magazine. Albuquerque: USAF Safety Agency. Webster's Ninth New Collegiate Dictionary. 1990. Springfield, Mass. : Merriam-Webster, Inc.

第7章

了解环境

自然法则只下断言不加阻止。倘若违背，你就将成为自己的检察官、法官、陪审团和刽子手。

——卢瑟·伯班克(Luther Burbank)

7.1 罗伯特·A·阿尔科夫(Robert A. Alkov)博士的观点

良好的飞行素养应当包含倾听的艺术。无论你的经验如何丰富，作为飞行人员都应当学会聆听并留意他人的建议。安全飞行的关键是保持处境意识。只有不断收集信息，飞行员才能建立并保持一个针对飞行环境的心理模型。要做到这一点，飞行员必须从仪表、其他机组成员、其他编队成员以及ATC等各种渠道收集反馈，同时要理解这些数据并将它们组成有意义的信息，作为决策的依据。我的飞行教员曾经说过，“如果你在飞行时不是每一秒钟都在决策，就会有麻烦。”当然，“无用的输入，无用的输出”，这句老话不仅适用于计算机，同样适用于我们的个人数据处理系统。优秀的飞行管理者必须考虑所有的输入，顾及环境因素，解决冲突的信息，从而做出合理决策。

自负是许多飞行员成长的绊脚石。之所以能够成为飞行员，部分源于他们的自信。优秀飞行员必须能够掌控全局，或者至少表现出掌控的状态，让乘客和机组安心。然而，自信也会转变为对自身能力的自我欺骗。由于对飞机和飞行环境过于熟悉，感觉良好，飞行员往往会滋生自满情绪，在这种状态下，飞行员通常会高估自己的表现能力或飞机性能，也可能两者都会高估。优秀的飞行员知晓自己的生理和心理极限，并且从不尝试去超越，表明他们具备一定的自省和自我认知能力。对自己感到满意意味着永远不要去“炫耀”，驾驶舱不是自我膨胀的舞台。真正的专业人士对飞行始终持保守的态度。进行飞行风险评估时，必须将任务的紧急程度、时间和安全性全部考虑在内。和平时期，始终要把安全放在首位。“迟到总比永远到不了要强。”

一些资深的飞行员在决策时通常根据以往的经验仓促做出判断，这种冲动会导致由于信息不完整而做出不正确的主观臆断，并由此产生错误的假设。因此，如果知道某台发动机曾经出现过故障，在遇到突然丧失动力的情况时，很有可能会关闭一台运转良好的发动机。很多事情无论在统计学上的发生概率有多小，一旦专家做出错误的决策，出于自负，他们往往很难改变这个决定。他会拒绝所有与错误决策相矛盾的信息，只接受那些支持自我判断的数据。良好的飞行素养意味着愿意重新审视自己的决策，并在需要时做出改变；意味着超越自我，保持开放的态度；还意味着接受任何有用的信息来源的输入。

罗伯特·阿尔科夫(Robert Alkov)是一名退役的海军预备役飞行员，也是南加州安全研究所人因领域的教员。

初看上去，飞行环境知识似乎相当简单。辽阔的天空，渺小的飞机——推力、升力、阻力……有什么大不了的？然而，当我们看到不同的运行环境会影响飞行安全、飞行的有效性和飞行效率时——简而言之，影响到我们的飞行素养时，眼界就开阔了。分析以下事件，它们分别包含着影响飞行素养的不同环境因素。

- 在穿越雷暴区时，南方航空公司(Southern Airways)一架DC-9客机的两台发动机意外失效，飞机坠毁在乔治亚州新希望市(New Hope)，造成70人死亡。事故分析表明，失事的主要原因是机长过度依赖那部已经确认在这样的运行条件下功能受限的机载雷达。(NTSB,1978)
- 一架塞斯纳TU-206G和通用动力公司(General Dynamics)的一架F-111D，在距新墨西哥州克洛维斯坎农空军基地(Cannon AFB in Clovis)东北约11英里上空相撞，机上人员全部遇难。也许是因为万里无云，能见度超过30英里，两架飞机都未申请基地附近空中交通管制中心的雷达咨询服务。(NTSB,1982)
- 一名24岁、飞行经历只有513小时的F-15战斗机飞行员，起飞后即实施了高速通场机动。飞机在离开跑道头后，立即向上做了一个8.5-G的拉起，超出飞机外挂油箱规定的结构载荷限制，机翼从机身上被撕落。调查表明，该飞行员所在的组织一直纵容此类通场行为，并经常出现违反此类被禁止的高风险机动的规定。(Hughes,1995)

第一起事故代表了飞行中最直观的那部分——自然环境。自然飞行环境包括空气密度、空气动力以及各种各样的气象条件。第二起事故代表多级监管环境因素，包括国际、国内和本地空域系统的运行指南。飞行员必须了解的最后一类环境是组织环境，其飞行方式将受到组织政策导向和组织规范的影响。第三起事故突显了组织文化的作用及其对飞行员决策过程的潜在影响。

飞行人员所处的每一类环境都会以一种主要的方式与飞行素养的其他方面相互作用。例如，全面的环境知识对于了解飞机的当前状态至关重要，并且环境知识还可以为保持处境意识提供有效的帮助。

为了进行初步的讨论和分析，我们最好先将环境因素进行分类，以帮助理解其各自的重要性。但需要注意的是，在现实场景中，这些环境因素并不是孤立存在的，自然环境、监管环境、组织环境常常纠结在一起持续地相互作用。在下面的案例分析中，我们不难发现这三种环境因素是如何相互作用的：组织文化向飞行员施压，让他们违反天气最低标准限制和相关规定。这是20世纪70年代发生在缅因州(Maine)海岸一家小型通勤航空公司的真实事件。在阅读下面的案例分析时,请认真思考自然环境、监管环境和组织环境三者之间的相互作用。

案例分析:相互作用的环境因素——新英格兰航空公司(Downeast Airlines)

新英格兰航空公司是运行基地位于缅因州洛克兰(Rockland)郊外的一家小型通勤航空公司,洛克兰地区因天气恶劣、时常海雾弥漫而闻名。乍一看,对于一家小型航空公司来说,在洛克兰这一带区域运营会非常困难,因为这里的起降条件常常低于FAR 135部通勤飞机的最低限制标准。(通常,空中的士和通勤航空公司是在标准较为宽松的FAR 135部规章下运行,而非在针对大型飞机航空运输承运人、要求更为严格的FAR 121部规章下运行。最近的变化显示,规章提高了针对小型航空公司的安全标准要求。)然而,新英格兰航空公司"成功了",这在很大程度上是因为公司老板一意孤行,经常向飞行员施压,要求他们违反最低限制标准,驾驶超载的飞机运行,并允许飞机带故障运行。(Nance,1986)[①]该公司的老板"非常了解海雾状况以及进近的最低限制标准。他瞧不起那些因实际云底高度和能见度略低于法规最低限制,就取消或延误赚钱航班的飞行员"。他明确表示,不能或不愿突破(或打破)这些限制的飞行员不适合在自己的公司飞行。简而言之,老板认为那些不愿违反规定的飞行员是懦夫。这种认知已经渗入新英格兰航空公司的安全运行文化之中。(Nance,1986)

正是由于上述安全文化的影响,已经导致了一些事故的发生。1971年8月19日,由于不愿意承担将乘客运回洛克兰(Rockland)的地面运输费用,新英格兰航空公司的老板给机长施压,要求他飞往没有安装精密进近设施[②]的缅因州奥古斯塔(Augusta)机场,而不是飞往波特兰(Portland)。机长服从了错误的命令,由于天气原因,飞机在奥古斯塔复飞后,机长决定尝试新英格兰航空公司"著名"的云下贴云飞行(scud - running)技术再次进近。在试图建立目视条件返回机场着陆的过程中,飞机下降的高度低于了2000英尺的最低安全高度,最终撞上了一座云雾笼罩标高520英尺的山头,机长和两名乘客全部遇难。

在此后的几年当中,还发生过两起与天气相关的事故。1976年,在诺克斯郡(Knox County)机场,一名飞行员因违反下降最低限制标准,结果飞机撞到了树上。在事故发生地点,进近下降的最低高度限制为440英尺,而该地区最高的树木的标高

---

① 《盲目的信任》(*Blind Trust*)极具洞察力,讲述了导致新英格兰航空公司违章运营的多重因素,以及航空业管制放宽后的其他类似事故。如果想深入了解追逐利润导致的多重组织压力,以及敬业的NTSB调查员在20世纪70年代查出了多少这样的组织,推荐阅读本书。

② 精密进近,如仪表着陆系统(ILS)进近,提供航向道和下滑道信息,以一种更可控的方式引导飞机下降至较低的"决断高度"的进近方式;非精密进近,如TACAN或VOR,只提供航向引导而不提供垂直引导。

只有90英尺，事故的原因读者可以自己作出结论！据《盲目的信任》(*Blind Trust*)的作者约翰·南斯(John Nance)称，这次事故表明，新英格兰航空公司已经在背离FARs规章的道路上走出了多远。

……纳瓦霍(Navajo)立即被拖进新英格兰航空公司的机库，随后机库大门紧锁，维修工作在保密环境中进行。甚至到了第二天，连(公司的)其他飞行员都不允许查看飞机的受损情况。这起事故从未按照相关规定正式上报，直到多年后才被NTSB发现。(Nance，1986)

不仅仅是监管压力在影响新英格兰航空公司飞行员的决策，南斯解释说：

飞行员抱有这样的态度还包含更深层的原因，即来自同级的压力。当那些没有航空公司、通勤公司或军事飞行经验的飞行员们发现，尽管海雾弥漫，但是采取不遵守最低限制标准和规定等运行方式，航班大多数情况下仍能保证准点要求时，他们就开始对自己的能力产生出一种反常的自豪感。为了搭载付费乘客返回洛克兰，飞行员们驾驶超载的飞机，在超出规定的气象条件下起飞，并且无视机械故障的存在……他们常常为自己的违规行为感到骄傲，认为，任何登上飞机却做不到这一点的飞行员都不配称作飞行员——甚至都不配称为人。(Nance，1986)

这种组织的管理方式(无视气象标准和监管要求)最终变成企业文化的一部分，给共同陷入困境中的飞行员注入了一种扭曲的团队精神。缅因州海岸的条件很恶劣，但他们找到了“应对”挑战的方式：让那些规章制度见鬼去吧！甚至公司还有一套非正式的“新英格兰最低限制标准”(Downeast minimums)，是一种比FAA批准的最低限制标准低得多的进近高度标准，而且被这些“无所畏惧的”飞行人员经常采用。多名乘客讲述了很多类似的故事，飞机曾经从树梢上方几英寸的地方掠过；某个夜晚在第三次尝试向洛克兰进近时，乘客们听到巨大的撞击声。当飞机在奥古斯塔降落时，人们在飞机右翼前缘发现了一个大凹痕，但飞行员却佯称是海鸥造成的鸟撞，尽管事实很明显，海鸥绝不会傻到在浓雾中飞翔。(Nance，1986)

新英格兰航空公司的首席飞行员吉姆·梅里曼(Jim Merryman)是压垮公司的最后一根稻草。1979年5月某个浓雾弥漫的夜晚，他驾驶飞机进入了连他自己都无能为力的境地：和一名能力欠缺的副驾驶共同驾驶带有机械故障的飞机，飞入疑似低于最低限制标准的复杂天气中。梅里曼驾驶着这架双水獭飞机(Twin Otter)在跑道外坠毁，机上除一人外全部遇难。即便如此，要是没有NTSB事故调查员艾伦·迪尔(Alan Diehl)博士几个月执着的坚持，该组织存在的诸多问题也不会在后续的调查中被发现，最终新英格兰航空公司众多事故表面下隐藏的大量隐患显现于世[①]。

显然，新英格兰航空公司的悲剧式传奇是一个极端案例，但它显示了各种环境因

① 艾伦·迪尔(Alan Diehl)博士后来成为美国空军首席民事安全官员，他曾经花费数周时间访谈新英格兰航空公司曾经的乘客和雇员，最终将与新英格兰航空公司不良安全记录相关的各种人的因素拼凑在一起。这些因素包括伪造训练记录、飞行员迫于公司压力经常驾驶有维修缺陷的飞机飞行以及违反最低限制标准。

素之间存在的相互关联。由于改进了对人的因素的培训，像新英格兰航空公司这样的不良组织已经基本上消失了。但是，时至今日“完成任务”的内在驱动力依然存在于许多组织和飞行员心中，许多经验丰富的飞行员都曾抱怨自己遭受过组织通过不同方式给予他们的潜在压力。希望你永远不会因为组织或同级压力做出不正确的事情；但是，如果你真的遇到这样的压力，对这三个环境因素——自然环境、监管环境和组织环境——的深入了解，将帮助你生存下去，并在日常的合规文化中脱颖而出。

讨论环境因素当然要从自然环境切入，就是那个我们在其中施展技能的介质。

7.2 自然环境

自然环境是飞行的介质，几乎影响到我们对飞机的每一个操作，它包括一些相对稳定的因素及其他变化的因素。这样的划分有助于我们理解那些需要掌握的、与自然环境相关的知识，其中有些知识学一次就可以受用终身，而另外一些则会发生变化，因而需要定期更新。

自然飞行环境中稳定的因素包括地形、空气密度和光照。显然，我们并不总会在同一类地形上飞行，当飞越不同的地形时，我们都会注意到它们特征上的变化。前一天飞越的某个山谷，第二天飞行时你会在同一个地方看到它，山谷的位置完全可以预见到。然而，我们对它的感知却可能无法预见，特别是当我们想要从一张没有充分研究过的地图中解读出所不熟悉的地形时就更为明显。一旦你具备了某一“稳定的”环境因素知识，你就可以相信它不会改变，至少不会很快变化。其他稳定因素包括区域海拔特征和当地随时间变化的光照模式。通常，在夜间飞行会面临各种挑战，也会给你带来知识上的收获，如果我们的讨论中不包含夜间飞行的因素，那么对飞行环境因素的讨论就不完整。

变化因素包括几乎所有的天气类型，从柔风到像结冰和雷暴那样的极端危害。当今通用航空领域最危险的两个因素之一，就是从目视气象条件不经意地飞入仪表气象条件；同时与天气有关的事故率在商业运输和军事飞行中也高居榜首。天气因素几乎影响到飞行运行的空中和地面上的一切活动。

7.2.1 稳定的环境因素：空气、地形和光照

三种基本的环境因素可以作为相对稳定的常量处理，这意味着一旦牢固掌握了这些知识，它们就可以成为大脑永久记忆的一部分。自然环境在基本空气动力学中的作用、地形方面以及光照条件变化的独特性，都可以定义为学习内容中相对稳定的知识领域。

高度与空气密度

空气就是生命——对你、对你的机翼、对你的发动机来说都是如此。给飞行员讲解有关空气的知识，听起来就像是和鱼讨论水的知识一样。但这其中有一个重要的

差别:鱼不会被水淹死,而飞行员往往在涉及气象条件相关的决策中犯下致命的错误,显然,飞行员需要更好地掌握有关空气的知识。

每年都会有一些飞行员死于低氧性缺氧,或大脑缺氧。尽管我们已经在第4章中详细讨论过该主题,但在环境因素中仍必须再次提及它。大多数飞行员都知道高空中的氧气含量比海平面要低,同时也会注意到规章要求在超过特定高度后,必须提供备份的"随时可用"的氧气瓶或可供机组使用的其他补充氧气源,这是因为即使在较低的高度上,机组成员的表现能力也可能会受到缺氧的影响,尤其是那些有吸烟习惯、处于酒精后效影响,以及来自低海拔地区等有缺氧倾向的飞行员。

缺氧症状有很强的隐匿性,通常在缺氧初期,大脑会产生轻微的兴奋感,进而掩盖了缺氧的实质特征。在NTSB和军方的事故档案中,记录了很多由于对这种现象没有给予应有重视而发生的事故。在一些案例中,飞行员冒险将存在增压系统故障的飞机飞到高空——犯下了严重且致命的错误。下面这个案例极其罕见,一位发生严重缺氧并已经超出自我恢复能力"折返点"的僚机飞行员,在编队领队的帮助下最终恢复了意识。令人深深感到不解的是,这起事故发生在一位刚刚接受过生理训练的战斗机飞行员身上。训练的科目就包括在高空减压舱内飞行员如何识别自身缺氧症状,并在症状出现的第一时间采取恢复措施的演练。如果当天不是同机智的领队一起飞行,估计他已不在人世了。

案例分析:那里没有空气(Hughes,1995)

两架A-10战斗机组成编队进行周末转场导航训练。计划巡航高度层FL220,预报天气状况良好。在初始爬升阶段,根据空中交通管制的指令,有几次要求飞机中断爬升改为平飞状态。在其中一次改为平飞状态后,2号机飞行员摘下了氧气面罩,但在随后的爬升过程中,他忘记要重新戴上。当飞行高度超过13000英尺时,领队注意到2号机偏离了预先确定的编队位置。他随即要求僚机向自己"靠拢",但没有得到回答。领队加重口气,再次要求2号机靠拢,仍旧没有得到回应。

领队突然意识到没人在听自己指挥,他怀疑2号机飞行员可能出现了影响操作的生理问题,而且状况随着时间的推移会更加恶化。他迅速机动到僚机的"跟随"位置[①]外侧,厉声发出指令,做挽救僚机的最后尝试。领队直接下令"使用100%的氧气——戴上面罩。"此时,这位缺氧的飞行员已经开始丧失对飞机的控制。领队在跟随位置发出操作指令:"放下机头—向左压杆—改平机翼"后,僚机出现一个缓慢但积极的响应;僚机飞行员仍然能够理解部分指令,随后他设法将面罩戴到脸上。从吸入100%的氧气瞬间,飞行员的意识开始恢复。领队随后宣布紧急状态,返回基地。他们在基地得到了医疗救助,飞机也接受了彻底检查。

这个案例表明缺氧症状的隐匿性和对时间的敏感性,同时还暴露出几个关键问

① 飞行编队中的跟随位置是一个流线体队形位置,通常位于有协助需求飞机稍后方的左边或右边。——译者注

题。一是缺氧有可能出现在相对较低的飞行高度，案例中飞行员出现缺氧症状发生在13000英尺。二是恢复动作虽然简单，但通常会超出缺氧人员的自救能力范围。得出这个观点是因为该飞行员近期接受过生理方面的训练，并在训练中被要求展示其识别自身缺氧症状并进行恢复的熟练性。三是事件发生时机组成员采取的措施完全正确。尽管对生理问题的本质有所怀疑，但他们仍立即返回到合适的机场，并在那里接受了对身体和飞机的全面检查。

空气对飞行员很重要，对飞机而言也同样重要。实际上，如果飞行员不了解气流对机身或发动机所产生的重要影响，那么就可能很快丧失对飞机的控制。

空速就是生命，这是飞行爱好者或职业飞行员经常在嘴边重复的一个公理，当然也确实如此。飞机失去控制最常见的原因是气动失速，而非其他原因。没有人会有意让飞机失去控制，无意失速的普遍原因是未能有效地监测空速和飞机姿态、鲁莽操纵导致机动动作过大，或是自动化系统引发的问题。虽然本书无意讲授基本的空气动力学知识，但是一些基本原理直接涉及良好飞行素养所需的环境知识。

所有机组人员必须理解飞行时的最小操纵速度意味着什么。注意力不集中通常是无法有效监控空速的根源。在多人制机组的飞机上，这种情况通常发生在为了调整空速或下降，某个飞行员减小了发动机功率，随后注意力被分散或飞机控制权进行了转换。另一种常见情况是为了减速或下降放出了减速装置，但飞行员却忘记了减速装置已经放出，结果造成即使在飞行中加满油门，飞机仍然无法保持平飞的极不舒服的现象。

良好飞行素养的一项基本原则就是，如果感到飞机对操纵输入的反应不正常，请先加速！当然，这条原则也有例外，它不适用于结构故障或受损情况不明的飞机。一般来说，当有更多空气流过飞机控制表面时，飞机的操纵性就会增加。如果地形允许，为了获得更多的气流，可能还需要下降高度，这也是飞行员随时要在脑海中精确绘制三维环境图像的另一个重要原因。

还有多种原因会导致飞机的操纵品质变差，包括燃油不平衡或飞行操纵系统问题等。一架军用C-21里尔喷气机(Learjet)坠毁的原因就是飞行员将飞机速度降至最小操纵速度，随后向由于燃油不平衡所致“较重”的机翼一侧转弯，可想而知，在这种情况下，一旦飞机开始滚转，飞行员便很难甚至根本无法让飞机停止转动。

环境控制的另一部分是管理飞机高度。对飞行员和机组来说，高度可能等同于时间或距离，但出于几个原因，这些必须仔细分析。首先，更高的高度相当于更长的飞行时间。大多数情况下，更高的高度可以成为我们的朋友，爬升到更高的高度，可以为增加续航能力、提高燃油效率，或是借助有利的风向和风速创造条件。更高的高度也能让你有机会等到过境的锋面结束，或是利用无线电提高通信能力，从基地或其他飞机上得到技术援助。掌握飞机的最佳续航高度和巡航速度并加以利用，对飞行会很有帮助，许多经验丰富的飞行员都将这些有价值的图表“装在”自己可塑性极强的大脑中，以应对不时之需。除了“节省使用”油箱中剩余的燃油之外，更高的高度同样也可以看作更远的距离——这可能是好事，但也可能是坏事。

在许多情况下，特别是在单发或装有弹射座椅的飞机上，你会产生一种强烈的欲望：想要确定一旦飞机在空中突然停车，自己会降落在哪里。在山区或水上飞行，飞机出现紧急情况时，离安全着陆点的距离就变得至关重要。因此，需要掌握的另外两个知识点是，飞机的最大航程速度和相应的飞行高度，以及该机型的最佳滑翔速度和滑翔比。最大航程可以使有动力飞行距离达到最大化，在那之后就要靠滑翔技术了。

在有些情况下，我们并不需要更长的时间或更远的距离。典型的例子就是驾驶舱失火，如果长时间暴露在高温或烟雾中，可能会把你从驾驶员变成一位丧失意识的乘客——这可绝对不是好事。随着飞机在制造过程中越来越多地使用可能助燃或在燃烧中会释放出有毒气体的复合材料，这个问题就变得愈发严重。我们也许再也无法在坚固的金属框架上仅使用铝制外壳来保护自己或将飞机的部件固定在一起了。

很多经验丰富的飞行员会在大脑中不断更新最近的紧急着陆点，以便在需要的时候他们能够立即快速地转向合适的备降机场着陆，或根据需要爬升或下降。这些决策是下意识的、有预案的反应，是飞行员了解和管理自然环境的例证，也是良好的飞行素养表现。

地形因素

决定飞机爬升还是下降必须在权衡其他环境影响因素（比如地形）之后决定。艾萨克·牛顿爵士（Sir Isaac Newton）教给我们很多重要知识，对飞行员来说，最重要的恐怕就是“不管你爬多高最终总会掉下来”。理想情况下，我们希望能够自主选择后半句话那种状况的发生地点。常识性的地形知识以及你所要飞越区域地形的具体特征，对于飞行安全来说至关重要，然而它们却属于两种截然不同的知识范畴。

第一种是关于地形对大气的影响、常见的地形错觉，以及在山区安全飞行的常规注意事项和风险的广义知识。一旦你熟悉了一般空气动力学理论，这类知识的学习和准备便可以随时完成，而且这些知识一旦掌握就会永久成为自己飞行素养的一部分。

第二种是具体的地形知识——计划要飞越地区的特定地形特征，它会因任务和区域的不同而有差异。这需要在任务计划和任务准备阶段每天学习。明智的飞行员不仅要做好预先确定的飞行航线的准备工作，而且考虑到由于天气变化、可能引发的紧急状况或其他原因所导致的飞行计划变更，他们还会做好其他备选航线的准备工作。飘在空中那间巨大的机组休息室里住着许许多多没有花时间熟悉所飞地形的飞行前辈们。除非你想要尽早加入他们去一起享受天堂时光，否则我们就必须从他们的错误中吸取教训。

地形与大气现象息息相关，比如上升气流、下降气流、湍流等。虽然我们通常能够看到地形和地貌的高低起伏，然而当遇到完全可以预见到的上升气流、下降气流或湍流时，还是会感到惊讶。从早期飞行活动开始，飞行员就一直饱受由于地形变化引发的大气环境条件变化的困扰。

案例分析：一股神秘的力量

航空先驱伊戈尔·西科斯基(Igor Sikorsky)曾经成功地让自己的S-2飞机飞了起来。他的小型飞机“推进器(pusher)”已经成功飞行了三次，飞行时间一次比一次长。1910年6月30日，他不再满足于穿越田野的直线飞行，“想要尝试那种把自己带回起点的飞行”(Aymar,1990)。计划航线是飞过每次飞越的田野边界，飞过田野尽头峡谷中的一小块沼泽地带。西科斯基讲述了飞机顺利起飞并缓慢爬升到25英尺高度后发生的事情：

我径直飞过田野，在靠近边界时，向峡谷转去。燃烧的蓖麻油烟雾甚至几滴蓖麻油被螺旋桨的气浪吹到我的手上和脸上。小飞机在空中飞行，慢慢上升，令人产生一种非常愉快的飞行体验。飞机飞过峡谷边界，此时高度在沼泽地上方60～80英尺……然而，我的快乐是短暂的。我忙于第一次空中转弯和新的体验，没有注意到下面的沼泽正逐渐向飞机靠近。我本能地[①]拉了一下操纵杆，飞机下降的速度减慢了那么一会儿，随后变得更加糟糕，接着S-2就撞向峡谷的斜坡。我从飞机残骸中爬了出来，身上只有一些擦伤和瘀青，但S-2的状况……简直是一团糟。

与其说伊戈尔·西科斯基感到不安，不如说他感到困惑，不明原因的坠机简直是一个谜。西科斯基是个善于分析的人，他花了一年的时间去研究，最终找到了答案。他的解释不仅揭示出地形对大气条件产生的实质性影响，还让我们有机会更加深入地理解世界上最伟大的飞行员中的一位——他认为，人类必须要搞清楚飞行中所发生一切现象的根源，只有这样才能在下一次飞行中做出改进。伊戈尔·西科斯基深谙培养良好飞行素养的原则——增长知识和持续改进。

一年后我才找到并理解这起令人沮丧的坠机事件的确切原因。S-2飞机只有25马力的发动机和一个自制的螺旋桨，几乎没有足够的动力停留在空中，飞行时速只比最小速度多几英里(每小时)。飞机上没有一块仪表，实际上，也没有飞行速度指示器。因此，除了感觉和经验外，我没有办法来确定飞机的速度是否减小，而且我也没有太多的经验，毕竟我在空中的总时长不超过8分钟。S-2虽然有保持水平飞行的足够动力，但是转弯需要更大的动力。麻烦主要来自经常出现在峡谷中凉爽沼泽上方的一种气穴，后来，我驾驶动力更强、功率更大的飞机飞过很多次，而且……我常常感到有向下的拉力……(但)对于小型的S-2飞机，气穴足以造成飞机高度的下降。我拉了操纵杆，于是问题变得更加糟糕，出现了我们现在所称的失速，于是突然坠落。(Aymar,1990)

虽然大多数飞机都有足够的动力应对地形产生的上升和下降气流，但是这种现象通常出现在最后进近阶段，此时飞机处于着陆构型状态，动力减小，为准备着陆有意控制接近失速速度。借助对这种现象的本质理解，我们可以学到遇到上升和下降气流时，为保持稳定的下滑道，如何实施柔和的俯仰操作及功率修正。

---

① 西科斯基用“本能地”这个词很有意思，因为他当时只有不到8分钟的飞行经验。

尽管有了“地形对飞机性能产生影响”的认识，但并不能完全解决安全问题。仍然有飞行员驾驶飞机进入无法恢复的状态，特别是在山区。造成悲剧的一种常见错误是，飞行员飞入逐渐升高的地势，最终发现飞机的性能无法越过山顶，同时又没有足够的空间调整方向。发生这样的判断错误有时是因为高估了飞机性能，有时是复杂天气所致，甚至有时只是简单地误读了地图。以下案例来自 NTSB 的档案，充分凸显了山地飞行中的风险。

案例分析：无路可退（NTSB 1993，1994a）

29 岁的商业飞行员刚刚获得资格认证，正在努力拓展自己的航空知识和相关技能。虽然只有 229 小时的机长经历（过去 90 天内只有 4 个小时，飞机型别时间只有 3 个小时），但他在积极尝试学习更多的飞行知识。1993 年 10 月的第一周，他和两名学员乘客去参加了某专科学校飞行队的迎新会，其中包括一次安全和飞行评估会议。会议结束后，几架飞机相继离开加利福尼亚州的克恩维尔（Kernville），飞往拉孚恩（La Verne），这条航线需要穿越一段有几条狭窄峡谷的山脉。由于飞往拉孚恩有三条峡谷航线，因此飞行员可以选择不同的航线穿越峡谷。在区域航图上，地势最低的航线是唯一一条标明有道路穿过峡谷的路线，而实际上，沿着山脉有多条道路通向众多的峡谷。有些道路一路穿过山脉通向拉孚恩，有些则不是。

太平洋夏令时 2 点 15 分，不幸的飞行员驾驶派珀（Piper）PA－32－300 飞机起飞，沿首选航线北边的一条通道飞入峡谷，峡谷渐渐变窄，通道和峡谷尽头是三面陡峭的上升地形。由于飞机性能无法飞越前面陡峭的悬崖，也没有回旋的空间，飞机在距山顶约 2000 英尺的地方撞到了山上。

这个简短案例阐明了与环境知识相关的两个重要观点。一是，必须充分了解具体的地形性质，你可以在区域航图中找到相关信息。另一是，驾驶动力相对不足的飞机进入山区具有很高的风险，在飞行前需要进行精密的导航和性能计算。

发生在 1992 年的一起类似事件让我们进一步了解到，如果飞机性能不佳，同时又遭遇不断上升的地形，最后时刻会是什么样子。为了完成商业飞行员的考试要求，19 岁的飞行员正在努力积累时间。5 月 5 日下午的早些时候，他和一位朋友乘坐塞斯纳 152 飞机从加州百慕大沙丘（Bermuda Dunes）起飞。观光途中，飞机进入松林附近一个被上升地形包围着的峡谷。机上两人所不知道的是，从进入峡谷的那一刻起，他们的命运就注定无法改变了。乘客几乎立刻就感到不舒服，在紧张了几分钟后，对飞行员说：“我们离开这儿吧。”不知所措的飞行员答道：“我正尽力做呢。”在最后一次试图躲避地形时，飞行员失去了对飞机的控制，飞机撞向山坡。乘客虽然受重伤，但幸存下来。这起悲剧背后还有一个令人沮丧的发现，飞行员的毒品含量检测表明，其体内四氢大麻酚羧酸（THC）呈阳性，这也可能是他做出错误决策的另一个原因。

消失的地平线：理解光照问题

眼睛提供了大约 90％的方向性线索，其余 10％来自其他器官，比如前庭（内耳）

系统(Reinhart,1993)。因此,了解环境中光照强度的变化规律对飞行员来说极其重要,这应该不足为奇。

在这个讨论中,最重要的是我们需要诚实地面对自己的视力等级。尽管我们中的许多人都能通过飞行体检,但为了保持神奇的20/20视力等级,我们每年都要眯着眼睛努力去看清视力检测表的第9行。随着时间的流逝,为了完成这项年度目标,我们会不断创新方法。我自己的方法是,从检查视力的前三天就停止阅读,多吃胡萝卜,去体检的路上再喝两杯浓咖啡,然后带上一只兔子脚[①]。然而在飞行时,我会戴上眼镜。我可不想漏过从灰色云层中向我们飞来的灰白色的塞斯纳飞机;或者在夜间遇到湍流时看错了高度表读数。除了要克服虚荣心佩戴眼镜外,我们的飞行素养还需要补充一些有关光照条件的重要信息。

对飞行员来说,眩光亦敌亦友。机翼或挡风玻璃的刺眼强光通常是识别交通冲突的第一个视觉线索。因此,在常规飞行阶段中绝对不适合佩戴偏光镜片的眼镜[②]。然而,在着陆阶段、低高度,或是采用"看见并避让"规则期间,眩光可能带来极大危害,从1995年9月一架喷洒农药的飞行事故中,我们可以明显地看到这一点。

案例分析:迷失在阳光里

喷洒农药飞机的驾驶员42岁,有3500多小时的飞行经验,下午晚些时候,他将在得克萨斯州陆浦(Loop)附近的棉花地里结束一天的工作。对喷洒农药的飞机来说,他这架配备了机载STA-LOC全球定位系统(GPS)的罗克韦尔国际S-2飞机(与前面介绍的西科斯基驾驶的飞机型号不一样)科技含量很高。为了让水雾从空中精准地落在一排排的棉花上,飞机需要保持从离地几英尺的高度飞过。傍晚的夕阳直接照射在飞行员的脸上,当他注意到飞机正前方田野中央的一块突起标志时,为时已晚,为躲避障碍物,他迅速右转,然而强光背后还隐匿着另一个更大的威胁——11.5万伏的输电线。飞机的左翼撞上了输电线,飞行员丧失了对飞机的控制,飞机坠毁,幸运的是,飞行员得以生还。

太阳眩光并不是我们在光照条件下遇到的唯一视觉问题。当光线和地貌交融在一起时,会让我们失去保持空间方向所依赖的视觉线索。

飞行员必须警惕两种不同自然环境设下的潜在陷阱,它们都曾经夺走过生命。其中一种就是在飞过平静水面时产生的幻觉,它造成一种类似地形环绕的倒影。如果不注意使用仪表和外部视觉线索建立"复合交叉检查",飞行员很快就会迷惑,分不清哪个方向才是真正的"上方"。NTSB的档案中有这样一个故事:两个朋友前往加利福尼亚欣赏风景,但最终却丧生于美景之中。

① 带上一只兔子脚(carry a rabbit's foot),美洲人认为兔子脚可以带来好运。——译者注

② 虽然偏光镜片会妨碍靠眩光识别交通冲突,但为了安全起见,许多飞行员都会随身携带一副偏光太阳镜,以便在绝对需要减少太阳眩光时使用。就像为了防止鼻窦堵塞,大多数飞行员会随身携带窦解充血药那样。如果在下午晚些时候向西着陆,那么在包里放一副质量好的偏光太阳镜是一个不错的主意。

案例分析：镜像效应（NTSB，1994b）

1993 年 10 月 1 日，飞行员驾驶一架塞斯纳 182（Cessna 182）搭载自己的一位朋友，从俄勒冈州的克拉马斯瀑布（Klamath Falls）起飞，前往北加州的清湖（Clear Lake）水库。当天天气晴朗，具备 VMC 条件，飞行员经验丰富，技能娴熟，在过去 90 天内飞行时间超过 50 小时。抵达水库后，飞行员和乘客轮换进行着空中翻转和急转弯操作。在事故后的访谈中，飞行员表示他们决定在水面上再做一次 360 度盘旋，然后返回克拉马斯瀑布。在玻璃一般的水面上转弯时，湖水、阳光、雾气和地形背景交汇在一起，产生了光学幻觉，使飞行员难以参考地平线保持飞机状态。飞机在转弯进行到一半时扎入水中。飞行员幸免于难，而他的朋友和那架飞机则一起沉入湖底。

在多云天气下飞过积雪覆盖的地区或在扬尘中飞行时，飞行员也可能失去地平线的参考。有很长一段时间我需要驾驶罗克韦尔 B－1 飞机，在怀俄明州和蒙大拿州平坦的大地上低空高速飞行。地面上的脏雪与灰色云层交汇，地平线时而消失、时而又以由透过云层光线产生的幻影形式出现。更为糟糕的是，地面上的线条状地貌，可能导致飞行员出现失去足够的目视参考而影响飞行安全的危险状况，尤其在近地高速飞行时更容易产生这种状况。因此，尽管云底高和能见度条件达到了低空飞行的最低运行标准，但鉴于这种混沌的状况，我经常不得不爬升到 IFR 规定的安全高度以上以恢复正常的飞行感觉。

所有这些现象都要求飞行员根据需要决定是否继续保持目视飞行。这里几乎没有明确的指南，只有飞行员在特定条件下保持处境意识的感觉能告诉你该怎么做。在 VMC 条件下，本能会让你产生倾向于“我能做到”的错觉，并且推动你继续前进；然而如果能充分意识到上述风险，可能才是你打开脱离陷阱之门的钥匙。平衡收益与风险，并根据对环境的全面了解和良好的飞行素养准则做出判断。

夜间飞行

夜间飞行很特别，不仅仅因为缺少视觉线索。夜间飞行提供了另一个观察飞行素养相关因素的机会，包括技术熟练程度和身体疲劳程度等个人准备因素，二者在夜间飞行中都扮演着极其重要的角色。安全成功的夜间飞行，需要具备的知识除了其他因素外，还包括夜视力、疲劳和昼夜生物节律。鉴于这部分专题中有很多内容包含在本书的其他章节，这里仅作简要介绍。

大多数飞行人员都知道，在夜间飞行前进行“暗适应”会很有帮助。如果我们想要有效地做到这一点，并且在完成之后保持暗适应对我们飞行的有益作用，那么理解其中的原理就相当重要。在正常光照条件下，人眼适应光照强度的变化大约需要 10 秒钟，而到了夜间，同样的光强变化人眼调节时间则长达 45 分钟。产生这种巨大差异的原因有几个方面，大多数与化学物质的交换和视觉类型的不同相关。从我们训练的目的来说，能理解人类适应黑暗环境需要接近一个小时的时间就够了，而这一切的努力可能被瞬间的一道强光瓦解。

在夜间，即使是具有20/20视觉敏锐度的人，其视觉能力水平也可能下降到20/200左右。除非光源足够强，能让眼睛像白天那样工作，否则我们眼睛分辨颜色的色觉能力几乎完全丧失。(Reinhart，1993)这条信息对于有颜色依赖的飞行员更为重要，因为许多警告系统和飞机标识特征都要靠颜色辨识，如位置标识灯光。由于眼睛的物理构造，在夜间我们最好使用偏离中心的视觉，即视线焦点从想要看清楚的物体上稍微偏开一些。此外，如果可能，在手电筒上使用红色镜片会有一定的帮助，因为红光不会像普通白光那样瞬间瓦解夜视力。但这里需要注意的一点是，红光往往会掩盖其他的红色光线，比如驾驶舱中的警告指示灯，而且无法有效照亮驾驶舱内的仪表读数。因此仪表面板最好使用低强度的白光，因为它可以提供最清晰的图像，而且夜间飞行主要依靠仪表指示作为参考来操纵飞机。

要确保有效的夜间飞行，飞行员还需要了解涉及昼夜生物节律及疲劳的相关知识。昼夜生物节律是身体警觉性的自然循环，由生活习惯模式、日光照射及其他因素所驱动。这一点对飞行人员非常重要，因为它意味着你可以预判自己能力状态的顶峰和低谷。对正常人(如白班工人)昼夜生物节律的一项分析表明，人在午夜后最容易出差错，差错高峰期在凌晨4点到6点之间。下午早些时候表现能力会再次下降，而这一趋势会因疲劳而加剧。

许多专家认为疲劳是当今职业航空活动中最大的安全隐患。尽管对保证安全至关重要，但很多飞行人员却并不完全理解疲劳的本质——这是个危险的疏漏，有些人甚至对产生疲劳的原因也不十分清楚。虽然缺乏充足高质量的睡眠肯定是疲劳的主要原因，但脱水、噪声和震动、咖啡因、低血糖、无聊、压力、疾病和非处方药物等其他因素也会造成重要的影响。疲劳会延长反应时间，并且我们已经知道它会导致短时记忆丧失、任务态度变化、丧失工作主动性、精神抑郁，以及增加对错误的容忍度。(Reinhart，1993)这些内容我们已经在第4章进行了详细介绍，但它们明确指出夜间飞行是一项挑战，飞行员必须充分了解其中所涉及的多种危险因素。

由于条件的变化，对自然环境的认识变得更加具有挑战性。虽然空气密度、地形和光照模式的影响相对保持稳定并且可以预测，但自然环境中其他一些因素却无法准确预测和复现，特别值得重点关注的是气象因素。

7.2.2 天　气

本书不打算讲授专门的气象学课程，但如果不讨论天气变化带给飞行员的挑战，那么对自然环境因素的讨论内容就不完整。根据《复杂气象条件飞行》(*Weather Flying*)一书作者罗伯特·巴克(Robert Buck)的观点，通常天气会以几种基本形式困扰我们：使我们的视觉范围缩小、上下颠簸、造成飞机性能严重下降等。(Buck，1978)在特定环境条件下，上述任何一种状况都会毁掉我们的一天。在复杂气象条件下安全飞行的原则是：必须在对气象学深刻理解的基础上制定行动策略，并随时根据当前的状况更新行动方案，同时保持对人类做出准确天气预报能力的合理置疑。在航空运行领域，几乎没有什么挑战能像在接近最低天气标准气象条件下，实施仪表进近那样能够提高机组操控能力的了。复杂天气条件下的成功运行，需要综合运用飞行素养的各个要素，包括纪律、操纵技能、熟练程度，以及自我认知、团队、飞机、环境和风险管理等知识。简而言之，复杂天气条件的挑战能够将我们打造成为真正的飞行员。

气象学基础

飞行员需要掌握与天气形成相关的某些基本知识。由于飞行中我们有时不得不成为自己的天气预报员，因而需要了解这些关键内容，特别是当它涉及局部现象，比如雾、风切变，以及地形导致的上升和下降气流等。飞行人员还应该全面理解风切变、雷暴、湍流和结冰等天气条件给飞行安全带来的危害，掌握温度、露点和温度露点差之间存在的特定关系，并且理解当某些条件共同存在时，空气中就会存在影响飞行的湿气。另外，就像我们之前曾经提示过的那样，要理解地形是如何对大气状况产生影响的。

尽管传奇民谣歌手鲍勃·迪伦(Bob Dylan)在他的歌中唱道，“不需要天气预报员你也知道风往哪个方向吹”，然而绝大多数飞行员还必须依赖专家来提供气象信息。因此，关键在于我们要正确理解气象学家都说了些什么。

气象学有自己的语言和符号，在没有人帮忙解释或接受过基本培训的情况下，外行人很难理解。因此，每一位飞行员都应当全面掌握如何阅读和理解天气图，包括与此相关的所有术语，如等压线、高空风、锋面边界、逆风等。如果想自学这些内容，你会发现有太多的优秀资料可用，也许最好的方法就是直接询问天气预报员。通常这些不受重视、饱受诟病的专业人士都会非常乐意向外行人解释自己预测和报告天气的工具来源和意义。从他们绘制的图表、图形和直接通到国家气象中心的线路可以看出，这些人并不是大预言家诺查丹玛斯(Nostradamus)，他们对未来的预测无法达到百分之百的准确。还要记住一点的就是，当你在燃油储备不到1小时，依然处在恶劣气象状况下挣扎着飞向远距指点标时，你的天气预报员很可能正在地面速度为零的家中惬意地享受晚餐。简而言之，他们对自己的预测把握十足，我们实际拥有的却没有那么奢侈。

为了应对天气条件的突然变化，即使是一位在气象学领域拥有高学历学位的飞行员(也许尤其是这样一位拥有气象学高学历学位的飞行员)，也要学会给自己留一条“退路”或制定一套备份行动方案。按照这个思路，我们最好记住几个简单的公式。首先，恶劣的天气会增加燃油消耗。无论是在空中等待复杂天气过境、备降到其他机场，还是绕飞中西部的夏季雷暴，复杂天气都会消耗额外的燃油。所以这个等式的必然结果就是，剩余燃油量等于你的可用选择。燃油越少，选择就越少。除非你幸运地驾驶着一架可以进行空中加油的战斗机，否则在天气可能成为影响因素时(几乎总是如此)，手边最好有一份备降区域汇总图及航路附近的备用机场清单。

前环球航空公司(TWA)机长罗伯特·巴克有2000多次飞越大西洋的经历，他把自己多年来在复杂气象条件中飞行的经验浓缩为几个简单的步骤：

飞行中复杂天气的发展变化以及在复杂气象条件下的飞行概括起来是这样的：找出它现在是什么并且确认将会变成什么，然后在飞行途中密切关注它正在成为什么，以下是具体步骤：

1. 掌握全局(天气预报)。
2. 分析预报内容。
3. 查看它在变成什么。
4. 在飞行中获取当前信息，并透过挡风玻璃观察。
5. 汇总上述信息，进行飞行管理。
6. 回到地面，在飞行后，回顾发生了什么。(Buck，1978)

完成这些步骤需要对气象理论有透彻的理解，同时对意外遭遇复杂气象条件的后果有足够的重视。下述案例清楚地表明事先做好准备的必要性以及过度自信带来的危害。在下面每一个案例中，飞行员都具备娴熟的技能并且经验丰富，而快速变化的气象条件显然超出了他们的控制能力范围。

注：飞行员并不总是能够奢侈地得到卫星图片或专业气象学家的帮助，但他们通常能够理解认识自然环境的必要性。

图 7-1 威尔伯·莱特(Wilbur Wright)在飞行前查看风速和风向(USAF 学院图书馆特藏)

案例分析：不予重视(Hughes，1995；NTSB，1994)

发生事故的是一架舰载机，事件发生在远方警戒基地换防过程中。申报的航路计划是直接飞往警戒基地，中途在一个军事行动区做空中停留并完成作战科目。在与航管中心的初次联络中，飞行员申请变更飞行许可，希望能在航路上经过的两个中间基地中的一个实施进近练习。中心管制员通知他，航行通报中已经显示他所申请实施练习的两个基地中的一个只能提供 VOR 进近服务，其他的导航设备均无法工作。如果飞行员在起飞前查看过航行通报(NOTAMs)，他就应该知道这些信息。飞行员再次变更了申请，只申请在另外一个基地实施进近练习，然后继续前往目的地。在军事行动区的任务结束后，尽管已被告知其最终目的地——警戒基地的天气已经开始恶化，飞行员仍然坚持前往中间基地练习进近。飞行员向管制员要求从低空建立盲降进近，以便进近结束后在 VFR 下进行"低空目视通场"。然而在飞向中间练习基地的途中，飞行员被告知该机场区域的天气也在迅速恶化。在进近过程中，飞行员显得很忙乱，程序方面也出现了一些差错，最终导致复飞，随后管制员询问他的下一步意图。此时，身处云中的飞行员请求保持 VFR 飞行，转回本场。由于没有正确执行公布的复飞程序，飞机撞上一座高约 2220 英尺的小山，而机头仍然朝向跑道中心线方向。

36 岁的飞行员是一名经验丰富的 F-15 战斗机驾驶员，飞行总时间超过 2880 小时，其中鹰式战斗机 867 小时。对一名全天候战斗机飞行员来说，此次飞行任务相对简单，他的熟练水平完全胜任。飞行员变更了预先确定的飞行计划，在中途某基地练习进近，但却没有按照要求查看航行通报和天气状况。更改飞行计划绝对是导致此次事故的一个因素。在没有与行动指挥协调的情况下，他改变了规定航线，并且违反命令和空军指令实施 VFR 飞行。他没有复习自己显然并不熟悉的相对复杂的进近程序，在得知天气恶化后也没有选择立即返回原计划的目的地，这些都是其自满情绪的表现。总之，在尝试进近的过程中，他的任务超饱和了，以至于没有意识到已经接近上升地形，最终撞到了山上。

自满、计划不周、不守纪律、缺乏处境意识、过于自信以及无所不能的感觉，在这一天全部交织在一起，构成了导致飞行员丧生和飞机失事的错误链。这位飞行员显然没有意识到或重视天气变化对自己和当天飞行任务的影响。尽管该飞行员身上还存在其他方面飞行素养问题，但是不掌握、不重视复杂天气的影响，是最终导致他失事的直接原因。

1977 年 4 月，类似情况发生在某商业航空公司的一位机长身上，由于对复杂天气重视程度不够，最终致使 70 人丧生。

快到下午 4 点时，南方航空公司(Southern Airways)242 航班从亚拉巴马州的马斯尔肖尔斯(Muscle Shoals)起飞，经停亨茨维尔(Huntsville)，飞往亚特兰大。根据报告和预报，整个地区都有雷雨，然而 DC-9 飞机上装有气象雷达，机长已经预先选择了绕飞乔治亚州雷雨的航线。与离场管制取得联系并获准上升到 17000 英尺的高度后，机组请求并得到继续直飞 ROME VOR 台的许可。过了一些时候，根据驾驶舱语音记录仪(CVR)的记录，机长对正在驾驶飞机的副驾驶说道："嗯，雷达上全是，随你选吧。"

空中交通管制员通知 242 航班，地面雷达显示航线上有强降水和"复杂气象回波”存在。雷达回波表明在飞机前方约 5 海里处天气十分恶劣。242 航班答复：“好的……此刻我们就在雨中……前方的雨看上去没这儿大，对吧？”这个问题似乎是想让管制员给出否定的答复，然而管制员的回答是：“天气似乎比你们目前位置的状况要严重。”随后几分钟，机组讨论了从机载雷达上看到的图像，根据这些信息，他们认为最佳的方案是继续直飞。

频率切换到孟菲斯(Memphis)中心后，机组得知有一个在美国东南部大部分地区都生效的重要气象情报(SIGMET)，机组要监听 SIGMET 区域 150 英里范围内的甚高频全向无线电指向标(VOR)广播。天气越来越恶劣，DC－9 开始在乱流中颠簸。飞机起飞 38 分钟后，CVR 记录下机长的声音：“来吧……抓住了……牛仔。”

接下来的 10 分钟，为应对恶劣的气象条件，机组讨论了各种选择，几架商用客机提供了飞机前方天气状况的飞行员报告(PIREPs)。某一时刻，机长说：“看上去很厚，无法穿过。”6 秒后，他说：“看到了吗？”副驾驶答道：“一个云隙，不是吗？”显然此时机组决定尝试穿越正迅速靠拢的雷暴线。机组决定断开自动驾驶仪，将速度降至 285 节——明显表明他们知道自己正在计划一次艰难旅程。然而，这个不幸的决定最终注定了他们的命运。

起飞大约 50 分钟后，亚特兰大中心批准 242 航班在飞往亨茨维尔的途中下降高度并保持在 14000 英尺。大约同一时刻，CVR 记录下暴雨和冰雹的声音。接下来的 1 分钟里，亚特兰大中心向 242 号航班发送了四条信息，试图将飞机高度调整到 15000 英尺，然而发出的所有信息都得不到响应。最后，242 航班重新出现在频率上，告诉亚特兰大中心“稍等”。CVR 同时记录了副驾驶的声音：“明白，比尔，让它爬升，让它爬升。”

飞行员们长舒了口气，恢复镇定，然后向亚特兰大中心报告：“好的……我们的挡风玻璃坏了……我们会尝试让它爬升到 15，目前在 14。”接着传来“左侧发动机熄火。”片刻之后，消息更加糟糕。DC－9 驾驶舱里发出了一个混乱信号，亚特兰大中心要求“再重复一遍”，242 航班清晰答道，“稍等，两台发动机都熄火了。”由于吸入太多的水和冰，DC－9 喷气发动机完全被浸透了。随后的 5 分钟内，机组努力试图重启浸泡过的发动机，但状况毫无改观。曾经有那么一个充满希望的瞬间，他们似乎可以滑翔到多宾斯(Dobbins)空军基地，然而遗憾的是，飞机坠毁在乔治亚州的乡间，离空军基地只相差几英里。

242 航班上的 24 名幸存者中有一位商业飞行员，他的座位在左侧发动机进气口的前侧。他报告说在遭遇严重乱流前，飞机运行正常，随后进入了强降水环境，左翼尖受到雷击，还夹杂有冰雹。简而言之就是，242 航班机组盲目自信，不重视恶劣天气的影响。他们相信机载雷达及空中交通管制中心的地面雷达能够引导他们避开危险。基于这样错误的假设，他们恰好飞入了雷暴之中，造成 70 人丧生。

两起悲剧有几个共同特征：驾驶飞机的飞行员都拥有丰富的经验，在知晓危险和气象条件恶劣的情况下，仍然选择继续挑战风险，相信自己有能力战胜恶劣的天气。

事实证明他们都大错特错了。

虽然我们在本节中没有选用通航的案例，但是，意外飞入仪表条件是通航灾难性事故两个主要原因之一，另一个是可控撞地。我们应该研究、理解和重视复杂天气对飞行安全的影响，而不是恐惧。虽然天气状况通常无法预测，但它的影响模式是合乎逻辑的，所有的飞行人员都应当了解它的危害。就像飞行素养的其他方面一样，在遇到任何情况之前，应该对自己是否有能力应对复杂气象条件的挑战做出评估。这个评估和决策应当以自己整体的飞行素养水平作为基础。

7.3　监管环境

许多规章都应该用红色书写，因为它们是由那些已故飞行员的鲜血换来的。然而，还是有很多飞行员认为管理机构对飞行活动的监管过于严苛，监管机构对每一起事故的反应都有些过度。另一些人则不这么认为，他们的观点是：为了保护无辜乘客免遭那些缺乏纪律性的飞行者的伤害①，有必要采取更加严格的限制措施。不管你如何看待这个问题，我们都不得不受到监管环境的约束，而其他飞行人员的飞行活动则建立在期望我们能严格遵守规章的基础之上。不了解、不遵守监管指南显然是缺乏纪律性的表现，而纪律性却是飞行素养的基石。然而，一些飞行员仍然认为规定太多，他们根本没有足够的时间和精力学习所有的内容。这些人的态度导致他们在飞行素养方面的缺陷比规章知识不足要严重得多，因此，在进一步投入飞行工作之前，我们应该着重解决个人纪律性这一基本问题。

对飞行员来说，理解所有规章中最重要的那部规章中的基本要求至关重要，这部规章解释了在紧急情况下，监管指南无法代替的飞行素养要求。所有从事飞行的人都应当铭记 FAR 91 部第 91.3 条，即“机长的责任和权力”段落(a)和(b)的规定：

(a) 民用航空器的机长对民用航空器的运行安全直接负责，并具有最终决定权。

(b) 在飞行中遇到需要立即处置的紧急情况时，机长可以在保证航空器和人员安全所需要的范围内偏离本规则的任何规定限制。

上述文字及规章中几乎每一个军事和商业分部所包含的内容，都明确表达了相同的观点：飞行运行安全的最终责任由机长承担。

7.3.1　规章种类

监管环境由三种基本类型的法规构成：空中交通管制规章、有关飞行员执照和程序的规章、有关飞机和设备的规章。其中的一些规章应该始终牢记于心，而另一些规

---

① 增加再多数量的规章条款，也难以解决飞行员不遵守纪律的问题，通常只是给了他们更多可以忽视的法规，而且往往还会限制那些原本就不需要额外监管的人员。由于少数不遵守纪律的人不太可能遵守任何形式的新规定，这种对遵守规则的飞行员加以限制的倾向，是使有责任心的飞行员感到恼火的主要原因之一。

章只要熟知即可。需要掌握的监管知识内容和具体的学习方式，由飞行员个人参与的飞行活动类型决定。

不遵守法规及相关安全要求的后果很严重，图 7－2 中的数据可以证明这一点。通过分析上报给美国国家航空航天局飞机安全报告系统（NASA ASRS）的事故征候数据，可以清楚地看出违规行为后果的严重性。请记住，这些事件只选自飞行员的自愿报告，由于 ASRS 主要面向商业和通用航空提供服务，因此其中极少涉及（如果有的话）军方的报告。

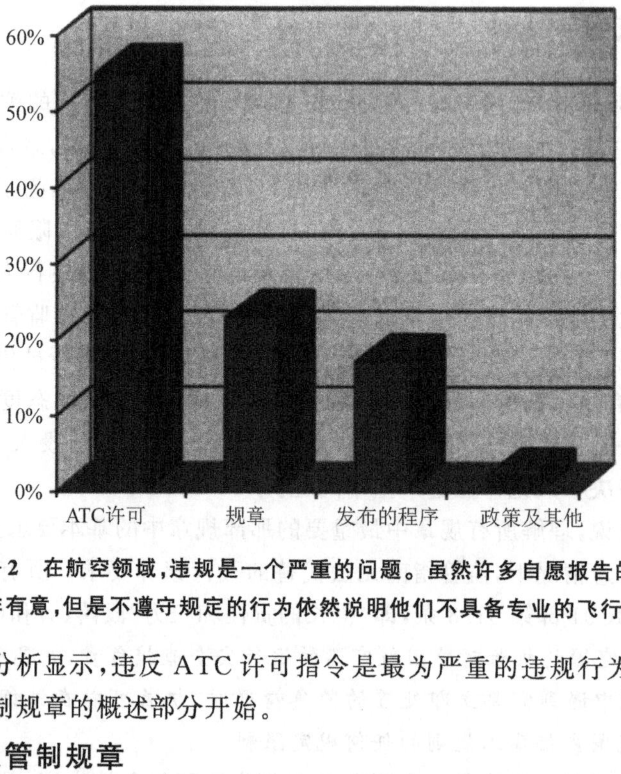

图 7－2　在航空领域，违规是一个严重的问题。虽然许多自愿报告的事故并非有意，但是不遵守规定的行为依然说明他们不具备专业的飞行素养

鉴于数据分析显示，违反 ATC 许可指令是最为严重的违规行为，因此，我们就从空中交通管制规章的概述部分开始。

空中交通管制规章

空中交通管制规章旨在防止一架以上的飞机同时占据同一空间位置。航空业的蓬勃发展，需要空域系统不仅复杂到能够容纳管理不同种类和性能的飞机，还要简单到让飞行人员能够理解其中的行动准则。探索这个环境的一个合乎逻辑的方法是从大范围到小范围，因此我们的讨论从国际空域系统开始。

国际民用航空组织（ICAO）为国际航空业务制定了运行法规和程序，通常称为 ICAO 程序。如果像国际商业运输或军用飞机那样在国际环境中运行，你最好对相关的法规和程序有清晰的认知。在这样的环境中，大多数商业运输飞行和军事飞行都需要一个熟悉过程，新机组成员在前几次飞行时都会在监控下操作。ICAO 程序可能会让有些人感到困惑，有时甚至令人生畏，但你还必须同时应对不同国家之间的个性化差异。绝大多数国家都有一个相当于美国联邦航空局(FAA)的监管机构,而且几乎都颁发了飞行员进入该国空域前应当事先了解的特殊法规要求。例如,我第一次进入英国领空时,他们要求我转向"紫色空域",并问我是否要"雷达精密进近引导着陆(talkdown to a roller)"。("紫色空域"是一个术语,特指供皇室成员或其他高级政要通行的保护空域。"无线电引导着陆"是一种精密雷达引导进近,飞机接地后结束,并返回到进近控制频道。)有那么一瞬间,我觉得自己仿佛从时空隧道的裂缝中穿越到了另一个星球。直到飞过几次之后,我才逐渐适应了这种术语上的差异。要知道,这些术语上的差异与一些重要的程序差异相比几乎微不足道,比如欧洲机场普遍使用场压高度(QFE),而非美国使用的标准海平面气压高度(QNH)。那些在国际环境中飞行过的人完全理解,在其他国家准备下降高度开始实施第一次进近时,如果发现自己对这些关键环节缺乏了解会有多么的危险和尴尬。

接下来一层需要了解的监管知识是国家空域系统,在美国依照联邦航空条例(简称FARs)实施监管。为了在空中有序飞行,飞行员需要了解航路运行方面的一些基本法规,FARs将它划分到91部B部分:一般飞行规则。在对许多重要专题(如基本运行规则、飞机速度、高度表设定)的介绍性章节(第91.101条到第91.144条)概述之后,内容的重点转移到目视飞行规则(VFR)及仪表飞行规则(IFR)。当然,还有一组条款说明何时使用这些规则。

目视飞行规则包含在FARs 91部的第91.145条到第91.159条,旨在提供安全有序的空中交通流量、飞机运行必备设备清单和飞行计划要求,并规定最低飞行高度限制,以保护和尽量减少飞机飞行时对地面人员的滋扰。VFR的运行通常遵循"看见并避让"程序,并且给机动性差的飞机让出右侧航路。即使主要在IFR规则下运行,你也要牢固掌握VFR程序,因为你会经常发现自己不知不觉地就处在VFR规则下飞行,并且与那些总是只在VFR规则下飞行的人共享天空。

仪表飞行规则比目视飞行规则有更高的要求,这是因为仪表飞行更加复杂和危险。仪表飞行规则包含在FARs的第91.161条到第91.193条,旨在为机载设备、飞行计划、不同高度设置、航向指引和通信需求提供指导。

7.3.2 低层级规章

其他层级的规章与FARs并存,为特殊的飞行群体(如军队)提供指南,空军指令(AFI)、海军空中训练和操作标准程序(NATOPs)以及陆军条例都属于这类规章。军事飞行员必须认识到,军方条例并不免除他们按照FAR标准运行。尽管存在着一些涉及军事任务的豁免,但大部分军方条例直接与FARs条款重叠;这也就意味着,除非有明确的豁免或例外,否则军方机组人员必须要了解并遵守FARs。如果说军事飞行员及机组人员中存在规章方面的知识薄弱点,很可能就是对FARs的了解和掌握。

另一方面,商业、企业和通航飞行员需要了解军队的特殊要求和行动惯例。如果你要在军事基地或军事活动区周边飞行，最好从军方安全官员那里了解一下军事行动的情况。通常他们都非常愿意提供这类信息，因为对彼此运行方式有更深入的了解，才会强化所有人的安全边界。

为了自身运行需要，一些组织有一套额外的规定。例如，为规范飞行活动，北加州飞行协会的成员建立了一套自己的运行规则。虽然普通飞行人员不受这些规则的约束，但是如果你打算在加州北部飞行，最好熟悉他们的运行程序。

监管指南的最后一层是针对环境、地点或任务的具体指导和指南。对所有驾驶员来说，它可能采用航行通报(NOTAMs)的形式；在军事环境中，可能是交战规则(ROE)或特殊任务指令(SPINs)。与其他监管环境不同，这类指南可能会随着飞行任务的不同而变化，因此指南的现行有效性和对其内容的深刻理解至关重要。

军事影响在这里尤为重要，因为它远远超出了飞行员和机组人员的安全要求。一条被误解的交战规则可能抑或已经导致了国际事件及国家间的纠纷，会危及所有空中军事力量的信誉。英国米尔登霍尔(Mildenhall)皇家空军(RAF)基地飞行任务准备室的墙上挂着一块标牌，总结了成熟飞行员替换指导的方法："当你离开准备室的时候，如果你对任务还存在任何疑问，那就说明你还没有做好飞行准备。"

7.3.3 规章的学习

掌握监管知识的第一步是要找出所要了解的规章内容。每当进行新飞机、新职位、公司、中队等飞行考核时，你应向老教员请教所有适用规章、程序和政策的完整清单。然后，拿它对比从其他"老家伙们"那里拿到的清单，确保没有遗漏的内容。如果仍然存在疑问点，可以直接去地区飞行检查办公室咨询。

一旦知道了需要掌握的内容，接下来就要找到你个人使用的当前有效资料的副本。你所在的培训机构应该能够帮你做到，另外，FAA 的所有规章都可以通过直接给 FAA 发邮件或在互联网上搜索关键字"FAA"或"FARs"获得。互联网上的版本都附有最新版本的免责声明。你也许无法得到全套资料的最新版本，但要确保自己有办法知道这些规定什么时候进行更新，并开发一个用于更新自己所用资料的系统。

第二步是粗略浏览所有的规章，熟悉内容，然后制定一个优先学习计划并且坚持下去。遇到问题时提出问题，解决规章和政策或程序之间你可能遇到的差异。例如，许多军机在 1 万英尺以下常常超出 FAA 规章要求的空速限制，要清楚这些差异是由什么原因导致的。通常，出于训练目的，FAA 规章给予军方许多特殊豁免，而掌握这方面知识对那些在军事基地或训练区域附近飞行的人员来说绝对是有好处的。在这方面，FAA 推出了许多方便学习规章的指南，你可以免费从地区 FAA 办公室或互联网上得到。大多数组织和公司都有类似的辅助设施帮助新雇佣的机组人员学习所需的知识。利用好它们！最后还要评估自己的知识水平，希望你能在飞行检查员或事故委员会评估之前就这样做。同样，可以找一些模拟试题，用来帮助自己发现可能存在的薄弱环节。

不要因监管指南的层次和内容过多而气馁，从小范围开始，了解一些总比误解一堆要强。把学习放在首位，持之以恒，你就会越来越自信，其他人也会看到并欣赏你日臻成熟、专业的飞行素养。同时，作为空域系统的一部分，你有权利也有义务为了规章的不断完善提出建议。几乎所有 FAA 准备颁布的新规章，都有一段时间用来征求公众意见和建议，通常这些反馈在很大程度上会影响法规或规章的最终内容，然而许多飞行员却没有意识到这个机会。（有时出于安全考虑，国会可能要求尽快做出规章的改变或制定新的规章，在这种情况下往往不会公开征求意见。）

也许在飞行素养支柱中，最令人不感兴趣、最不吸引人的部分是监管能力及专业知识。因此，这也成为最容易进行专业化鉴别的标准。严谨的飞行员会花费时间和精力充分了解监管环境；他们把自己的监管知识当作荣誉徽章，这是理所当然的。这也是完整飞行素养不可或缺的一部分。就像许多艰巨的学习任务一样，最好的学习方法就是直接将其攻克。一旦掌握了基础知识，你只需要时常复习一下就可以了，因此，卷起袖子开始干吧！

自然环境和监管环境仅仅占整个环境知识的三分之二，在日常生活中，最贴近飞行员、通常也被认为对飞行员影响最大的环境是组织环境。

7.4 组织环境

前 NTSB 成员、达美航空公司（Delta Airlines）负责企业安全与合规的副总裁约翰·劳勃（John Lauber）说过，"如果飞行员在地面看不到上级或管理人员的表率，就不要指望他们在飞行中能够笃行组织原则。"（Lauber，1996）继而他谈到，想要将良好飞行实践准则制度化的最后一个关键步骤，是在地面的组织内，开始实施那些想要飞行人员在空中效仿的相同准则：共同决策、支持、坚定果敢。这种方法具有普适性，无论是对民航组织还是军队组织，并且它正是所谓"组织环境"的核心。

通常所说的组织环境或企业文化，是一个相对较新的理念，它将人类文化学和商业中的一些概念和方法应用于现代组织。在给新教员讲授组织环境的相关内容时，西北航空公司（Northwest Airlines）采用了如下的类比：

> 你们当中有些人可能还记得在高中或大学生物课上一个很好的类比实验：把一个装满营养物质的浅盘暴露在空气中，用于培养细菌。很快，肉眼就会发现浅盘上的细菌菌落。生长介质的类型决定了介质阻碍或刺激细菌的增长效用。生长介质可能营养丰富，也可能有毒，或者介于两者之间。企业文化对于受其影响的人来说，也有类似的作用，即随着时间的推移，要么帮助他们，要么妨碍他们。（Northwest，1993）

这种论述看上去很合理，原因有两点。首先，我们在地面上的时间远远比在空中的时间多。其次，在商业或军事领域中有抱负的飞行员，自然会被组织的高层职位所吸引，为了获得晋升而保持竞争力。

那么，如何分析自己所在的组织环境呢？我们可以先来看看谁是组织中的"英雄、不受待见的人、故事讲述者和聪明人”(Northwest,1993)。通过对这些人物的观察,不难判断组织真正看重什么,而不要仅仅凭借贴在总部墙上用来展示组织使命的口号得出结论。

有意思的是,正式的组织使命声明通常展示在组织总部的正门入口附近,以便外来访客阅读。如果这些内容真的是为员工或下属制定的,那么贴在快餐厅和洗手间,或是以信函方式发给每一个人或许更有价值。

我们使用前面新英格兰航空公司的例子阐明这些观点。那个发现新英格兰航空公司内部压力真相的前 NTSB 事故调查员艾伦·迪尔博士指出,该公司对外宣传、向乘客承诺运行十分安全,不会承担不必要的风险。然而在公司内部,情况却大相径庭。迪尔博士进一步解释道:“这家公司的英雄是那些敢于违反标准要求、侥幸免于惩戒、使公司利润最大化的人。不受待见的人则是那些不愿意违反规章的人。”在新英格兰航空公司,有许多关于飞行员在极端和违规环境下运送乘客的故事。聪明人是睿智的老飞行员,他们向新来的飞行员传授海雾中飞行的“秘笈”。虽然新英格兰航空公司只是一个极端案例,其他组织的内部规范也许并没有那么令人瞠目结舌,但悲剧结果也可能同样是毁灭性的,研究下面 C-130 战斗机的案例,你就会理解这一点。

案例分析:容忍就是鼓励(Hughes,1995)

一架 C-130 飞机坠毁在美国林务局某偏远山区,十名机组成员和一名生存专家伤势严重。这起事故是三种因素共同作用的结果:人、机器和环境。

这起事故的起因出现在几个月前,当时事故机组所在联队的一名飞行工程师提交了一份书面报告,内容涉及事故飞行员推杆过猛、不听取机组建议、在飞行关键阶段操纵动作野蛮粗鲁。在随后的一次飞行任务中,两名学员(都是带队机长)抱怨,该飞行教员似乎根本不在意空军和军事空运司令部(MAC,即现在的美国空运司令部,简称 AMC)的指令、其他机组成员的建议以及危险气象条件。中队行动官口头告诫了事故飞行员,以此作为对上述投诉的回应。行动官劝诫事故飞行员——自己 14 年的好友,推杆不要那么用力,并将自己采取的措施通告中队指挥官。第二次事件发生以后,在没有提前通知本人的情况下,标准/评估飞行检查员对事故飞行员进行了一次飞行技术水平评估,事故飞行员顺利通过了检查。但是,大多数机组人员仍然认为,即便在采取这样的措施后,事故飞行员的行为并没有什么改变。由于高层领导对该事件的反馈有限,广大机组人员都认为再多的抱怨也只是徒劳。

在对联队其他成员的访谈中,调查员几乎总是听到这样的描述,“攻击性强,推杆过猛,对机组施压,不接受建议,极度自信,是一名任务黑客”,还有一个人描述他“很危险”。他同时被认为是出色的“一杆两舵”(stick - and - rudder)飞行员,但作为带队机长和教员,过于专横。好友形容他是一个你要么喜欢,要么想远离的人。虽然对于社交来说这不成问题,但作为组织中的一名机组成员,你不得不和计划安排的任何机组成员一起飞行。

事故当天上午，由于预报的气象条件不好，领航员向事故飞行员及其他机组成员表示了对西部低空航线飞行的担忧。他和事故飞行员都曾经在强烈阵风期间飞越过计划区域，知道可能出现严重的乱流。事故飞行员后来忽略了中心频率广播的重要气象情报(SIGMET)，不只是预报，飞行计划任务的整个区域都有严重的乱流。

就在事故当天上午，也许机组成员都不知道的是，该架飞机还存在有结构故障，机翼上出现了一个可能由一系列维修和飞行中的应力造成的微小裂纹。为了实施致命的一击，墨菲一直耐心地以细微裂纹的方式等待着这一天的到来：富有攻击性的飞行员或是强紊流。这天早上，两个条件全都具备了。

这次任务的飞行计划是，在实施人员空降后完成两个低空航线，随后是1小时30分钟的本场起落航线。起飞后，由于受到空中风力过大的影响，没有实施人员空降，需要做计划的变更。1701Z，飞机进入低空航线。1703Z，管制中心播出了一条代号为HA的重要气象情报(SIGMET)，时效至2036Z。SIGMET通告有多架飞机报告在15000英尺以下，不时出现强紊流，并伴有强烈的上升和下降气流。1822Z，一位当地居民注意到山脚附近有一架飞机飞过，飞机下沉一侧的机翼似乎比上扬一侧的机翼要短，而且坡度角很大，估计有90度或超过90度。接着，他看到巨大的火球和浓烟。飞机在预先确定航线中心线地域附近坠毁。事故发生时，阵风方向240度，时速30～40节。据报告，该地区瞬时阵风曾高达55节。根据计算，事故发生时垂直阵风速度为每分钟1000～3000英尺。

与新英格兰航空公司组织环境不同，本案例中起作用的压力是内部产生的，而不是飞行组织的“特征”。然而，由于没有采取强有力的干预措施，该组织的监管部门已经非正式地容忍了那位“任务黑客”事故飞行员的行为，至少该单位中有很多人持有这样的观点。面对其他机组成员对事故飞行员的书面投诉，该组织领导层并没有给出正式的惩戒。简而言之，由于组织的纵容，这种容忍不安全违规行为的态度可能被事故飞行员认为是可以继续“正常”工作的一种许可，而他却在不知不觉中落入墨菲的手中。

评估你的组织

在加入新的组织时，无论是商业公司、军事机构或者是本地的通航飞行俱乐部，每一位飞行人员都应该认真研究组织的行事方式。仔细看看谁是英雄，谁是不受待见的人，找出故事的讲述者和聪明人。准将出身的演员吉米·斯图尔特(Jimmy Stewart)建议我们还要看看众人的态度，他借鉴自己在二战中担任轰炸小组指挥官的经验给出如下建议：

> 作为指挥官，最应该做的就是观察人们的态度。随你怎么称呼，但是飞行员对任务、对指挥官、对敌人和对飞机的态度是预见未来结果的重要指标。飞行员所表现出的态度不仅代表了人们对他的预期，也代表了众人对团队中那些年轻而又缺乏经验飞行员的期望。年轻的飞行员们会根据自己的观察行动，而不是按照别人告诉他们的方式去行事(Stewart，1995)。

一定要找出自己所在的组织真正重视什么。如果发现组织规范与良好的飞行素养不一致,你可以有以下几种选择:

你可能屈服于实施不良飞行素养的诱惑。实际上,这可能是最简单的选择。因为这样不会在组织中引起什么波动,甚至还有可能得到组织的提拔。然而,在这种选择带来的风险和非专业性中,最好的结果也许是你变得一文不值。即便你足够幸运没有发生意外或搞砸任务,你传承的经验和态度很可能会影响到其他人。一旦发生这样的情况,你可能会彻夜难眠,追问自己是否当初应该做些什么来防止事故的发生,或者自己是否已经成为事故发生的诱因。

你也可以接受组织现状,在组织中尝试践行良好的个人飞行素养。通常这种选择非常困难,因为你有可能遇到相当大的同级压力或是上级要求你"融入"组织文化而产生的压力。如果你不愿和组织中的其他人"同流合污",则很可能会使你在当下和未来的竞争中处于劣势。

你还可以选择离开公司,但这样做也有缺点。这在军队可能根本行不通。如果你是运输机飞行员,这可能就意味着你牺牲就业机会,除非你自己有雄厚的经济实力,否则会难以取舍。即便你只是参加本地的飞行俱乐部,但也许这个俱乐部是符合你对距离及费用要求的唯一选择,同样面临取舍问题。

最后,你可以选择成为组织积极变革的推动者。通过言行一致,你可以发挥领导作用,推动组织向积极的方向发展。始终把飞行素养的问题放在首位,当看到不良飞行素养的行为时,一定要探查出事情的根源;对那些可能已经被人们熟视无睹或践行不良飞行素养的人所忽略的不良行为,要具备清晰的识别能力。说到做到,要明确表现出自己是一名不折不扣的飞行员,守纪律、技能娴熟,对自己、团队、飞机、环境和风险有着全面的认识,并能始终保持良好的处境意识并做出正确的判断。比其他人更加努力地工作,树立什么是优秀的新标准,这个标准要基于良好的飞行素养而建立,绝不能走捷径。通过自己树立的榜样作用,你可能会比那些试图适应不良飞行素养的人进步更快。做你自己,保持平易近人,即使你的确优秀,也不要带着"比他人圣洁"的优越感让自己轮为笑柄。记住,任何时候良好飞行素养都是大家有目共睹的。

7.5 本章精要

截止到目前的讨论,最难掌握的飞行素养知识支柱是环境知识,这主要是由飞行任务的艰巨性和运行所需信息量的规模决定的。从深入掌握自然环境开始,使飞行计划成为一个完全覆盖飞行中可能遇到的所有环境因素的系统性练习。多层次的监管环境对所有飞行员的职业寿命和生理寿命都至关重要。你会发现,有一种做法肯定会让自己跌入组织等级秩序中的最底层:那就是违规被抓住,无论是故意的还是出于无知。所以,你要熟悉所有的规章,然后制定一项掌握其中重要部分的周密学习计划。对自己不明白的政策、特殊指令和规定(尤其是交战规则),要敢于提出问题。就像米尔登霍尔(Mildenhall)准备室里指示牌上写的那样:如果你对任务还存在任何疑问,那么你还没有做好飞行准备。

了解自己的组织。找出真正的价值,并在必要时努力改进它们。如果组织像新英格兰航空公司那样过于糟糕,就另外找一个地方工作或娱乐,这总比人们把你从冒烟的残骸中拖出来要好得多。

最后,在这些环境中不要拘束,要像小鱼一样游泳。一旦具备了扎实的自然环境、监管环境和组织环境的相关知识,你的信心会大大增强,而且会被当作真正的专家。不管你是否意识到,你在飞行素养方面树立的榜样作用将被其他人效仿,你将成为文化变革的积极推动者。

7.6 参考文献

[1] Aymar, Brandt, ed. 1990. The first flights of Igor Sikorsky. Men in the Air. New York:Crown.

[2] Buck, Robert. 1978. Weather Flying. New York: Macmillan.

[3] Hughes Training Inc. 1995. Aircrew Coordination Training (ACT) Workbook, draft case studies, provided on disk by Dave Wilson, Hughes Training Inc.

[4] Hughes Training Inc. 1995. CRM Workbook. Reprinted by permission.

[5] Lauber, John. 1996. Telephone interview with the vice president for safety and compliance, Delta Airlines. January 26.

[6] Nance, John J. 1986. Blind Trust. New York: William and Morrow Co. National Transportation Safety Board (NTSB). 1978. Report NTSB-AAR-78-3. January 26.

[7] ----. 1982. Report NTSB-AAR-82-10. August 24.

[8] ----. 1993. Report brief. Accident ID #LAX94FA005, NTSB File #1730.

[9] ----. 1994a. Report brief. Accident ID #LAX92FA202, NTSB File #2764.

[10] ---. 1994b. Report brief. Accident ID #LAX94LA003, NTSB File #1740.

[11] Northwest Airlines. 1993. Instructor Seminar Facilitator Guide. Reprinted by permission.

[12] Reinhart, Richard. 1993. Fit to Fly: A Pilot's Guide to Health and Safety. Blue Ridge Summit, Pa.: TAB/McGraw-Hill.

[13] Stewart, J. 1995. A little bit of all of us. Torch Magazine (safety magazine of Air Education Training Command). May.

第8章

风险认知

共同撰稿人吉姆·奎克(Jim Quick),美国空军安全中心运行风险管理总监

先评估,再冒险。

——赫尔穆特·冯·莫尔克(Helmuth von Moltke)(《长者》)

8.1 斯蒂芬·库恩斯(Stephen Coonts)的观点

在我的小说里,杰克·格拉夫顿(Jake Grafton)及其他角色,会在很多场合中讨论什么是安全以及如何保障安全等涉及安全的话题。撰写小说是为了娱乐大众,但是我发现,如果不谈论点时机或运气,以及专业精神的话题,就没有办法以写实的手法创作军事航空题材类的小说。这里我只不过区分了这两个术语,但是我仍不十分确定它们之间是否有本质的区别。我的父亲曾经告诉过我一种如何处理这类问题的方法,第二次世界大战时期他是一名美国海军的军官:"你的运气是你自己创造的。"我个人以为在某种意义上这的确是正确的,这也是小说《入侵者》(*Intruders*)中霍尔丹(Haldane)中校所说真相的核心:"所谓运气,不过是专业精神加上对细节的关注,是你能够感知到周围发生的一切,是你对所驾驶的飞机和自身局限的了解程度和认知程度。运气是飞行员能力的总和。如果你觉得自己的运气正变得越来越差,那么最好忙碌起来,多做点什么,更加努力,更加用心,更加深入地研究海军空中训练和操作标准化程序(规章),把飞行准备做得更加充分。"

这在一定程度上是正确的——你当然会把自己的问题最小化,但你能获得的运气是有限的。在小说《红骑士》(*The Red Horseman*)中,透得·塔金顿(Toad Tarkington)在喃喃自语:"稍有差池就会坠机、烧伤甚至丧命。有的时候即便没有掉以轻心,也会坠机、烧伤甚至丧命——这句话对哲学家来说可太深奥了,其中肯定有一些运气的成分。"

在《入侵者》中,杰克一直在纠结运气的完整概念。人们告诉他,他非常幸运地逃过一劫,但他却认为自己与霉运近在咫尺,因而很不走运。运气就像香蕉皮,很难踩得住。是因为发生了事故而不幸呢,还是因为事故没那么糟糕而走运呢?显然,我们看待一件事的角度,对于这件事对我们的心理影响很大。这就是在谈及投资时,《入

侵者》中某个角色对杰克所说的:“没什么是坏消息。一件事情是好是坏,取决于你的钱从哪里来。”

数学家们告诉我们,概率可以预测一切。从宏观上看可能是这样的,然而人类并没有生活在这样大的宏观世界中。比如,统计学家可能会说,今年机队可能会发生一次飞机弹射。大家都松了口气——只有一次。然而,那个弹射出来的飞行员可能将面临灭顶之灾,那是最严重的事故。机队每年发生一次飞机弹射事故只是一个统计数字,但如果发生在自己身上的话,则会是你生命中的一件大事,也许是关乎生死的一次重大危机。

即使发生事故的概率很低,你认为大家不会拿自己的性命来冒险,然而人们已经对此上瘾了。人们买彩票、参加体育赌博,乐此不疲地结交引人注目的异性,只是因为预期的回报让他们甘愿承担已知的巨大风险。不冒险不可能成功——每个人似乎都明白这个道理。冒险赋予生命存在的意义,人生本身就是一场赌博;偶然性的机遇左右着我们的生存方式,有关这一点,你也许会说:大多数人都在努力将偶然性机遇对自己生活的负面影响降到最低,换句话说就是人们需要自己做庄家。在航空领域,我们知道如何做到这一点:熟悉海军空中训练和操作标准化程序,熟练掌握应急程序并能达到随时正确应用的水平,时刻保持警觉,在心理和身体上做好准备。如果做到了这些,无论遇到什么样的运气,相信你都能够应对自如,你就是幸运儿。

我从来没怎么想过那句老话“宁做幸运儿,不做优秀者”。我认为成为优秀的人才是幸运的。不仅是道义方面的优秀,更是专业方面的优秀。想要避免或应对可预期的灾祸,除了做好充分而全面的准备之外,别无他法。跨过中心线开车的人是可以绕过一些弯道,但迟早他们会遇到迎面驶来的肯沃斯(Kenworth)重型卡车。这不仅是可预期的,而且是不可避免的。

斯蒂芬·库恩斯是多本畅销小说的作者,代表作有《闯入者出击》(*Flight of the Intruder*)、《深陷重围》(*Under Siege*)、《最后的飞行》(*Final Flight*)、《牛头怪》(*The Minotaur*),及最新力作《空中战争:真实的故事》(*War in the Air: True Accounts*)。

有一句古老的法国谚语说:“不冒险的人什么也得不到。”因此,风险知识成为飞行素养模型的最后一根知识支柱,是合乎情理的,因为只有在了解了纪律、操纵技能、熟练程度、自我认知、飞机、团队和环境等飞行素养的其他要素之后,你才能识别、评估和管理风险。为了在飞行素养方面有所提高,你必须管理风险。本章首先提出“为什么要冒险”这个话题。当理解了在航空领域承担风险的必要性之后,我们将给出风险的定义,讨论如何识别航空领域中的危险源,并尝试确定什么样的风险可以接受,最后给出一些建议用于组织和个人进行风险管理。

8.2　冒险的理由

没有风险就没有机会。在飞行环境中,我们会不断做出影响飞行效率、效果和安全性的决策。即使在最普通的日常生活中,我们的决定也带有风险因子。你还记得自己最后一次开车上班是在什么时候吗?如果你还清楚地记得,当时很有可能发生了一些不太寻常的事情。那些使你从精神恍惚中猛然清醒的事件,很可能让你置身于风险更高的境地。开车上班有风险吗?当然有。这也许是你在一天当中风险最高的事情,但它在一定程度上是可控的。你系安全带了吗?你遵守"红灯停绿灯行"的交通法规了吗?如果不去冒任何风险,你很有可能要一辈子待在家里。简而言之,任何事情的成功都要承担一定程度的风险。

让我们更深入地研究一下这个现象。仍以驾驶车辆为例,你始终在全神贯注地开车吗?你是否会将注意力转移到其他事情上,比如调换收音机频道、换磁带或打开巨无霸汉堡?你很可能会这么做,虽然这些事情会让自己失去对处境意识的整体感知,增加了完成"任务"所要承担的个人风险,但是我们会认为这些风险是可以接受的,因为在我们看来,收益大于成本。为了获得利益,我们会坦然接受一些不大的风险。我们知道自己有能力控制风险,因而会在假定的风险水平基础上继续开展自己的工作。

然而,如果风险无法控制呢?前方路面可能有金属片而使车胎爆裂,或者发动机部件正在慢慢散架,有很大的可能性会把你困在前面那座山上?对于无法预料的事情,我们又该如何计划和权衡呢?同样的风险也可能会发生在飞机上,但后果通常要严重得多。

作为飞行员,直觉告诉我们,必须像应对已知风险那样针对未知风险制定应对方案。稍后,本章将讨论如何达到这种微妙的平衡。通过个人意识及过程改进进行风险管理很有意义。如果它能够成为我们日常飞行习惯的一部分,实践起来也许并不困难。

在国家投资减少、组织和军队预算缩减、公众对航空安全的关注不断增加的年代,飞行员必须扪心自问:公司运营的成本是过高、过低,还是刚好合适?如果每年数百人丧生、数架飞机失事,那我认为还不算太糟糕。但是,如果像我猜测的那样公司正常的运营成本过高,那么就必须做出改变。

部分答案可能在于我们基于风险制定决策的方式。图 8-1 所示说明了风险对机会的影响。你的速度越快,或者冒的风险越大,获得的机会就越多,但有收获就要付出代价——风险上升。相反,当速度放慢,或者变得厌恶冒险,机会就会减少。风险管理的关键是要达到所谓的"风险中立"状态。风险中立是风险和机会的结合点,换句话说,接受的风险满足飞行的最低安全需求。

我们应当不断争取风险中立,但这只能借助风险定义和风险比例来实现。飞行员需要依据所有可能的信息做出决策。如果不能确定风险,采用这些决策就是赌博。有了风险定义和控制,可以实现风险管理。然而即便采取了有效的风险管理,结果也可能像拉斯维加斯的一个美好夜晚,看上去似乎很顺利,好运爆棚,然后一切急转直下。在空中,与在拉斯维加斯不同,你的性命或许真的取决于骰子的下一次转动。

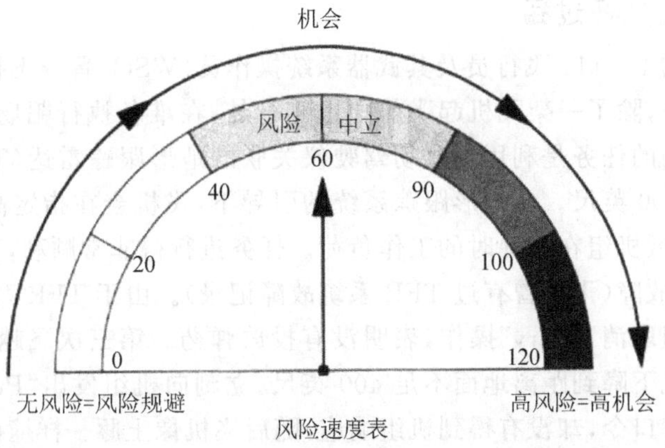

图 8-1　风险速度表显示了风险和机会之间的关系。风险管理的目标是找到“风险中立”点，即在需要承担的风险与潜在的收益之间达到平衡(ASRS,1995)

长期以来，人们对风险的恰当定位一直存在错误的理解。例如，几十年以来军方的指挥官们都在强调“安全至上”，但事实并非如此。如果安全真的高于一切，那我们就不必冒险，不用去驾驶飞机、机上作业、驾驶车辆或执行军事任务。同样，商业公司也不会载客，通航飞行员会把飞机清洗擦干擦亮，憧憬驾驶飞机的感受，然而这样，运行就持续不了多久了。安全永远不可能是最重要的。事实上，除非我们是在谈论某个需要军人为使命而献身的节目，否则在航空领域没有什么是真正“至高无上”的。尽管任务很重要，但极少需要不惜一切代价去完成。常规的军事飞行任务、商业或通航飞行活动，如果操作得当，都将是成功而安全的。无论个人的飞行目的是什么，即便只是想在多彩的秋季观光，也必须提前考虑清楚，为了实现这些目标，自己愿意承担多大的风险。

为了做出这个决定，我们首先需要了解所谓“风险”的真正含义。

8.2.1　承担风险

风险是危险源导致损失的可能性及严重程度。飞行员可以采取控制、规避、降低、分散或转移等方式管理风险，这些内容我们稍后会详细介绍。为了更好地应对风险，我们还需要理解“危险源”一词的含义。危险源是指任何可能明显或隐匿地干扰你和手头工作的事件。危险源可能会造成人员伤害、设备或财产的损失，以及任务的失败。考虑到风险所涉及的危险源种类的众多，因而识别危险源不是一件容易的事。

识别危险源并衡量它们所代表的风险等级通常称为风险评估。一旦识别并评估了自己愿意承担的风险，我们就会启动飞机的引擎。简而言之，我们成为有条理、有逻辑的冒险者。如果用一个逻辑过程来应对风险，则称为风险管理；如果没有这样的逻辑过程，则称为赌博。问问自己，下面案例中的 F-111 机组属于哪一种情况，他们是在管理风险，还是像冲动的赌徒一样在挑战命运？

案例分析:推杆过猛

这是年轻的 F-111 飞行员及其武器系统操作员(WSO)晋升飞行领队的三机编队夜间飞行任务,除了一架飞机起飞前中止飞行外,在准备执行靶场夜间任务之前,一切顺利。计划的任务是利用与自动驾驶仪关联的地形跟踪雷达(TFR)实施轰炸,计划离地高度 400 英尺。在地形跟踪系统的引导下,飞机会在指定高度紧贴地面飞行,从而大大降低机组在投弹时的工作负荷。任务进行得非常顺利,直到事故飞机出现了 TFR 系统故障(飞机曾有过 TFR 系统故障记录)。由于 TFR 系统故障,第二次飞越靶场时机组取消了"dry"操作,表明没有投放弹药。第三次飞越靶场时,靶场控制员注意到飞机下降到距离地面不足 400 英尺,立刻向机组发出"Pull up, pull up, pull up!"的指挥口令,却没有得到机组响应,随后飞机像土豚一样撞向地面。两名机组人员都没有试图弹射,均不幸遇难。

事故飞行员是一名 28 岁的机长,总飞行时间 1333 小时,其中 F-111 的机型飞行时间 385 小时;武器系统操作员是一名 27 岁的机长,总飞行时间 919 小时,其中 F-111 的机型飞行时间 800 小时。从过往经历看,事故飞行员曾多次在地面和空中出现判断失误,人们普遍认为他爱争辩、固执,坚定而不感情用事,将每一次飞行都视为"作战任务"。大家都知道,在每次训练中他都表现得好像随时会遭到敌人攻击似的。武器系统操作员的性格恰好与之相反,安静而被动,但仍不失为一名称职的机组成员。

事故调查表明,在最后一次离地 400 英尺高度飞行时,机组直接违反相关条例,选择了人工操纵模式,表现出极差的纪律性。事实上,武器系统操作员只是计算了高度 400 英尺的投弹弹道,这一事实可能影响了他们的决策。尽管如此,条例明文规定,在不使用 TFR 系统的情况下,飞行高度不得低于最低航路安全高度(MEA)限制。尽管无法使用 TFR 系统,机组显然也没有使用其他可用的辅助设备来保持他们在投弹期间的处境意识,比如高度表、无线电高度表和垂直速度指示器。事故发生时,飞行员极有可能正通过驾驶窗向外寻找靶场的目视线索,并未察觉到飞机正缓缓靠近地面最终与地面相撞,而武器系统操作员可能正忙于查看雷达范围,以便将弹药对准目标。他们都忽略了灾难将至的重要线索。

调查发现,缺乏纪律、判断力差以及丧失处境意识是造成此次事故的直接原因。在最低航路高度以下实施人工操纵飞行,是故意违反条例的行为,表明两名机组成员飞行纪律涣散,同时也反映出两个人的判断力极差,缺乏基本的飞行素养。为什么训练有素的职业飞行员会选择这样的方案呢?

这次事故涉及多种不同类型的危险源,包括机组成员性格差异、地形跟踪系统故障、两名机组成员都有违反条例的意愿,最后,他们丧失处境意识,导致一架功能完好的飞机撞向地面。如果 F-111 机组考虑过自己面对的多重风险因素可能带来的后果,并将之与在例行训练中重新实施一次投弹任务进行权衡和比较的话,相信他们会采取不同的行动方案。然而他们并没有这样做,也最终为此付出了惨痛的代价。他们很可能是一时冲动,没有时间去解决问题。抱着"我认为我行"的态度,他们下了赌注并且输掉了。他们很有可能在专注地瞄准投弹目标,根本没花时间充分理解或评估行动方案所带来的相关风险。可以肯定的是,他们没有做好风险管理。即使他们有自己的风险管理程序,这套程序也在他们最需要的时候失去了效用。

8.2.2 危险源识别

也许F-111机组的部分问题是他们没有事先充分地识别所面临的多个危险源。我们看能不能把这些危险源全部罗列出来:夜间行动、低空飞行、TFR系统故障、过于激进的飞行员、不够自信的武器系统操作员……还漏掉了什么吗?当然,事后诸葛亮,在速度为0的地面,远比离地400英尺、速度540节的沙漠上空考虑问题要容易得多。但这正是问题所在,不是吗?

一个危险源可以从多个来源识别出来,最好的方法之一就是简单地和自己的飞行同伴交谈。从事安全工作的人员称这种交流是"来自共同环境的功能专家参与的群体过程"。对我们来说,交流对象很可能是有共同经历的其他飞行员。如果以积极的方式运用这一过程,这些讨论可以有效地汇集到危险源的识别中。对于每一种场景,"如果……会怎样?"这样的讨论可以一直深入下去,直到不再产生新的问题。这个过程不仅能够识别常见的危险因素,而且在讨论中,还能发现解决这些问题的可行方法。假如执行例行夜间训练任务的一架飞机发生故障,想象一下一群F-111的机组人员会建议哪一种行动方案呢?我敢打赌,在低于最低航路安全高度的情况下,人工操纵进行夜间投弹的飞行方案将被认为风险太大而不予考虑。"机库飞行"[①]是一种独特的、理想的危险源识别方法。

危险源识别的第二个来源是本地安全代表。以下是安全代表管理的部分资料清单,以及一些可能的使用建议:

- 事故报告(Mishap reports)。可以在组织内、美国国家运输安全委员会(NTSB)及不同军事机构中找到事故报告。显然,最好能够针对"任务"或特定的需求进行危险源的识别。通常,你的安全代表很乐意根据你的飞机和任务类型,帮助你建立一个完整的危险源清单。
- 军事监察长报告(Military inspector general (IG)reports)。监察长(IG)是一个宣称"我们只是来帮助你的"军事检查组,他们通过提供重要反馈意见和书面文件,说明有关军事活动危险源和应对危险源的地区程序,他们的确做到了这一点。他们的谈话对象包括军队中的每一类人,所有的访谈报告都有官方记录并且存档,因此很容易找到。
- 事故和事故征候数据库(mishap and incident databases)。运输部及各种军

① 机库飞行与本书第2章介绍的"椅子飞行"类似,是一种建立习惯模式,最大限度利用飞行时间,让自己做好充分准备的方法。——译者注。

事安全机构存有大量数据。虽然并非所有的信息都会公之于众，但许多报告及统计数据是公开的。其中一个最有价值且信息量最为丰富的数据库是美国宇航局(NASA)的航空安全报告系统(ASRS)，系统中保存着成千上万的事故报告供查询者使用。为了识别特定机型或地区的常见危险源，查询者甚至可以购买带搜索引擎的CD-ROM，以便于检索。ASRS的光盘可以通过AeroKnowledge公司购买，地点是特伦顿市彭宁顿路2425号(2425 Pennington Road, Trenton)，NJ 08638；(609)737-9288。

- *问卷调查*(Surveys)。安全专家经常会采用问卷调查的方式进行危险源识别，你也可以这样做。设计好自己的调查问卷，找到受访者，问一些简单问题，比如“你认为下一次的事故会发生在什么地方？会发生在谁身上？发生的原因是什么？可能在什么时候发生？”不要问诸如“老板是否支持安全工作？”这类问题，因为答案通常是相同的，同时，对于过程改进而言没有什么意义。
- *质量工具*(Quality tools)。尽管有些人可能会立刻拒绝这个选择，但是质量过程对于危险源的识别的确很有帮助。工程设计团队开发场景、流程图、逻辑图，进行因果树分析、头脑风暴以及任务的安全隐患分析。但是，如果你讨厌质量活动，就跳过这一项，但不要将危险源识别一起取消掉。

所有这些工具的目标，只是帮助你编制一份尽可能详细的危险源清单，强调与特定飞行场景相关的安全隐患。但要全面实现这一目标，我们首先必须了解这些风险来自哪里——危险源。到目前为止，我们已经明确了为什么必须冒险，风险是什么，以及如何识别风险。那么，接下来我们要探讨各种危险源来自哪里。

8.3 飞行素养的风险来源

飞行素养的每一个组成部分都存在风险成分。虽然可以使用几十种风险评估模型，但我们首先还是以飞行素养模型作为指导。对于风险识别和成功的飞行运行而言，飞行素养模型非常有效，我们首先从飞行纪律方面的风险开始讨论。

8.3.1 纪律风险

纪律是飞行素养的基石，涉及违纪的危险源有多种表现形式。当然，“炫技者”和喜欢卖弄的人通常是为了追求刺激或出风头而违反飞行纪律。对于那些与他们一起共享蓝天的人来说，这些不称职的飞行人员本身也是一种危险源，因此我们有充分的理由对此时刻保持警惕。这里要强调的第二点很重要，即便你不是不遵守纪律的人，与他们交往过密也很不明智，由于对他们的违纪行为不能表现出强硬的抵制立场，你们之间的交往很可能就是扬起他们炫耀之帆的风。对于那些不遵守纪律的人来说，容忍就是鼓励。

单纯的懒惰和缺乏对细节的关注，对飞行纪律而言是更为隐匿的危险源。考察下面两起涉及违反检查单纪律的 ASRS 报告，它们分别造成了尴尬的处境及潜在的危险状况。

案例分析：自己引发的紧急情况

飞机巡航高度层 FL310，处于自动驾驶状态。此时机长注意到只有一个变流器在为交流汇流条供电，另一个变流器处于离线状态，这应该是在执行滑出检查单时由于疏忽忘记接通了。注意到这个异常状况后，机长伸手想去打开位于头顶面板的另一个变流器开关，但却无意间关掉了正在工作的变流器，于是飞机上所有交流电系统断电，包括自动驾驶惯性陀螺仪、高度表、大气数据计算机和其他的主要飞行仪表。随着两个变流器很快被再次接通，所有系统恢复正常。然而在此期间，即所有系统完全恢复正常工作前，机长却让飞机下降了约 350 英尺，导致飞机超速，增加了恢复正常飞行状态的复杂性。管制员可能注意到飞机高度偏离产生的自动警告，在飞机重新回到高度层 FL310 时，向我们询问飞机的高度。我们下意识答道："在 310 改平。"ATC 就没有进一步质询。

这一系列事件是由几个原因促成的。首先，在执行滑出检查单的读-做（challenge - and - reply）项目时，飞机驾驶员没有检查交流电系统开关的实际位置。口头敷衍读-做项目，使检查单执行的有效性大打折扣，为后续问题的出现埋下了隐患。交流电系统意外断电后，飞行员在驾驶飞机或保持高度的过程中，没有参考仍在继续正常工作的备用姿态指示器，违反了处置一切空中紧急情况的第一条法则，也是最基本的第一个步骤——驾驶飞机。建议的纠正措施包括更好地遵守检查单使用纪律，以及在飞行准备阶段明确谁负责驾驶飞机、谁负责执行应急程序。在这个案例中，紧急情况完全是自己引发所导致的（NASA，1994）。

这个简短的案例让我们看到被很少提及的纪律方面——不注重细节，这也表明即使是简单的错误也可能产生复合效应。虽然该机组没有受到 FAA 的处罚，也没有造成空中相撞，但这两种情况都存在发生的可能性。除此之外，飞行纪律还存在其他方面的威胁。

也许纪律方面最大的一个危险源是飞行中缺乏监管或监督所带来的违规诱惑。飞行中几乎没有人在飞行员后面盯着飞行员在做什么，如果有的话，则可能是犯罪团伙的成员。在这样宽松的环境下，如果再引入一个危险因素，比如你的家人或朋友想要观看你的飞行表演，那就具备了潜在的、可能是经常出现的导致判断力突然丧失的高风险组合。事故数据库（和墓地）中随处可以找到飞行技术相当不错、想为朋友或家人特意做些什么的飞行员的故事。需要再次提及的是，我们要牢记航空领域最危险的几个字"看我的！"

当你在飞行前进行纪律风险评估时，可以问自己以下两个问题：首先，是否存在这样的诱惑，让我可能偏离曾经严格遵守的规章和程序？其次，近期我在执行检查单纪律方面的严格程度如何？如果你对每一个问题都能如实作答，就可以发现个人纪律方面存在的大部分不安全因素。

8.3.2 操纵技能和熟练度风险

每一次飞行都有可能出现即使是最优秀的飞行员都不知所措的状况。把握任务的需求、同时跟踪自己的个人技能和熟练性水平,这是避免承担不明智和不必要风险的唯一方法。在这个等式中有两个重要的输入。首先是任务的具体需求或可能的要求;其次是你的能力:操作技能和熟练程度。如果要求超出了能力,那么你的运气不好。我们在第 3 章中比较详细地讨论了如何保持操纵技能和熟练性水平,在第 4 章中还探讨了自我评估。这两个方面对于理解和评估特定处境中的风险或制定决策都是必要的。个人风险识别需要透彻理解这两方面内容,同时还要识别任务包含的特有危险因素。

8.3.3 个人安全窗口

每一次飞行都涉及风险较大或风险较小的特定科目。例如,典型的通航飞行任务可能包括风险相对较高的起飞、进近和着陆阶段;风险适中的空中作业阶段,如练习失速和压点转弯;风险相对较低的巡航阶段。同样,军事任务中起飞、着陆和低空飞行阶段存在较高的风险,空中加油阶段风险适中。无论什么类型的飞行任务,都可以沿任务的进程时间轴绘制一幅简单的相对风险图表。典型的 B-1B 训练任务的军事风险线如图 8-2 所示。

图中的风险线对于执行这类飞行训练剖面任务的所有人员基本一致。也就是说,这条曲线应当表示执行该任务的所有飞行员面临的一般性风险和已知危险。然而,进行真正的个性化风险评估并找到自己最具危险性的科目,还需要额外的步骤。与上述相对风险分析类似,在相同任务中如实评估自己的表现能力,我们能够绘制出自己在实施这类任务时的能力曲线。比如,近期我执行过几次低空飞行任务,但是已经两周没有进行空中加油了,最后一次进近和着陆也没什么可圈可点的。在低空飞行方面,我的操纵技能和熟练度可能较高,然而在空中加油或起落航线方面也许信心不足。图 8-2 展示了同一任务飞行剖面的"感知能力"线。个性化风险评估的关键是找到这两条曲线最接近的部分。如果能力线低于要求线,那么就要考虑找一位飞行教员陪你一同飞行,或者把任务留给那些操纵技能更加娴熟或更加熟练的人。假如上述两个方案都不可行,就要格外留意飞行中这个关键阶段。除非飞行任务必须要执行,而且你是唯一的人选,否则谨慎行事或者拒绝任务可能是更加明智和成熟的做法。

操纵技能与熟练度欠缺带来的相关风险,与第 3 章中介绍的能力构建技术正好相反。个人训练重点不明确、资源不足、与你的关注点或时间方面有冲突的需求都是显而易见的危险源。然而,另一个更为隐匿的危险源是不了解任务的需求。如果你不能完全理解飞行会给你带来什么,你就不可能具备足够的技能或是做好在任何情

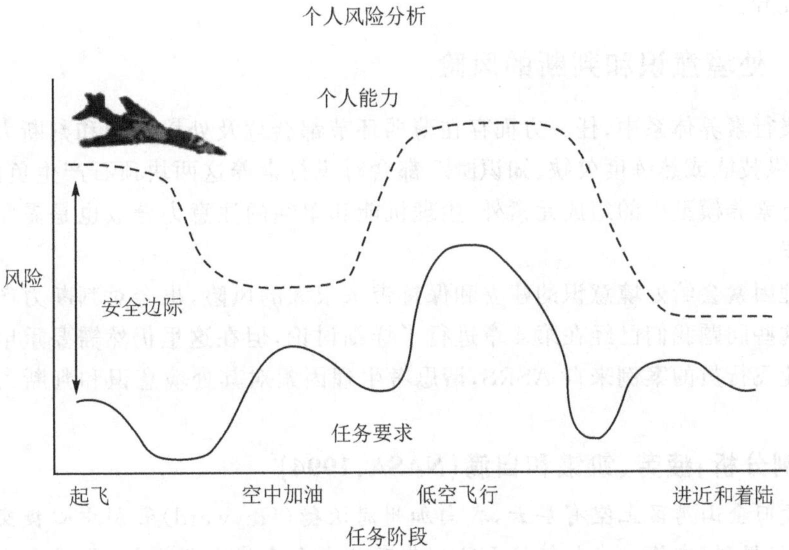

注：个人风险评估可以通过简单对比个人能力与任务要求的差距实现。
两条曲线之间的空白区域可以看作是安全边界。在这张图中，通过对比不难看出，该飞行员在空中加油及进近和着陆阶段的风险最高。
这种风险识别方式能够让我们在相应的飞行阶段加强警觉及选择更为保守的方案。

图 8－2　典型的 B－1B 训练任务的军事风险线

况下处置突发状况的准备。

8.3.4　知识风险

获得并保持全面的航空知识存在着几个风险。第一个拦路虎可能是我们对待学习的态度。许多飞行员热爱飞行，但厌恶学习——这很可悲却是事实。尽管我们愿意花时间和精力去完成训练计划或通过飞行检查，然而一旦这个阶段过去，我们都愿意放下书本，投身到"真正"的飞行事业中，这是一个巨大的错误。专业的飞行员都知道，所谓"真正"的飞行事业不过是一部分很少的体力活。飞行素养的提高要靠大脑，飞行经验固然重要，但它只是保持均衡飞行素养的一个组成部分。

知识的第二个风险点是频繁更新的技术规范、飞行手册、规章、政策和程序。在航空组织中，原地不动就是落后。我们必须不断跟上变化，为保持知识的现行有效，甚至"与时俱进"可能都不是最佳方法，我们还要去寻找正在酝酿中的变更及其原因。最好在早期就参加预期变更的相关讨论，这样，与那些仅仅在官方颁布变更时的"接受者"相比，你会更加容易去适应这些变化。

并非只有政策或规章才会有变化。航空领域人的因素、驾驶舱/机组资源管理、人机工程学、飞行生理学等方面的最新研究，会发表在会议和各种专业期刊及杂志上。我相信，如果你每次花几分钟时间充实飞行素养各个领域的知识，飞行素养肯定会得到提升。

8.3.5 处境意识和判断的风险

在飞行素养体系中,任一方面存在薄弱环节都会危及处境意识和判断力。纪律性差、操纵技能或熟练度欠缺、知识匮乏都会对飞行素养这两块顶石产生负面影响。除了飞行素养模型中的组成元素外,生理机能和单纯的注意力分散也是需要考虑的风险因素。

生理因素会给处境意识的建立和保持带来很大的风险,也会对判断力产生重要影响。这些问题我们已经在第4章进行了详细讨论,但在这里仍然需要重申。下面这个商业飞行员的案例来自ASRS,请思考生理因素对其处境意识和判断力产生的影响。

案例分析:疲劳、饥饿和自满(NASA,1994)

由于旧金山湾区上空有层云,我向加州海沃德(Hayward)管制中心提交了IFR(仪表飞行规则)申请。我打算按VOR(甚高频全向无线电指向标)指引向海沃德进近,待下降到云层以下时,取消IFR,继续前往圣卡洛斯(San Carlos)。飞机从里诺(Reno)起飞后一切正常,直到进入利弗莫尔(Livermore)空域。当海湾进近管制(Bay Approach)通知我当前气象条件不允许以VFR(目视飞行规则)方式飞越湾区时,我请求在海沃德着陆,希望等到气象条件满足VFR要求时,再继续起飞。

我得到海沃德VOR-A进近许可。当飞机从900英尺高度破云而出时,我看到了旋转信标,于是继续朝信标飞去,看到跑道,然后着陆。飞机滑出跑道后,我联系进近管制取消IFR许可。进近管制询问我当前所在的位置(不祥之兆),我说在海沃德,但管制告诉我,我实际是在奥克兰(Oakland)。下面是我罗列的自己意识到的导致事故征候发生的具体差错。

我确信导致这个不安全事件是疲劳驾驶、缺乏睡眠、事发前18小时内营养不足,以及事发前10小时精神压力过大等多种因素共同作用的结果。疲劳使我对自己身体的适航状况做出了错误的判断。我原本打算在起飞前睡上几个小时,然而,当我抵达里诺服务基地后,自我感觉良好,于是认为自己能够继续飞行,可以到家后再作休息。

此外是不充分的进近准备。我有过多次进近的经历,认为自己对进近程序足够熟悉,因此没有认真的复习和准备。在整个进近过程中,我的大脑落后于飞机运行。尤其是我偏离了航线,速度过快,而且启动计时器不及时,因而导致未能执行复飞程序。我没有考虑到计时器"延迟启动"的影响,计时刚一结束,我就发现了信标。我应该意识到在启动计时器时,时间有所延迟,而且飞机速度过快,因此计时结束时,我应当距离机场还很远,但我当时的思维模式固化。我没有做好复飞的心理准备,并且假定自己能够出云,看到机场,着陆——正如我所做的那样。(只有一个问题——机场落错了。)

这次事件让我敏锐地意识到疲劳对飞行员的影响。现在我认识到仅仅自己认为保持了清醒是不够的，疲劳不仅使大脑变得懒惰，而且令其更容易成为自满态度的目标。我知道自己疲劳，但(讽刺的是)我却相信了疲劳帮我做出的、以为自己还可以继续飞行的错误决定。以后我会更加谨慎，避免在疲劳状态下飞行。此外，这次事件也充分说明自满情绪对飞行安全的影响。自满滋生一种错误的思维定式，以为自己仍会像以往很多次那样进近和着陆。今后，我会以此识别可能产生的自满情绪，并采取新的措施避免其再次发生。

这个案例表明，如果身心得不到充分的营养和休息，即便是熟悉的航线也会变得危险重重。下一个案例告诉我们，同样的因素是如何对最普通的飞行任务产生重大影响的，比如在熟悉的机场滑行。

案例分析：迷失在黑暗中(NASA，1994)

这是三天连续飞行(夜间)的第三天，都是夜间飞行，很晚才睡。由于有噪声，我在第一个晚上更换了三次房间。第二天的休息和食物也好不到哪儿去。另一名机组成员是位休假三年(没有飞行)刚刚返回岗位的新副驾驶，这无疑增加了我的压力。航班的最后两段距离很短(单程25分钟)，凤凰城(Phoenix)—图森(Tucson)—凤凰城。虽然疲惫，但我认为短距离往返的飞行任务应该很安全。

在我们滑出时，前方的交叉跑道口被一架飞机挡住了。此时国际站坪没有飞机，于是我滑行穿过，并且在自己认定的新滑行道中心线上开始滑行。此刻滑行道左侧有蓝色凸起的滑行灯，但右侧却没有。副驾驶把他的离场记录夹放错了位置①，于是我一边扫视自己的记录夹一边滑行。实际上飞机处在双黄线(右边缘)，而不是黄色的单条中心线上。接近滑行桥时，我右侧宽阔空旷的国际停机坪消失了。此时，蓝灯(嵌装滑行)出现在距飞机很近的1点钟的位置，大约30英尺远。有那么1秒钟，我认为这就是滑行道的中心线标记，因为它们明显与路面齐平。

在滑行到滑行桥和蓝色滑行灯之前，我意识到了差错，并迅速回到了真正的中心线上(勉强避免了一起滑行事故)。疲劳不易觉察，如果再伴有营养摄入不足就可能犯下致命错误。下次再这么累，我就不飞了……

这两个案例均表明，疲劳和营养摄入不足对专职商业飞行员的生理危害。所有飞行人员都应该重视这些教训。

除了上面讨论的以人为中心的飞行素养风险以外，还有其他重要的危险来源，包括飞机、组织和环境。

8.4 与飞机相关的风险

在进行全面的风险评估时，必须考虑四个与飞机相关的潜在风险因素：设计、维

① 副驾驶把他的离场记录夹放错了位置，因而遮住了“我”向右侧观察的视线。——译者注

修、维护和技术数据。当然，飞行员个人对这四个领域的认知也起着很大的作用，下面我们逐个讨论。

设计特征，或“用户友好性”，通常称为飞机的人机工效学，它可能是飞行员——特别是对那些不熟悉飞机的新驾驶员的重要危险来源。几乎所有飞机都有这样或那样固有的设计“陷阱”，它可能是一个容易勾住袖口或类似形状的刹车手柄，手柄被勾住后会带动开关，从而触发截然不同的功能效果。在高负荷工作环境下，即便对一名完全胜任的战斗机飞行员来说，人机工效学“陷阱”也可能招致灾难，就像下面案例中F-16飞行员所面临的那样。

案例分析：错误的开关(Hughes,1995)

事故飞行员是一名26岁的机长，总飞行时间930小时，F-16飞行时间677小时。事故当日天气良好，飞行员驾驶飞机实施VFR直接进近，在执行起落架收上着陆检查单程序时，他无意中将主燃油关断活门碰到了关闭位置。主燃油关断活门关闭，发动机熄火，飞行员无法重启发动机，成功弹射。

几个人为因素导致该飞行员犯下严重错误。首先，事故飞行员留意到该飞机近期曾出现过起落架指示灯故障。他将这一信息与在起落架放下时听到的三声清晰的“呵啷”声，以及僚机观察到三个起落架似乎全部正常放出等信息综合在一起，得出结论：起落架手柄上的红灯以及前起落架绿灯不亮，并不是起落架不安全的状态指示。在查阅适用的应急检查单时，由于事故飞行员认定这只是起落架指示灯问题，因此执行“起落架收上着陆”应急程序检查单被推迟。其次，事故飞行员开始VFR直接进近，为防范前起落架在着陆时损坏，遵照“起落架收上着陆”检查单程序步骤，打开空中加油口盖(外部油箱释压)，激活油箱惰化系统(释放内部油箱压力)。为了确保将注意力集中在VFR直接进近，飞行员在打开这两个开关时，没有看清开关的实际位置。他正确地打开了空中加油口盖，却没有激活油箱惰化开关，而是无意中关闭了它旁边的主燃油关断活门。唉……

官方给出的事故原因是，飞行员受习惯模式的影响，无意中将主燃油关断活门拨动到关闭位置。事故飞行员推迟执行检查单适用程序并不是导致此次事故的原因，但这样的操作迫使他在执行检查单的同时实施直接进近。打开操纵开关而不进行目视确认的操作方式，是飞行员在持续进近时避免任务过于饱和所使用的技术。事后看来，这显然不是一个正确的决定。如果他能察觉到这两个开关靠得太近，有可能产生潜在的人机工效学危害的话，他肯定会进行目视确认的。第二点需要强调的是，该飞行员决定同时实施两项操作——目视进近和应急检查单，这个决定让自己处于不必要的风险之中。不明智的工作负荷管理策略加上人机工效设计缺陷，在这一天被证明具有灾难性后果：一架功能完备的F-16从天上掉了下来，这在很大程度上是由于缺乏风险识别导致的。

8.4.1 维修因素

即便是设计优秀、装备最好的飞机,如果维修不当,也会成为死亡的陷阱,因此在评估飞机风险时,我们必须考虑维修因素。然而,这项工作对于许多飞行员及其他机组人员来说,可能比较困难,这些人通常不擅长机械工作,也没有接受过相关培训,因此无法实施难度较高的系统评估。新手可以从四个方面开始研究:文档、时间、部件和保养。

按照规章要求,所有飞机都必须保留详细的维修记录。作为驾驶员,我们必须对维修记录中各部分的含义了如指掌,可能还会有一些难以解释和只有"扳手兄弟会(brotherhood of the wrench)[①]"才知道的秘密。要不断提问,直至得到满意的答复。至少,我们必须确定飞机是否符合现行有效的检查要求,是否完成了飞行前的维护检查,以及近期维修产生了哪些差异。

驾驶员需要关注的第二个方面是飞机使用时间,通常以飞行小时计算。这不仅仅是"总小时数"的问题,同时也能暴露飞机生命周期中的其他高风险事件。例如,我们应该置疑那些近期没有执行过飞行任务的飞机。近期它为什么没有执行飞行任务呢?是在维修吗?如果是,维修了哪些部件?这架飞机是否存在其他飞行员拒绝驾驶的故障或缺陷?

同样,驾驶一架全新飞机或是刚刚完成"阶段检查"、拆卸或大修的飞机时,也要特别当心。在许多专家和"蠢货"们接手这架飞机的时候,他们也都想把工作做好,然而在检查期间有太多工作要完成,因此增加了出现差错的风险。紧随这些检查之后执行的航班,最有可能发生与维修相关的故障。

另外,与文档密切相关的风险是飞机的部件和维护。所有被更换或修理过的部件都应被视为潜在的危险源,大多数机长甚至会把这些内容作为强制性的简报项目告诉其他机组成员。此外,应该仔细检查飞机的维护情况,不仅要看是否做了维护,更要确认飞机维护的正确实施。记住,从事维护工作的人员通常在维修团队中资历最浅、技能最低,而且他们往往要在时间紧迫的情况下超负荷工作。这些因素结合在一起很可能造成维护不到位或维护过度,有时甚至会忘记关闭维护中打开的阀盖、舱门和面板。

8.4.2 技术数据和飞行手册

与飞机相关的最后一个风险来源是技术数据。确切地说,驾驶员需要知道哪些信息是可用的、这些信息意味着什么,以及在运行环境中如何使用这些信息。除了飞行手册外,还有其他许多技术信息来源,但飞行手册肯定是查找风险源的入手点。手册中的警告(warning)、警戒(caution)和注意(note)专门用来强调与风险相关的重要

---

① 此处暗指维修人员。——译者注

事项，可以形成一个不错的初步学习计划的基础。下面的定义诠释了警告、警戒和注意的作用。

警告(warning)指那些如果不被严格遵守、可能造成人身伤害或人员伤亡的事件。下面是某单发飞机飞行手册中的一个警告实例。

警告：驾驶舱燃油流量表是直读式仪表。仪表损坏可能导致燃油进入驾驶舱。

这是一个非常明显的风险标志。**警戒**(caution)只用作指令，是针对设备的风险而不是人身伤害的风险，如下例所示。

警戒：不要在飞机静止时检查方向舵偏转。由于前起落架转向系统无法断开，这个动作会导致前起落架轮胎磨损，并可能损坏转向装置。

注意(note)是作者认为需要在技术手册中加以强调的条目，也可以用作危险和风险源的识别。考虑下面飞机液压系统注意中包含的相关潜在风险。

注意：在同时操作飞机转向和刹车时，应格外小心，因为刹车装置和前轮转向系统共用同一个液压系统。

这个"注意"中有一个明显却没有说明的推论：共用的液压系统如果负荷过重或维护不当，飞机在转向时可能无法有效制动。提前了解这些内容是件好事情。

这些与飞机相关的每一个风险，都在我们的飞机知识与飞行中的处境意识和判断力之间建立了直接联系。对飞行人员来说，理解组织的风险因素也同等重要。

8.5 基于组织的风险

组织的工作就是用行动、指令和范例明确传达对组织成员的期望。如果飞行员和组织之间是一种正式的雇佣关系，那么组织还有其他的责任，组织应当提供培训、资源，以及为追求和实现与组织总体目标相一致的个人目标的动力。遗憾的是，并非所有的组织都会如此行事。在很多情况下，组织和个人目标相互冲突，当出现这种情况时，就产生了风险。考察下面案例中机组遇到的困境。

案例分析：组织风险(NASA，1994)

持续等待已经接近12小时，到了机组需要休息的时刻。当机长、副驾驶和我分别表示，如果从费城到奥克兰再继续飞行6小时，会对安全产生不利影响之后，公司主管仍命令我们执飞这趟航班。考虑到大家的安全，我们拒绝了，现在我们的工作变得岌岌可危。

在搭乘便机抵达费城后，我们按计划从酒店去机场，副驾驶和我已经办完退房手续。机长在办理退房手续时，收到一条信息："稍等，航班晚点，请给费城柜台打电话。"在既没有得到新的航班时刻，也没有得到重新调整的时刻，更没有得到什么时候出发的情况下，我们在待命状态等待了接近12小时。这期间，我们给费城运控中心打过很多次电话，多次尝试获得排班的调整计划，三个人不断查看航班信息。但我们仍然无法得知自己航班的起始运行时刻，或者如果起飞的话，什么时候开始进行飞行准备。

经过近12小时的漫长等待……机长再次尝试给调度打电话。电话打了几分钟，计划调整好了，运控人员希望机组马上离开酒店，但是没有考虑给机组充分的休息时间。机长告诉调度员，由于长时间处于待命状态，机组成员都非常疲惫。然后机长同副驾驶和我讨论了一下，我们认为现在身体很疲乏，如果在这样的情况下再继续飞行6小时会对安全产生不利的影响。于是，机长告诉调度员，机组需要8小时左右的睡眠，然后才能继续执行航班任务。机长的电话随后被转接到公司主管，机长重复了这一要求。几分钟后，机长将电话递给副驾驶，随后不久副驾驶把电话递给了我。电话另一端的人表明自己是经理助理或总飞行师助理。他没有讨论发生了什么，直接问我："我现在命令你执飞这个航班，不知你是否接受？"我一下子愣住了，不知道该说些什么。第一个想法是，没有机长和副驾驶，我怎么飞？我告诉他我们一整天都穿着制服等在那里待命，在我看来现在飞行是不安全的。他没有问我为什么会感到不安全，而是说："我们已经查看了你的休息状况，相信你已经休息好了。我现在命令你去执飞这个航班，你愿意接受吗？"

强压住难以置信的不解——公司内部某位领导居然命令机组执行一个不安全的飞行任务，我对他说："不！"随后他说："你们都暂时停飞，稍后再给你们答复。"

他们采取的行动是，在公司研究下一步如何处置我们期间，先取消整个机组成员两周内所有飞行计划。在管理层和飞行员工会举行听证会后，每位当事机组成员都在自己的信袋中发现一封"警告信"，机组成员未来的职业生涯会出现怎样的变化尚未可知。

这个案例强调了当组织和个人利益发生冲突时可能出现的风险类型。显然，大多数飞行员会站在机组这一边，而许多管理人员则可能相反。只有充分了解组织的价值优先策略，才能识别和管理这类风险源。

8.6　环境风险

最后一个危险来源与环境相关。虽然这样一个短小的章节无法将飞行员可能遇到的所有环境风险都识别出来，但以下问题可以作为识别环境中每一个风险因素的指南。

飞行中我可能遭遇哪些潜在的危险气象条件？应当考虑云和仪表气象条件(IMC)、能见度、雾、风向和风速(包括高空、目的地机场和可能的备降场)、风切变、微下击暴流、雷暴、湍流、结冰、温度、刹车条件等。所有这些潜在危害带来的影响，你都必须用飞机的仪表、设备(如防冰和导航设备)，以及可用燃油、个人驾驶技能和熟练程度、资质水平将它们化解。除了"软"环境危害外，你还必须问自己一些有关地形方面的问题。

在主要航路或其他可能的备份航路上，我将飞越哪几种地形？飞机上是否安装了适合山地飞行的设备？飞机上是否安装了可用于水上迫降或偏远地区紧急迫降的救生设备？通信和导航设备如何？这些设备是否足以覆盖此次计划飞行的航路？

如果把洋葱再继续剥开一层，我们就知道还必须考虑空域问题。此次飞行需要考虑的空域因素是什么？是使用目视飞行规则还是仪表飞行规则，还是两者都要使用？在计划的飞行环境中，驾驶这架飞机最少需要哪些设备？有限制空域或禁飞空域吗？是否会飞越需要特别留意的高流量空域，如终端管制区、机场雷达服务区、过渡区或管制区？我是否研究过目视飞行或仪表飞行规则的补充资料，是否与熟悉该飞行空域的人员交流过？最有可能发生冲突和空中相撞的空域在哪里？上述问题及其他问题可以帮你识别与空域相关的风险源。为了实施相对完整的评估，我们还需要涉及更多的领域，先从组织环境开始。

有些风险因素可能源于组织内部。是否可能存在与正确判断产生冲突的组织压力？这次飞行有多重要？你是否感觉到了与本次飞行相关的隐藏意图？如果遇到上述任何一种情况，你打算怎么处理？你要走多远，才会说“不”或表达“不”？

一旦识别了飞行中的风险，我们就必须考虑愿意接受多大的风险，并计划如何管理风险。

8.7 衡量风险

在航空领域，风险管理不能简化为简单的等式。一些社会群体已经将风险管理发展成一门学科，但航空业却不在其中。例如，如果风险管理能力欠佳，保险行业将不复存在。不同之处在于，保险行业可以将风险分散到巨大的基数中，当个别的异常“消失”在整体统计这个无底洞中时，它们就变得微不足道了。然而，对飞行员来说，个别异常却非常重要，特别是当异常发生在你身上的时候。尽管应当对航空风险管理中数学精准性的说法持怀疑态度，但是我们可以使用一些有价值的原则来帮助理解如何衡量和管理风险。

保险行业使用了一个简单的风险等式，如下所示(Jensen，1995)：

风险＝损失概率×损失成本×风险暴露时间①

或

$$R=PCE$$

这个方法显然对飞行员也很有用。随着风险源知识的增加，我们逐渐适应了各种活动的相对风险。虽然我们可能不会像保险统计学者那样，将“P”精确到小数点后5位，但在飞行中真的不需要这种毫无意义的精确。例如，我们知道，如果飞入雷暴，受到伤害的可能性要大得多，代价很高，在雷暴中的暴露时间会加大风险，由此我

① Risk=probability of loss × cost of loss × length of exposure。——译者注

们就可以得出驾驶飞机的策略：① 无论在什么情况下，都要尽可能地避开雷暴；② 如果无意中遭遇雷暴，要尽快摆脱。这个例子相对简单，其他问题不一定会这么直截了当，那就需要我们不断地评估风险/权衡利弊，使用“概率×成本×暴露过程”等式。请分析下面这个案例。

案例分析：招致灾难

1989年12月26日，英国航空公司(British Aerospace)一架BA-3101喷气式飞机——美国联合航空快运(United Express)2415航班(圣丹斯415)，在华盛顿帕斯科的三联市机场(Tri-Cities Airport)距离21R跑道约400英尺处失事。起飞29分钟后，该机在实施仪表着陆系统(ILS)进近过程中坠毁，时间大约为太平洋标准时间晚上10点30分。造成坠机事故的事件链表明，机组公然漠视已知的积冰风险。虽然在地面和空中曾经有多个机会可以解决这个问题，然而在每一个决策点上，飞行员都选择了接受风险。让我们基于飞行素养模型，分析飞行员的行为，尝试找出对飞行员决策和判断产生影响的因素。

晚上8点45分，圣丹斯415航班从西雅图抵达华盛顿的亚基马(Yakima)机场，没有与机械故障相关的报告。机组在准备下一个航段时，驻亚基马的公司代理报告，她看到副驾驶和另一位准备搭乘航班通勤到帕斯科的其他公司的副驾驶，正在从圣丹斯415航班机翼的前缘表面“敲”冰，她注意到飞机上有滑落的冰块。代理询问机长是否需要除冰，现有一台新的乙二醇喷洒车可用。机长告诉代理稍后与她确认。当代理再次和机长落实除冰事宜时，机长告诉代理不需要除冰。考虑到飞行员无法检查到飞机的尾部，代理请求机长至少应当给机尾除冰，机长仍然谢绝了代理的请求，随后赶去公司运行部更新气象预报。等他刚一回来，代理就又一次提出要协调除冰工作，并表示设备已经“启动”，同时再次询问飞机尾部状况。机长又拒绝了两次，随后驾机搭载着四名乘客和两名副驾驶飞往帕斯科。值得注意的是，圣丹斯415航班是当晚在亚基马机场六架飞机中唯一没有除冰的飞机。

就在起飞前，塔台管制员告知圣丹斯415航班，提醒说：“……有一件事我忘了通知你，已经有多个报告提到云层顶部和底部之间有轻度到中度的混合积冰区(云底高度稳定在距地面约1000英尺)，云层顶部在1800英尺到4000英尺之间。”圣丹斯415航班的副驾驶答道：“啊，谢谢……我们飞过来的时候也感觉到了。”不顾一再的警告，圣丹斯415航班大约在晚上10点01分安全起飞，并顺利爬升到11000英尺的高度。公司代理看到飞机安全离开跑道后，才松了口气。飞机安全离地后，机组呼叫西雅图中心，并得到前往帕斯科的许可。

14分钟后，西雅图管制员向飞机发出航路下降许可：“圣丹斯415，飞行员可根据自己的判断开始下降，保持6000，帕斯科高度表设定值30.27。”随后，机组收到几条航向指令，调整飞机姿态向使用ILS系统的帕斯科21R跑道进近，此后，西雅图中心和机组之间开始出现一些混乱。10点26分，管制员建议机组：“……杜内斯(DUNEZ，进近点)以北5英里，右转航向180，保持高度3000建立航向道，准许ILS直线进近，跑道 21R。”这个要求使圣丹斯 415 航班进入最后进近航段的时间比平时更短，给原本已经恶化的状况带来更多的压力。收到许可后，副驾驶回答说：“好吧，你，呃，干扰了，呃，圣丹斯 415，能再重复一遍吗？”管制员重复了许可，副驾驶确认收到。1 分钟后，管制员通知机组“……雷达服务终止，可以转换频率，祝您愉快。”机组回复，圣丹斯 415 号正在“转到塔台频率”申请着陆许可。

结束无线电通信大约 1 分钟后，副驾驶呼叫，“西雅图中心，圣丹斯 415，呃，准备在帕斯科复飞，我们想，呃，请求引导再次进近。”经过一番混乱的沟通后，显然机组改变了复飞计划，试图重新截获航向道和下滑道。副驾驶向指挥中心报告：“好的，刚刚仪表显示几个故障旗，现在看上去好像一切正常，我们继续进近，圣丹斯 415。”过了一会儿，机组联系帕斯科塔台，“现在圣丹斯 415 在 21R 跑道的短五边。”

在塔台的本场管制员注意到飞机的高度，他提示机组“高出正常”，同时看到飞机的下降率比正常要快。此后不久，他就看到飞机机头翻转，飞机在跑道附近坠毁，机上七人[①]全部遇难。

NTSB 认为是几个因素的共同作用造成了此次灾难，但最主要的原因是机组决定继续实施不稳定进近。导致不稳定进近的两个因素是：飞机表面的积冰使飞机的气动性能降低；引导飞机切入五边进近航段的航向，将飞机引导至正常切入点外指点标内侧[②]。也许在理想状况下，飞行员有能力将这架冰雪覆盖的飞机安全飞抵帕斯科，但是在飞向短五边的引导航向、仪表出现故障旗产生的注意力分散以及飞机气动性能下降等因素的综合作用下，加上飞机起飞前，飞行员拒绝除冰，使飞机持续暴露在极有可能发生灾难的风险（积冰条件）之下，挑战就大大超出了他们的能力极限。与大多数空难类似，一串事故链最终导致了事故的发生，但哪怕只在一个环节实施风险管理，也极有可能避免悲剧的发生。

8.8 风险控制

在准备实施风险控制前，你需要理解应对风险的不同方式：接受、缓解、规避、分散或转移。风险管理的诀窍在于知道自己能够承受多大的风险。除非实施了风险识别和风险评估过程，否则你不会知道将会面临哪些风险，因而也就无法控制自己不了解的风险。

首先，风险可以降低。当你对风险有了全面的认识，就可以通过对它构成元素的控制来降低风险。例如，在上面的案例中，如果起飞前为飞机除冰、拒绝接受短五边切入航向，或是发现大脑开始滞后于飞机时就实施复飞程序，那么机组面临的风险就

---

① 原文是六人，但根据前文“随后驾机搭载着四名乘客和两名副驾驶飞往帕斯科”，加上机长，应该共七人。——译者注

② 通常飞机在 outer marker（外指点标）位置切入下滑道，飞机在其内侧意味着切入高度会高于正常下滑道、机组被迫在五边使用大下降率进近。——译者注

会大大降低。

风险也是可以规避的。例如，为了规避高风险，圣丹斯 415 航班的机组完全可以选择不飞入积冰环境，从而避免高风险因素的聚集。如果愿意，我们可以实施完全规避风险的操作。规避风险带来的唯一问题是产出受限。当资产变得有限时，规避风险有它的价值，但反过来，“少花钱多办事”则是它的对立面。为了实现“少花钱多办事”的目的，我们必须减少风险或是更加有效地管理风险，而不能以降低安全水平为代价。可是在飞行中，总会有一些风险是无法规避的。

另一种控制风险的方式是分散风险，从而减小对每一个人的风险值。我们通常采用增加暴露人群或延长暴露时间的方式来分散风险。例如，在某个训练场景中，两名飞行学员需要进行多种不同应急程序模式的训练。飞行教员可以冒着疲劳或自满的潜在风险，在一个飞行架次中同时训练这两名学员；也可以将两名学员分开在不同的架次训练，或者由不同教员指导，以此分散风险。

风险转移应用起来有些困难，行业中经常采用保险单的方式来转移风险。飞行员会将风险转移给仪表或自动化系统。在天气恶劣时，飞行员依赖驾驶舱仪表和自动化系统进行导航。风险转移时必须当心：不要完全信任单一的仪表或自动驾驶功能，要采取其他方式，最好是人工方式，印证系统状态的一致性。另一个风险转移的例子是，如果驾驶战斗机的飞行学员在训练中没有取得应有的进步，通常会对他们进行重新评估，并把他们调整到其他机型，从而将风险转移到风险较低的飞行环境中，如多人制机组飞机上。

还有一个风险控制工具是将风险“设计”出系统。这种方法的有效性案例可以在日本工业看到。由于工程控制在行业中深入应用，日本工业生产中几乎没有地面事故。日本人的确将危险源“设计”出了工作场所。在工具或机器投入生产之前，工具的设计师和用户要进行消除危险源的风险管理过程。管理层通常会为这种过程控制方法付出高昂的代价，但最终这个过程让没有伤亡的高质量生产获益极大。在航空领域，我们已经看到了为实现这一目的所做的许多成功努力，包括近地警告系统(GPWS)和空中交通预警与防撞系统(TCAS)。许多飞行人员有机会推荐、测试并使用这些不同种类的工程控制设备来帮助降低风险。对于风险管理和风险控制，不要认为自动化系统可以解决一切或绝大部分的问题。没有一台计算机可以取代人类神奇大脑中所具备的知识、勇气、恐惧和直觉。很多飞行人员都经历过这样的感觉：“有什么不对劲”，只要环顾四周，就会发现“可能的”灾难。没有一台计算机具备这样的能力，但工程解决方案的确有它们存在的价值，比如下面这个案例。

案例分析：利用自动化系统降低风险(Prime,1995)

1994 年 8 月，一块小小的、用来降低风险的数字化精密设备收获了巨大的回报。根据美国空军的记录，两架从巴克斯代尔空军基地起飞的 B-52 轰炸机——呼号风暴 01/02——几乎与一架为了创造环球飞行记录、满载乘客在地中海上空飞行的沙特 747 客机相撞。由于空中交通管制员的错误，风暴编队与沙特 113 号航班被分配在距埃及海岸约150英里、高度层FL280的同一航线上相向飞行。

在黑暗中安静巡航数小时后，沙特747飞机的TCAS系统突然响了起来。尽管双方机组都能在雷达上“看到”另一架飞机，但均未显示存在同高度冲突。沙特飞行员迅速沉着地打开着陆灯，以便让B-52看到迎面而来的飞机，并在相撞前采取规避动作。两架轰炸机向右急转，同时大型喷气机也努力爬升并向右转弯，距离最近时，波音747飞机与美国军用飞机之间的距离不足300英尺。

巴克斯代尔第二轰炸联队的指挥官准将佩顿·科尔(Peyton Cole)，当时任风暴01的带队机长，他的操作工作刚刚结束，就“感觉飞机压坡度向右转弯……我才坐在飞行教员的位置，就听到沙特飞行员向开罗管制报告这一事件”。目前，绝大多数的军用飞机都没有配备TCAS系统，沙特飞行员的快速识别和应变避免了一场巨大的灾难。

这个案例揭示出，虽然自动化系统对风险降低的确有帮助，但仍然需要人工参与和决策。TCAS系统可能向沙特飞行员发出了警告，但是如果双方机组都没有按照警告提示去采取相应的行动，灾难仍会发生。

另一项成功的工程解决方案是A-10飞机上的地面防撞系统(GCAS)。在降低低空环境飞行成本的资金到位之前，已经发生了31起可控飞行撞地(CFIT)事故。如今，在飞机触地之前，A-10的飞行员都会收到警告，CFIT事故大大降低了。虽然地面防撞系统存在一些局限性，但它的确降低了CFIT的风险，提高了安全性，增强了作战能力。

排在工程解决方案之后，控制风险最好的方法是屏蔽或控制我们周边的环境。这是借助建立和遵循风险管理指导原则、限制风险暴露的另一种做法。在工厂的地面你会看到黄色和黑色的线条，这些线条界定了哪些区域必须佩戴安全帽和安全防护眼镜。同样，机组人员在空投弹药时也有安全分离标准；在目视飞行规则运行时，有飞机保持在云外的间隔距离要求；仪表进近时有着陆最低气象条件标准。对于实现那些规章中包含的风险限制和风险暴露最小化要求来说，建立或修订标准化飞行程序是最有效的帮助手段。这种方式的唯一问题是，在第一次没有起到限制作用后，限制通常会变得不切合实际，并且要求的程度会增加。这些控制措施在人为建立标准时通常不会成功(例如限制低空飞行训练的最低高度，或在某个空对空训练场景中，在另一架飞机周围建立“保护罩”)。这些措施之所以失败，是因为他们试图限制实际的训练，而且被认为、实际上也是，刻意而为的。许多驾驶员会认为这样的规定太过束缚，而其合理性又无法得到充分、令人信服的解释，因此常常会无视这些规定。

8.9 本章精要

要做出与风险有关的正确决策，必须理解三条准则：

1. 不要承担不必要的风险。我们总是在不知不觉中承担风险。诀窍在于识别并暴露风险，然后将它分解为各个组成部分，再分别对这些组成部分进行管理。如果管理得当，风险是可以接受的。

2. *在适当的层级做出风险决策。*组织中应该由谁来承担风险？是风险承担者还是接受任务的经理/主管/指挥官？根据情况，答案可能是“上述所有人员”。真正的诀窍是将风险责任分配到最低层级，并在适当层级上进行审查。在个人层面上，责任就在你身上。
3. *收益大于成本时，接受风险。*显然，这与前两条准则相关。我们接受了很多风险，但是，在考虑会带来哪些收益时，了解风险的维度至关重要。因此，你必须知道如何权衡。如果你做错了，要么趋于保守而影响任务的完成；要么过于冒险而影响安全。两者都不可取，而且还可能会令你的表现力大打折扣。

航空领域永远不会完全没有风险，因此理解和分析多种风险因素的能力，然后运用技能和良好的判断力采取行动，将永远是专业飞行员的主要标志之一。

8.10 参考文献

[1] Hughes Training Inc. 1995. Aircrew Coordination Workbook. Abilene, Tx.: Hughes Training Inc.

[2] Jensen, R. S. 1995. Pilot judgment and Crew Resource Management. Aldershot, UK: Avebury.

[3] NASA ASRS. 1994. Accession Number 134927, The AeroKnowledge. ASRS CD-ROM

[4] NASA ASRS. 1994. Accession Number 245988, The AeroKnowledge. ASRS CD-ROM

[5] NASA ASRS. 1994. Accession Number 261766, The AeroKnowledge. ASRS CD-ROM

[6] NASA ASRS. 1994. Accession Number 297539, The Aeroknowledge. ASRS CD-ROM

[7] Prime, J. A. 1995. 1994 BAFB mission's near collision revealed. The Shreveport Times. December 21.

第9章
处境意识

他们是在向我们射击吗？

——沙漠风暴期间某 F-111 武器系统操作员

9.1 美国空军少将约翰·W·休斯顿(John W. Huston，退役)的观点

300 多年前，当伟大的英国诗人约翰·多恩(John Donne)写下“没有人是一座孤岛(No man is an island)”时，就已经把团队合作放在了如同今天同等重要的地位。无论是讨论古希腊和亚历山大大帝的军队方阵，还是在 F-16 飞机上维修航电设备，在军事行动的历史中，团队合作扮演了极其重要的角色。团队合作是良好处境意识必不可少的一部分，而保持良好的处境意识则是在航空领域成功的关键。

我们这些在第二次世界大战中驾驶过轰炸机的老兵，在工作中很快就理解了团队合作对保持良好处境意识的重要性。清晨，我们向东方飞去，我们的对手——德国战斗机在耀眼的阳光掩护下向我们发起攻击，借助全体机组成员的共同努力，我们很快识别出是敌方的梅瑟施密特(Messerschmitt)或福克-伍尔夫(Focke-Wulfs)战斗机。8 名机组成员立即投入战斗，飞行员和副驾驶操纵飞机保持紧密的飞行堡垒编队，从而使轰炸机编队的团队意识和保护效果最大化。在随后的飞行任务中，无论是轰炸目标，还是顺利完成任务后胜利返程，或是驾驶严重受损的飞机载着受伤的机组成员一起危险着陆，每一次任务都成为对我们团队合作理念的终极考验。而在敌方占领区的上空，我们的“小伙伴们”(护航战斗机)展现出团队合作的最佳状态，他们的僚机理念为我们在欧洲上空执行长距离的飞行任务提供了很多必要的保护。

关于应用团队合作理念及保持高度处境意识挽救困境中机组的经历，令我最为难忘的是 1944 年 8 月在北海的水上迫降。考虑到意外坠海的可能性极大，全体机组成员共同努力减轻了飞机的重量，用以增大航程，降低飞机在水上迫降的可能性。无线电通讯员利用领航员提供的数据，在与飞行员和工程师讨论了飞机所处高度、位置、燃油储备及消耗状况后，主动联络了英国空军海上救援中心，该中心随后开始在地图上标识飞机的位置。通过对飞机下降高度的不断跟踪绘制，他们很快就估算出我们的大致落水点，最终一艘救援船只被准确派往预期的迫降区域。除两名在座上

的驾驶员外，其他的机组成员把松动的物品固定在原来的位置上，检查并穿好海上救生衣，然后像曾经接受过的训练那样，在B-17无线电舱找到合适位置坐好。飞机与北海水面发生剧烈撞击后，我们迅速离开飞机，惊喜地看到飞机上的救生筏已经展开。大家小心翼翼地钻入这些橡皮救星之中。10分钟后（但感觉上时间似乎要长得多），英国空军的救援船就从预计迫降点把我们救走了。

当天晚些时候，我们回到了基地，我们思考着这个庞大的团队网络，他们一直是我们任务和救援的一部分。尽管这些配合我们飞行人员工作的巨大团队会经常被宣传部门所遗忘，可他们在编队飞机安全降落在跑道之前，始终作为作战团队的成员承担着繁重的工作。每个轰炸机编队和战斗机编队的背后都有这样一支庞大的支撑团队网络，几乎包含了足以支持一座小型城市运行需要的全部人才，从吉普车司机到军械师、维修师、厨师、气象学家及降落伞折叠人员等。等一下，那个在海上救援我们的盟军团队也不能漏掉，他们是在美国和英国多个相关机构积极协作的基础上被派遣来的，但除了救援船只以外，我们对这些参与救援协调机构的很多部门都一无所知。

我在19岁那年参军，50年来我对团队合作的观点几乎没有改变。虽然我们在许多科技领域取得了巨大进步，但无论什么样的工作或任务，我们都需要团队协作和良好的处境意识。

约翰·休斯顿是美国空军前首席历史学家。

在进入山区低空航线大约6分钟后，B-1轰炸机开始缓慢左转进入地形标高逐渐上升的区域，飞机保持在大约50度坡度的姿态。尽管机组曾经多次执飞过这条航线，但当晚没有月光，在一片漆黑中，他们可能没有注意到飞机正逐渐靠近北面陡峭的高坡。由于飞机的坡度超出了雷达高度表使用的坡度角限制，自动驾驶仪的地形跟踪模式启动了“失效防护”功能，实施了向上拉起的操作。地形跟踪系统之所以设计这个2.4 G拉起的“失效防护”，就是为了在飞机部件发生故障或超出飞行限制时，防止自动驾驶系统操作飞机在机组不知情的状况下撞向地面。这天夜晚，该系统按设计要求自动开始运行，如果机组允许飞机按照正常的程序指令继续向上拉起，飞机将飞越地面障碍。然而，不知什么原因，其中一名或两名飞行员采取了人工干预，关断了自动驾驶仪向上拉起的操作，飞机迅速改为水平飞行状态，并开始以小下降率下降。飞机以超过550英里/时的速度撞向山脊，冲击力超过200 Gs。（USAF，1992）

谁也不清楚悲剧的最后30秒驾驶舱里到底发生了什么。但是可以肯定，处境意识的丧失导致了这场灾难（见图9-1）。

处境意识，也称为情景意识或SA（Situation Awareness），是观察飞行人员行为的过滤器，可以看作是判断和决策的“供给装置”。具备良好的处境意识，飞行员就能够构建一个准确的现实心理模型，甚至可以针对未来可能发生的场景制定预先行动方案，从而抓住机会避免陷阱，安全有效地飞行。反之，如果丧失处境意识，我们可能会误解重要的线索；而更为糟糕的是，盲目进入未知环境，像前面案例那样，往往会导致灾难性后果。

图 9-1　正如这张撞击地点图片所示，丧失处境意识往往会带来悲剧性后果。在没有月光的夜晚，B-1B 机组驾驶一架功能完备的轰炸机，以每小时接近 600 英里的速度，撞向这条山脊(USAF 110-14 事故调查照片)

处境意识是一种极其复杂的心理现象，它有多种不同的学术定义。翻阅与处境意识有关的心理学方面的刊物，对于从事非学术性研究的飞行员来说，很快就会头昏脑涨。在本章，我们尝试提炼复杂的处境意识问题的实质，并回答以下 5 个基本问题：

1. 什么是处境意识？
2. 处境意识有多重要？
3. 如何发现自己正处于丧失处境意识的状态？
4. 如果丧失了处境意识，应该立即采取哪些行动？
5. 用什么方式提高个人的处境意识？

9.2　处境意识的定义

简而言之，处境意识是你能够对自己(包括你的机组、僚机、领队、学员、教员等)、对飞机以及周边环境的现在和未来发生情况的准确感知。处境意识的另一种描述是，当你的感知与现实一致，并且能够支持你及时合理地采取行动，你就对形势很敏感，具备了良好的处境意识。著名的处境意识研究专家米卡·安斯利(Mica Endsley)博士将处境意识定义为“在特定的时间和空间内，能够感知环境中各个要素，理解这些要素的意义，并推断它们随后的状态”(Endsley，1989)。机组训练国际公司(Crew Training International)是从事军事飞行员处境意识训练的诸多公司之一，他们用图 9－2 来帮助战斗机飞行员理解处境意识的时间特性。

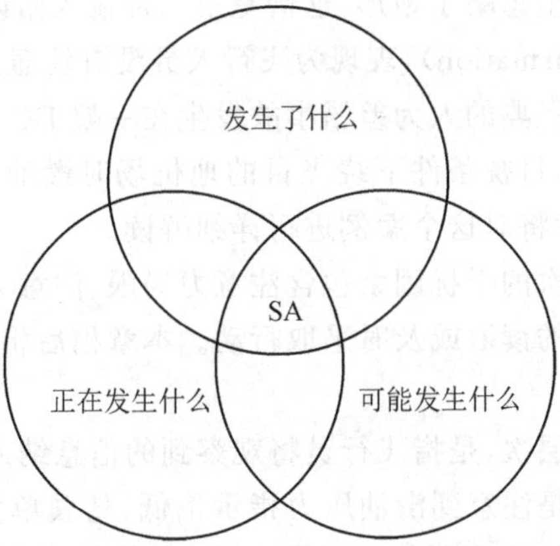

图 9－2　处境意识是包含空间和时间的四维现象。良好的处境意识意味着分析过去和现在以便为将来做好准备。这个过程对于安全、有效力和有效率的飞行至关重要(机组训练国际公司)

对于飞行员来说，理解时间在处境意识中的作用非常重要。大多数飞行员凭直觉就能感知到他们需要“想到飞机的前面去”，否则很快就会失去对全局的掌控。为了达到“想到飞机的前面”这一目的，飞行员必须准确感知当前处境的构成要素，理解它们的含义，并预测它们对未来的影响。安斯利博士将这些要求称为处境意识的三个层次，下面分别简要介绍。

9.3　处境意识的层次

处境意识的第一个层次，要求飞行员能够敏锐感知相关环境线索，例如警告灯，并认识到它是什么。然而，即便在这个最基本的层面上，环境中多个变量的同时存在也可能导致处境意识感知过程的崩溃。这主要因为其中有些变量是可控的，有些则完全不可控。处境意识第一个层次中出现的差错通常称为“输入错误”(Sventek，1994)。第一种输入错误是**错误的数据**(incorrect data)，如一块损坏的油压表或一个有故障的警告灯。第二种输入错误是**误解信息**(misinterpreted information)。有人认为，本章开篇介绍的 B－1 轰炸机坠毁事件可能是由于误解某条线索[①]所致。B－1 飞机在大迎角状态下自动向上拉起时会产生类似于坠毁前那样的“强烈抖动”。这种强烈抖动很容易被误解为接近失速的迹象。如果真是这样，那么飞行员所采取的切

---

① 此次事故发生时，作者时任 B－1B 的飞行教官和检查员。一群经验丰富的飞行员经过几小时的推测，得出几个推论。我相信，事故发生时，飞行员认为飞机有可能将要失控，他采取了一种失速改出恢复动作，却完全忘记飞机正在接近左侧的高坡。

断自动驾驶仪、机翼改平并推杆使机头向下等一系列操作，都是合理的——除了近地因素之外。但事实是机组忽略了地形，这恰是第三种输入错误的例证，即**信息优先级错误**(misprioritized information)，表现为飞行人员没有注意到某个线索或事件的相对重要性。历史上最为经典的人为差错事故发生在一架 DC－8 飞机上，机长没有听从飞行工程师的警告，在目视条件下绕飞目的地机场时燃油耗尽——一起明显的信息优先级错误案例，本章将对这个案例进行详细解读。

处境意识第一个层次的干扰因素包含注意力局限、注意力分散及任务饱和，这些因素都妨碍了重要信息的读取或及时采取行动。本章稍后将给出解决与注意力相关问题的建议。

处境意识的第二个层次，是指飞行员将观察到的信息纳入全局，对所观察的内容赋予内涵和意义。同样是注意到滑油压力指示偏低，驾驶单发飞机飞越山区地形的飞行员与在本场飞起落航线的多发机组的处置动作会有很大不同。根据具体环境赋予事件适当意义的能力是成功飞行员的必备素质，它取决于包括自我认知、飞机知识、团队知识和环境知识等飞行素养支柱在内的几个因素的共同作用。建立在这个层次上的处境意识需要“格式塔①(gestalt)”，即对事件有整体解读能力(Endsley, 1989)。由于对新的事件信息几乎没有可以借鉴的经验模式，因此许多新飞行员在培养这一层次或更高层次的处境意识时会遇到一定困难。在帮助飞行员建立这种能力的过程中，模拟机、“机库飞行”、飞行员之间的讨论都可以代替实际经验发挥作用。

据说，最棒的橄榄球跑垒队员，仅凭感知阻挡队员和防守队员的动作和意图，就能够在防守区出现漏洞前发现漏洞。安斯利博士将飞行中的这种预知未来的能力称为处境意识的第三个层次(Endsley,1989)。能够准确感知状况，并将某种迹象或事件融入当前处境中的飞行员，必须展望未来，“看到”这些事件对未来行动的影响。然而，这个能力对于许多飞行人员来说往往比较困难，因为它需要创新以及根据实际情况改变既定计划——而这正是许多飞行人员试图规避的做法。另一方面，如果处境意识无法转化为具体行动，也就毫无价值。因此，飞行员必须能够根据事件的当前现状，同时考虑已发生的事件对剩余航程的影响，调整后续的行动方案。

我们以独自驾驶飞机时遭遇到滑油压力低的飞行员为例，总结对处境意识三个层次的理解。飞行员一边喝着咖啡一边扫视驾驶舱，突然他注意到飞机唯一的发动机显示滑油压力低，这是处境意识的第一个层次。飞行员知晓自己当前的位置、在山地上空、了解发动机滑油需求并重视滑油指示，反映处境意识的第二个层次。最后，处境意识的第三个层次表现为，飞行员根据事件或线索，推测出多种可能发生的状况。飞行员必须迅速做出决策，在只有一台发动机的情况下，如果最佳方案是通过飞

---

① 格式塔系德文“Gestalt”的音译，主要指完型，即指在单独分析中观察不到，只能在整体分析中才能观察到事件不同组成部分的独立特征。将这种整体特性观察运用到心理学研究中，产生了格式塔心理学，强调经验和行为的整体性。——译者注

机爬升来获得抵达合适着陆机场的滑翔能力，那么，他必须权衡飞机爬升所消耗的发动机的额外动力。这个场景也揭示了飞行员的处境意识是如何对判断和决策产生影响的。

尽管学术定义和解释为更好地理解处境意识奠定了基础，然而专业飞行员的经验和见解同样（如果不是更多的话）富有洞察力。让我们回顾一下那些将生命建立在始终如一保持精确处境意识基础之上的军事飞行员们的看法。

只要我看到就能知道：鹰式战斗机飞行员罗列的良好处境意识构成要素（Wagg，1993）

173名F-15战斗机飞行员有什么共同特征？答案可能五花八门，从佩戴大表盘手表到难以置信的作战故事。虽然答案多种多样，然而对于"良好"处境意识的构成要素，他们存在着普遍的共识。在阿姆斯特朗实验室与美国空军共同开展的一项研究中，要求驾驶F-15战斗机的飞行员给出处境意识关键要素的书面定义，焦点集中在以下7个方面。通过分析自我特征并对比这项研究所罗列的要点，我们可以更加清晰地了解自己的处境意识能力水平，减少并消除相应的薄弱环节。F-15飞行员认为以下要素是构建良好处境意识的关键：

1. *在三维空间中构建整体处境的合成图像*。你是否擅长在3D环境中观察自己的处境？你能否把自己充分抽离出来，但又不要太过，以便在脑海中审视全局？战斗机飞行员认为这种能力对良好处境意识极为重要。
2. *消化多个来源获取的信息*。假定你的乐趣是同时监听多个无线电频率，某个学员（或教员）想要告诉你他为什么做了刚才的动作，同时，根据刚刚收到的SIGMET（重要气象情报），重新计算新的剩余燃油，那么接下来停止阅读，跳到第3条。如果不是，那么想一想自己实际能够处理多少条信息，并能制定优先排序策略。
3. *了解空间位置和几何关系*。虽然该要素与第1个要素有直接的关系，但鹰式战斗机飞行员们一致认为，这一点也非常重要，需要单独列出。比如"*其他飞机在什么位置？*""*飞机接近的速度有多快？*""*我与他的相对航向如何？*"等问题，都与你的几何思维能力有关。这一点你能得多少分？
4. *定期更新当前的动态处境*。在瞬间万变的飞行环境中，原地不动就是落后。你是否经常感到一切发生得太快？
5. *确定信息和行动的优先顺序*。没有人能同时搞定一切，如何取舍？这时我们需要回答"先做什么？""其次做什么？"或者"什么不能做？"等问题，而充分的准备及全面的飞行简令可以在地面上就回答完大部分这类问题。
6. *做出高质量和适时的决策*。这个要素是处境意识的真正效用和精髓。如果完成了上述第1～5项，但你却无法做出决策，即便具备最好的处境意识也无济于事。

7. **根据当前的处境预测未来。**现代飞机飞行速度很快，如果你不能预测、预期并根据即将发生的事件采取行动，那么你就会处于被动状态。回想一下，你上一次感到自已的思维滞后于飞机是在什么时候？

还有一点也很重要，根据其他飞行员和专业观察员的报告，这些鹰式战斗机飞行员在模拟任务中的行为表现与他们对处境意识构成要素的描述完全一致。同时，研究发现，飞行素养其他方面的养成与处境意识构建之间存在着一些关联，包括“飞行领导力和资源管理(团队)、决策制定(判断)，沟通(技能)，战术知识以及武器性能(飞机)知识”(Wagg，1993)。这些发现清楚地表明系统方法对构建飞行素养的价值，即飞行素养的每个部分都直接影响其他方面能力的好坏。可以肯定地说，基于所有可以得到的数据，没有人能“专门掌握”处境意识。要想提高处境意识能力，必须从整体上着手，飞行素养的各个方面必须得到均衡的发展。

由于处境意识非常复杂，因此常常被寻求自我改进的个别飞行人员所忽视，他们认为这完全与经验有关。然而，一旦理解了处境意识的重要性，每一位飞行员都会立即迈出提高处境意识的坚实步伐。

9.4 处境意识有多重要

来自航空各个领域的案例分析和事故分析告诉我们，处境意识对于每一个飞行人员都是至关重要的。尽管处境意识对企业、商业和通航飞行人员的影响极为显著，但是军事行动却为我们洞悉处境意识的本质和重要性提供了独特的视角。造成这种情况的原因有很多，但主要源于对年轻飞行员的多重任务要求，作战训练和作战行动的竞争性质以及由此获得的数据。在对1989—1995年美国空军所有飞行事故的一项分析中，事故报告提到，注意力局限导致与决策相关的处境意识丧失，是造成事故的最大因素(Magnuson，1995)。

事故数据并非唯一的指标。1983年，在圣路易斯的麦道飞行模拟器(McDonnell Douglas flight simulator)上，美国空军对新型高级中程空对空导弹(AMRAAM)的作战效用进行了评估。为得到最佳的武器评估测试参数，前线战斗机飞行员受邀参与了本次仿真测试。然而，在测试中却发现了比所要获取的导弹数据更为重要的飞行员的信息。“虽然这项研究的主要目的是AMRAAM与AIM-7M的性能对比评估，但得出的一个重要结论令人吃惊，那就是飞行员在飞行中的处境意识与任务结果之间存在惊人的相关性”(VEDA，1988)。测试报告指出，飞行员的处境意识比其他任何因素都更为重要——“包括被模拟的武器类型或喷气机类型”(VEDA，1988)。

据另一项关于空对空作战伤亡的研究估计，几乎90%的飞机都是在甚至没有看到攻击者的情况下被击落的。虽然在军事环境中处境意识的重要性怎样强调都不为过，然而处境意识重要性最令人瞩目和悲剧性的案例也许来自商业运输航空领域。

案例分析：美国联合航空公司173航班DC-8坠毁在俄勒冈州波特兰[①]

1978年12月28日天气晴朗，麦道公司一架DC-8客机在波特兰国际机场20英里范围内进行盘旋时，因燃油耗尽而坠毁。通过对案例细节分析，揭示出影响机组处境意识的两个要素。首先，注意力分散是处境意识的头号杀手；其次，“机组处境意识水平”的确受限于机组中能力最低的那个人，尤其是如果那个人还在驾驶飞机。随着事件的展开，请首先关注机长似乎忘记了时间——产生了心理学家所说的时间错觉。接下来，请关注机长丧失了第二个层次和第三个层次的处境意识。虽然在副驾驶和飞行工程师的提醒下，有那么几次机长注意到了燃油状况，但是燃油意味着什么并没有引起他的重视；此外，他显然没有将真正迫在眉睫的紧急状况与燃油过低联系在一起。而后，请重点关注，在最后时刻，机长和副驾驶都丧失了对位置的处境意识，在飞机仅剩几分钟燃油的情况下，竟然接受了飞离着陆机场的指令。还有许多教训是我们能够从这个案例中汲取的，包括在关键时刻需要适当的自信，以及非飞行机组人员的重要作用等。在阅读案例时，问问自己，机组在什么时候应该第一次意识到燃料过低的重要性，在他们飞向灾难的过程中，有多少个干扰因素在分散机组的注意力。

下午2时47分，173航班从丹佛起飞前往波特兰，机上有189名乘客，包括6名婴儿和8名机组人员。显然，大多数乘客都是趁着节日假期外出看望家人或朋友后返回波特兰的。丹佛到波特兰的计划飞行时间是2小时26分钟，他们的家人会在5时13分在波特兰机场大厅等候迎接他们。计划抵达波特兰时的备用燃油为14800磅。（飞机离开丹佛时，机上有4.67万磅燃油；计划航线耗油31900磅。事故调查期间，机长声称在飞往波特兰的整个航程中，自己非常注意燃油的消耗量和预计的剩余燃油“……或许这里需要讨论一下”。）机上所载燃油符合监管部门及公司应急燃油规定，在飞机光洁形态下这些燃油可以持续巡航一个多小时。大约5时06分，173航班呼叫波特兰进近管制，申请下降和进近许可。管制要求他们保持航向，计划实施28号跑道目视进近。机组答复“我们看到机场了”。

当DC-8下降到8000英尺时，副驾驶指令襟翼放出到15度，随后要求放下起落架。机长在执行这两项操作时，机组和乘客都注意到“砰”的一声，并且感到飞机稍稍向右偏转。机长说：“明显异常，而且……似乎（起落架）放下速度快了些。”根据NTSB事故调查员在事故发生后对起落架的残骸分析发现，飞机右起落架上的伸缩支柱在飞行过程中断裂，尽管这会导致右起落架放下速度过快，但是起落架一旦放下，依然会牢牢锁定在合适的位置。然而，可能正是起落架放下速度过快或者之前发生的故障造成了驾驶舱起落架指示灯失效。机长报告：“前起落架指示灯绿色，但其他起落架指示灯[②]不亮。”为确认起落架状态，第二副驾驶目视查看了机翼顶部的起

---

① 本案例研究引自NTSB 1979。

② 事故调查人员推测，可能是起落架放下的速度过快造成驾驶舱的起落架指示灯故障。

落架位置指示器的指示，并报告它们表明起落架放下并锁定。

下午5时12分，计划着陆时间的前一分钟，波特兰进近管制指示173航班与塔台联系，申请着陆许可。机组答复，“不行，我们还要与你们保持联络。我们需要保持高度5000英尺，170节左右。起落架出了问题，稍后联系。”这是机组第一次向地面报告飞机出现故障。进近管制指示173航班“左转航向100，在那里盘旋直至完成故障处置后脱离”。

在接下来的23分钟内，机组实施了应急处置程序，包括两次核实起落架位置指示。在此期间，乘务长走进驾驶舱，机长和她讨论了当前状况。机长告诉她，做完“更多检查”后再通知她所要采取的进一步措施。

大约5时38分，机组与联合航空公司位于旧金山的航线维修系统控制中心取得了联系。根据记录，机长向公司调度部门汇报了起落架故障，以及为确保起落架完全放下机组所采取的措施。他报告飞机尚有约7000磅的燃油，计划再等待15～20分钟。截至这时，飞机已经消耗了最初备用燃油的一半，即约7800磅，这是因为到达当地的时间是下午5时12分。很明显，即使有可能，再维持20分钟的飞行也是很危险的。然而，机组既没有意识到，也没有考虑到飞机起落架放下后增加的额外燃油消耗。旧金山的调度人员试图弄明白机长的意图，“好吧，联航173……你预计6点5分左右着陆，对吗?”机长答道：“是的，差不多。我不想催促那些姑娘，机上有165名乘客，我们……想……慢慢来，让大家都准备好！非常清楚，没问题。”难道是在每次盘旋的过程中，能够看到近在咫尺的机场，就让机长和机组产生了错误的安全感吗?在波特兰管制的指挥下，飞机继续在机场东南方向约5000英尺高度的航线上做三角形的等待盘旋。采用这样的等待盘旋方式，飞机与跑道可以始终保持在5～20英里的范围内，具体距离则取决于飞机当时所处的航线位置。

驾驶舱语音记录仪显示，大约在下午5时44分，机长和乘务长就乘客准备、紧急迫降程序和疏散程序等事宜进行了沟通。谈话中，机长既没有给乘务人员限定时间，也没有询问客舱准备需要的时长。(这些内容是在与机长的首次访谈中了解到的。他说自己认为10分钟或15分钟比较合理，因为最后向机场进近前还需要做一些准备工作。)2分钟后，副驾驶问飞行工程师：“燃油还剩多少?”飞行工程师答道，“5000。”又过了2分钟，5时48分，显然副驾驶非常关心燃油情况，问机长：“……现在显示还有多少燃油？……”机长答道，“5000。”几乎在同一时刻，燃油泵指示灯开始闪烁，显示可用燃油总量的确接近5000磅。(根据制造商提供的数据，当剩余燃油达到或接近5000磅时，DC-8飞机上的燃油泵指示灯会开始“闪烁”。)5:40:47到5:48:50，仅仅8分钟，飞机就消耗了2000磅燃油。很明显，即使有可能，此时再继续飞行“15或20分钟”也会极其危险。

5时50分，机长命令飞行工程师，“给我们一张当前的重量表(着陆使用的数据卡)，估计还要15分钟。”副驾驶问道：“15分钟?”机长答复，“是的，给我们3000或4000磅。”此刻飞行工程师也表示了严重关切，强烈回应了机长15分钟的预估。“燃油不够,15 分钟燃油会真的耗尽。"随后,机长要求飞行工程师与波特兰的公司代表联系,并通知 173 航班将载着 4000 磅燃油着陆。此时,飞机距离机场约 17 英里,正向东北方向(跑道方向)飞去。

5 时 55 分,飞机继续飞向机场,飞行工程师报告"进近下降检查完毕"。1 分钟后,副驾驶问:"现在还剩油多少?"飞行工程师告诉他每个油箱有 1000 磅,总共约 4000 磅。在此关键时刻,机长却让飞行工程师到客舱"看看情况如何"。在飞行工程师离开期间,机长和副驾驶讨论了几项应急程序内容,包括留给乘务人员足够的准备时间。飞行工程师返回驾驶舱,报告客舱"再有两三分钟"就会准备完毕。与此同时,波特兰管制要求飞机左转至航向 195 度,此刻,173 航班距离跑道只有 5 英里,已经做好了着陆准备,但副驾驶确认并同意了转向离港航向的请求。

下午 6 时 02 分至 6 时 05 分,飞机从波特兰管制与机组协调的位置离港。在离港期间,进近管制询问 173 航班进近的计划时间。机长答复,"客舱很快准备就绪,我想再需要三、四、五分钟吧。"根据驾驶舱语音记录仪的记录,机组仍在继续讨论进近的应急计划,诸如为进一步确认起落架完全放下并锁定,检查起落架警报器,以及如果起落架电路断开,减速板自动放出和防滞刹车装置能否正常工作等。

6:06:40,机长终于决定实施进近。几乎在同一时刻,副驾驶报告"我感觉四号发动机停车了",接着他对飞行工程师说:"……(你)最好把那儿的交叉输油或什么打开。"副驾驶向机长重复报告了观察到的情况。"发动机要停车了,发动机要停车了。"听到这些,机长问:"为什么?"副驾驶只回答了一个词"燃油"。

此刻,173 航班正在机场西南方向约 19 英里处向左转弯。针对飞机燃油状况,机组进行了几分钟令人费解的讨论,然后机长呼叫波特兰进近管制,请求"立即向 28 左(跑道)进近"。波特兰立即批准了他们的优先进近许可申请。

6:07:27 到 6:09:16,以下是 173 航班驾驶舱内的部分录音:

6:07:27

飞行工程师:"三号发动机马上就要停车了。"

6:07:31

飞行工程师:"显示为零。"

机长:"你说过有 1000 磅,你说过的。"

飞行工程师:"那儿是曾经有 5000 磅……但我们用尽了。"

6:08:42

机长:"你得让它们继续运转。"

飞行工程师:"是的,先生。"

6:08:45

副驾驶:"看这个……到底了。"

飞行工程师:"是的。显示没有多少燃油了。"

6:09:16

飞行工程师:“总共只剩一个了,二号已经没有了。”

6:10:47

机长询问到机场的距离。波特兰进近回答:“我看有 18 英里。”

过了 1 分半钟,他再次询问,波特兰回答:“12 英里。”

6:13:21

飞行工程师:“伙计们,两台发动机停车了。”

6:13:28

机长:“都没了。我们无法备降特劳特代尔。”(特劳特代尔是波特兰国际机场旁边另一个可能的着陆机场。)

副驾驶:“我们什么也做不了。”

6:13:46

副驾驶:“波特兰塔台,联合航空 173 航班重型,Mayday! 发动机全部熄火,正在下降。我们到不了机场了。”

这是 173 航班发出的最后的信息。

大约 6 时 15 分,飞机在波特兰郊外居民区的一片林地坠毁,地点在机场东南约 6 英里。令人惊奇的是,此次坠机事故只有 8 名乘客和 2 名机组成员丧生,这在很大程度得益于飞机在着陆时已经没有可能引发火灾的燃油。

上述案例清楚表明注意力分散的危害。但是从飞行素养模型的视角审视这场悲剧,我们还发现了其他一些令人担忧的潜在隐患。飞行纪律、操纵技能或熟练程度没有什么问题迹象,整个机组在各自的岗位上都是胜任的。然而,当上升到飞行素养模型的知识支柱层面时,我们开始理解这个看上去不应当出现的错误是怎样发生的了。种种迹象表明,这不仅仅是注意力分散的问题。

在波特兰市灾难性的这一天,飞行素养的三大知识支柱——飞机知识、团队知识和环境知识显然无法支撑起处境意识和判断力。首先,机组似乎完全没有领会飞机仪表提供的线索含义。起落架放下后,机组几乎立即就得到了可以正确判断起落架是否故障所需要的全部信息。飞行工程师目视检查表明,起落架已经放下并锁定。机长很早就在电话中表明不会尝试回收起落架,然而他却一直纠结于起落架的指示问题。对所有三名机组人员来说,燃油流量指示也是一个有价值的线索,这个线索应当已经表明燃油实际储备(按时间)减少了近 50%。如果这些还不够明确,那么在和旧金山维修中心第一次沟通时,机组就应当意识到这一点。起落架放下飞行了 20 分钟左右,飞机就消耗了大约 7800 磅燃油——初始备用燃油的一半。显然,即便可能继续飞行等待 20 分钟也将是非常危险的。机组无法根据这些线索做出正确的反应或采取相应的行动,表明他们不仅丧失了处境意识,而且飞机知识的掌握也很薄弱。

第二根不能支撑良好飞行素养的支柱是团队知识。随着事件的展开,我们明显看到,机组成员不是作为一个协作的团队在工作,而是在各自为战。驾驶舱语音记录仪的记录显示,副驾驶比其他机组成员更早关注到剩余燃油问题,而其他机组成员可能更关注的是各自岗位工作职责范围内的事。然而，副驾驶却只是在形势开始恶化时暗示了这一点，由于缺乏主动行动的魄力和自信，从而辜负了整个团队。机长没有向客舱机组人员提供充分的情况说明和相应的指导。这个错误可能导致客舱机组进行准备时缺乏应对燃油不足状况所要求的紧迫感。飞行工程师处于观察和分析燃油状况的最佳岗位，但他既没有做到这一点，也没有采取强硬措施提醒机长。很显然，在这个案例中，团队支柱是极为薄弱或根本不存在的。

还有一些线索表明，机组没有对环境给予足够的重视。也许是在机场附近，而且每次盘旋时能够在等待航线上看到跑道，令机长和机组产生了一种错误的安全感——好像到机场的距离不是什么真正的问题。就在发动机熄火前 5 分钟，飞机离机场也只有 5 英里时，副驾驶竟然接受了进近管制员飞离机场的指令。这是挽救飞机、化解处境迅速恶化的最后机会，可惜他们却错失了。

美联航 173 航班机组应当被看作是飞行素养缺乏，而不仅仅是飞行员能力不胜任的典型事件。薄弱的飞机知识、团队知识和环境知识，以及对知识粗浅的理解，让三位高技能专业飞行人员不堪重负，最终导致悲惨的结局。缺乏飞机、团队和环境三方面的知识，引发处境意识的丧失，进而产生判断错误和决策失误。处境意识丧失的案例在通用航空领域更为普遍，这不足为奇，但根本原因和预防措施却大致相同。

案例分析：Cessna 210D，1989 年 1 月 1 日(NTSB，1989)

1989 年元旦，约翰·威尔金斯(化名)搭载三名乘客驾驶塞斯纳 210D 从佛罗里达州的迈耶斯堡(Fort Meyers)出发，前往伊利诺伊州兰辛市(Lansing)。虽然没有仪表飞行等级，但约翰是一位经验丰富、总飞行时间超过 2500 小时的飞行员。乘客们很可能据此就认为自己拥有了足够的安全保证。上午 9 时 26 分起飞后，他们顺利地结束了第一段航程，从迈耶斯堡到达田纳西州的塔拉霍马(Tullahoma)，并在那里加油。

不知什么原因，约翰在塔拉霍玛没有去领取最新的气象情报。也许是他急切想要在天黑之前赶回来，或是认为最初那份气象预报就已经足够了。无论基于哪种理由，他决定目视飞行前往伊利诺伊州。但起飞后没过多久，他们就遭遇到恶劣天气，于是决定在伊利诺伊州的阿尔文(Alvin)着陆。然而，约翰不知道的是，周边天气已经严重恶化。阿尔文的气象报告是云底高不确定，有雾，能见度只有四分之一英里。简而言之就是，一名没有仪表等级的飞行员，在低于大多数商业和军用飞机及机组最低运行标准的条件下，却要试图着陆。当约翰尝试开始进近时，他的命运就已经注定了。飞机在距弗米利安(Vermillion)县机场以北 5 英里处撞上了一棵高 35 英尺的大树，飞行员和一名乘客丧生，另外两名乘客伤势严重。事故调查没有发现飞机或部件故障的证据。

对于这起事故，NTSB 给出的官方结论是“非仪表等级飞行员进入仪表气象条件(IMC)，未保持足够的飞行高度”(NTSB，1989)。飞行素养模型告诉我们，丧失处境意识源于多方面原因。首先是缺乏飞行纪律性。冬季在美国的中西部地区飞行，需要及时更新气象预报，这位经验丰富的 54 岁飞行员理应知晓此事，他的行为不可原谅。缺乏飞行纪律性的进一步证据是，没有仪表等级的飞行员驾驶飞机进入仪表气象条件——这也是当今通用航空最致命的错误之一。其次，在飞行素养模型更深的层次上，我们看到飞行员未能理解自己能力的局限性及飞机的限制。最后，不难看出，飞行员缺乏对环境及不断变化的气象条件的足够重视。不遵守纪律，缺乏自身、飞机和环境知识，最终导致飞行员丧失处境意识，做出致命的错误决策。

9.5 识别丧失处境意识

飞行员不仅要理解处境意识的定义和重要性，还应了解丧失处境意识时，如何进行识别和恢复。在探讨处境意识问题的时候，首先，必须牢记处境意识位于飞行素养模型的顶端，会受到太多因素的影响；其次，处境意识是需要从多方面考虑的一种复杂现象，没有哪个飞行员能够始终保持完美的处境意识。同等重要的是，还应该意识到群体处境意识水平受限于关键时刻飞机驾驶人的意识水平，因此，识别他人处于处境意识丧失状态的能力也很重要。当需要良好处境意识的时候你却“不具备”相应的能力，这时就是把从杰姬·科克伦（Jackie Cochran[①]）、查克·耶格尔（Chuck Yeager[②]）那些杰出飞行员的处境意识全加在一起，也无法帮你走出困境。

飞行员的角色正在从简单的飞机操纵者，转变为信息处理者、飞行或机组的领导者以及系统管理者。粗略回顾与处境意识相关的现有文献，可以归纳出三个重要观点：

1. 丧失处境意识可能逐渐发生，也可能立即发生。
2. 丧失处境意识导致完成飞行任务的能力显著下降，而且通常是发生事故的首要因素。
3. 几乎总是有足够多的线索供机组成员识别并从丧失处境意识中恢复正常。

处境意识丧失的快慢取决于多种因素，可能会长时间慢慢陷入这种状态或几乎在瞬间就变得“一无所知”。对这种迅速出现的现象给予合理的重视意味着，飞行人员不应当在自己能力或飞机“操作包线”的边缘常规操作，应当给自己留出一段识别错误并从中恢复的时间裕度。不要把自己逼上绝境。在任何情况下都要保持使自己能有多种选择的可能，并时刻保持对自己和对飞机的敏感性。总而言之，只要有可能，就谨慎驾驶，即便你面对的只是墨菲。

案例分析表明，丧失处境意识会导致灾难性后果，但并非总是最坏的结果，有时

---

① 杰姬·科克伦(Jackie Cochran)：美国著名的女飞行员，除了是首位突破音障的女飞行员外，她还创造了多项飞行纪录：第一位驾机在航母上起降的女飞行员，第一位飞行速度达到马赫数 2 的女飞行员，第一位成功实施盲降(仪表着陆)的女飞行员，第一位驾驶固定翼喷气式飞机穿越大西洋的女飞行员。——译者注

② 查克·耶格尔(Chuck Yeager)：美国著名试飞员，首位突破音障的飞行员，曾是第二次世界大战中的王牌飞行员，曾任美国空军准将(第 3 章开篇引用了其观点)。——译者注

只会影响任务目标的实现。以海湾战争期间某F-111机组为例,当F-111机组完成轰炸任务,从伊拉克北部返航时,武器系统操作员提醒飞行员要注意地对空导弹。在实施一个高过载规避动作成功躲避威胁之后,机组大大松了口气,飞机按照新的航向继续飞行几秒钟后,才转回到预先确定的飞行航线。在这短暂的喜悦时间里,飞机径直飞入事先已知晓的高射炮阵地的致命炮火圈。尽管当天飞机和机组都安全返回基地,但机组承认躲过高射炮袭击并非自己驾驶技能高超,而是由于伊拉克炮手发射的炮弹不够精准(Anonymous,1992)。有时候恶因没有结出恶果只不过是幸运。

遗憾的是,现代航空的高科技水平尚不足以研发出针对"丧失处境意识"的告警系统,在尚无此类系统问世的情况下,飞行员必须依靠自我评估和团队合作,在任务有效性或安全性受到威胁之前发现问题。对事故数据和任务失败原因的分析指出,在即将丧失处境意识时,机组至少有四条识别线索可供使用。航空培训公司飞安国际的人因专家道格·施瓦茨(Doug Schwartz)指出,"这些线索并非总是非此即彼,需要判断力和谨慎。例如,有时使用非手册中的程序可能有一个恰当的理由:当时没有规定的程序可用。"(Schwarz,1992)然而,当出现一条或多条这类线索时,就需要对自己当前的处境意识状态进行有目的的评估了。

下面列出了一些飞行员可能感到的"征兆",这些是丧失处境意识的前兆。

1. *模棱两可或困惑*:产生一种你错过什么的模糊感觉或第六感中出现的不确定性,通常被称为*征兆*(pinch)。
2. *执着*:注意力局限、单一。
3. *沟通频率下降或缺乏交流*:开始丧失处境意识时,最先出现的症状是感到与驾驶舱外部的沟通存在压力或困难。一条相关线索是对收到的信息没有及时做出反应,结果是通常那些想要与你取得联系的人需要再次向你发送该信息。
4. *错过目标*:如果突然发现自己在时间表上提前了10分钟,就应该问问自己是什么原因,然后设法解决这个问题。
5. *机动减少*:虽然在迷失方向时,减少机动不见得是坏事,然而在适宜的时候减少对飞机的操纵,可能就是处境意识丧失的一条线索。
6. *思维没有走在飞机的前面*:良好的处境意识使机组能够想在飞机的前面,对当前、中期和长远环境中需要关注的事项做好准备和预判。如果你突然发现自己只能应对眼前的事件,你可能正在丧失处境意识。
7. *实施非标准程序或违反最低标准限制*:表现形式可能是简单的检查单执行偏差,也可能更为严重,比如违反气象间隔标准等。
8. *试图在规定限制之外操纵飞机或武器系统*:在超出限定飞行速度的状态下放下起落架或襟翼,或者试图在轰炸区域范围外投掷弹药,通常意味着你已经丧失了处境意识。

虽然上述所列情况无法涵盖处境意识丧失的所有状况,但它确实告诉我们识别丧失处境意识的技能是可以学会而且应当学会的。通过对处境意识丧失的一些小事件进行有纪律的自我讲评，这项技能就可以得到很大的改善。请你尝试着将这个简单步骤加入自己的日常讲评工作中。飞行后，对照讲评清单，问问自己，“我今天的处境意识是否完美？”如果答案是否定的，那么就去查找那些已经出现的线索，以便在未来对它们更加敏感。虽然这只是一个简单的自我改进步骤，但却可能在某一天挽救你自己。

9.6 敢于承认并从处境意识丧失状态中恢复正常

察觉到丧失处境意识会把我们带到下一步，通常是更加困难的一步：那就是向自己和其他机组成员承认自己的“失能”状态。众所周知，飞行员都不愿意暴露自己的不足。没有人愿意承认自己的弱点，但是一旦丧失处境意识，保守这个秘密的风险实在太大了。此外，僚机、副驾驶、学员或教员可能也已经知道了你的处境。此时，只要简单说一句“到我旁边来，我有点迷失方向”，队友就会转换为支持角色，成为安全的监督者。在军事领域，它可能需要某个标准术语，比如“终止”“停下来”，或“暂停”。

但是，不可能总会有人一直陪在你身边，帮你度过丧失处境意识的时刻，或许他们的状况和你一样糟糕，那该怎么办呢？专家们推荐了一些恢复处境意识、让自己“迎头赶上”的简单步骤。“驾驶飞机”这条古老的戒律可以分解为几个实用的建议技巧，第一条应当用**黑色粗体字**(BOLDFACE)标识，像应急程序检查单中关键操作那样。如果你感到自己丧失了处境意识，可以采取以下步骤：

1. **远离尘埃、岩石、树木和金属！如果在编队飞行，增加间隔。如果是在低空飞行，上升高度。**如果怀疑自己的僚机(或长机)或其他机组成员丧失了处境意识，行动要果断。如果时间允许，要质询他的状况；如果时间不允许，就命令他采取相应的操作。与其接受事故调查组的询问，不如在飞行讲评中接受批评；不这样做的结果可能更为糟糕，你也许都没有机会接受事故调查组的提问了。
2. **稳定飞机。**当你和其他人脱离险境后，稳定飞机飞行状态，减小变化频率，给自己超负荷的大脑一个跟上节奏的机会。
3. **争取时间。**如果是在仪表飞行中，则可以申请从“当前位置飞到其他地方”，为自己争取一些恢复的时间。不要请求降低航线高度，而要请求加入等待航线；如果已经处在航线下降过程中，那就复飞再绕一圈；如果需要，也可以延迟进场。记住，与其他行业相比，“迟到总比到不了强”，迟到也同样重要，甚至更适用于航空领域。
4. **寻找信息。**捕捉所有实时信息的输入和来源——视觉、听觉、感觉和直觉。解决内部分歧。找出自己提早或晚到的原因，或者为什么比燃油计划曲线超前/滞后。如果需要，向空中航路交通管制中心请求核实当前位置。总之，要恢复对自己和设备的信心。

5. 从经验中学习。在讲评时告诉自己“不想再经历一次”是不够的。分析情节，是什么原因导致了自己丧失处境意识？当时出现了什么症状？将来如何识别和避免？

请记住，只有你自己才是飞行命运的主宰者，只有你真正清楚自己在什么时候表现能力或思维能力没有达到正常水平。

9.7 预防措施：提高处境意识的要诀

本章的目标是培养处境意识的理解能力，鉴于处境意识与飞行素养的其他方面息息相关，进而提出了如何提高处境意识的实用建议。在理想的飞行环境中不存在干扰，所有的飞行员都具备飞行素养的坚实基础和知识支柱以确保他们完成任务。遗憾的是，实际情况并非如此，因此我们必须制定相应策略，将那些与丧失处境意识相关的任务风险和安全风险最小化。以下是预防丧失处境意识的参考建议。

1. 定义角色。避免注意力局限，明确分配每个人在飞行团队中的职责和义务，这项工作最好是起飞前在地面上完成。
2. 干扰管理。建立并遵守标准的操作程序。做期望做的工作或简令要求的任务。承认并指出在例行程序或操作顺序中的违规。
3. 减少负荷。当你过于忙碌而无法掌控全局时，要能及时发现，并向自己和他人承认。将负荷分配或降低到安全完成任务的水平。
4. 避免自满。要注意，当你开始感到无聊或兴奋时，可能就是飞机要让你吃苦头的时候。
5. 测试假设。不要想当然，仔细检查数据并质疑所有的直觉。
6. 干预。当遇到对飞行安全产生威胁的情况时，要果断提出问题。不论机组中的岗位地位如何，都要保持警觉并以任务为导向。

飞行员正确的决策和判断是建立在处境意识基础之上的，如同飞行素养的其他方面一样，我们不能孤立地看待处境意识。我们已经看到飞行素养模型中的每一个基础和支柱对处境意识的支撑或削弱作用，也了解了如果在错误的时刻丧失处境意识将会产生什么样的严重后果。虽然复杂，但是保持处境意识的能力是能够并且应当通过个人努力去提高的。处境意识并不像许多人告诉我们的那样，是一种“与生俱来”的能力，它是整体飞行素养的一个更高层次，只要你保持提高的内心意愿，凭借自律的努力，每一位飞行员都可以永无止境地提高和改进。

9.8 参考文献

[1] Anonymous. 1992. Personal interview with F-111 WSO.

[2] Endsley, Mica. 1989. Pilot situation awareness: The challenge for the training community. Paper presented at the Interservice/Industry Training Systems Conference, November 1989, Fort Worth, Tx.

[3] Magnuson, Kent. 1995. Human factors in USAF mishaps, October 1, 1989 to March 1, 1995. Albuquerque, N. M.: USAF Safety Agency Life Sciences Division. December 1.

[4] National Transportation Safety Board (NTSB). 1979. Aircraft accident report of United Airlines Flight 173, Portland, Oregon, December 28, 1978.

[5] ----. 1989. Accident ID number CHI89FA039, File number 1985.

[6] Schwartz, Doug. 1992. Training for situational awareness. Presented at the Ohio State University Fifth International Symposium on Aviation Psychology, Columbus, Ohio.

[7] Sventek, Jeff. 1994. Aircrew awareness and attention management briefing. San Antonio: Trinity University.

[8] United States Air Force. 1992. Accident investigation report, B-lB mishap. Dyess AFB, Tx. November 22.

[9] VEDA, Inc. 1988. AMRAAM OUE tactics analysis methodology briefing. Quoted in Stiffler, Don. 1988. Graduate level situational awareness, USAF Fighter Weapons Review. Summer:15.

[10] Wagg, Wayne L. 1993. Preliminary report from the Situational Awareness Integration Team (SAINT) briefing slides. Mesa, Ariz.: Armstrong Lab.

第10章
判断与决策

判断不是对基本规律的认识，而是知道如何运用这些知识。

——查尔斯·高(Charles Gow)

10.1 理查德·詹森(Richard Jensen)博士的观点

判断之所以重要，原因有很多。人们常常忽略了FAA在制定规章与程序时遵循的思维逻辑。与其他那些旨在保护群体中最弱势成员或技能最低成员的规章不同，FAA的规章旨在最大限度地发挥最优秀飞行员的能力与飞机的性能，这主要源于FAA监管的总体目标：在促进航空业发展的同时，监管行业运行的安全性水平。

在美国，FAA的机载设备和飞行程序认证测试项目，通常会选用最优秀的飞行员和设备来验证FAA所监管的所有操作，并根据这些测试数据编制监管指南和程序。因此，FAA的规章是在期望飞行员能够依据自身技能和飞机性能进行解释的前提下提出的，然而具备这样素质的人员数量可能比那些参与测试飞行程序的试飞员数量要少得多。

尽管我们都不认为自己是平庸之辈，但的确很少有人能够达到FAA试飞员那样的技能水平。当我们在飞行中做出某个决定时，例如，在没有任何裕度的最低气象标准条件下进近，那就等于在飞机设备校准无误的前提下，要求自己的飞行操作技能达到经验丰富的试飞员相同的水准。因此请你下一次进近到决断高或最低下降高度之前，考虑一下上述因素，毕竟评估自身能力、团队能力以及飞机性能是否胜任当前任务的责任需要你个人承担。

人们普遍认为，判断只是将常识(common sense)运用到决策中的过程。这种观点有一定的道理。然而，想要让这个观点成立，“常识”中的“感觉”(sense)必须包含相关的知识、强烈的意识、清晰的认知以及对决策涉及的全部相关因素的深入理解。就像智者曾经说过的那样，“常识并不总是那么普通(common)。”

理查德·詹森是俄亥俄州立大学(Ohio State University)航空心理实验室主任，国际期刊《航空心理学》的编辑，著有《飞行员的判断与机组资源管理》一书。

良好的判断力是飞行素养的最高境界，建立在包括纪律、飞行操纵技能、知识和处境意识在内的飞行素养其他要素的基础之上。反过来，良好的判断力同样支撑着飞行素养保障的三个主要目标:完成任务过程的安全性、任务的有效性和效率。这就是良好的判断力不仅对个人,而且对整个组织都至关重要的原因。

与飞行素养的其他方面一样,判断力必须视为一个整体,看作是整个飞行素养的互动部分。有很多研究试图将飞行员的判断力从飞行素养的其他要素中剥离出来。虽然这种方法对于控制研究环境中的变量有一定的作用,但它缺乏全面考量,因此不符合本书的主旨。当前的研究定义缺乏足够的深度,无法帮助我们准确理解在形成判断力的过程中,那些相互关联的飞行素养要素是如何相互依赖、共同产生作用的。判断力几乎体现在飞行员所做的每一件事上,从应用简单的规则、运用程序处置常规情况,到处理和解决复杂的空中紧急情况。判断力甚至延伸到了驾驶舱以外,包括飞行前做好充分的心理和生理准备、飞行前简令、飞行结束后的分析和讲评。那些在日常活动中判断力表现较差的人,也极有可能将这种特质带到空中。作为复杂的人类因素的顶峰,判断力的理解和提高需要坚实的飞行素养知识基础,以及不断地学习和持续地改进。

10.2 判断力差的几种表现

判断力差会对通用、军事及商业航空领域产生重大的影响。近年来进行的几乎所有的事故研究都证明判断力差会导致悲剧性后果。在一项为期 5 年的通航事故研究中,决策错误占致命错误的比例高达 50%以上(Jensen and Benel,1977),见图 10-1。

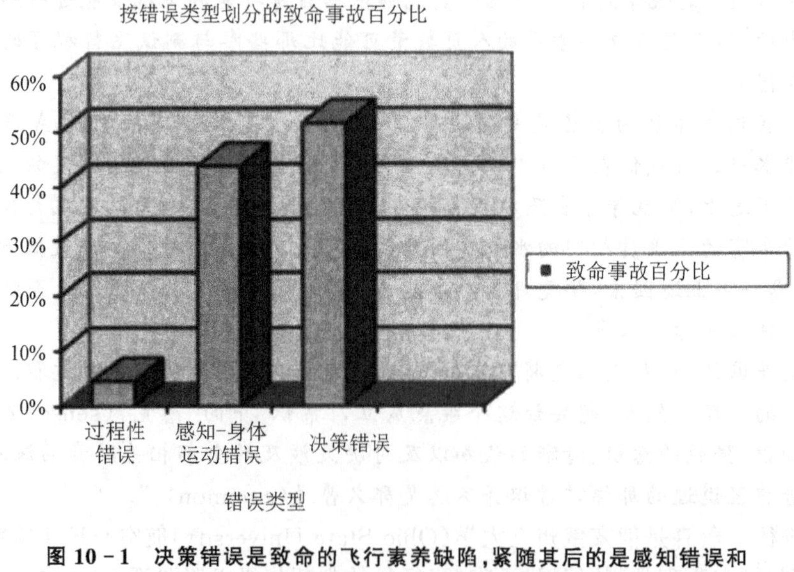

图 10-1 决策错误是致命的飞行素养缺陷,紧随其后的是感知错误和身体运动错误。当飞行素养各个方面都得到良好的发展并保持平衡时,可以有效防范致命错误的发生(Diehl,1989)

同样，在一项与事故相关的军事领域人为因素差错的 10 年的时段分析中发现，在三个方面表现出的判断力低下所引发的事故比其他所有差错类型加在一起造成的事故还要多。按照发生的频率排在首位的是“选择错误的行动方案”，其次是“有意不执行规定的程序”以及“未及时采取必要措施”(Magnuson，1995)。这三个方面都指向部分机组人员判断力差和决策不当。

前 NTSB 暨美国空军事故调查员艾伦·迪尔(Alan Diehl)博士综合多项研究成果，将航空领域中出现的错误类型进行了对比(见图 10-2)，数据显示，决策错误占所有机组差错的一半以上。

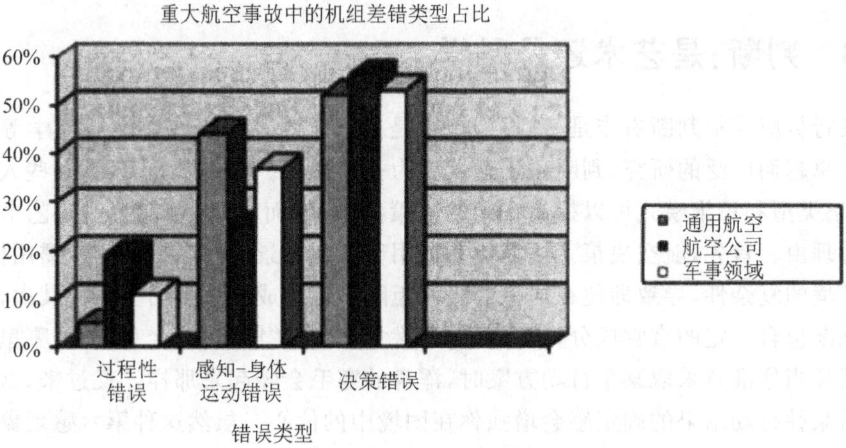

图 10-2　决策错误是造成重大航空事故的主要原因

非统计数据也表明了决策问题的严重性。从某种角度来说，现代航空技术的最新进展可以看作是对飞行员决策的谴责。近年来，航空制造业在人因工程领域取得了长足进步，大多数新设备都是为了从人类会犯错误的双手中接管越来越多的飞机操纵权和决策权。比如早期用来规避高度和航线偏差的自动驾驶系统和自动导航系统，最近又出现了一些新系统，包括提醒可能撞地的近地警告系统(GPWS)、可能与另一架飞机相撞的空中防撞系统(TCAS)，以及遭遇天气危害的各种风切变警告系统。应该说，这些技术上的进步都“得益于”那些与判断力差和决策不当直接相关的事故或事故征候。

在训练及运行方面，检查单、政策、程序和规章变得更加具有指导性。组织似乎认为，严格的标准化是飞行员判断力差的部分原因。虽然自动化系统和标准化带来更加安全、更加可预测的飞行环境，但却可能在不经意间培养出一代过于依赖自动化系统和检查单的飞行员。当需要这些飞行员独自解决棘手问题时，他们可能会因毫无准备而措手不及。

尽管大多数飞行人员乐于接受技术方面的进步，但是自动化系统和严格的标准化却无法解决航空决策中的所有问题。出于以下几方面原因，我们必须继续努力提高飞行员的判断力。首先，并非所有的飞机都配备了自动化系统；其次，自动化系统曾经并且依然会时不时出现故障；最后，自动化程度的提高会带来新的自满类型和自满程度，甚至许多飞行员认为自己在飞行时只要“搭便车”就可以了。因此，在整个航空领域，判断和决策依然是飞行员和其他飞行人员的重要技能，而且或许比以往任何时候都更为重要。

判断力问题需要引起重视。虽然航空心理学家和训练机构会继续在更大的范围内解决判断和决策问题，但最终的责任却落在我们每个人的身上。想要提高这方面能力，首先要从根本上理解如何处理这种被我们称为“飞行员判断”的现象。

10.3 判断：是艺术还是科学

飞行员应当把判断看作是一门科学，也是一门艺术。由于在航空心理学等领域进行了卓越而广泛的研究，判断正逐渐发展为一门科学。现代研究表明，某些人类特性、人格类型和思维模式可以提高我们的决策能力，然而，将判断视为一门艺术也存在多种理由。首先，航空决策无法简化为适用于所有场景的“如果—那么”惯用模式。飞行环境的复杂性，导致即使在简单的决策矩阵中也生成了过多的变量。其次，飞行员的判断包含一定的直觉成分，很多情况下潜意识中的“第六感”会直觉到“哪里不对劲”，就像当你准备采取某个行动方案时，浑身的寒毛会竖起来那样。反过来，这个第六感对某种行动结果的确定感会增强你在困境中的信心。虽然这种第六感现象目前尚无科学定论，但是许多飞行员都产生过这样的第六感，并且知道这种内在力量的价值和效用。

鉴于在面对形形色色的空中挑战时，飞行员个体的识别能力和应对能力都不相同，因此在飞行员中，判断力近乎成为一种神秘的特质，让某些人相信，你要么具备，要么不具备。然而，事实并非如此，决策能力实际上是一种能够通过知识和实践的系统化培养，发展而成的获得性技能。

本章并不建议在任何情况下都采取千篇一律的检查单式方法。不过，判断力和决策能力是能够而且也应当系统地进行培养的。第一步我们要将具备或培养本书前几章讨论的飞行素养作为先决条件，从严格的飞行纪律着手，同时加强技能并扩展知识储备。第二步是理解飞行员的决策方式和决策类型。最后，通过不断应用书中建议的决策策略，飞行员就能够建立起让自己在整个飞行生涯都受益的习惯性判断模式。

为了实现上述目标，本章首先给出判断的定义，概略介绍航空决策的相关研究，然后结合案例分析阐明要点，最后给出提高个人判断力和决策能力的行动方略。

10.4 判断的定义

韦氏词典给出的“判断”定义是：“通过辨别或比较，形成意见或评价的过程。”

(Webster's,1990)应用在航空决策时,我们需要对这个基本定义进行扩展。在美国联邦航空局给出的更为详尽的“判断”定义中,包含了飞行素养模型中的一些要素:

飞行员的判断是指飞行中识别和分析与自身、飞机、飞行环境和飞行目的相关的所有可用信息,随后合理评估备选方案,及时做出确保安全的决定。因此,飞行员的判断涉及个人对待冒险的态度、风险评估的能力以及根据自身知识、技能和经验做出决策的能力。一个判断性的决策总是涉及一个问题或选择、一个未知的元素,而且通常有时间限制和环境压力。(FAA,1988)

即便这个扩展的定义可能也无法完全诠释“判断”的复杂性,因为它没有将团队作用充分融入判断的整个过程之中,让人感觉判断完全是个人的行为。这种感觉是错误的。在航空领域,判断是比较和评估行动方案的过程——由每一位飞行员及其所在飞行团队共同完成。这些行动方案早在实际需要之前就部分制定好了,包括准备、沟通、知识和技能的获取,以便在时机成熟时做出最恰当的决定。正确的判断会使机会和概率的天平倒向对自己有利的一侧。决策的“适宜性”取决于飞行目标及飞行人员。

大多数情况下,安全是良好判断和决策最重要的考量因素。但是飞行人员——特别是商业和军事飞行员,并不总是能够在任何状况下采取最保守的方案。实际上,在一些军事行动中,安全性可能要排在完成任务目标之后的次要位置,但这类军事行动比较罕见。无论你是试图决定能否在恶劣气象条件下冒险起飞的通航飞行员,还是在以一敌四的空战中权衡利弊的F-15战斗机飞行员,良好的判断力和适宜的决策对整个航空运行都大有益处。尽管判断力看起来很神秘,但是经过20多年大量卓有成效的研究,已经总结出一些可以帮助我们理解并提高判断力的可靠信息和指导原则。要始终保持良好的判断力,关键的一步是有效评估每一种情况。

10.5 处境评估

航空决策的第一步,也是最重要的一步,是对处境进行准确的评估。飞行人员必须理解,空中出现的问题通常不存在快速、可靠的解决方案,因此所有问题的解决都需要从处境评估着手。美国国家航空航天局埃姆斯(NASA-Ames)研究中心航空心理学家朱迪斯·奥拉萨努(Judith Orasanu)将这个评估过程分为三个步骤。首先,飞行员必须明确问题的本质;其次,飞行员必须确定处理问题的可用时间;最后,就是评估处境的风险等级。(Orasanu,1995)这三个步骤必须在飞行员能够有效地进入决策的下一个步骤——制定备选方案并选择行动方案之前完成。

联合航空公司173航班机长(波特兰燃油耗尽,参见第9章)在解决起落架指示问题时,没有准确评估处理故障的可用时间,它告诉我们不进行充分的处境评估会导致什么样的灾难性后果,实在是令人印象深刻。实际上,从事消防人员及坦克指挥官研究工作的人员已经发现,专家和新手之间的最大差别就在于对处境的准确评估能力(Klein,1993)。这个结论对飞行人员来说极有可能也是成立的。如果要提高飞行员的判断能力,首先要解决的一个问题就是提高处境评估能力。

对特定处境进行评估,必须将具体决策与整体处境意识(全局)联系起来。也就是说,航空决策涉及大背景环境下评估的领导和管理职能。比如,你的整体处境意识告诉你,计划的着陆机场正在准备对一架大型飞机实施紧急救援。这个消息并没有人直接通知你,你是从该机场正在进行应急救援准备的通信联络中得出的结论。你要评估的具体问题是机上的燃油正在减少、备降机场的天气正在恶化。因此,你的决定将基于大背景环境下的诸多因素,并结合所面临的具体问题的评估。现在你必须决定是否提高飞行速度,以便在开始实施应急救援任务之前赶到机场,但这样做会增加燃油消耗量;或者在气象条件降至最低运行标准前到达天气正在逐步恶化的备降机场。这个决策肯定非常棘手,但可以确定的是,在不了解所有因素的情况下贸然采取行动,如同骰子转错了方向,就会陷入无法挽回的境地。在确保完成全面的处境评估后,飞行员就可以着手估算给定方案的成败概率,然后执行相应的计划。

总之,在面对飞行挑战时,飞行员应该首先问自己三个简单的问题,以此帮助后续决策。

1. *问题的本质是什么?* 通过这个问题,飞行员确定了问题的实质特征,并从多个来源查找确凿的证据(如果可以的话)。这个初始步骤非常关键,因为接下来的所有步骤都要基于对当前问题的准确识别。
2. *处理这个问题需要多长时间?* 这个问题的答案取决于多种因素,包括天气、燃油、日照剩余时间、疲劳程度以及问题的本质,它决定了在执行最终方案时的进度安排——鉴于飞机发生紧急状况后,通常伴有时间畸变,因此这一步至关重要。
3. *与问题相关的风险是什么?* 这一步是帮助飞行员识别所有可能与当时处境相关的负面结果,并根据可接受的风险等级制定行动方案。此刻飞行员应该问问自己,"这个问题是危及生命、危及任务,还是可能会让自己难堪"。这一步,还应当提出"如果……会怎样"的问题,比如"假如跑道关闭怎么办"、"如果另一台发动机也熄火怎么办"或者"这会对复飞造成什么影响"等。

这些简单的问题有助于确定解决问题与其他任务的优先次序,并应当成为每一位飞行员在处理异常状况时标准程序的一部分;这些问题可以指导特定检查单或程序的使用,并作为航空决策下一步——制定行动方案最重要的输入。然而,这种方法并不是说处境评估总是要有一个深思熟虑的过程,有时,飞行员需要迅速做出生死攸关的决定。在这种情况下,处境评估甚至更为重要,下面的案例说明了这一点。

案例分析:处境评估(Hughes,1995)

一架 KC-135 飞机在起飞后不久坠毁,最终的结论是带队机长操纵不当。进一步分析指出,这起事故很可能由于处境评估不当所致,部分原因是 1 号发动机注水失败分散了飞行员的注意力,与此同时,飞机受侧向阵风影响快速向左滚转。(KC-

135A 飞机采用注水方式增加发动机的推力。正常情况下，注水过程大约持续 160 秒。注水失败意味着飞机的推力将大幅度降低，这对大重量起飞会产生较大影响。）飞行员对侧风修正过度，导致飞机向右滚转，致使右翼尖和 4 号发动机与地面剐蹭，进一步增加了起飞过程中的推力不足。在跑道剩余长度约 1000 英尺标志处，飞机在短暂升空后进入失速抖振状态，在飞越跑道尽头后很快坠落到地面。机长没有执行“起飞后迫降”的程序。相反仍然保持油门前推，试图获得起飞速度。飞机继续沿地面滑行，直至撞向河堤，最终在离跑道尽头 3800 英尺处解体，随后飞机爆炸并被大火吞没。机组成员和乘客全部遇难。

在起飞滑跑前，有迹象表明可能在飞机注水系统的启动方面存在一些问题，注水系统的作用是在起飞关键阶段增加发动机的推力，这可能导致飞行员过于关注大重量起飞时可能出现的推力不足，从而分散对起飞滑跑方向控制的注意力。在松开刹车准备起飞之前，机长前推油门，随后收油门到慢车，然后再次前推油门。这一系列操作与解决注水系统存在小故障时所采取的步骤完全一致。在起飞滑跑阶段，内侧发动机很可能没有得到喷水加力，导致推力减小。故障分散了机长的注意力，短时放松了对侧风的控制。为避免剐蹭跑道，机长后拉驾驶盘，同时向右压杆，试图偏转副翼抵消侧风的影响，进而使飞机过早升空并向右滚转，4 号发动机与跑道剐蹭，造成发动机故障，同时外侧发动机也未能喷水加力。此刻，飞机尚未获得持续起飞的足够推力，一场灾难已不可避免。

在起飞滑跑期间，飞行员的注意力很有可能局限于处置发动机注水故障，而暂时忽略了对强侧风的关注。机组收到的风速和风向预报应当已经提示他们可能会遭遇强侧风及阵风，需要时刻保持对飞机横向和方向的控制。在颁布起飞许可时，塔台准确报告了风速 16 节、风向 210 度；然而，飞机在 17 号跑道滑跑时，所记录的道面风速是 16～24 节、风向 230 度（磁方向）。尽管此时侧风会对飞机稳定起飞产生不利影响，但并未超出飞机的操作限制。目击者称，在超过决断速度后的某一时刻，3 号发动机冒出白烟，表明注水失败。对起飞滑跑状态的分析结论是，此刻内侧发动机注水失败与实际的起飞滑跑距离吻合。尽管这个问题会导致飞机性能严重下降，但是飞机仍具备获得安全起飞的足够推力。

发生注水故障后不久，有目击者看到飞机突然上仰并开始向右滚转。事故调查委员会给出的结论是，为防止飞机左翼尖或 1 号发动机与跑道剐蹭，机长后拉驾驶盘，同时向右压杆。过度偏转造成飞机空速下降至接近初始抖振的速度，并失去横向控制。短时的注意力分散及疏于警觉诱发了真正的紧急状况。一旦飞机进入这种推力不足的状态，飞行员必须保证所有的操作正确无误，才能阻止灾难的降临。

简而言之，这位飞行员没有抓住自己所面对的最紧急也是最危险问题的本质。起飞包线基本上没有给下降的飞机性能和飞行员的不良表现留下更多的安全裕度。此外，在事故的最后阶段，只有出色的驾驶技术和处境意识才能提高成功改出困境、恢复飞机正常状态的概率。有人说，意识意味着掌控全局，而专注则是在正确的时间将注意力集中在正确的操作上。这起事故是一起典型没有处理好处境评估三步骤的第一步的案例，飞行员没有准确识别问题的本质，他似乎察觉到了飞机的性能问题，在大侧风情况下错误地将注意力从飞机方向控制这一更严重的威胁上转移开来。整个灾难的发生只有几秒钟的时间。准确的判断需要预先做好准备。

处境评估包含同时处理多个输入的能力，并要确定哪个输入更为重要。本起事故中，飞机在非常苛刻的起飞环境下（大重量、30 度襟翼、大侧风）起飞，飞行员在决断速度后遇到飞机故障，而故障发生在起飞最为关键的阶段，这一点很重要，因为它缩短了机长必须做出正确决策的时间。在所有此类包含有时间压力的紧急状况下，处境评估的第二步和第三步（可用时间和风险）必须在实际发生紧急状况之前给予解决，例如，做起飞前简令时，为确保迅速、正确地做出反应，一些动作必须“固化”成为机组的直觉反应，因为在问题出现后几乎没有时间实施有意识的处理。在起飞、着陆等关键飞行阶段前，特别是预期存在强侧风或低能见度等高风险因素时，要“预先评估”潜在问题，以便到时候能够做出近乎自动的反应。

在下面的第二个案例中，飞行员已经清楚察觉到了问题的本质，但由于对可用时间及相关风险分析不当，导致出现处境评估的致命错误。虽然这个案例也来自军事领域，但是飞行员飞入仪表条件的错误决定，以及这个决定带来的悲剧后果，也时常发生在通用航空领域。

案例分析：追求完成任务(Hughes,1995)

事故飞行员是一位 30 岁的中尉，总飞行时间 553 小时，F－16 飞行时间 258 小时。他驾驶的飞机安排在由 14 架战斗机组成的攻击编队的最后位置，这是他第一次执行大型演习任务，作为 51 架混编攻击机群的一员，去和 12 架战斗机及一系列模拟的地面威胁进行对抗。第一次攻击结束后，事故飞行员随编队长机飞往计划脱离点的途中，试图恢复目视飞行。然而，较低的云层已经覆盖了脱离点，为了保持云外飞行，前面 13 架飞机被迫偏离了计划航路。由于在飞行途中要求使用最低通信战术程序，包括长机在内的前方队友，均未通过无线电通告脱离点航路/计划的变更，也没有提醒事故飞行员，注意防范迫近的复杂天气。事故飞行员没有采取中止计划航路以保持安全越障的高度飞行，而是在附近有高山峰的地域中进入了仪表气象条件，他驾驶飞机继续向前飞行并希望恢复目视条件。飞机在可控飞行状态下，撞向陡峭的山坡，飞行员没有尝试弹射，伤势严重。

在试图追随编队长机并恢复目视能见的过程中，事故飞行员的任务量达到了超饱和状态，致使他没能充分评估所处的环境。他没有按照简令中规定的由于天气原因可在航路上中止作战程序以确保越障高度，而是错误地将完成任务的优先级排到了保持云外飞行的前面。当进入复杂天气后，飞行员没有正确理解制定安全决策的可用时间，也没有意识到继续在仪表条件下飞行的相关风险。在没有对处境进行充分评估的条件下，他飞入了山区。

同伴压力以及完成第一次重大任务的渴望，可能造成事故飞行员没有选择使用和平时期的非战术训练程序(复杂天气航路中止程序),这些原因可能导致他接受了脱离点航路周边高海拔障碍物带来的风险,现在回想起来那些风险显然是不可接受的。

提高处境评估能力的一些策略

有一些建议方法可用于提高个人的处境评估能力。为了提高对问题的基本识别能力,奥拉萨努建议形成一种固定的驾驶舱扫视模式,即对驾驶舱内所有仪表进行“交叉检查”,而不只是对那些当前需要关注的仪表。采用这种方式,飞行员可以更好地识别与“正常”指标的偏差,并建立一个定期监测时间表。在多人制机组的飞机上,这项工作应当由大家一起分担,即由不操纵飞机的飞行人员或其他机组成员共同承担监测飞机状况的任务。应训练这些机组成员,以便他们能够及时而适当自信地报告偏离标准的情况。(Orasanu,1995)

第二种帮助提高处境评估能力的方法是在处境中扮演“魔鬼代言人”。所谓扮演“魔鬼代言人”是指“故意对已经做出的处境判断和评估提出相反的意见,特别是在做出那些一旦有差错就可能造成严重后果的行动决策之前,例如关闭一台发动机”(Orasanu,1995)。这项技术在评估某一特定事件对未来的潜在后果时非常有帮助。在某些情况下,为了增加安全裕度,最好针对“最糟糕的状况”采取相应措施,并做好应对与事件或故障有关的各种后续突发事件的计划。

最后,在飞机和机组平安落地后,应该对所发生的事件进行详细讲评。问问自己,“麻烦出现时的第一个迹象是什么?如何改进驾驶舱扫视或交叉检查技术才能关注到它?从中我能得到什么经验教训?”除了标准的驾驶员日志外,许多飞行人员都有自己的私人日记。在这本日记中,他们会详细记录每一次困境中得到的经验教训。许多飞行员的私人日记都包括了自我改进的相关内容与反思。把它记录下来,不仅能够加深印象,而且有助于建立未来处理同类问题的内在模型。

处境评估只是决策的第一步。一旦理解了问题的本质及其对未来的潜在影响,接下来就要制定行动计划。

10.6　确定备选方案

作为飞行员,我们需要做出许多不同类型的决策,但都涉及在备选方案中做出选择。有的可以直接选择,比如中止或继续;而其他一些定义不明问题本质的决策,则要求飞行人员提出创造性的解决方案。很显然,由于决策种类不同,有些决策比其他决策更耗费脑力。著名的决策研究学者拉斯姆森(J. Rasmussen)指出,驾驶舱机组人员面临三种主要的决策类型,每一种都需要机组付出不同程度的努力。(实际上,拉斯姆森将这些决策分成六种类型,但为了便于深入讨论,了解三个主要类型就可以了。有关决策类型的完整内容,参见 Rasmussen,1993。)这些决策类型是基于规则和知识的决策，其中基于知识的决策又包括定义明确（well-defined）的问题和定义不明（ill-defined）的问题。如果你理解了这些决策类型的本质，你就可以不断提高自己每一种决策类型的表现能力。

10.6.1 基于规则的决策

基于规则的决策，即将已知的规则应用于给定的环境。要想成功地做出基于规则的决策，必须透彻理解规则的要求和规则制定的前提与背景，同时还要具备丰富的规则知识。这种方式虽然简化了决策过程，但飞行员仍然要做出某些“飞或不飞”的选择，或者在识别出已知规则适用某种处境后，执行既定的程序。第一种类型的例子如备用或应急氧气系统低于飞行要求的压力标准。根据规章要求，飞行前要解决这个问题，但基于任务的重要性，这个决策可能会变得不那么明确。在这个例子中，是否中止飞行取决于飞行员的个人纪律性（有关纪律性的完整讨论参见第 2 章）。

与基于规则决策类型类似的是程序决策。这类决策只要求机组成员识别环境并按既定程序指令执行。如果飞机上任何导航设备出现故障，FARs 要求飞行员必须立即通知空中交通管制。虽然有些飞行员会按照要求执行，而有些飞行员不会，但这个规则要求是存在的，纪律严明的程序决策者每一次都会按照指令要求执行相应的操作，除非有其他特殊原因。尽管看上去很简单，但现实中依然存在大量因不按照规则决策而导致的事故和事故征候。

案例分析：不遵守简单的规则（NTSB，1989）

1989 年 2 月 9 日，长青（Evergreen）国际航空公司一架 DC－9 货机从犹他州奥格登（Ogden）起飞，飞往得克萨斯州圣安东尼奥（San Antonio）。飞行员不知道的是，这架飞机的后部压力隔板舱口检查门未安装，导致飞机爬升至航线巡航高度后无法增压。这个航段由副驾驶操纵飞机，他注意到飞机在爬升过程中没有增压。根据 FAA 的规章和常识，为了使舱内氧气保持在安全范围，他需要将飞行高度下降至 16000 英尺以下，以便进一步查明问题。机长否定了这个建议，命令他继续爬升到指定飞行高度层 FL330。对于这一命令，副驾驶有些不安，他认为这大大超出了对未增压驾驶舱的监管要求，但他没有违抗机长的指示，而是顺从地继续爬升。

机长带着一只便携式可移动氧气瓶离开了驾驶舱，去飞机后部检查问题。这种小型氧气瓶只能提供正常人 15 分钟的氧气消耗量，被设计用于紧急情况下使用。众所周知，在高流量用氧情况下，氧气瓶只能维持工作 10 分钟。在几分钟没有得到机长的消息后，副驾驶开始担心，他尝试给机长发送信息，但没有得到任何回应。虽然副驾驶不愿违背机长的命令，但他此刻确信发生了严重问题，于是开始持续下降，最后，飞机在 13000 英尺的高度保持平飞。副驾驶希望，机长即使出现了生理状况，在飞机下降高度后也能返回驾驶舱。然而等待了 30 分钟之后，副驾驶越来越强烈的恐惧感让他采取了接通 DC－9 自动驾驶仪并离开驾驶舱去寻找机长的行动。

副驾驶在前货舱区域发现了机长，他的脚被一张货物托盘网缠住，已经失去了知觉。虽然机长佩戴着氧气面罩，但氧气瓶上的刻度显示氧气几乎是满的，表示似乎根本没有使用过或只消耗了很少的氧气储量。在尝试对机长实施急救之后，副驾驶回到驾驶舱，紧急降落在得克萨斯州的拉伯克(Lubbock)。机长被紧急送往医院，但在医疗转运途中不幸死亡。尸体病理解剖确定机长死于低氧性缺氧——氧气不足。随后对氧气瓶进行了检测，发现其功能正常。

NTSB 列出了导致悲剧的多个原因，其中包括没有正确实施安装或查验舱口检查门的维修程序、便携式氧气系统使用失误。然而这一系列事件中最为关键、对机长死亡负有最大责任的决策是：在驾驶舱未增压的条件下，违反了一条简单但却众所周知的有关运行高度限制的规定。另外，副驾驶缺乏自信肯定也是造成这场灾难的原因之一。

尽管基于规则的决策似乎最容易在飞行中应用，但在典型的判断失误案例中，他们却经常处理不当。在这些案例中，通常暴露出一些潜在的原因或飞行素养某些方面的缺失，也许这才是问题的根源。在长青国际航空公司机组案例中，机长主要是缺乏飞行纪律性，而副驾驶则是机组协调能力差同时又缺乏自信，这些都为灾难的降临创造了条件。

10.6.2　基于知识的决策

基于知识的决策超出程序性知识应用的范畴。拉斯姆森指出基于知识的决策有两种类型。第一种是解决定义明确的问题，包括在不同选项间进行选择(如选择绕飞雷暴的方向)，以及时间排序决策(如飞机是立即下降还是稍后下降)。尽管基于知识的决策比基于规则的决策需要耗费更多的精力，但它们都不像最后一类决策——解决定义不明问题的要求那样高。

由于通常无法完成决策的第一步——确定问题的本质，因此在航空决策中解决定义不明这一类问题最具挑战性。这该如何是好呢？奥拉萨努描述了解决这类问题的困境：

……定义不明的问题……在处理这类问题的过程中，问题的本质可能会或可能不会被清晰界定。定义不明的问题是由于多种环境因素均具备导致问题发生的可能性，因此不可能(在一开始)明确指出需要解决什么问题……摆脱这类困境可以采取两种策略：在问题尚不明确的情况下，把它当作紧急情况来处理；或者综合判断并定义问题，然后制定解决方案。(Orasanu，1993)

一些空中事件需要采取行动，但由于缺少问题本质的相关信息，可能会使机组成员无法确定什么是正确的行动方案。如果某位机组成员听到飞机异响或感觉“异样”，那么机组就必须做出决策进行响应，尤其是当这个问题似乎急需解决并危及生命时。有时，处境会变得非常可怕，以至于合乎逻辑的方案只能是尽快在就近的合适机场着陆。下面的案例就是一个机组自己引发的“定义不明的问题”，几乎给一次常规的军事飞行训练带来灾难。这是一起因执行检查单不充分、缺乏程序纪律导致判断错误的案例。在进行案例分析时，除了介绍机组自己引发的紧急情况外，还强调了需要深入讨论的两个重要问题：抓住第一个想法作为问题解决方案的风险，以及在处理定义不明问题时团队的价值。该案例由一名现役空军飞行员以第一人称匿名撰写。

案例分析：例行返航

这是一个简单的失误，但几乎要了所有人的命。从密歇根州的武特史密斯(Wurtsmith)空军基地返回K.I.索耶尔(Sawyer)是一个临时短途任务，我担任KC-135A飞机的副驾驶。返航K.I.索耶尔只有几百英里，因此飞机只加了少量燃油。我不记得机载燃油的数值，但清楚地记得，当时的重量对于起飞而言有"足够的跑道长度"，而且当我们到达目的地机场(最后进近)定位点时，仍有足够多的燃油。

当我实施标准的起飞及爬升操作时，带队机长在执行检查单。称其为"执行检查单"不过是说说而已，实际上几个月来我们几乎从未翻开过检查单。我们记住了标准条目，而且都很熟练，因此真的不需要再按部就班地执行读—做检查单。回过头来看，这似乎是老生常谈，但它的确就是我们当时的感受。很快墨菲就让我们知道，他会专找那些自以为是的家伙作为猎物。

检查单中有一步要求机组"排空备用燃料箱"的程序，即将翼梢两个小备用油箱中的燃油传输至机身后部油箱，以供发动机燃烧使用。飞行手册中要求对这个动作进行口头交叉检查，这样其他机组成员就可以监控燃油面板——对于安装有人工可调重心飞行油箱的飞机来说这是关键的一步。需要说明的是，老式燃油面板是20世纪40年代波音公司一位有施虐倾向的工程师在宿醉状态下设计的，这简直就是人机工程学的噩梦。【"老式燃油面板"已经被计算机辅助的FSAS(燃料节约和咨询系统)新型面板取代。尽管新型面板比老式面板漂亮得多，而且拥有良好的用户界面，然而，它并不比老式面板具备更好的人为差错免疫力。】现在让我们回到故事中。

在实施这个看似简单的燃油管理功能时，机长无意中打开了右翼主油箱的排放阀门——如果不采取措施，这将造成左侧燃油比右侧多大约27000磅，产生左右不平衡并且导致飞机重心过度靠后，从而使飞机在任何速度下都极不稳定，如果飞行速度过小，就简直无法控制。由于我们没有遵照检查单的要求进行口头协作，因此谁也没有发现这个错误。

在操纵飞机以恒定速度爬升时，我注意到飞机有明显向左翼滚转的倾向，迫使我不断偏转右副翼以抵消这种趋势。我向机长报告"飞机不对劲儿"，需要"不断向右压杆保持平衡"。他答道，可能需要稍微调整一下方向舵配平，然后就去忙自己的事情了。我尝试过几次方向舵配平调整，但收效甚微，于是我再次说出了自己的顾虑，为引起机长重视，我直接叫了他的名字。"嘿，丹，这架飞机肯定有问题。"这次，他用标准术语"我操纵"接管了飞机。在移交飞机操纵权时，在丹的脸上我看到了即使我活到一百岁也忘不了的表情。为了抵消翻滚力矩，我一直在不断增加方向舵和副翼偏转量，而丹显然没有做好处置严重问题的准备。在我们交接操纵时，飞机迅速向左滚转，丹的表情从被麻烦、无能的二级中尉副驾驶弄得心烦意乱，瞬间变为清醒地意识到飞机即将失控。他在驾驶舱里大吼："该死的，你怎么不早说？什么时候发现的？"由于不知道先回答哪个问题更好，于是我提供了自认为最有用的信息。"似乎在收襟翼时就立即出现了，但我不能确定。"机长答道，"好吧，襟翼位置指示器显示对称，但我不相信仪表的指示。试一下缓慢减速到（襟翼）标牌速度，看看我们能否解决问题。"

由于没有准确找出问题恶化的实质性原因，我们将襟翼收上视为最有可能产生问题的因素，于是把一架操纵控制余量已经很小的飞机减速至飞行最小操纵速度。简而言之，我们将错就错，让情况变得更加糟糕。

没过多久，我们就意识到这是个愚蠢的决定。在襟翼开始放出时，丹施加了最大操纵量，但是显然没有改善对飞机状态的控制。我们俩几乎同时想到这是在自寻死路。于是丹将襟翼控制手柄收到完全收上的位置，推机头向下，并把油门推到头，使得老牌普惠发动机严重超压。虽然我们需要尽快增速，但是这种老式蒸汽发动机显然已经无法产生足够的推力了。【虽然官方绰号是"同温层加油机"，但KC－135A还有许多其他昵称，比如"洒水车"和"蒸汽喷气机"，指通过注水提高起飞性能。】除了涡轮叶片在努力外，我们还用高度来换取速度，让飞机在休伦湖（Huron）上空500英尺保持平飞。与此同时，我们通知离场管制飞机出现故障，要求使用水面上方5000英尺以下的空域，他们同意了。

这时，来自宾夕法尼亚州山区的20岁空中加油员、机组中唯一的士兵走进驾驶舱，显然他想知道到底发生了什么情况——想弄清楚飞行员在内部通话机里喋喋不休在说些什么。他快速看了一眼驾驶舱，问："机长，你们为什么把右翼主油箱排空了？是不是出现了燃油泄漏或其他什么问题？"

"真不敢相信自己这么愚蠢"我和丹迅速对视了一下，立刻停止燃油传输，开始采用老套伎俩掩盖错误证据。经过一番大速度、低高度、大阻力飞行后，我们设法将左侧（下沉一侧）机翼的所有燃油及尾部油箱的部分燃油全部消耗掉，使飞机勉强保持在重心范围内，按时着陆。一落地，我俩就相互发誓，在两个人完成最后晋升之前，对此事绝不泄露半个字，现在这件事已经过去很久了。

回想起来，从这个不堪的经历中我得到了5个教训。首先，我了解到肾上腺素释放过程分为两个阶段——遇到困难时小剂量释放，以及恐怖来临时大剂量释放。第二，在常规返航途中自己引发的紧急状况，会像我们在模拟机上训练的多发飞机解体那样致命。第三，当你开始变得自满时，检查单纪律和机组交流可以让自己远离麻烦。如果我们按照飞行手册的要求，使用了检查单/或者通告机组，很可能就会避免这个问题。第四，永远不要忘记基本的空气动力学原理。如果遇到飞机操纵方面的问题，加速，稳定飞机，不要改变飞机构型，除非你已经弄清楚到底发生了什么。最后，不要把第一个可能的解决方案作为最终答案，持续进行交叉检查。

在近20年的飞行生涯中，我从未如此近距离地接触死神，至今仍然很难相信一切发生得如此之快。我们的机组训练有素、熟练程度很高，在天气晴朗的日子里驾驶性能良好的喷气式飞机执行常规任务。这就是众所周知的"无风险的常规飞行"。现在回想起来，应当不难理解我们是如何陷入困境的。由于操纵熟练，而且任务相对简单(我们刚刚结束在英国45天的临时任务)，从而使我们变得自满起来。犯下第一个错误后，我们抓住第一个可能的解决方案，而没有分析实施操纵后可能产生的后果。假如空中加油员不走进驾驶舱，坦白地说我不知道会发生什么情况。可以想象得到，在事故通报会上，所有的朋友和同伴绝对会摇头叹息，表示难以置信，"天哪，这几个家伙真是太蠢了。五分钟的飞行任务能犯那么多的错误?"也许他们说的是对的。

底线：驾驶飞机，使用检查单，克服自满情绪，留意同伴，有问题尽早交流，对自己的教训进行讲评，这样别人就不会犯下同样的错误。

显然，案例中的机组非常幸运，虽然这个定义不明的问题是自我引发的，但他们评估和解决问题的过程说明了与空中问题解决相关的几种重要技术及危害。机组最初采取的解决方案由于降低了飞行速度而使飞机可控性趋于恶化。问题根源一直没有得到有效识别，直到空中加油员进入驾驶舱，发现右翼主油箱排泄阀门处于开启状态。我们得到的经验教训是，让尽可能多的成员尽早参与到问题解决中非常关键。在这个案例中，飞行员有两个情况没有告诉其他机组成员。首先，他们自满并过于自信，以致无法相信自己会犯下开启错误阀门这样的低级错误。其次，他们一直忙于操纵飞机，耗费大量精力保持对飞机状态的控制，而且还要与空中交通管制进行协调。

增加机组人员的参与需要谨慎，如果不能有效地发挥团队功能，事情有可能会变得更加糟糕，而不是越来越好。在高压力环境下，沟通和自信是机组有效协作的关键因素。

10.6.3 决策风险

上面的案例生动说明了处境评估和团队方法在寻找定义不明问题解决方案中的重要性。在开始实施"纠正"措施之前，飞行员并没有找到问题的真正原因。由于机组急于找到解决办法来扼制不断恶化的处境，因此第一个方案左右了他们的判断及行动。这些对正确判断及有效决策的危害值得我们仔细研究。

观点的影响力

人类的大脑会本能地尝试解决不和谐与冲突。飞行中，这种倾向可能导致飞行员为解决内部冲突推翻自己正确的判断与决策，进而带来风险。出现这种现象主要有两种情况。第一种就是在时间紧迫的情况下，需要立刻找到解决方案。在KC-135机组案例中，我们看到在形势迅速恶化时，机组产生了一种想要抓住第一个看似可接受的解决方案的倾向。第二种就是如果提出解决方案的人具有较高的权威性或是公认的"专家"，这个方案就变得更有吸引力。这种顺从更高级别或感知知识的倾向也被称为"过度职业顺从"或"光环效应"。(有关危险态度更全面的讨论，参见第4章和第6章。)多人制飞机的机组成员必须特别重视这个问题，听从他人提出的不成熟解决方案的倾向也可能来自飞机外部，比如想要帮助你解决问题的空中交通管制员或地面的系统维修专家。当团队内部需要达成共识导致判断力差时，也会出现类似的决策风险。

群体思维

在很多时候，团队的表现并不一定比个人好，这在飞行运行中尤为突出。我们曾在第 9 章中讨论过，团队的处境意识可能会受限于在关键时刻操纵飞机的那个人。同样，在决策时，某个人可能掌握着解决特定问题的重要信息。如果这个人不自信，看到团队的共识正朝着另一个方向发展，他们大概率会隐瞒那条可能引起团队内部冲突的信息。在商业和军事领域，这个问题更显示出其特有的复杂性，因为挑战高级别的机组成员，可能会对自己的职业生涯产生不利的影响。即便在通用航空领域，这种听从机组中经验最丰富成员意见的倾向——特别是教员的意见，有时也会妨碍正确的判断和决策。

解决这类问题的一个技巧是，在每次下达飞行前简令时，机长要将个人保持自信并持续为团队决策做出贡献作为简令的重点内容。此外，如果时间允许，在做出决策之前，机长应当主动地从所有信息来源中寻求个人意见。

时间排序风险：延迟或匆忙行动

完成处境评估并做出决策后，必须采取行动，但是许多正确决策不是被延迟执行而错过最佳时机，就是被过早实施。当空中发生紧急状况时，身体释放的肾上腺素会对飞行员的大脑产生奇特作用，几秒钟会让他们感觉像是过了几小时，这种现象称为时间畸变。当然，有时也会产生相反的效果。从战斗机中弹射出来的幸存人员，往往会花几分钟时间描述实际上只有几秒钟的弹射细节，每个细节似乎都在时间上发生了延展。然而，时间畸变很少会以同样的方式影响两个机组成员，当然也不会影响时钟或手表的转动。飞行员处理决策的时间调度问题的解决方案就在于此。

借助对环境的准确评估和对当前潜在风险的分析，机长应当为行动和计划的实施建立一个时间表。我们已经知道大脑会玩时间畸变这样的把戏，因此这张时间表必须包括实际的时间段和时刻，而不要用类似“我们要在 5 分钟内……”的表述方式。在多人制机组中，如果时间和工作负荷允许，最好能指定一名机组成员担任时间记录员，以确保计划的行动在预期时间段内完成。如果是编队飞行，可以把这项任务交给僚机；如果是独自飞行，在不影响飞机操纵的情况下，最好花些时间把行动计划记录下来。这里的底线是做好时间畸变的预期，最好为自己“有故障”的生物钟建立一个备份。

寻求完美的解决方案

很多“A”型人格都喜欢追求空中的“圣杯”——应对空中挑战的完美解决方案。然而，飞行员不应当总是对在特定环境中找到可能的最佳答案感兴趣，而应该青睐那些能够及时解决问题的有效方案。一些挑战会让我们陷入否定多个选择的境地，在这种情况下，我们必须努力寻找任何可行或安全的解决方案。人、机器和环境之间的动态交互影响，很难定义什么是“完美”的决策。事实上，寻求一个既能达到安全、效用和效率最大化，同时又能节省燃油的理想方案，很容易造成注意力分散，从而使原有的问题变得更加复杂，最终超出自己的解决能力。许多事故都是发生在飞行员忙着追赶老鼠，而没有看到大象正冲向自己的时候。

应对“完美强迫症”的办法是，先找到一个安全可行的解决方案，待情况平稳、初步纠正措施发挥作用后，再进行完善。通常，在某个可行的解决方案发挥效用后，寻求完美解决方案的想法也就消失了，这样就消除了注意力分散或行动延迟的可能性。

潜在意图的干扰

判断错误通常有深层次的原因，往往与达成个人目标或潜在意图的欲望有关。飞行员必须意识到这些倾向并采取成熟的方法应对完成任务与个人利益的冲突。比如“必须到达症”就是一个典型的例子，到达目的地的渴望会干扰合理的风险评估。为了准时抵达目的地，飞行员通常会实施愚蠢且不必要的操作。（有关这方面更详细的描述和解决办法，请参阅第 4 章危险态度相关的讨论。）解决这类问题的传统方式是，告诫自己“迟到总比永远到不了要强”，同时要认识到这句话原本可以挽救数百位急着赶往目的地飞行员的生命。

与知识和经验相关的危险源

知识、程序和经验有可能是双刃剑，如果飞行员没有意识到与之相关的潜在陷阱，就会在决策中引发问题。在决策过程中，我们很容易转向自己熟悉的知识领域。例如，飞机的电气系统专家习惯于在每个故障中查找交流电/直流电方面的问题，而操作娴熟的飞行专家总想用飞行操作摆脱困扰。遗憾的是，飞行中遇到的问题肯定不会乖乖地待在这些我们所熟知的领域，它们往往很奇特，似乎总能发现我们的短板，专门给我们制造麻烦。

虽然我们经常把经验看作是一种优势，但它也会带来一系列特有的问题。随着经验的积累，飞行员会形成自己的内部判断模型或“启发式方法（heuristics）”，让常规决策更趋于“自动化”。诠释启发式决策是航空心理学一个相当复杂的领域，超出了本书的范畴，可以简单地把它看作是认知的捷径。尽管这条捷径可能有价值，但它也会带来潜在风险。在某些特定条件下，经验会产生一种预期，在这种心态的驱使下，飞行员会只“看到”自己愿意相信的事物，而不相信自己所看到的真实现象。在“友军误伤”的军事文献中，飞行员向友军开火的案例比比皆是，因为他们希望在特定的时间或地点看到敌人。此类问题在商业和通用航空领域也难以避免，许多经验丰富的飞行员都会落入这样的陷阱：对习以为常的情况或过去成功完成过的任务，不能给予足够的重视。这种时候，如果再加上通常伴随经验丰富而来的自满情绪，足以让我们明白经验是一把双刃剑的道理。

10.7　有效判断和决策的总结

飞行素养的基石和支柱构成正确判断与决策的基础。在这里，飞行纪律性不容瑕疵，同样，在操纵技能、熟练程度和知识等方面做好充分的准备也没有捷径可走。一旦具备了良好飞行素养这一先决条件，通过理解和实践经过验证的想法并避免常见陷阱，飞行员就能够成功、系统地提升判断力和决策能力。

所有正确的判断和决策都是基于对处境的准确评估。为了保证飞行员或其他机组成员在飞行中采取合理措施，这个评估必须回答三个关键问题。第一个问题是"到底遇到了什么问题?"起飞时 KC－135 飞机不幸出现注水故障，飞行员的注意力集中在飞机性能而不是操纵方面，因此即使注意力分散不构成导致灾难的直接原因，也是造成空难的因素之一。第二个问题是"目前处境的相关风险是什么?"经验不足的 F－16 飞行员在一个已知的高海拔区域仍然坚持飞入仪表气象条件，显然没有全面分析决策涉及的相关固有风险。处境评估的最后一个问题是"处理这个问题需要多长时间?"任务时间排序的重要性在美联航 173 航班机长和机组成员身上得到了印证，这个疏忽导致飞机因燃油耗尽坠毁在俄勒冈州波特兰市的郊区(见第 9 章)。

了解在飞行中做出的决策类型，可以让飞行员专注于每种决策类型成功的关键因素。航空决策一般分为三种基本类型。基于规则的决策被认为最为简单，但它也至少需要具备两个飞行素养的先决条件才能够有效使用。首先，飞行员必须具备适用的规则和指令知识；其次，飞行员必须有良好的个人操守和纪律性，从而保证在时机恰当、而不是方便的时候应用规则。在前面那个长青国际航空公司机组不遵守众所周知的规章指南的案例中，我们看到即使在基于规则的决策过程中，一个有意的疏漏也可能带来灾难。

基于知识的决策分为针对定义明确的问题和定义不明的问题两类。检查单、程序知识及严格的纪律可以解决定义明确的问题。定义不明的问题则需要更为复杂的处理技巧。由于疏忽，KC－135 机组将燃油传输到错误的油箱，没有遵守执行检查单纪律，引发了一个定义不明的问题，并且是在解决问题的时间非常紧迫的情况下。在这个案例中，我们也看到了团队在解决问题时的价值，空中加油员提供的信息成为打破事故链和避免灾难的关键因素。

如果一个人在坚持养成正确判断的习惯，就应当避免一些心理陷阱。飞行员一定要小心，不要死死抓住第一个可用的解决方案或高级别机组成员或所谓"专家"提供的解决方案。某个观点的影响力应当理解为基于它在特定环境中的有效性，而不是它的来源或时效性。飞行员还要注意避免群体思维的影响，这是一种为了不妨碍团队和谐而不愿意提供关键信息的行为，也是一种缺乏自信的表现。

时间调度是解决空中问题的关键，必须预期到及考虑到时间的畸变。使用钟表作为参照，如果可能，在领航夹板上简略写下行动的时间段计划，或挑选一名僚机或机组成员担任计时员，直到问题解决。要能预期自己的生物钟何时会发生畸变，进而在它出现问题时，不要被它左右。

机长倾向于寻求完美的解决方案，但这种心理常常会推迟执行必要的行动。建议的策略是首先找到一个可行的解决方案，然后在时间和条件允许的情况下再着手改进和完善。所有飞行人员还应意识到潜在意图可能会使飞行决策及行动脱离良好的判断。最后，那些具备专业知识和经验丰富的人员必须谨慎，防止期望对实际状况的判断造成过度影响，或由此引发自满氛围。

10.8 本章精要

判断力与个人特质密不可分，我们所做的每个决定都受到个人准备、经验和个性的影响。因此，我们每一个人都必须进行全面的自我评估，以确定自己当前的准备状态，从而做出高质量的决策。这个过程没有捷径可走，只有通过全面、自律地提高飞行素养各方面的能力才能实现。鉴于航空决策的复杂性，我们最好把判断视为艺术和科学的融合。科学知识是可以学习的，实际上这正是本章的明确目标；而艺术则要通过实践和不断地完善才能发挥出个人的判断潜质。积极评估自己的飞行决策，可以促进这方面能力的提高。在每一次不得不做出重要决策的飞行结束之后，问问自己当时存在哪些影响因素，如果形势朝着不同的方向发展，接下来可能发生什么，行动方案应当如何改进。每次在飞行后都要提出这样的问题，当然也可以通过案例分析、“机库飞行”、听别人讲故事等替代方式进行提高和理解。

判断力并非不可思议，它是可以被传授和学习的。改进过程需要专注及不断地自我评估，如果有人愿意下功夫提高，判断力就能够像其他飞行技能那样得到发展。归根到底，判断力的好坏取决于我们的自主意愿。

10.9 参考文献

[1] Federal Aviation Administration (FAA). 1988. Introduction to Pilot judgment. FAA Accident Prevention Branch. FAA Pamphlet P-8740-53.

[2] Hughes Training Inc. 1995. Aircrew Coordination Workbook: Military Mishaps. Abilene, Tx.: Hughes Training Inc.

[3] Jensen, Richard, and R. S. Benel. 1977. Judgment evaluation and instruction in civil pilot training. Aeronautical Decision Making for Helicopter Pilots. Eds.: Richard Adams and Jack Thompson. Federal Aviation Administration: DOT/FAA PM-86-45, p. 3.

[4] Klein, G. A. 1993. A recognition-primed decision (RPD) model of rapid decision making. Decision Making in Action: Models and Methods. Eds. G.

Klein, J. Orasanu, R. Caulderwood, and C. Zsambok. Norwood, New Jersey: Ablex.

[5] Magnuson, Kent. 1995. Human factors associated with mishaps database. Kirtland AFB, N. M.: Air Force Safety Center.

[6] National Transportation Safety Board. 1989 Report brief. Accident ID # FIW89MA047, File #944.

[7] Orasanu, Judith. 1993. Decision making in the cockpit. Cockpit Resource Management. Eds.: E. Wiener, B. Kanki, and R. Helmreich. San Diego: Academic Press.

[8] ----. 1995. Situation awareness: Its role in flight crew decision making. NASA Ames research paper. In nasa. gov/publications/OSU_Orasanu. Internet.

[9] Rasmussen, J. 1993. Deciding and doing: Decision making in natural context. Decision Making in Action: Models and methods. Eds.: G. Klein, Judith Orasanu, R. Caulderwood, and C. Zsambok. Norwood, N. J.: Ablex.

[10] Webster's Ninth New Collegiate Dictionary. 1990. Springfield, Mass.: Merriam-Webster, Inc.

第11章

面对危机:飞行素养的整体化应用

有准备的人,他的战斗已经成功了一半。

——塞万提斯,《唐·吉诃德》

11.1 美国空军少校吉姆·西蒙(Jim Simon)的观点

"在航空领域,你永远不知道下一个麻烦在什么时候、从哪里冒出来",我真正深刻认识到这一点是在土耳其东南部山区,一个没有月亮的寒冷夜晚。战争已经持续了几个星期,我们的任务已经演练并下达简令过多次。为配合渗透到土耳其境内特种部队的行动,直升机和机组已经做好准备,以便在他们遭遇困难时提供近距离的空中支援。万里无云的天空被山谷中的浓雾所笼罩,裸眼能见距离不足200英尺——在这样的环境中飞行,对夜视仪、MH-53J低空铺路者Ⅲ直升机、训练水平和团队合作能力提出了更高的要求。

当我们在雾气中向着陆点降落时,座舱中的机枪手和飞行工程师不断喊着"200英尺—60节—准许下降右—左—尾部。100英尺—30节……",引导我们降落到地面。我们的注意力一直集中于要在正确的时间把特种部队护送到正确的地点——我们永远是一个团队。到目前为止,这只是一次例行任务,但一切即将发生改变。

突然间,在浓雾中有机关枪从飞机三点钟方向朝我们间断射击,我们所有的训练都得到了回报。机长丹尼斯·琼斯(Dennis "Jonesy" Jones)几乎在受到攻击的同时做出决定——只有经过多年训练才能让他准备得如此充分,机组对他的命令做出精确、一致的响应。他命令机组迅速放下活动梯,让特种部队快速离机。他知道,特种部队的精英们在地面更安全,他们的作战能力在地面才能够最好地施展;机组则在浓雾中熄灭灯光、断开配置,再有几秒钟攻击者就能在浓雾中听到我们低空铺路者直升机的轰鸣声了。我们保持低高度冲出着陆点,通过无线电与特种部队取得联系,期望参与到与不明攻击者的交战中。遗憾的是交战已经结束,他们已不再需要我们50毫米口径火炮的支援。

由于没有预料到当晚交战,我们有些猝不及防,这并非由于我们自以为是或没有做好战斗的准备,而是因为这是在友军地盘上的训练任务!没有人告诉我们,射向我们的子弹是来自与土耳其交战的库尔德叛军，还是把我们误认为伊拉克直升机的土耳其士兵。教训就是，你永远不知道下一个挑战来自何方。不用说，当晚任务讲评的焦点集中在要预先想到会发生哪些意想不到的事情，要随时像去作战那样飞行，要让子弹上膛。

吉姆·西蒙少校是美国空军特战飞行员。

航空是英雄的理想选择。大多数飞行人员偶尔都会做做白日梦：奇迹般恢复一架近乎失控的飞机，或是近乎完美地执行一项军事任务。那些梦想成为英雄的人，"看到"自己在巨大压力下的冷静表现——自己训练有素的大脑和双手熟练操纵着受损的飞机去拯救世界。这些故事并非全是白日梦，有时它们也是真实的。

下面的案例生动展示了在极端情况下飞行素养应用的最高境界。在这两个案例中，机组的处境都非常凶险，可以说是命悬一线。面对如此险峻的处境，任何不具备全面飞行素养的人根本无法承受。幸运的是，在事发当天，所有这些飞行人员都具备了成功所需的必备素质。本章的结尾部分对这些英雄们所展现出的飞行素养特征进行了分析和总结，并提出一个问题：如果处在类似的极端环境中，你是否也具备这些成功所需的飞行素养要素呢？

首先，我们来看看被称为"艾奥瓦奇迹"的商业航空案例，这是一个美国联合航空公司(United Airlines，以下简称美联航)232 号航班起死回生的故事，但对于机长艾尔弗雷德·海恩斯(Alfred C. Haynes)来说，这不是奇迹，而是多年准备的结果——同时加上一点点运气。

11.2 案例分析：应对概率"十亿分之一"的飞行控制系统完全失效

撰稿人：美联航机长艾尔弗雷德·海恩斯(Alfred C. Haynes)

1989 年 7 月 19 日 15 时 16 分，这篇案例分析的作者——美联航 232 航班(麦克唐纳·道格拉斯 DC-10-10)的机长驾驶飞机在 37000 英尺高度巡航时，突然遭遇发动机失效的灾难性事故。2 号发动机的风扇转子非包容性解体，致使飞机三个冗余的液压飞行控制系统全部失效，飞机几乎无法操控。机长海恩斯及机组成员——包括乘客中一名 DC-10 飞行教员，在故障发生大约 45 分钟后，将飞机紧急迫降在艾奥瓦州苏城(Sioux City)市政机场。机上 285 名乘客和 11 名机组成员中，有 174 名乘客和 10 名机组成员幸免于难。

在如此不寻常的情况下，最终飞机得以控制，并且挽救了许多人的生命，业界公认机组成员具备了非凡的飞行素养。1989 年 11 月，在希腊雅典举行的第 42 届国际航空安全研讨会上，海恩斯机长及其机组成员因卓越的专业精神和英勇行为受到飞行安全基金会主席特别嘉奖，这是在他们所获得的诸多荣誉中第一次得到国际上的正式认可。随后海恩斯机长把自己对这段灾难经历的反思以及迈克尔·查尔斯

(Michael T. Charles)博士撰写的一篇苏城地区应对这场灾难的论文整理在一起,构成了对该事件的完整回忆。以下是海恩斯机长的观点,是关于飞行中成功处置重大紧急情况(如发生概率十亿分之一的飞行控制系统完全失效)的五个可能的主要因素,经飞行安全基金会和作者的同意,改编并转载。

11.2.1 因素一:运气

我们之所以能够顺利地在苏城机场降落,有五个非常重要的因素:运气、沟通、准备、执行以及合作。这些因素大大增加了我们成功的概率。由于个人的信仰不同,好运可能有不一样的含义,因此在以下讨论中,我们将其称为运气。你可以说,我们的运气很差,因为按照故障发生的情形看,考虑到所有的可能性,这是不可能发生的故障。但我们也有运气好的一面,因为还有生存的希望。

比如,在2号发动机(位于垂尾底部的中心发动机)直径6英尺的风扇发生故障后,我们是怎么飞到苏城的?在不到一圈的转动中,风扇叶片瞬间从右侧发动机壳内喷射出来,将水平安定面的前缘划了一个大口子,在其尾部形成一个12英尺×10英尺的锥形刨口,并在水平安定面上留下70多个碎片。

三个液压系统中的一个系统其液压管路被故障发动机的附件打落,解体的风扇碎片瞬间切断了其余系统的液压管路。如果了解DC-10飞行控制系统的工作原理,你就能更好地理解那一瞬间发生的这个故障到底有多么的惊人。

与洛克希德公司(Lockheed)的L-1011、波音747、一些军用飞机和其他即将上市的飞机一样,DC-10在飞行员的控制杆和操纵面之间没有采用线缆连接,因为这在大型喷气机上是一段很长的距离。过长的线缆容易松弛、缠绕,需要特别的润滑和维护。这种老旧技术正在被飞行员控制杆和操纵面传动机构之间的电气/电子和液压连接取代。

DC-10驾驶杆的线缆与液压控制系统之间的距离很短,液压控制系统通过连接到机翼和尾翼各个控制装置上的液压管路传输压力以驱动操纵面。DC-10没有提供飞行控制的人工操纵方式作为备份,这是因为不间断运行的三套独立液压系统提供了三重冗余保护,即使在一套,甚至两套液压系统都失效的情况下,也能为飞机提供完整操纵和控制的动力。

设计者认为三套系统全部发生灾难性故障的概率几乎为零;由于有足够的冗余系统,因此认为这种情况不可能发生。曾经有人告诉我,发生灾难性故障的概率是十的负九次方,即十亿分之一,而这次故障的发生恰恰就是设计师所说的那个概率。在DC-10中,三套液压系统之间并没有相互间的连接;就拿液压油来说,即使一套系统中的液压油完全失去,也不会影响到其他两套系统中的液压油。三套系统通过一个电动泵机械连接,因此,如果一套系统中的压力消失,另一套系统中的压力会立即启动一个液压马达,以此驱动故障系统中的液压泵,随后三个系统将恢复正常工作。

为实现进一步的冗余,每个独立的液压管线都与不同的操纵面相连,这些操纵面又由不同的液压系统驱动。1 号液压系统驱动飞机的主操纵面，如副翼、方向舵、升降舵和襟翼；2 号液压系统驱动同一操纵面的其他控制部分；3 号液压系统用作整个系统的备份。因此在实际使用过程中，即使三套系统减少到只剩一个液压控制系统，飞行员仍然能够操纵飞机。而且就算这些液压系统全部出现故障，飞机上还有一个从飞机腹部延伸出来的由空气驱动的马达，用来驱动飞机尾部的一个紧急液压泵。

因此，每个人都确信飞机“不可能”出现完全丧失飞行控制的情况。

但是，1989 年 7 月 19 日，墨菲定律追赶上了航空业，飞机上的三套液压系统全部故障。在 37000 英尺的高空，飞机没有控制滚转的副翼，没有调整方向的方向舵，没有控制俯仰的升降舵，没有在着陆时用来减速的前缘装置，没有在飞行中用来减速及辅助地面制动的机翼扰流片，没有前轮转弯也没有刹车。

似乎没有给我们留下什么可用的东西。

我们唯一能做的就是控制 1 号油门和 3 号油门，通过增大一侧的推力并减小另一侧的推力，迫使飞机侧滑转向一个方向或另一个方向。我们最大的难题是俯仰控制。没有俯仰控制，只有一点点替代的转向力，对我来说，能把飞机落到地面上真的是一个奇迹，我认为运气实在是太好了。那天我们所做的尝试(完全不知道结果会怎样，因为这种情况始料未及也从未训练过)恰好是正确的，又恰好能发挥作用。因此运气在飞机能对仅有的操纵做出反应方面发挥了很大的作用。

运气眷顾我们的第二点是故障发生的地域。如果我们当时在飞往火奴鲁鲁的途中，或者正飞越落基山脉中部，或者正从某座城市的上空起飞就不会那么幸运了。然而，实际情况是，我们在相当平坦的艾奥瓦大地的上空，这给了我们生存下去的信心。有时我甚至怀疑飞机能否降落，但我们在驾驶舱的四个人的确有这样的感觉：如果我们能让飞机着陆，下面平坦的农田就是我们生还的希望。在努力摆脱困境时，这种想法在我们内心深处的确起到很大的支撑作用。

运气的另一个重要馈赠是天气条件。如果你在 7 月份飞越美国的中西部，就会知道，从加拿大边境到得克萨斯州通常会有一条雷雨带，飞机仅存的控制功能绝对不可能安全通过雷雨区。实际上，一年后的同一天，我们在苏城参加 232 航班遇难者追思会时，头顶正上方就有很大的雷暴；如果事发当天有雷暴，我们绝对不可能把飞机降落在机场。所以说天气晴好是成功非常重要的条件。

发动机出现故障的时刻也是在一个非常幸运的时间段。下午 4 点左右，是马里恩健康中心(Marion Health Center)、圣卢克医院(St. Luke's Hospital)以及其他所有苏兰地区(苏城及其周边社区)急救中心的换班时间。在飞机抵达苏城之前，大家已经知晓了我们的处境，早上的值班人员刚好到下班时间，这样，两家医院的人手几乎都增加了一倍。此外，还有许多来自不同急救单位和地区周边健康诊所的志愿者，以至医院不得不让其中一些人先行离开。

还有最后一个运气成分，当天是艾奥瓦第 185 空军国民警卫队本月值勤的唯一一天，在我们抵达苏城时，285 名训练有素的国民警卫队员已经待命做好救援准备。

因此，综合所有这些因素，我们能将飞机落在苏城是一种难以置信的幸运，使我们得到了所需要的救助，进而体验到发生在我们身上的生存概率。

11.2.2 因素二：沟通

事故当天第二大有利因素是沟通，沟通对生存率的提高发挥了另一个非常重要的作用。这个有效的沟通始于驾驶舱与明尼阿波利斯(Minneapolis)中心的空中交通管制，以及随后的驾驶舱与苏城进近控制和塔台控制。

当我们意识到遇上非常棘手的麻烦时，首先便加强了驾驶舱内的沟通。我转向副驾驶达德利·德沃夏克(Dudley Dvorak)说，“达德利，联系旧金山航空维修中心(SAM)，看看他们有没有什么我们不知道的、可以帮助我们的办法。”大约20秒后我们都没了主意，我们需要帮助。达德利通过无线电，将全部精力放在与SAM紧急召集而来的一群专家之间的交流。专家们打开电脑，浏览工作日志，查看能否发现对我们有价值的信息。当然，事实证明，对于我们这样的处境，他们也无能为力。

但是，与SAM建立联系的第二个好处是可以让芝加哥签派中心了解到我们的位置及接下来的意图。我们肯定没有时间分别给芝加哥签派中心、SAM和ATC(空中交通管制)分别叙述事情的进展情况，因此他们一直在监听达德利与SAM的对话。正因为如此，芝加哥飞行中心的人员为我们前往苏城进行了充分的准备，他们从机库调来一架飞机，将需要的应急物资和救援人员，运到了苏城。在我住进自己的病房之前，我们公司的人员已经到达了医院。他们响应的速度实在是太快了。所有这些都得益于有效的沟通，是通过达德利积极良好的有效沟通实现的。

凯文·鲍克曼(Kevin Bauchman)当时恰巧在苏城进近管制的雷达控制台值班，在我们转出管制中心后，他便是我们与ATC服务的主要联络人。他身后有一支由苏城盖特威机场(Gateway Airport)控制塔台五名控制人员组成的团队，他们与进近管制协同定位，共同为飞机的迫降进行了大量的协调准备工作。

如果你遇到像我们这样的严重故障，并且在获得帮助时又不希望加剧紧张程度，那么鲍克曼平和、沉着的语音，绝对会对我们产生影响，帮助我们保持镇静。鲍克曼唯一的一次声调变化，是在发现我们将在22号跑道降落，而不是预期的31号跑道，并且在即将着陆的区域中还临时停放了应急设备——而且在着陆前，只有两分钟的时间清除时。他的声音略微提高了一些，随后又恢复了平和、镇定——就是这种声音。后来，当我有机会当面称赞鲍克曼在如此紧张的局势下能够始终保持冷静时，出乎我的意料，他对我说，他调到苏城是因为觉得上一个岗位的压力实在太大了。

与此同时，应急响应调度员与各地面单位之间的沟通量也在加大，他们配合得非常完美。管制员鲍克曼告诉我们，“机场的应急设备已经准备就绪，并且不会影响着陆。”当我们报告有可能无法降落在机场时，应急调度员就通知了飞机所经区域的当地社区，让他们安排救援车辆找到我们，并在高速公路上跟着，以便一旦飞机迫降可以尽可能离我们近一些。非常棒，有效的沟通。

驾驶舱和客舱机组之间的沟通也很顺畅，几乎达到了最佳状态，这是因为驾驶舱中繁重的负荷会影响到与客舱机组更深入的交流。乘务员与乘客之间一路上的交流也非常顺畅——这无疑也是一个非常重要的因素。

11.2.3 因素三：准备

232 航班客舱机组人员做好了充分的准备同样是一个重要的成功因素。通过年复一年的重复训练，他们懂得如何让乘客做好应急着陆的准备。对所有 8 名乘务员而言（实际是 9 名，其中一名是加机组的乘务员），在真正面对可能具有灾难性后果的紧急状况时肯定会非常震惊。虽然从任职仅一个月的最低等级的乘务员，到 15～20 年的资深乘务员，整个服务期间他们一直在演练这套程序，但他们从未想过有一天自己真的会用上。通过我们训练中心的正规培训——其他承运人也会提供这样的训练，我相信他们完全能够应对所面临的挑战，因为他们已经做好了准备。

接下来你会问——驾驶舱机组人员怎样才能做好处置这类情况的准备呢？嗯，世界上没有任何训练可以让你做好这方面的准备。人们普遍认为这种情况不会发生，永远不可能发生，因此手册上根本没有相应的指导程序，因此做好这方面的准备是不可能的。但是，经过每年的复训，在模拟机上练习处置各种能想到的紧急情况，我们掌握了如何着手解决问题的线索。我坚信，我们最好的准备是 1980 年美联航启动的名为指挥领导资源管理的（CLRM）训练课程，如今它被称为驾驶舱资源管理（CRM）。

CRM 训练项目是在一系列事故发生后才开设的，这些事故都打破了机长所说的就是法律，并暗示他无所不能的“老话”。当机长不知道问题应该如何处理时，为什么他应当是那个唯一努力解决问题的人呢？在研发这个训练项目的过程中，我们发现在驾驶舱的另外两个人也有很多经验，为什么不加以利用呢？为什么不训练其他机组成员学会抱有一种机长愿意参考他们提出的建议，并利用他们知识的态度去响应机长呢？

这个项目是作为一种游戏开始的。房间里有三把椅子，分别坐着机长、副驾驶和第二副驾驶。机组人员会拿到一个场景，要求遵照执行。在某次训练中，我饰演飞机上唯一理智的副驾驶。机长的角色令人生畏，是独裁者的形象，“如果我说了我们要起飞，就必须起飞，”他想要在暴风雨中起飞。按照脚本，我的任务是不管采取什么方式，都要阻止他。第二副驾驶要表现得像个窝囊废，无论机长做什么，他都要顺从。

我们把各自的角色都扮演得相当成功。机长像个十足的疯子，我们都不喜欢他，在训练结束时，我差不多真的要憎恨他了。然而，我们要做的就是共同努力，尝试寻找一种方法，阻止机长起飞，不能让他将飞机和机上人员带到不安全的环境之中。我唯一能够阻止他的办法是踩住刹车。只要副驾驶不松开刹车，飞机就无法起飞，从而达到了训练目的。这样，我们把重点放在 CRM 训练项目的要点上，即教会机组成员协同工作。这表明，如果大家都能够正确应用 CRM 原则，我们就能更加友好、更加有效地解决问题。

我坚信,在存有一线生机的苏城迫降事故中,CRM起到了至关重要的作用;我也相信,无论驾驶舱有多少位机组成员,CRM原则都适用。那些单座飞机的飞行员不禁会问,“我只是一个人在飞行,CRM和我有什么关系?”嗯,CRM不仅意味着只是利用驾驶舱内的资源,它是一种“每个人的资源”。我会对这些飞行员说,你们有各种各样的可用资源,不信的话,你可以问问宇航员自己能否登上月球。我认为肯定不行,因为他需要大量其他人的帮助。

所有飞行员都能够获得很多的帮助,你要做的就是提出要求,并在得到时加以使用。如果没有空中交通管制员凯文·鲍克曼引导我们到苏城机场所做的大量工作,我们的232航班会怎么样呢?当天苏城目视全向无线信标(VOR)的DME(测距仪)导航发射机没有工作,我们无法了解到达机场的距离。我们把当时的困境告诉鲍克曼并请求帮助,他不断告诉我们飞机的方位,并附加报告了高度信息,这样我们才最终抵达苏城。飞行员的底线是,如果你有可用的人力资源,就把他们作为团队成员加以利用——你真的不是一个人在飞行。如果有副驾驶,听听他的意见,他们肯定会有一些建议。事故中我们整个驾驶舱内共有103年的飞行经验,在困境面前,这些经验起到了积极的作用——只是在那103年里面没有一分钟是我们当时所尝试的操纵方式。如果当时我们不能协同工作,不去积极想办法,不去讨论下一步该做什么、怎样做,我想我们永远也到不了苏城。

11.2.4 接下来:执行

现在轮到执行了。在艾奥瓦上空发生紧急状况的时候,每个人是如何完成各自任务的?我们先从驾驶舱的机组说起。当发动机突然爆炸时,副驾驶威廉·瑞考德(William R. Records)正在副驾驶位置操纵飞机,这个航段由他驾驶,飞机处于自动驾驶状态。比尔(Bill)[①]曾在美国国家航空公司、泛美航空公司和联合航空公司工作过,有26年的飞行经验。

坐在驾驶舱的其他机组成员正在享受美妙的午后咖啡,欣赏沿途景色,在没有任何征兆的情况下,大家突然听到一声巨响。起初,我以为是发生了急剧释压,声音那么大,那么突然。但是没有空气冲击,没有压力变化,飞机上也没有出现凝结的水气。于是我考虑可能是别的原因。

我看到比尔立刻握住驾驶杆,自动驾驶仪出现了红色的告警信号。他断开了自动驾驶仪,我猜想他在准备人工操纵。现在,我认为无论出现任何紧急状况,我们都应当首先做好第一步,那就是有人操纵飞机。在商业航空领域曾经发生过多起事故:都是因为所有人都在忙于处置飞机上某个问题,但有时这并非什么大的问题,而没有人在真正操纵飞机。因此,在任何一家训练中心的训练中,第一步都会要求必须有人

① 比尔(Bill):通过上下文得知,是副驾驶威廉·瑞考德(William R. Records)。——译者注

操纵飞机。如果你是在单飞，这的确有些困难。但这依然是你要采取的第一步措施：操纵飞机。

既然比尔在操纵飞机，我想接下来可以与第二副驾驶达德利·德沃夏克一起关掉发动机，这是我们的工作。于是我和他确认是 2 号发动机的故障，当时我们认为这就是全部的问题了。我下令拿出检查单，达德利把他的手册放在仪表板上，开始朗读关断发动机程序的第一项操作。他念道，"关断油门。"

油门无法关断。

我还从未在空中关断过发动机，因为它们已经太可靠了。这是我第一次在飞行中遇到喷气飞机的一台发动机失效。在模拟机上进行这个科目的训练时，收回油门，油门就会收回来，可是现在油门不响应收回的操作。这是我们发现遇到的麻烦不仅仅是简单的发动机故障的第一个迹象。检查单的第二项操作是关闭发动机的燃油传输活门。

燃油操纵杆无法移动——它被卡住了。

就在此时，达德利要求启用防火断油手柄。我遵照执行，2 号发动机的燃油供给最终被切断。

此刻，故障已经发生了约 14 秒，比尔对我说，"阿尔，我无法控制飞机。"

我的注意力一下子从发动机控制转向了副驾驶。在我转身时，我注意到的第一个现象是为了控制飞机比尔已经向左压盘到底，在 35000 英尺的高空这种情况应该永远不可能出现。此外，驾驶盘已经完全向后拉到他的腿部，表明升降舵已经处于完全上偏的状态，这在飞行中通常也是永远不可能出现的。但我真正注意到的是，在这种驾驶盘操纵输入下，飞机却正在向右逐渐增加坡度并下降。

面对机上这些飞行员，我说了这辈子说过的最傻的一句话："我知道了。"好吧，我接过飞机的控制，但我的确不知道该怎么做。比尔完全正确——飞机对控制输入毫无反应。当飞机坡度接近 38 度快要翻转时，我们快速收回 1 号油门手柄（左边），同时前推 3 号油门手柄到超压位置——右侧机翼慢慢地升了上来。被问及我们当时怎么想到用这个方法时，我自己也不清楚。也许没有其他什么办法了吧，但这种方法的确发挥了作用。这是我谈及运气的另一个例子，我们尝试了一些不知道能否起作用的操作，但却发现它奏效了。

接下来的几分钟，我们试着用驾驶盘操纵飞机，这需要两名飞行员共同配合，由于驾驶盘上的杆力过大，一个人根本无法独立完成操纵，因此我们要同时进行操作。在尽量不松开驾驶盘的同时，我们还要把手放在失效的 2 号油门手柄旁边，通过快速调整 1 号和 3 号油门来控制飞机。我们需要收一个，推一个；推一个，收一个。与此同时，达德利也在通过无线电寻求帮助。

这种状态大约持续了 15 分钟，经过与 ATC 沟通，我们得到飞往苏城的许可，并了解到本次航班的乘客中有一名 DC－10 的飞行教员丹尼斯·菲奇（Dennis E. Fitch）机长。考虑到飞行教员的专业水准，我们理所当然要邀请他进入驾驶舱。也许他更了解飞机的系统，能够帮我们走出困境。他走进驾驶舱，看了一眼仪表面板，他的表情告诉我也就这样了——他的知识也无能为力。他也从未遇到过这种情况。

我请求菲奇能否到客舱通过舷窗检查控制舵面。他回来后告诉我，“控制舵面没有反应，现在我能帮上什么忙?”当时我们正在全力控制驾驶盘，同时还要操纵油门手柄，我突然灵光一闪，做了一个决定，“请你根据我们的口令操纵油门手柄，一手一个——你肯定会比我们操纵得更平稳，如果无法解决故障，看看这样能否把飞机控制得更平稳一些。”在随后的30分钟内，我们就是这样飞到苏城盖特威机场的。

此时，我们开始意识到，必须建立某种机制，将飞机到达苏城机场的时间和距离机场的位置相匹配。我们采用了DC-10下降时通常使用的计算公式：每下降1000英尺，飞行3英里。以这个公式计算为依据，这是因为我们根本无法保持稳定的下降率。由于飞机一直都在向右偏转，于是我们开始了一连串右转弯。我们还遇到了另外一个小问题，我们无法让两台正常运转的发动机保持相同的推力。如果让油门保持相同的推力设置，飞机就会滚转，因此我们也无法同时收回或前推油门。

就好像还嫌问题不够多似的，雪上加霜的是飞机出现了长周期纵向振荡，它是飞机在稳定水平的飞行状态中由于纵向扰动诱发的飞机状态变化。通常情况下，如果配平好飞机，并且动力稳定，机头经过几个周期的俯仰摆动，状况就会自行消失。

然而，在这次事故中，由于仅存的两台发动机安装在重心以下，并且动力设定一直存在巨大差异，而安装在重心以上的发动机没有动力，因此，我们始终无法控制由于2号发动机失效和飞机初始滚转所诱发的长周期纵向振荡。我们必须在尽力使长周期振荡的振幅变化最小、同时尽量保持飞机的右侧向上的情况下，努力飞向机场。

尝试控制长周期纵向振荡的操作变成一种微妙的平衡控制。在一架平飞中配平好的飞机上，如果把机头向下推一点，空速就会增加，但飞机会趋向于以配平时的速度飞行，会自己恢复保持配平的速度。当你释放向下的推杆力时，超过配平空速的飞行速度会使机头上升，当上升导致的速度开始减小时，机头就会再次下降。经过几次的反复后，飞机就会逐渐稳定在操作之前的姿态。

发动机出现故障前，飞机的巡航速度为270节，这是飞机平飞中自动稳定保持的配平速度，即便安装在上部的发动机不再产生推力(这会导致增加一个微小的机头向下的作用)，但由于我们经常增加安装在机翼下方两台发动机的推力，因此，飞机会抬高机头。每次长周期纵向振荡的持续时间通常在40～60秒，因此这架飞机并非无规律地振动，对于乘客来说，它算是相当稳定的。

然而，抑制纵向振荡的方法是一种与你认知当中正常操作相反的操作。当机头开始下降，空速开始增加，你需要增加动力，利用两台安装在机翼下方的发动机所产生的上升趋势来抬高机头；但是最为困难的是当机头开始抬高，空速就会下降，你却要收回油门手柄，这样的操作的确让人很不容易接受。

除了这个问题外，在增加动力或收回油门抑制长周期振荡的同时，我们还要考虑增大或减小飞机两侧的动力以防飞机侧翻。因此，我们永远无法消除纵向长周期振荡，这种状态持续了 41 分钟。

在准备着陆的某一时刻，菲奇与德沃夏克交换了座位。我说，“准备着陆，丹尼(菲奇)，你坐那儿，系好安全带。”于是，德沃夏克换到一个可以够得到油门手柄的位置，开始操纵油门。菲奇调整油门手柄的工作已经持续了 20 多分钟，已经对调整油门量的大小能产生多大的控制力有了感觉。德沃夏克肯定没有这方面的经验。他只能按照我们的要求操作，比如“机翼上升，”“再多一点，”“还不够，”或者“稍微少转一点，”“再多转一点。”

很快我们就发现，尽管德沃夏克是两名正式机组成员之一，但菲奇却在这项全新技能上有更高的操作技巧。在德沃夏克的建议下，我们决定还是由菲奇坐在油门控制旁边，因为他更有经验，这是展现 CRM 优势的又一例证。德沃夏克站了起来，让菲奇坐在他的位置，而德沃夏克坐在我后面的观察员座椅上。这就是我们着陆时，加机组的机长坐在了副驾驶座位上的原因。

当飞机下降到 3500 英尺时，鲍克曼引导我们飞向 31 号跑道，看到跑道近在咫尺，我们非常震惊，简直难以置信，眼前的跑道就是我们要降落的跑道。此时管制员有些不那么冷静，因为那不是他预计的飞机着陆跑道，我们对准着陆的 22 号跑道上有 3 辆消防车。

不幸的是，就在我们飞过树丛向机场进近时，飞机开始进入又一次向下的长周期振荡。此时离地高度约 300 英尺，DC－10 决定开始下降——机头向下倾斜，下降率增加，速度增加，我们撞到了地面。

最先触地的是右主起落架、右翼尖和 3 号发动机。前轮几乎同时接地，然后左主起落架猛烈地撞向地面。

飞机触地时，机尾折断。在跑道上滑行时，右翼尖也折断了，燃油溅到地上引起大火。此时，飞机左翼又开始升了起来，我想，它又飞了上去。由于机尾没有重量，机尾上翘，飞机的机头弹了三次。我们飞起来，又落下，幸运的是，对我们四名机组成员来说，驾驶舱从机身脱落了。而对大多数头等舱乘客来说，则非常不幸，因为断裂后暴露的机身部分使他们受到了极大的冲击。飞机在跑道右侧的一块空地上停了下来。

在飞机第一次接地处，右主起落架在 12 英寸厚的混凝土跑道上砸出了一个 18 英寸的大坑。这是由于 DC－10 的正常着陆速度是 140 节——由于纵向长周期振荡，我们的着陆速度是 215 节。同时，正常着陆的下降率大约每分钟 300 英尺，而我们则是每分钟 1854 英尺。

此外，所有飞机落地后都会沿跑道向前滑行。由于没有飞行控制设备，我们无法侧滑或修正偏离，加上侧顺风，又额外增加了 10 节的速度。

11.2.5　最后一步：合作

第五项即最后一项是合作。前面已经谈到驾驶舱中的完美合作，然而驾驶舱和客舱机组之间的通力合作也让我们受益良多，特别是考虑到我们之间并没有过多的交流时间。幸运的是，高级乘务员珍妮丝·布朗(Janice T. Brown)有着丰富的经验，足以应对这种突发状况。珍妮丝后来提到，当我第一次叫她进入驾驶舱时，一打开驾驶舱门，她就立刻意识到我们遭遇到的不是一般的紧急情况，而是灾难。另一位稍后进来的乘务员维吉尼亚·默里(Virginia A. Murray)也是一看驾驶舱就知道我们遇到了非常棘手的麻烦。达到默契的合作，我们不需要大量的沟通，这在很大程度上是自发的。鉴于紧急状况的复杂性，需要自发采取行动——这一点在事先接受的CRM训练中有过提示。

对于那些你曾经练习过但从未被召唤去做的事情，我并不惊讶，甚至很兴奋，所有的付出都收到良好的回馈。我们的机组成员事后谈到ATC为我们做了什么，国民警卫队做了什么，以及来自马里恩健康中心和圣卢克医院的帮助。我们都意识到提前通知紧急服务带来的好处。我们很早就通告了紧急状态的性质，一旦我们决定飞往苏城，应急小组的领导会在25分钟内接到我们可能坠机的通报。

飞机仰面朝天停了下来，乘客们头朝下倒吊着，四周都是烟雾、大火和残骸。当他们最终走出飞机时，却发现自己伫立在一片玉米地里，周围是8英尺高的玉米，我无法想象他们当时的感受。然而乘客们都很冷静，相互帮助。一位幸存者爬出飞机时，听到了婴儿的哭声，他又返回机舱，在晃动的行李架中发现了婴儿，把她救了出来，并帮她找到了在浓烟中失散的家人。事故中有很多此类乘客们互帮互助的事情，同时，尽管同是受害者，客舱乘务组也仍然在持续履行着他们的职责。

救援人员起初忽略了分离的驾驶舱，因为残骸被挤压得只有齐腰高，看起来就像一堆没有人管的垃圾。35分钟后，185国民警卫队员发现了幸存的我们，他们小心翼翼地撬开驾驶舱，把我们救了出来，由于被困在一个狭小区域，我们四人的身体都大面积受伤。

瑞考德两侧髋骨、八根肋骨和一个脚趾断裂，此外还有多处瘀伤和挫伤。德沃夏克右脚踝粉碎性骨折，多处瘀伤和挫伤；他右腿中有三个插针，脚踝有一点向右错开，他后来一直跛行，最终不得不接受踝关节融合手术。菲奇多处瘀伤、挫伤、肋骨骨折、内伤、右手的神经被切断、右手手臂骨折、左肩脱臼。相对来说，我基本上算是没有受伤，只是右脚踝有轻微的割伤、瘀伤和挫伤、眼眶发青；没有骨折，但头上的裂口被缝了92针。瑞考德、德沃夏克和我大约三个月后重返工作岗位；菲奇是机组成员中伤势最严重的，11个月后他才返回工作岗位。

机上乘务员一人死亡，其他人受伤程度不同，但最终都重返了工作岗位。坠机发生后，他们仍在继续工作。幸运的是，苏城的急救人员认识到他们也是受害者，对他们迅速采取了同样的救治措施。

令人惋惜的是仍有111名乘客和1名乘务人员在苏城坠机事故中丧生，运气、沟通、准备、执行及合作——这五个因素并不能保证所有人在极端的空中紧急情况下生存。在这里向他们的家人及朋友致以最深切的慰唁。然而，当应急训练中包含的五个因素如果都能像我们在事故中那样协同发挥作用时，它们就能决定事故是一场彻底的毁灭还是一场有幸存者的灾难。

关于作者

自 1956 年 2 月加入美联航以来，机长艾尔弗雷德·海恩斯一直是公司的航线飞行员，总飞行时间 29967 小时，其中麦道公司 DC－10 的飞行时间 7190 小时。他拥有 DC－10 和波音 727 机型的航线运输驾驶员资质。

1976 年初海恩斯完成了 DC－10 的副驾驶培训，1983 年取得该机型型别等级。1985—1987 年期间海恩斯担任波音 727 机长，随后重新获得 DC－10 机长资格，并驾驶 DC－10 直至退休。

11.3　关于 232 航班的最后观点

对于海恩斯机长出色的描述和分析，我基本上没有什么可补充的。但从他的描述中可以明显看出，他个人飞行素养的内在模型与前面章节中讨论的许多方面都极为相似。人们期望在职业航空公司飞行员身上看到的诸多高水平技能，在拯救 232 航班的努力中得到生动而充分的展现。海恩斯机长谈到的准备、沟通、执行和合作等因素都包含机组高超的操纵技能和娴熟的操作熟练程度。机组资源的概念在这里得到扩展，包括了乘务人员和出色的 ATC 管制员，他们共同运用深厚的知识和所有可用资源，努力协助机组找到了一个可行方案，帮助他们有效应对罕见的巨大挑战。在持续 45 分钟的紧急状况中，所有人员都保持着出色的处境意识，自始至终表现出优秀的判断力。或许源于资深机长的谦逊，海恩斯机长将成功的大部分因素归结为运气，但这肯定是言过其实了，遭遇这种概率为“十亿分之一”的飞行控制系统全部失效，并不符合大多数飞行员对运气的定义。

232 航班机组奇迹般降落 19 个月后，地球另一边的一个机组正面临另一种飞行素养的挑战。下面是另一个在压力下堪称典范的案例，在这个案例中，危险并非来自飞机故障，而是理智而好战的伊拉克军队。

11.3.1　案例分析：危急时刻的军事飞行素养

1991 年 2 月 24 日，联军地面战役才刚刚开始，就出现了必须立即处置的状况。一支由 8 名绿色贝雷帽队员组成的美国陆军特种兵“A 小队”，需要立即从敌后纵深区域撤离。这支队伍由第五特种部队一等 2C 准尉查德·巴尔万茨(Chad Balwantz)负责指挥，并于事发前一天秘密前往并潜伏在巴格达以南某地，负责监视 8 号高速公路上车辆的活动情况。一个阿拉伯小姑娘在踢球时意外地发现了这支队伍。尽管 A 小队本可以轻易杀掉或暂扣小姑娘继续潜伏，但巴尔万茨还是下令放了她，并说道“伙计们，我们不能杀害平民，这种情况不能发生。”(Balwantz，1994)结果，这支部队很快就遭遇到武装民兵和伊拉克正规军的攻击,双方人数比一度达到50比1。在这种不利的状况下,即便是训练有素的精锐特种部队也无法坚持太久。如果要避免被俘或牺牲,他们就需要援助,火速地援助。

在事发地以南几百英里,比利·迪尔(Billy Diehl)中校的四架F-16C猎鹰战斗机编队刚刚结束空中加油。迪尔及其僚机——一名上校、一名中校及一名中尉,隶属驻扎在阿拉伯联合酋长国的第363战斗机联队。他们配备有CBU-87集束炸弹,任务是攻击在联军地面进攻线以北的伊拉克卫队装甲阵地。通过与"杀手侦察兵"(Killer Scout)引导机(这是一种安装特殊设备的F-16战斗机,用来识别和标记来袭的敌机)的沟通,迪尔敏感地意识到,似乎某地正酝酿着一项更为紧迫的任务。"刚得到飞往伊拉克装甲阵地的许可,就听到几声'警戒'信号【"警戒"是超高频UHF的紧急频率(243.0)发出】,听起来好像在展开一场救援。"(Diehl,1994)迪尔向空中预警机(AWACS)表示"我们刚刚加满燃油,还有16枚CBU-87炸弹,我们应该可以在接下来的救援行动中承担一些任务"。AWACS立即取消编队原来的任务,给迪尔发送了目标惯性导航系统坐标[INS],将他们纳入搜救队伍。"输入坐标时,我发现将飞往巴格达。我最初以为我们肯定是在北面损失了一架飞机。然而,我很快意识到,我们是要去援助地面部队,不禁想知道他们在那里做什么。"

四架飞机组成的编队在两架"杀手侦察兵"的引领下向北飞去,它们已经和地面的A小队进行了通话。显然,绿色贝雷帽部队同对手已经发生了激烈的交火,形势越来越紧张。"当我们到达指定地点时,'杀手侦察兵'已经相当出色地完成了攻击前的协调工作,他们与使用PRC-90生存无线电的地面小分队进行了沟通,协调实施近距离的空中支援。"

当迪尔靠近A小队的交火区域时,彼此的沟通变得非常复杂。通信链的顶层是AWACS和机载作战指挥控制中心(ABCCC),AWACS和ABCCC在宏观层面上协调整个行动,它们之间的通信使用VHF频段频率,任务是确保实施不间断的近距离空中支援,直到从南面几百英里飞来的救援直升机到达。具体的工作内容包括识别到达的"杀手侦察兵"以及近距离空中支援编队,协调空中加油,并与参与任务的救援分队保持沟通。通信链的下一层是"杀手侦察兵"飞机,它分别通过VHF频段与AWACS、UHF频段及近距离空中支援飞机、UHF"警戒"频段与地面部队进行联络。

迪尔几乎立刻就意识到,作为攻击编队的领队,他不能冒险让不同频段的通信干扰他对所属编队四架飞机的指挥和控制。为了尽量减少混乱,他决定与僚机使用一段尚未在使用中的UHF频率进行通信。事实证明这个决定非常正确,空对空数据链的畅通对于最终任务的完成起到了关键性作用。

在F-16战斗机刚刚到达该地区时,他们就立即遭到地面防空炮火(AAA)的攻击,这使得局势变得更为复杂。于是迪尔重新评估了实施攻击所面临的相关风险,他命令编队采用高空袭击方式,以确保F-16处在AAA射程以上。迪尔是在越南执行过172次任务的老兵(与米格歼击机作战),此前曾被AAA击中过,知晓敌方系统的能力和危险。“他们利用 37 毫米高炮对我们进行骚扰，同时使用 57 毫米高炮的雷达系统进行跟踪。在 1 万英尺高度以下停留时间过长将会非常危险。”在这种情况下，为了确定友军方位，采用在敌人上空盘旋这种战术的确风险很高。事实上，在每一次盘旋过程中，伊拉克 37 毫米的 AAA 都会向美军战斗机开火。而在另一个更为重要的敌我分辨任务中，高度也是一个决定因素。

到达作战区域后，“杀手侦察兵”（呼号“指针 73”）的首要任务是协助 F－16 战斗机定位地面上的陆军部队。这可不是一件容易的事情。尽管“杀手侦察兵”和“绿色贝雷帽”都配备了全球定位系统（GPS）的接收装置，可以在误差不超过 50 英尺的范围内精确定位到地球上的任意一点，但是迪尔的飞机上没有配备 GPS 设备。这样一来，指针 73 的任务就是“告诉”迪尔目标所在。迪尔向我们讲述了这项任务的困难程度。“他（指针 73）一直提到一个足球形状的空地和一个排水沟，但那里的地形基本没什么特点，我不知道他指的是什么。我最大的担心来自意外向友军射击，误伤自己人。我绕着该区域飞了三圈，仍然无法确定友军的位置。而我也知道那里的情况正在变得越来越糟，就在这时情况出现了转机。”

迪尔提到的转机，并不像一等准尉巴尔万茨和队伍中其他人提到的那样。在激烈的交战中，A 小队发现一支由伊拉克正规步兵组成的车队开下公路，穿过沙漠，直奔他们而来。A 小队的无线电报务员、上士罗伯特·“锯齿鸟”·德格罗夫（Robert “Buzz Saw” Degroff），立即用无线电通知指针 73，情况危急，他们需要对来袭的车队开火。尽管迪尔无法按照口头描述的地形特征定位到地面部队的位置，但他可以清楚看到卡车疾驶在沙漠中扬起的尘烟。如果卡车司机知道从空中可以看到这些，他们绝不可能会开得这么快。以下信息是从迪尔编队中的一架 F－16 飞机上的枪式胶片记录仪（gun film recorder）上得到的。

指针 73（对地面部队）：“有四架携带 CBU－87 的战机。”

德格罗夫上士：“收到，非常感谢。”

指针 73（对地面部队）：“可能的话，告诉我炸弹的投掷方位。”

德格罗夫上士：“我们尽力。很明显，现在我们的头都埋得很低。”

在确认迪尔能够目视识别移动车队后，“杀手侦察兵”发出“开火”（hot）命令。

指针 73（对迪尔）：“让那条路上的车辆停下来。”

迪尔中校：“我来了。”

迪尔用两枚集束炸弹摧毁了车队，这次任务被这位已经拥有银星勋章和两枚杰出飞行十字勋章的飞行员描述为“我职业生涯中最完美的一次飞行”。攻击结束后，他冷静地拒绝了地面部队对轰炸效果评估的要求，说“那些车辆应该被消灭了，下一个目标是什么？”

A 小队队长巴尔万茨回忆成功摧毁车队的重要意义。“在那之前，我们的处境看起来不妙，这就像是在街头打架，突然你大哥出现了。”

地面交战仍在持续，巴尔万茨和他的团队似乎面临马上被敌人步枪手包围的危险。德格罗夫用无线电请求进一步的支援。

德格罗夫(对指针 73):"……能在我们位置以北 500 米的地方投放集束炸弹吗?"

听到要打击的目标近在咫尺,迪尔深感担忧。CBU - 87 集束炸弹是小型但极其致命的杀伤性武器,覆盖面积 5000 平方米。他不想出差错。"请确认地面明白这些是集束炸弹,"他通过无线电对指针 73 说,"距离太近太危险了。""杀手侦察兵"确认了这一请求,并允许他进行攻击。而让情况变得更为复杂的是,伊拉克的一个 57 毫米高炮的跟踪雷达系统跟踪到了飞机,因此,迪尔接到指示采取防御手段。他命令所有飞机放出箔条,希望诱导敌人的 AAA 系统。虽然出现了这样一些干扰,但迪尔的第二次飞越还是与第一次一样奏效。

尽管目前迪尔已经知道"足球形状空地"和 A 小队的位置,但他的僚机们仍然一直在高空盘旋,并不知晓 A 小队的方位。第一个表态的是自信成熟的布莱恩·特纳(Brian Turner)中尉,编队中的 4 号机。他认为自己能够从前面的对话中辨识地形特征,并且已经看到了迪尔前面实施的 CBU 攻击。为确定这位年轻飞行员看到的是正确方位,迪尔让他做进一步的特征描述,在确定僚机知晓友军方位后,迪尔下令让他实施下一轮攻击。"布莱恩真的帮了我们,"迪尔说。但是地面交战还远没有结束,2 号僚机,"罗斯"罗森塔尔("Rosy" Rosenthal)中校在辨识友军时遇到了困难。

罗森塔尔一直在距地面 2 万英尺高度盘旋,他没有看到可以帮助自己辨识区域的 CBU 轰炸。然而,地面局势再次危急起来。迪尔和罗森塔尔详细讨论了地形特征,直到罗森塔尔"相当有把握"地确定了友军方位。为保险起见,迪尔从自己的 2 号位置机动到近距离跟随位置,并"跟着罗森塔尔俯冲下去"。这是另一次"危险接近"攻击,为避免误伤,两名飞行员都希望尽可能地确定友军方位。在队长看来,罗森塔尔找到了正确的目标,并投掷了弹药。而当他一看到武器发射的弹着点时,迪尔的心开始下沉,担心情况会变得更糟。"天哪,太近了!"他用无线电对罗森塔尔说。没有听到地面团队熟悉的无线电信号似乎说明了一切。

两名飞行员在不确定地面人员命运的情况下完成了攻击任务,这时劈劈啪啪地从"警戒"频率传来一个浑厚的声音"击中目标!击中目标!"德格罗夫喊道。罗森塔尔的武器精准打击到敌人,距绿色贝雷帽只有 200 米距离。当迪尔允许他的 3 号僚机,罗伯特·凡·塞斯(Robert Van Sice)上校,做下一轮攻击准备时,补充了一句:"别太近。"

太阳开始落山,迪尔编队的弹药用光了,燃油也基本耗尽。随后赶到的三个四机编队继续为受困小队提供近距离空中支援,直到最后两架 MH - 60 黑鹰直升机将他们全部救走——所有人都活着,没有受伤。

这次任务的完成是美军的高光时刻之一,充分展现了合作、创新和勇气。为了褒奖比利·迪尔中校在任务中的出色表现,他被授予第三枚杰出飞行十字勋章,指针 73 的飞行员也获得了十字勋章。一等 2C 准尉巴尔万茨获得了银星勋章。地面团队的其他人员获得了代表英勇的“V”字纹饰铜星勋章。所有参战人员——飞行员和地面部队全部都安然无恙。

11.3.2　近乎完美任务中的飞行素养分析

完成这样一项任务需要什么？显然，在这次任务中，迪尔中校几乎每次都做出了正确的选择。他始终保持着良好的判断，这是飞行素养模型的顶峰，而他是如何达到这样高的专业水准呢？让我们借助这个近乎完美的任务，运用飞行素养模型，来深入探究飞行素养各个组成部分的作用。

判断和处境意识

当迪尔中校结束空中加油并与加油机脱离时，我们看到卓越飞行素养的第一个范例。虽然要去执行预先确定的任务，但他确定正在开展一项优先级更高的行动，并且他的飞行编队会有所作为。这一步本身就展现了许多飞行员所不具备的处境意识和自信。虽然在飞行中改变作战任务非常复杂而且充满风险，但迪尔对自己及团队有足够的信心，因此提出编队可以提供援助。这不是一名飞行员为了出名而表现出的傲慢和自负，而是基于对态势的快速分析所做出的慎重决定。这种信心从何而来？

知识支柱

这位飞行领队的决定是基于几个已知的因素。首先也是极为重要的因素，比利·迪尔了解自己的能力。身为沙场老兵，他知道战场上的形势瞬息万变，机组经常需要充分利用空中力量固有的战术灵活性调整计划。曾经的作战经历，让他知道自己能够有所作为，并做好了应对局势不断变化的准备。

此外，迪尔了解自己的飞机和武器的性能和局限性。作为一名职业战斗机飞行员，他明白配备集束炸弹的F-16是有史以来最出色的多用途战斗机。飞机油箱刚刚加满，使他确信自己的编队有可能在参与搜救的任务中处于最为有利的位置。随着事态的发展，显然他也同样清楚F-16和武器的局限性。在没有GPS或精确制导炸弹(PGM)的情况下，迪尔中校凭直觉就意识到，完成此次行动的焦点将会是飞行员而不是高科技，这就引出对该成功案例中最重要因素——团队的讨论。

迪尔中校了解并有效利用了包括空中预警机、“杀手侦察兵”、地面小队及自己的僚机在内的整个团队。在没有配备GPS或PGM的情况下，他被迫不断地与团队所有成员进行沟通，了解地面情况，并保持其他飞行员所看到的战场画面。他一次又一次采取额外措施以确保僚机攻击了正确的目标。在批准对目标实施攻击之前，他一再核实特纳中尉的地面参照物，并创新性地跟随罗森塔尔中校“一起俯冲”，采取一切措施确保任务的顺利完成。迪尔中校知道团队中的每位成员能为这项任务做些什么，也知道他能为他们做些什么。通过这种方式，他成功带领这支成分极其复杂的团队，顺利完成了援助任务。

了解对手也是一个重要因素。尽管在战争中，伊拉克人已不具备空中威胁，但迪尔敏锐意识到敌人AAA系统的威胁。只要可能，他就会要求飞机保持在AAA的射程之外，当更具威力的57毫米高炮雷达系统似乎在跟踪飞机时，他采取了有效的对抗手段。而在沙漠风暴的其他战役中，不止一位激情过高的飞行员由于无视伊拉克AAA系统的威力，导致联军损失了数架飞机。所以，即使在战斗最激烈的时候，迪尔也不曾失去对威胁的警觉和跟踪。

成功的基础：纪律、技能和熟练度

在整个任务期间，飞行领队对飞行任务保持着严格的指挥和控制，在行动的"攻击阶段"，不断加强对地面美军部队的主动识别。在地面援助请求非常迫切的状况下，这种严格的纪律很有必要。在整个激烈交战过程中，迪尔抵制住诱惑，在不确定僚机是否确认敌我身份辨识的情况下，拒绝让他们参与攻击。"我最担心的是，我们中有人会把其中一枚(CBU-87)投得太近，误伤自己人。"

在这种场景下，技能和熟练度无疑是成功的必要先决条件。与友军距离近、高度高、没有精确武器等因素，使得轰炸任务极具挑战性。能够把敌人拦阻在海湾之外，所有美军士兵都能毫发无损地返回家园，已经充分证明了四位F-16飞行员具备高超的操纵技能和熟练程度。所有的飞行人员都具备极高的作战素质，并且都拥有近期空中作战经验。纯粹的技能应用对于这项任务成功的重要性再怎么强调也不为过。

11.3.3 一个飞行素养的观点：怎样才能成为英雄

在本章的开篇我们就谈到过，航空是英雄的理想选择。本章的两个案例充分展示了成为英雄的两个先决条件——做好准备和把握机会。两个故事中的主人公在这两个方面都极具相似性。两人都在用一生的时间为自己无法预见的处境做着准备。他们都是高度自律、技能全面和熟练程度高的飞行员，都是各自飞机上的老手，对飞机系统、性能和限制非常熟悉。海恩斯机长和迪尔中校都将自己的成功归功于团队，他们的观点都非常正确，而团队成功的关键因素依旧是飞行员对团队中各个要素的充分理解和高效利用。另一个方面是把握机会。当机会出现时，这些人已经做好了准备。虽然很少有飞行员会主动寻找成为英雄的机会，但我们必须做好准备面对即将到来的一切挑战。在航空领域，一个人不是由于选择机会而变得卓越，而是机会选择了你。

11.4 参考文献

[1] Balwantz, CWO Chad. 1994. Personal interview. May.
[2] Diehl, Lt. Col. Billy. 1994. Taken from videotaped interview. May.

第12章 飞行素养的阻碍因素和障碍

共同撰稿人:格伦·霍弗(Glenn Hover)

你是在机会中看到困难,还是在困难中看到机会?

——佚名

12.1 约翰·劳伯(John Lauber)博士的观点

认识到需要提高人类在飞行活动中的表现,主要源于三个方面。第一,当然是公众的广泛关注,比如发生在波特兰的DC-8事故。第二,从机组安全自愿报告系统(ASRS)中,我们发现了同样的人的因素问题,包括领导力问题、追随问题、沟通问题以及自信问题等。第三,是鲁夫-史密斯(Ruffel-Smith)的研究,他们以747机组为研究对象,识别与机组表现优劣相关的重要特征与行为。当我们观察到这些特征时,机组的整体表现似乎依赖于一些有形的东西,你几乎可以触摸到它。在这里有效的领导力似乎是关键,它为机组的成功奠定了基础。这项研究最终成为驾驶舱资源管理(CRM)初始课程体系中早期观念的直接来源。

当前最大的问题是如何将这些概念延伸到驾驶舱之外,将合作、适度自信、领导风格等特征变成个人和组织日常活动中的一部分。无论是大型航空公司、空军海军中队还是地区的通用航空组织,整个企业的运行都应遵循CRM的原则。我们正在达美航空公司进行这样的尝试,与机场运行代表、客户服务代表和维修人员一起共同开发CRM项目。当然,我们早已完成了驾驶舱机组和客舱机组在CRM训练方面的相关工作。通过不断在日常运行中强化,习惯模式更有可能成为驾驶员飞行中的第二本能。这就是该行动的主要目的——让运行的各个层面安全有效地发挥其功能。

有效的团队合作、领导力、追随力的概念,以及其他的CRM原则应当从员工入职的第一天就开始传授——如果不能再提早的话。我们甚至打算根据这些特征和品质来着手挑选员工,因为这些素质对于成功太重要了。

驾驶舱/机组资源管理的创始人约翰·劳伯(John Lauber)博士曾经是美国国家运输安全委员会成员,也是达美航空公司负责企业安全与合规的副总裁。

如果完美飞行素养非常容易养成,那么每个人都会拥有。遗憾的是,在培养有效飞行素养的过程中存在许多障碍和阻碍因素，如果想要充分发挥飞行员的潜质，我们就必须识别、理解、克服或规避这些因素。在实际工作中，这些障碍和阻碍因素可以分为两个层面。首先是影响整体飞行素养的因素，如动机、人格特征及态度等；其次是影响飞行素养单个或多个方面的特定因素，当然这些特定因素也会对整体飞行素养产生影响。对于飞行素养模型中每一个基础、支柱和顶石来说，随着时间的推移，有些力量会阻碍它们的进一步发展或削弱它们的有效性。本章首先从飞行素养的整体角度进行分析，然后再分别讨论飞行素养的各个方面，阐明需要克服的常见阻碍因素和障碍，从而找出我们一直无法发挥自己最大潜能的一些常见原因。目标非常明确——在通往个人进步和成就的道路上识别并克服这些障碍。

12.2 提高整体飞行素养的阻碍因素

某些阻碍因素不仅会影响飞行素养的某个方面，而且会对整体飞行素养的提高产生不利影响，例如不纯正的动机。飞行员选择飞行有各种各样的原因，尽管“正当”的理由并非只有一种，但是飞行动机与发展良好的飞行素养息息相关。

12.2.1 肾上腺素迷恋者或冒失鬼

肾上腺素迷恋者为追求“快感”而飞行。他们迷恋这种刺激，将每次飞行视为逃脱死亡的又一次机会。我猜测所有飞行员的身上多少都有一点这类动机的痕迹，否则，他们为什么会把飞行这样存在固有高风险的活动作为首选的爱好或职业呢？然而，以健康的方式去掌控有挑战性的环境——大多数人与某些受到挑战吸引、为刺激肾上腺素的分泌故意将自己置身于危险环境的飞行员相比，有着天壤之别。后者的根源性问题在于，它与合理而专业的飞行素养方法背道而驰。真正的飞行员追求可控性、可预测性和精准性；而追求刺激的人故意制造失控状态，招惹灾祸，总是想尽办法接近“危险边缘”。追求刺激无益于本书提倡的飞行素养方法。

海军蓝天使(Navy Blue Angel)是大家公认从事极限挑战工作的飞行特技表演队，其中的一名飞行员曾对我说，精准度的要求不允许掺杂拙劣飞行素养或寻求刺激的想法。当我问及进行编队特技飞行时，飞机彼此间隔以及飞机距地面如此之近，他是一种什么样的感觉，他的回答令人诧异，从而让我对世界上顶级飞行员所采取的方法产生了独特的见解。他告诉我说，“我真的说不出是什么感受，因为太忙而无暇顾及。”[①]他进一步解释道，即使在飞行后的反思中，脑海里也会自然浮现保持编队位置、调整动力及准备下一个机动动作的画面。显然，这与肾上腺素迷恋者采取的“不顾一切的”疯狂做法截然不同。

---

① 1990年，作者在麦康奈尔空军航空展(McConnell AFB airshow)和开放日接待过“蓝天使”，谈话发生在某次训练之后。

12.2.2　控制狂

第二类动机方面的问题出现在那些把飞行环境当作个人领地的飞行员身上，这是一种拒绝参与性决策和良好飞行素养的做法。这类人通常想要掩饰自己的自卑，或弥补自己在生活其他方面的失意，由此产生的过度控制欲会在几个方面阻碍飞行素养的发展。首先，它会妨碍来自他人及时、准确的信息反馈，人们往往认为他们是一些无法接近的控制狂；其次，由于控制狂决定哪些才是可用的相关资源，因此会妨碍基于利用全部可用资源策略的实施；最后，因为控制他人更容易让他们得到自我满足，控制狂通常不会对改进给予重视。

12.2.3　我飞什么，我就是什么

有些飞行员将飞行看作是一种身份象征，他们的目标很简单，就是成为一名飞行员，或某种特别型号飞机的驾驶员。当被问及职业或者他们是谁的时候，我们通常听到的回答是“我是一名海军战斗机飞行员”或者“我是一名鹰式战斗机飞行员”。不过，身份动机并不总是与良好的飞行素养对立，因为许多人都在积极提高和改进。例如，将自己身份看作“战斗机飞行员”的人很可能认为，更好的身份应当是“伟大的战斗机飞行员”，甚至是“王牌战斗机飞行员”。问题就出在将此类标签视为目标本身的那些人身上。他们在取得飞行资格后，就失去了持续改进的动力，而缺乏持续改进的动力则会使飞行素养水平大打折扣。

12.3　纪律性的阻碍因素

除了宏观的阻碍因素之外，还有影响飞行素养各个方面的问题，首先是飞行素养模型的基础——纪律。

没有纪律，就不可能具备真正的飞行素养，那些妨碍个人自我约束的不良因素，应该成为我们要清除的首要目标。过度竞争、担心自己看起来很糟糕、同级压力、英雄主义、飞行表演综合症以及“末次航班综合症”(finis-flight-itis)都会对纪律性产生消极的影响。

12.3.1　过度竞争

虽然良性竞争有利于发展，但过度竞争则有可能导致飞行员为了获胜而“作弊”。为了在同龄人中获得竞争优势，这些飞行员喜欢在安全和遵守法规方面走捷径。某军事导航竞赛中发生过这样一个典型案例，为了赢得比赛，飞行员试图借助轰炸机更为先进的导航系统，使加油机在演习结束时更加靠近“导航结束点”，从而获得更高的比赛分数。一架轰炸机和一架加油机临时决定违规组成空中编队，但机组并没有做充分的编队飞行简令，致使两架飞机都误以为自己是编队长机，而不愿飞在另一架飞

机之后。结果在意料之中——发生了严重的空中相撞,幸运的是全部人员都幸免于难。

12.3.2 同行压力

对同行压力过于敏感,也可能成为培养良好飞行纪律的障碍。新英格兰航空公司的老板(见第7章)利用制造同行压力的策略,迫使公司的飞行员违反最低天气标准限制,以牺牲乘客和机组人员的安全为代价,把公司变成一个赚钱的机器。他在飞行员之间营造了一种敌对关系,并通过相互施压"完成任务"。类似事件在整个航空领域都有发生,飞行员们相互开玩笑说要尝试新奇或非常规的飞行方式。同样,同行压力也可能是一把双刃剑,这取决于它如何应用或解释。飞行员可以相互施加影响,或者要求大家都遵章守纪;也可以迫使他人尝试有风险甚至被禁止的机动操作而成为良好纪律的绊脚石。这类惊险机动操纵的故事在飞行俱乐部比比皆是,比如钻桥洞、在山顶平坦处做个落地就走的连续起飞,或是穿越特定的峡谷。有时这些愚蠢的行为被视为某种仪式,或是成为"一名男子汉"必须要体验的经历证明。请大家不要成为这些陷阱的牺牲品。查克·耶格尔准将曾经讲述过自己在飞行生涯早期得到的启示:

> 无论他们(同行)说自己做过什么,我都会采取保守态度,将他们的话翻倍或是减半。如果他们说在3000英尺做了一个半滚倒转,我就会从6000英尺开始做。即使这样,有时我也做不到。重点在于飞行员落地后,都有一种美化自己真实行为的倾向。我知道很多人都是这个陷阱的受害者。记住,不要做没有人真正完成过的任何动作,包括"画"烟洞。(Yeager,1996)

12.3.3 飞行表演综合症

几乎每个人都梦想成为雷鸟或蓝天使飞行表演队中的一员。想要给地面朋友或熟人留下深刻印象的欲望,可能是造成突然丧失判断力最主要的原因。对这一类飞行员来说,仅仅成为飞行员是不够的,他们认为只有"人前显圣"才能让其他人认识到自己是多么的引人注目。更可悲的是,这类事故大多发生在家人面前。典型的场景是为了让家人充分了解自己的"真实水平",这些飞行员将"离场表演"安排在住所附近或某个便于家人观看的特定地点。

飞行表演需要特殊的训练,是那种我们大多数人从未接受过的训练。在雷鸟或蓝天使等大多数真正专业的军事飞行表演过程中,解说员们通常会这样介绍:"女士们先生们,你们今天看到的表演是由所有飞行员共同完成的标准训练科目。"这样的说法有几分道理。军事飞行员通常要接受特技飞行和编队飞行训练,但是如果说所有的飞行员都要接受雷鸟飞行表演队那样的训练,就如同说童子军要像海豹突击队那样训练一样。然而,仍然有许多飞行员盲目相信自己有能力进行低空特技飞行,因而悲剧仍在持续上演。

与飞行表演综合症紧密相关的是另一种非本能的恐惧，就是害怕自己在他人面前出丑。飞行员中有句老话，“宁死也不愿意出丑。”遗憾的是，对许多犯错的飞行员来说，这句话一语成谶。20 世纪 80 年代末，在美国中西部的一次军事飞行表演中就出现了飞行表演综合症结合出丑恐惧并发症的情况。在基地开放日及航展上，两架 B－1B 轰炸机在平行跑道上表演，执行同步机动。在最初的低速通场后，机组将表演一个直角小航线，然后加速并增大机翼后掠角，之后同时高速通场。为了将重心保持在操纵限制范围内，B－1 轰炸机的自动重心（CG）系统必须向前油箱或后油箱传输燃油，整个过程需要几分钟的时间。其中一位驾驶员是出了名的争强好胜并富有攻击性的飞行员，由于他在转弯时的飞行半径比训练时略小，这意味着两架飞机组成的编队在通场时可能无法完全同步，但仍然会给观众留下深刻的印象。为了安全进近到机场上空，需要调整保证安全转弯的时间和空间，他要么延长第四边再转弯，要么改变直角小航线。然而，这位飞行员并未选择上述方案；为了完美地展示他的综合能力，他试图在转向最后航向的过程中实施一个急转弯。在实施的过程中，飞行员加大了坡度并增加了向后的拉杆力，想要“拉住”这架庞然大物。根据其中一名领航员的报告，飞机的下沉速度很快，下降到离地不足 100 英尺的高度。在其他机组成员数次“注意高度”的警告之后，副驾驶控制了飞机，改出坡度，释放拉杆力，同时打开加力，最终挽救了这架即将撞向地面、价值 2 亿美金的飞机，而观众根本不知道表演中有什么蹊跷。

飞行表演综合症对军事和通用航空领域的影响似乎远大于商业航空领域。然而，请记住，许多商业飞行员也在国民警卫队或预备役部队飞行，更多的商业飞行员同时也是私照飞行员，因此几乎没有人能够不受到这个因素的影响。

12.3.4　末段航班或所剩时间“越来越短”

另一个导致突然丧失飞行纪律性的常见因素，通常出现在某架飞机当日的“末段航班”或最后一段航程之中。由于某种原因，在最后几个小时的飞行途中，隐藏在潜意识深处想要做些愚蠢、违反纪律的事的欲望会直接控制我们。这种现象并不一定会发生在最后一段航程中，但出现的风险却是随着剩余飞行时间变“短”而增加。

最后一次执行 T－38 鹰爪飞行任务时，一位年轻的空军上尉决定在西海岸某机场的离场航段上，操作副翼实施横滚。这个机动给她的指挥官们留下极其深刻的印象，以至于她晋升为初级教练机机长的时间被推迟，而她的飞行素养名声也被永远地玷污了。在另一个充满黑色幽默的案例中，某军事飞行员在离开联队，前往航空公司报到前的最后一次飞行中，实施了未包括在飞行简令中的低空轰炸区域加力爬升，并试图完成 180 度的翻转，以便在指定高度保持平飞。然而他把动作搞砸了，飞机产生了负载，检查单从他的腿上飞了出去，落在内话机面板并碰到语音电门，切断了机组成员间的通信。这种状况让武器系统操作员措手不及，他反复询问飞机出了什么故障，最后以为出现了飞行员失能，甚至握住黄色手柄准备弹射。在最后一刻飞行员接通了内话机回复了他的询问,从而避免了一场极其尴尬的事故。

飞行员在某种类型飞机上的最后一次飞行,不应当看作是可以尝试疯狂操作的机会,而应当将它作为展示存在于人机之间最高专业化飞行素养的尝试。努力去成就一次完美的飞行,而不是违反纪律的飞行。

12.3.5 缺乏监督

对某些飞行员来说,在缺乏组织监督的情况下是无法抗拒违规诱惑的。他们会利用这样的机会,尝试无纪律、通常是违规的机动,而不是彰显他们的专业与成熟。这种情况往往发生在飞行员离开自己家乡机场,准备向新结识的朋友炫耀自身能力及飞机性能的时候。这个问题再次表明,真正的飞行素养来自内心的渴望。一旦个人精神层面注入了飞行素养的观念,就不需要依靠组织的监督来抵制违纪行为了。当然,个人飞行素养并不能消除诱惑,但它会赋予你抵制诱惑的力量!

12.3.6 全教员机组

没有什么比两位飞行教员一起飞行更危险了。这似乎是个自相矛盾的说法,但是下面几个因素却能够使这个明显矛盾的论断变得非常容易理解。首先是竞争意识的增强。大多数教员对自己的能力都有一种健康的自豪感,喜欢在其他同行面前展现自己的能力优势,为证明自己的专业能力有多高,他们常常发明新的或创造性的飞行方法。风险增加的第二个原因是容易滋生自满情绪,当两位飞行员都认为对方会密切关注飞机状态的时候,两个人都不会质疑对方的行为!这会产生一种无懈可击的错觉,进而会出现致命的自满情绪。

在我第一次双教员飞行时,一位"元老"级飞行教员想向我展示他的教学创新成果——"大下降率进近后的连续起飞演示"。他的计划是在短五边进近时有意进入大下降率飞行状态,让学生体验它的状态和感觉。在最后一刻他会加到最大马力,中断飞机的下降,而后将飞机飘到跑道上。这听起来很愚蠢,不是吗?而且那天晚上,情况似乎也并非如其所愿。(晚上?是的!看看我们有多蠢!)长话短说,在第一次尝试中,我们改出下降的预计位置比机场的海拔高度还低了几英尺,使得我们最后不得不以书面方式详细报告飞机重着陆的原因。所幸的是,通过对飞机的维护检查,发现除了我们的自尊心之外,飞机并未受到损伤。

案例分析:双教员飞行任务的光环效应(Hughes,1995)

这是一个两名飞行教员检查员作为同一机组的驾驶员,在一架军用C-130飞机上执行低空特种行动(SOLL)作战能力升级训练任务,最终不幸演变成悲惨的事故。任务计划飞行5小时,时间段从白天开始到夜间结束,其中有许多高难度的机动动作,包括在低空航线上的几个坡度60度转弯,一个坡度60度的180度转弯,一个最大性能爬升转弯,以及一次直到"有一点气流"(接近失速)的四发越障爬升。机组成员中共有三名飞行员:执行飞行教员/飞机机长(IP/AC)、完全合格的副驾驶,以及接受 SOLL 训练、操控飞机的飞行教员(受训 IP)。

低空越障爬升机动结束后,IP/AC 简要对最小半径转弯和越障爬升动作进行了讲评,除此之外,在受训 IP 进行最大性能机动训练期间,IP/AC 很少或几乎没有给出任何指导。受训 IP 随后下达简令并开始实施模拟三发越障爬升机动——他此前从未在飞行中尝试过的机动动作,从距湖面上方约 100 英尺高度开始。飞行员将 1 号发动机油门拉回至空中慢车,由此导致在上拉 C－130 大力神运输机的机头时,飞机带有 5 度坡度。当飞机俯仰角达到上仰 30 度左右时,IP 请求放出 50%的襟翼,并开始按照教学方式边操作边报告。“我们把它减速到越障速度,你可以看到我没有立刻将侧滑小球放在中心位置(在转弯侧滑仪上)。”紧接着,副驾驶分别四次喊出“速度”“空速”的话,表明受训 IP 在叙述动作时,飞机的速度正在减慢。这时,IP/AC 进行了口头干预,指示“开始转弯吧,你看我们的速度已经低于 VMCA(飞行最小操纵速度)了。”7 秒后,IP/AC 果断下达指令“让我们改出吧”。然而为时已晚,飞机先是瞬间左转,然后向右急盘旋下降,坠落到 12～17 英尺深的水中。机上 9 名机组成员全部重伤。

IP/AC 是一位知识渊博的飞行员,显然他对自己和受训 IP 的能力充满信心。两人都具备飞行检查员的资格,这样的机组搭配可能会让飞机上所有的人产生自满情绪。然而,即便最优秀的机组也会陷入困境,似乎在执行高风险机动动作时,由于操纵飞机的飞行员片刻凝视转弯侧滑指示器,致使他没有发现飞机速度下降。“改出”的指令实在太少、也太迟了。基于对彼此的信任,他们没能识别并纠正一个极为简单的速度下降问题——如果是与一个经验不足的飞行团队飞行,这三名飞行员可能都会立即指出并纠正该问题。颇具讽刺意味的是,对个人来说,技能高超、经验丰富和高度自信可能非常有益,但当这些个人组成团队时,却可能会带来过度的自信和自满。

12.4　技能和熟练度的阻碍因素

技能欠缺或熟练程度不够可以找到很多原因,并不是所有的原因都在飞行员的控制范围内。但飞行员才是决定权的控制者,并最终对自己的训练结果负责。让我们来了解一下许多飞行员很难提高飞行技能或熟练程度,或者即便具备了一定水平的技能和熟练程度,而在一段时间之后,技能和熟练程度仍然可能退化的几个原因。

12.4.1　不擅长自我评估

“现行有效(current)”及“合格(qualified)”这两个词并不意味着“技能”和“熟练”。个人的技能水平与熟练程度是动态变化的,需要依靠严格持续的评估纪律来保证其对安全有效的飞行运行是合格的。个人是否做好充分准备一直是个难题,而它却被很多现代飞行员所忽视,对于自己的技能符合性及熟练水平的评估,他们在很大程度上依赖组织年度或每两年进行的飞行技术检查。飞行素养模型提供了一种在飞行素养的各个方面进行全面评价的自我评估手段,它要求飞行员每次飞行后都要自觉地从飞行素养的各个角度进行自我评估,从而为个人改进提供有价值的反馈和发展趋势信息。"直觉"评估通常并不全面而且可能产生误导。你在仪表进近和侧风着陆方面的技能可能越来越娴熟,但同时处境意识和团队技能可能却在退化。严格的自我评估是飞行素养得到稳步提升的关键步骤。

你永远不会尝试只参照一种仪表来驾驶飞机。同样,对于保持高水准的技能和熟练度来说,驾驶员进行多次交叉检查也是非常关键、有益和必要的。

12.4.2 低质量的教学

遗憾的是,我们行业中的一些教员名不符实。鉴于他们低标准、欠专业的教学方法带来的后果,我们最好将这类人员称作"破坏者"。尽管大多数飞行教员都很用心而且敬业,水平差的教员只占现役教员中的很小一部分,但如果他恰好是你的教员,这个统计数据对你来说就没有任何意义了。那么,怎么能知道自己的教员水平不尽如人意呢?或者说,如果真的遇到这样一位教员,你该怎么做呢?(有关传授与评估的进一步讨论,请参阅第13章。)

你对教员的第一印象通常较好。优秀的指导应该着眼于你,而不是教员自己。教员应当为你的进步制定周密计划,并列出明确的目标和时间点。好教员知道什么时候该开口提醒,什么时候要沉默让你自己操纵。好教员的飞行前简令和飞行后讲评都很全面,并且始终垂范良好的飞行素养。好教员没有偏见,能够克服个性差异来适应你的需求,然后引领你迈向良好的飞行素养。

学习的最终责任人是你自己。如果无法从某位教员那里学到东西,却还要继续跟着他一起飞,可能就是在浪费你和教员的时间。几乎所有的教员都有这样的意识,与其继续下去没有什么教学效果,还不如换个教员试试。但是,作为学员,你必须迈出第一步,因为只要学员愿意跟着教员继续学习,大多数的职业教员还是会继续尝试和指导。你也可以让原来的教员为你推荐新的教员,他对你已经有了一定的了解,知道你的学习风格,同时比你更熟悉本地的其他教员。当然,你不必受本建议的束缚,通常这只是个不错的参考。

无论出于什么原因,你和某位教员都无法继续教学关系,请友好地分手。感谢他的时间和付出,继续自己的训练,不要为此难过或遗憾。

12.4.3 对改进缺乏关注

对于技能和熟练度的提高,也许最大的障碍就是缺乏对个人改进的持续关注。人们会很自然地说"让我们去飞吧",并且认为自己正在接受高质量的训练。但是除非你知道自己需要在哪些方面改进和完善,否则还不如躺在海滩上,那样肯定会更有趣,但你不会因此而变得更好。飞行可能充满乐趣,同时也能带来进步,但它需要只有你才能赋予的专注。这种专注需要借助个人的自律性来保证你能够系统化地寻求持续的改进。

12.4.4　不能接受批评

学习需要具备接受建设性批评并对批评采取行动的能力。做不到这一点，将会严重阻碍飞行素养的发展。这种极为普遍的学习障碍，有两个常见的结果。第一是争辩和找借口的防御机制。就像总把问题归咎为阳光刺眼的少年棒球联盟的右外野手，这类准飞行员也总会为失败找到借口。听听这些台词是不是很熟悉。

- “上一位教员告诉我不要这样做。”
- “飞机今天好像没法向上打配平。”
- “我觉得短五边有轻微的风切变。”
- “该死的湍流。”
- “你一定看错了，我没那么做。”

第二是更具破坏性的特征，我称之为“情绪性思维滞后”。这是一种学员的思维还停留在上一次出现差错时段的心理倾向。由于犯了错误或受到批评，学员变得非常沮丧，以至于难以平复心态继续学习，有时甚至无法继续飞行。这种情况通常发生在出于安全考虑，教员不得不接管飞机操纵之后；或者“学员”有其他机型的丰富经验，不习惯被批评。

上述两种防御机制对飞行素养的提高都没有什么帮助，飞行时间非常宝贵，不能浪费在争论或自怨自艾上。学习，就其定义而言，意味着你还没有掌握自己正在尝试的技能。要预期错误的发生，敢于面对错误，并从错误中学习，给自己最好的学习机会。

12.4.5　资　源

飞行已经够难的了，而缺乏适当的资源，几乎会让你无法获得并保持容易退化的飞行技能。没有什么飞行素养方案可以帮助你解决这个挑战，我只想说（和以往一样）你要对自己的训练负责，当资源变得可用，训练时间到来时，你必须决定自己最需要在哪些方面进行练习。

12.5　自我认知的阻碍因素

个人提高的先决条件是自我认知。为了准确把握飞行员的世界，你需要知道自己在透过什么样的镜头看问题——你个人对世界的看法是什么。至少你应当客观地在力所能及的范围内审视自己，然而对于已经取得一定成绩的人来说通常会比较困难，他们倾向于把这个世界看作是由一些需要战胜、解决或跨越的事物构成的。许多飞行人员没有时间或没有兴趣进行自我反思，然而成功的飞行素养却需要以清晰的自我认知为基础。你的动机、恐惧、偏见、能力和局限性都是影响自己潜能释放的关键要素。虽然来自他人的反馈是全面自我评估的重要组成部分,但它通常带有嫉妒、自私或其他负面情绪,不能提供真实的反馈。因此,自我认知的障碍通常来自过分热心的批评者;或者反过来说,马屁精不会说你的坏话,尤其是他们的生活依赖于此——事实往往就是这样。

12.5.1 过分热心的批评者

批评对于全面的自我评估是必要的,但也可能靠不住。如果批评的动机源自他人针对你个人的负面情绪,那么他的情绪会在很大程度上影响到你的自我评估。一位老教员曾经在对我进行了一次特别苛刻的讲评之后告诉我,"孩子,对待批评要像咬一粒带壳的花生。吃掉精华部分,吐掉渣子,并且忘了它。"这个绝妙比喻所蕴含的第一层含义就是,如果你连同花生壳(不正确的批评)一起咽下,会不利于健康或飞行素养的改进。第二层含义是,如果你小心地只吃下批评中的营养成分,那么继续吃下去绝对是个好主意,因为它会刺激生长。重要的是,应当倾听批评并分析其有效性,如果需要就加以采纳并付诸行动,如果不需要就忘了它吧。

12.5.2 马屁精

过分热心批评者的对立面是唯唯诺诺的马屁精,无论出于何种原因,这种人都不会给你任何负面的反馈。这是一种普遍存在于商业和军事领域中非常真实的现象,在这些领域,个人晋升与否很大程度上取决于一个人能否做到不惹是生非。在商业航空领域,尤其在早期的试用期阶段,飞行员记录上的一个污点,就足以毁掉他在那家公司从事航空事业的所有机会。虽然在军队此类问题没有在航空公司这么严重,但高级军官在和军衔较低的机组成员一起飞行时,确实也存在类似的情况。航空心理学家甚至给这种现象起了个专用名字——过度职业顺从。

有很多这样的案例,年轻的机组成员犹犹豫豫,或拒绝给更高级别的机组成员提供及时的真实反馈,最终导致灾难的发生。下面就是一个过度职业顺从的典型案例。

案例分析:两个"Lieutenants"①②

第一个 Lieutenant 是一名上尉飞行教员,他正在艰难地做一项抉择,他负责运送的空军中将(Lieutenant General)VIP 想要在夜间飞往陌生基地时,在军用 C-21 里尔飞机(Learjet)上实施难度较高的非精密进近,这一听就不是个好主意。在这种环境条件下,现有规章强烈建议采用精密进近方式,然而相差八级的军衔让两名飞行员产生了职业高度差,上尉也因为质疑高级军官的判断而感到些许不安。更为棘手

① 这个故事与作者有关,但消息来源需要匿名。

② 此处原文是 The two "Lieutenants",在这个案例分析中,飞机的指挥官是一名上尉(Lieutenant),而和他一起飞行的是一名空军中将(Lieutenant General),因此是两个"Lieutenants"。——译者注

的是，到目前为止，中将飞行员并未表现出足够的技能熟练水平。这些条件充其量是不利的，但倘若再出现操作程序差错，可能会更危险。

上尉正在做他从飞行员训练开始就被教导的事情，他看向前方，不喜欢眼前看到的景象。作为飞机的机长，他负有保护乘客和飞机安全的责任，但作为一名无关轻重的上尉，他的处境很尴尬，不知道该如何处置当前的状况。虽然他建议采用精密进近方式，但中将先生依旧决定练习非精密进近程序，而且是在两名飞行员都不太熟悉这种进近方式的前提下。上尉在匆忙地快速翻看进场图和进近图，生怕遗漏一些关键步骤。上尉逐渐看到这个难堪场景的所有元素都到位了。当中将的思维开始滞后于飞机时，情况变得更加糟糕。两名飞行员在下达简令和进近的同时，由将军控制的里尔飞机遇到了大麻烦。突然间，坐在观察员位置一直观察他们操作的乘客(也是一名飞行员)大声喊道："空速！"由于实施的进近过于复杂，两名飞行员在进行交叉检查时都遗漏了空速指示，飞机的实际飞行速度比规定的进近速度慢了 15 节，飞机在短五边出现了快速下降。观察员是一位拥有 10 年以上飞行经验的飞行教员，他认为机组几乎已经失去对飞机的控制。

令人啼笑皆非的是，这位将军并不是一位难打交道的人。如果直接给他提出建议，他很可能会放弃非精密进近。尽管监管指南指出，非精密进近不是个好主意，但在最初建议精密进近之后，上尉就没有再质疑这一决定。作为执行任务的机长，上尉显然有权决定进近方式。结局圆满胜过一切，但有时你不得不摇脑袋，就想知道飞行员为什么会为了避免人际冲突而去迎合他人，并甘冒失去生命的危险。

12.5.3　不严格的自我评估过程

试图分析镜子里的男人或女人可能是最困难的学习任务。如果不能审视内心，就无法真正了解自己，因此在每次飞行前和飞行后，都应花些时间进行自我评估。执行任务前，审视自己有没有潜在的不良意图或偏好，想一想自己当前的技能状态和熟练性水平，并将它们与任务的重要性和现存风险进行比较权衡。飞行结束后，从纪律性到判断力，仔细审查自己在飞行素养各个方面的表现。你做出的决定是基于逻辑、基于情感还是两者兼而有之？总之，整个飞行素养的画面是通过自己的眼睛观察到的，因此，除非你能洞悉自己内心的想法，否则你的观察可能毫无用处。

你是充满信心还是信心不足，完全由你自己的真实能力决定。有些飞行员对自己过于苛刻，这会抑制来之不易、合理的自信的增长。相反，其他一些飞行员非常自信，尽管他们的技能和熟练水平都不足以保证他们有这样的信心。这就是在每次完成任务后立即评估自己的表现非常重要的原因，我们必须抢在内在自我为符合预想的期望而重新解释事件之前完成评估。

12.6 熟悉飞机的阻碍因素

尽管在开始阶段，学习飞机知识可能是一项艰巨的任务，但是必须牢记，信息量是有限的，随着时间的推移，即便是最困难的系统也可以通过不断自律的学习而被掌握。在掌握飞机知识的过程中，一般主要有四个障碍：第一个是任务的艰巨性显而易见，这往往会吓退很多飞行员，他们甚至不敢尝试哪怕只是概括性地掌握一些知识。第二个是不适当的学习方法，这会妨碍系统地吸收信息。第三个是现行有效性的保持，许多技术指令和飞行手册会经常更新，如何跟上变化是所面临的挑战。第四个是飞机知识中有许多不成文的内容，如果不知道如何找到以及在哪里找到这些信息，你就无法掌握这些信息。

12.6.1 挑战的艰巨性

即便是最简单的飞机也相当的复杂，任何一架飞机或喷气机的大量详细信息都会令人沮丧。不要害怕，千里之行，始于足下，最佳的学习启动时机就是在你拿到新飞机的技术指令、飞行手册和检查单的时候。实际上，一开始对学习新材料的犹豫可能会导致长时间的拖延。随着焦虑的增加，堆放在角落里的资料会“露出”凶神恶煞的模样——让你几乎不敢去翻开封面。虽然开始学习的最佳时间是在刚开始的时候，但它可能不是最好的开始阅读时间点。枯燥的系统材料会令学习任务难以持续下去，你可以尝试将一些有趣的资料和相对困难的系统知识部分（通常在技术指令的前几章）掺杂在一起学习，也许会有所帮助。重要的是获取知识，自觉的学习习惯和时间上的投入没有捷径可走。

12.6.2 不恰当的学习方法

每个人的学习方式都不一样，每个人都以不同的方法学习飞机知识。但是，有些方法在过去对我们当中的大部分人都很有效。首先就是要掌握飞行手册中三个独立的部分：正常程序、应急程序、操纵极限和限制。这些基本知识是绕不过去的，这些知识需要你在飞行前就了解，并要完全掌握。除了这些核心知识外，想要让自己保持学习的动力，还需要掌握与日常飞行相关的方法。

一种方法是，将知识的学习与当前的动机和经验联系起来。例如，如果马上要开始仪表飞行，你可能需要复习与仪表飞行相关的正常程序和应急程序，然后花几个小时专门掌握系统本身的细节。下次有机会时，一定要向机械师或技术人员提几个问题。把你的问题标注在书页的空白处并找出答案，需要的话，也可以给厂商打电话。通常情况下，设计人员和工程师们都会很乐意与驾驶员交流。有任何难以解答的问题都可以给厂商写信咨询。在我 15 年的职业生涯中，我从未遇到过厂商不回答问题的情况，甚至普惠公司复信给我时，还附带送我了一顶帽子。

另一种方法是,研究任何可能出现故障的系统,或在最近飞行中引起你注意的系统。比如,如果通风系统或加温系统有维护差异,很有可能促使你再次研究整个空气流动和引气系统的功能结构图。通过不断的提出问题,直到搞清楚它的运行原理及运行方式。让好奇心成为你学习的动力和向导,这是学习枯燥而复杂资料的自然方法。

虽然在好奇心的驱动下,能让你保持学习的积极性,但它不一定能保证学习的递进层次或系统化的有条不紊。因此,你需要采取一些方法确保自己的学习最终能覆盖所有的飞机系统,同时还要建立一种复习模式,最好每年或更频繁地进行周期性复习。这项工作可以采用以下方法完成。一种方法是在掌握某些内容以后,简单"划去"目录中的对应部分,有些人喜欢设计监控自己学习进度的电子表格。另一种方法是当本地的培训计划或厂商有考试时,你可以测试飞行手册和技术规定中每个部分知识的掌握情况。不过,采用这种方法一定要注意,由于答对考试题目可能会让你错误地认为自己已经掌握了系统知识,进而形成危险的自我欺骗。要时时牢记,真正的考试是在空中,那里几乎没有时间去复习。

一些飞行员会记录自己在学习方面的投入时间及覆盖范围,这种日志有两个作用。首先,它可以让你了解自己的学习习惯。如果你注意到自己上一次学习是在迈克尔·乔丹退役之前,那就表明该看书了。其次,它也是你了解自己不可或缺的部分。如果能把学习飞机知识这样单调的事情都做得井井有条,那么你也很可能将这种习惯模式延伸到空中。良好的飞行素养意味着做事全面细致,也意味着你已经做好了准备。

12.6.3　保持现行有效

飞机经久耐用。飞机在正常情况下不会磨损,但是随着机身的老化,需要经常更新或更换不同的部件和系统。此外,随着某种特定机型的成熟,飞行员的驾驶经验会纳入新的程序当中,特别是如果手册中的指导内容缺乏与事故或事故征候相关的"经验"。

保持可用信息的现行有效非常重要,但往往很困难。遗憾的是,技术规定或飞行手册的变更不会总是与我们可用的学习时间同步。但是有一个系统而非常重要的方式能应对这些变化。当出现某种变化时,先快速浏览并找出变化的本质:是程序变更,技术更新,还是简单地用最终经过试飞验证的数据修正了那些计算机模拟的数据?一旦认识到变化的本质后,把它张贴出来!不要用便条将变更内容零零散散地粘在检查单或飞行手册的后面。始终保持资料的现行有效。自己做个笔记,一有机会就进一步仔细研读这些变更内容,然后借助与其他飞行员的讨论形成闭环,确保你们对变化的认知和理解观点一致。如前所述,如果还有解释不了的问题,请联系信息来源处的专家,从他们那里获取信息和相应的解释,直到自己满意地掌握了所有变更的内容。

12.6.4 每架飞机的独特性

即便是型号相同,每架飞机也都有自己单独的特性。然而,我们通常会将同种型号的飞机看作是一模一样的,这也许是个极大的错误。制造、维护和飞行应力方面的差异,让每架飞机的飞行操作响应特性都不一样。即便是生产厂家连续交付的两架飞机,性能上也可能有着天壤之别,也许一架飞机的飞行时间在机队中遥遥领先,而另一架则是“机库女王”。除非你能像熟悉一个人那样熟悉飞机,否则,结果可能是你认为自己在驾驶杰基尔博士,而实际上却是海德先生。

如果想发现某架飞机的特别之处,可以采用这样几种方法。第一种方法显而易见,即仔细查看维修记录。那些反复出现的不符合项或基于“无法重现”(CND)的恢复措施也许会给你第一个提示,让你知道接下来可能会发生什么。第二种方法,除了标准的维修记录外,大多数组织还有每架飞机的非正式追踪记录。这些非正式的日志在深度和准确性方面大相径庭,通常是飞行员手写的,不会出现在正式的维修记录中。比如,你可能会看到这样一些描述,“难以保持配平”或“当迎着阳光着陆时,很难透过挡风玻璃看清前方”等。这些线索对于了解某架特定飞机的独特性颇有价值。

另外,了解某架飞机特性最可靠的方法就是与曾经驾驶过或维修过它的人员交谈,向其他飞行员问一些常见的问题,如驾驶某架飞机“感觉如何”或某架飞机有没有你应当知道的特别之处。仅仅是提出这些问题就能立即显示出你是飞行行家,并很有可能得到真正实用的信息。留意那些在讨论近期维修工作中欲言又止的维修人员,或是那些声称自己“不是指定负责人”的家伙。有时,迫于飞机的放行要求,维修人员可能会尽力回避那些让人对飞机适航性产生置疑的信息。如果你对飞机存在疑虑,那就力争掌握更多的细节,或者干脆拒绝飞行。尽管很多因素可能会阻碍你学习飞机知识,但是你却没有好的借口不去获取这些知识。

12.7 团队意识的阻碍因素

从本地小型飞行俱乐部到大型商业航空公司或军事组织,有效的团队合作几乎是当今每一个飞行组织的词汇或词汇的一部分。我们刚刚经历了一场所谓的“管理革命”,它着重强调团队合作对成功的重要性。然而,目前仍然存在着许多不利于团队合作的障碍,包括航空领域的独狼传统、自我中心主义、缺乏交流、个人意图、熟悉或不熟悉团队成员,以及缺乏信任。

12.7.1 独狼心态

在所有这些障碍中,最难克服的也许是飞行员传统的独狼意识,戴着围巾和护目镜,全副武装,凭借着个人钢铁般的意志和智慧,在恶劣的环境中自信地飞行。虽然在早期的军事和载客观光飞行时代,这种自信也许是必要且适宜的,但现代驾驶舱和飞行环境让飞行员拥有远比以往更加丰富的可用资源。如果希望将能力发挥到极致，无论作为个人还是团队成员，我们都必须克服阻碍团队凝聚和协同工作的障碍。

这不是一件容易的事情。尽管航空界大部分人员已经接受被称作驾驶舱或机组资源管理（详见第6章）的有效团队培训理念，但对于这个已经证明行之有效的方法，却依然存在大量的争论和抵制。早期某商业航空公司的逸闻中，一位资深机长就对新副驾驶说，“让我来告诉你那些你需要了解的驾驶舱资源管理知识。这是驾驶舱，你是资源，我是管理者！有什么问题吗？”

从更理论化的角度来看，美国太空总署（NASA－Ames）研究人员罗伯特·赫姆里奇（Robert Helmreich）发现，一些飞行员对这种挑战他们权威的工作方式非常抵触，以至于在完成CRM培训后，他们的表现甚至比培训前更加糟糕。尽管CRM培训项目令绝大多数参与者都有明显的成长和变化，但这些所谓的“回巢族”受到的却是负面影响。更加令人不安的是，这个群体既不善于表达，也不善于发挥作用，这意味着他们既不善于沟通，也无法专注于任务的完成（Helmreich and Wilhelm，1989）。由于缺乏沟通技巧和任务导向，再加上远离团队的“回旋镖效应”，这些飞行员几乎没有能力指挥飞机或机组。

除了团队合作的传统阻碍因素外，还存在缺乏沟通、潜在意图和自我中心主义等其他阻碍飞行素养发展的因素。让我们来研究下面的案例。

12.7.2　缺乏沟通以及自我中心主义

一架多人制机组在飞行训练期间，飞行教员在没有向其他机组成员通报自己意图的情况下，擅自决定“切断”电动安定面配平，以“考查”另一名飞行员。被“考查”的飞行员在接地前的拉平过程中，需要消除向后的拉杆力，由于电配平被关断，致使向后的拉杆力无法消除，最终导致飞机的前起落架首先触地，并引发严重的连续着陆跳跃。虽然机组设法控制住了飞机，但飞机前起落架支柱严重受损，任务不得不中断。

这个案例强调了有效团队合作的另外两个障碍：缺乏沟通及隐藏的个人意图。结果告诉我们，像多人制驾驶舱这样为团队合作而设计，并时刻需要团队合作的环境中，缺乏沟通和隐藏个人意图会发生什么。在一个类似的军事案例中，同样自私的心态，副驾驶笑到了最后，但这次的诱因是领航员隐藏了个人意图。

在低空轰炸靶场空投弹药后，领航员在自动导航系统中“依次”设定下一次轰炸航线的航路点时，出现了差错。两天前刚刚飞过这个低空航线的年轻副驾驶坚称，“前几天我们在更靠北的方向上。”这位领航员感到他的专业和骄傲受到了一名小小副驾驶的挑战，挖苦道“那天是你错了”。虽然副驾驶可以清楚地看到窗外的地标，他们当前的航迹已经脱离低空航线区域，但他不再说什么。没过多久，靶场指挥员就指示机组中止该航线飞行，因为他们偏离了限制区空域。

上述两个事件说明，隐藏的个人意图和坚持“自己是正确的”倾向，显然是有效团队合作的阻碍因素，它们都对飞行的安全性和任务的有效性存在负面影响。

12.7.3 熟悉团队

越来越多的研究表明,有效的团队不仅仅是人才的简单聚合,成员之间彼此的熟悉度可以优化团队绩效。团队成员显然不应该是完全陌生的,在本书第 6 章中曾经强调过了解团队成员的优点、弱点、担忧、能力和局限性的必要性。然而,一些研究表明,团队成员之间过于熟悉也会滋生自满情绪,并且会营造出已经成为好友的团队成员不愿指出对方错误的氛围(Barker et al.,1996)。

为了避免这种自满情绪,促进团队的改进,优秀的团队领导会不断重新定义目标和创造新的挑战。这种对领导力的关注,将问题引向了另一个与团队成员间过于熟悉相关的阻碍因素——领导者和追随者的可信度。

12.7.4 缺乏信任

有效的团队成员是可信赖的。这意味着团队中所有成员相信团队中的每一个人在需要的时候都能够独当一面。团队环境营造了这种期待,如果执行效果达不到团队成员的预期,就会在团队中产生信任危机。而且,这样的事情如果频繁发生在同一个人身上,那么组织内的其他人也会很快知道。一旦出现了信任危机,不良的声誉就会随之而来。即便这个人的表现能力有所提高,也难以继续在团队中发挥作用。简而言之,不要让自己成为不被信赖和不能分担责任的人;反之,也不要因为其他人一两次不良的表现就急于给他贴上标签。表现欠佳可能存在其他因素,一个有信誉问题的人会危害整个团队。

12.8 了解环境的阻碍因素

了解环境很像是熟悉飞机,手边会有大量的资料,知识内容庞杂,任务的起始阶段困难重重,因此,发现二者存在同样的障碍也就不足为奇了。与掌握飞机知识相同,掌握环境知识也极具挑战,且同样也存在现行有效的问题,此处不再赘述。然而,环境知识的三个领域带来了一些差异和独特的挑战。下面我们先来讨论自然环境知识。

12.8.1 自然环境

掌握自然环境知识,特别是复杂天气的特征和机理,可以让你在整个飞行生涯中享受它所带来的回报。与飞机知识或监管知识不同的是,气象方面的知识很少给你确定性的结论。虽然了解天气模式有助于预测气象环境并做好准备,但也不要忽视局地天气模式难以预测的事实,预报的气象条件有可能与你到达时的天气状况大不相同。大自然是一位善变的女士,那些自认为完全了解她的人往往被她的幽默所惊讶,或者被她的愤怒所恐惧。

地域性差异

了解自然环境可能会受到地心说或基于单个位置的观点的束缚。天气现象在不同地区差异很大。例如，在对流层和平流层之间的对流层顶高度会随纬度而变化。这可不仅仅是“令人惊叹的”大气现象，要知道对流层顶会对雷暴的顶部和强度产生很大的影响，这绝对是飞行员不想判断错的天气现象。那些自认为云顶不超过 3.5 万英尺的雷暴不算是“大雷暴”的美国中西部飞行员，可能会被佛罗里达狭长地带或不列颠群岛出现的云顶高只有 2 万英尺的雷暴强度所震撼。各种天气灾害是特定地区独有的，在没有足够知识或者不重视这些特有现象的情况下贸然前往，你就不得不承担极大的风险。

案例分析：意外遭遇(NTSB,1991)

上午 9:30 分左右，飞行员驾驶自己的派珀(Piper)PA－28－180 从亚利桑那州的布尔黑德市(Bullhead City)起飞，前往加利福尼亚州的里亚托(Rialto)。预报天气良好，航线上有一些碎层云，因此没有引起飞行员太大的关注。毕竟，他接受过 27 小时的仪表训练，他有信心，即使遇到点儿云也没什么了不起。

在圣伯纳迪诺(San Bernadino)进近时，飞行员看到一些云朵在前方将要飞越的山口附近聚集又消散，由于有位同事在里亚托等他，他又不想让他等候太久，于是他寄希望于飞机到达那里时会出现一个“云洞”，因此决定继续前进。此外，那条用来导航定位的高速公路正好从山口中心穿过，因此只要能够保持目视就……

飞机的残骸在一座标高 10000 英尺山峰的一侧、海拔 3200 英尺处的山坡上被发现。治安巡逻直升机报告了该地常见的区域气象——山口附近不断出现快速聚集又消散、遮住山坡和山口地面的云朵。治安巡逻人员知道在这样的气象条件下最好不要冒险飞越，然而不幸的是，飞行员并不熟悉这种特殊的、区域性的自然环境。

那些从未在山谷、海洋或冰雾中飞行过的人，可能不会意识到天气形成的速度会如此之快，“一览无余”的着陆机场或山口在几分钟内就可能恶化成零-零气象条件。许多飞行员本以为自己能够在天气变差前再做一次进近练习，结果却只能一边摇头一边飞向备降机场。

避免这种状况的一个技巧是提前给目的地机场气象部门打电话，与天气预报员或飞行同行讨论当地特有的天气现象。另一个不错的信息来源是 IFR 和 VFR 附录。重要的是尽可能查询所有可获得的目的地的相关资料，而不要过多依赖从单一渠道获得的信息。

过于依赖天气预报或自动化系统

环境知识的第二个阻碍因素是过于依赖自动化系统或天气预报。第 7 章详细阐述了在执行绕飞程序时完全依赖天气预报的危险。预报并不完美，很多时候你真正需要的信息并不在预报中。下面的案例清楚地说明了这一点。

案例分析:措手不及的危险

飞行员和机上唯一的乘客收到一条天气简报,在他们从海沃德(Hayward)到加州艾尔蒙特(El Monte)的飞行航路上,5000英尺以上可能有结冰区。尽管飞行员具备仪表飞行资质,飞机也安装了足够的仪表飞行设备,然而单引擎的比奇(Beech)飞机不具备在结冰条件下飞行的能力,因此飞行员在仔细聆听简报后,合理地规划了他们的飞行航路。然而,在他们收到的天气简报中却没有提醒飞行员局部飞行区域中可能出现中度至重度结冰的SIGMET LIMA 1信息。之所以未收到这条重要信息是因为他们计划的航路处于SIGMET覆盖区域的边缘。然而起飞后不久,飞行员收到了更新的飞行许可,他在毫无知觉的情况下进入了SIGMET LIMA 1的覆盖区域,没有人告诉他那里会有危险。

飞机在11000英尺平飞后不久,比奇35-B33的机翼开始结冰。飞行员知道遇到了麻烦,立刻通过无线电告知空中交通管制飞机无法保持高度。但就在管制员忙着协调低高度层期间,飞行员绝望地报告说飞机已经失速——这是最后一条通话记录。飞机带着右坡度,机头朝下撞向地面并燃起大火,机上人员全部遇难。

有许多飞行员在绕飞天气时过于依赖自动化系统。在穿越雷暴线期间,DC-9机组过于依赖地面和机载雷达(参见第7章的案例分析),由于冰块和雨水大量浸入,导致两台发动机失去动力,他们为这个错误的信赖付出了惨重代价。所以,要尽可能防止仅仅根据设备给出的数据就做出生死攸关的决定。在气象环境中,你不知道的东西最有可能要了你的命。

12.8.2 监管环境

监管环境是可以认知的,除了其他领域提到的那些阻碍因素外,几乎没有知识获取的障碍。由于资料很多,因此需要一个坚实的学习和评估计划。就像飞机知识和自然环境知识一样,监管环境知识也存在信息的现行有效问题。掌握监管知识的主要障碍是漠不关心,这一点可以通过培养严格的学习习惯加以克服——这也是专业飞行素养的重要标志之一。

12.8.3 组织环境

理解组织环境比理解其他环境因素更具挑战性,主要原因有两个。首先,对个人的期望很少有完整的书面指导方针,组织真正的事务处理优先顺序可能不会以任何形式书面表述或正式的声明表达。其次,公司政治和“个人心头好”常常会干扰良好的飞行素养和正确的决策。

心照不宣的优先顺序

随着时间的推移,组织优先处理的事项会根据运行大环境和近期的市场挑战发生变化。比如，在许多组织中，与组织内其他人员公开竞争的行为可能会被认为是“失礼”或是没有团队合作精神。然而，几乎所有雄心勃勃的管理者都意识到，至少在某种程度上，组织会根据他们所在部门相对于其他部门的成绩来打分。在这种竞争中产生了不成文、不言而喻的优先处理事项，同时营造了组织的运行氛围。个人极有可能会陷入这种不良的竞争之中，经常被要求在那些与组织整体事务无关的问题上“表明立场”。这些心照不宣的优先事项偶尔会超出常识及良好飞行素养的范畴。如果进一步定义的话，这些优先事项通常被称为“公司政治”。

公司政治和“个人心头好”

公司政治有时可能会让事情变得更加糟糕。那些与个人晋升、“个人心头好”相关的隐藏意图，可能会干扰正常的任务优先顺序，因而成为良好飞行素养发展的阻碍因素。某位前B-52机组成员讲述了一个与良好飞行素养相悖的“个人心头好”带来的灾难。当时他所在的中队指挥官自以为有了一个“好主意”。他“发明”了一种新方法：为了在即将到来的“战备检查”投弹演习中取得优异成绩，他给每个轰炸机“小组”的机组领队发了一副双筒望远镜。他的计划是让一名机组成员坐在飞行员中间的弹射座椅上，利用手中的“视觉增强装备”，比平时更快地发现目标，并将飞行员“引导”到目视投放点。从理论上讲，后面的轰炸机只需要在长机后面排成一列，投弹同样能更加准确。这样一来，最终结果必将大大提高投弹得分，中队获胜，自己晋升。指挥官的这种想法有太多的缺陷，姑且不在这里讨论，只要知道这个计划不合理就可以了。

为了测试这个想法的可行性，在某次演习中，指挥官坐在轰炸机长机的弹射座椅上。在距离目标区域约2英里外，他发现了一系列他认为可以引导进入指定目标区域的地形特征，于是指挥轰炸机群的带队长机向左偏转几度，以便“提前对正”。当双筒望远镜里的地形特征变得越来越清晰时，指挥官也变得越发自信，最后一次转弯时轰炸机对准了“目标”。尽管飞行员和领航员并不像他们“视觉增强”的上司那样确信，但他们执行了上司的指令，向距离轰炸区域约400码的县级公路上投掷了惰性训练弹。顺便说一句，而跟随其后的其他轰炸机则在雷达的指引下，将弹药投放到规定的区域内。

很明显，这是一个极端的例子，绝不是大多数军事指挥官采取的典型的专业方法，但它确实强调了“个人心头好”可能出现的问题，尤其是在得到高层领导支持时，问题会更加严重。因此，在任何情况下，无论组织压力如何，我们都有保持高标准飞行素养的职责和义务。

12.9　风险认知的阻碍因素

要了解航空环境中存在的所有风险来源，的确存在诸多的阻碍因素和障碍。有关这些因素的详细讨论，请参阅第8章。在我们着手研究风险的本质和规避危险时，主要面临两方面的挑战。首先是缺乏规避危险和风险管理的系统方法，其次是自满。

12.9.1 对风险来源缺乏系统的认知

危险和陷阱几乎涉及空中运行的各个方面，包括人体工程学、心理、生理及环境危害。猛一看，似乎只有靠运气才能把飞行员从这种混乱的运行风险中拯救出来，然而飞行素养模型为系统地进行风险管理提供了一个起点。它为飞行员提供了一种将飞行素养各个方面分解成更易于管理的部分，而这仅仅是个开始。第 8 章概括了一种采取积极主动的个人方法，但是任何方法只有在每个人内心存在使用的渴望时才会行之有效。下面这个案例告诉我们，即便是已经识别出的风险，如果被忽视，也会造成灾难。

案例分析：被忽视的危险(Hughes，1995)

在进行战备评估的过程中，一架 F－16 战机在执行预先确定的空袭任务时坠毁，致使地面四架飞机和几栋建筑物受损。飞行员没有尝试弹射，飞机坠毁，两人死亡。

事故飞行员搭载了一名未经授权的观察员进行定向飞行。除了违反空中纪律之外，他没有向乘客下达简令通报众所周知的有关误碰飞行操纵侧杆的潜在危险。由于部队刚被部署到一个临时基地，正常的监督机制已经形同虚设。

事故当天上午下达飞行前简令之后，飞行员及其僚机又接到执行飞越机场的额外任务。在正常训练任务结束后，事故飞行员直接违反飞行条例(战术空军司令部对空军条例 60－16 的补充)，以距地面约 300 英尺的高度，450 KIAS 的飞行速度进入机场上空。当他开始向右实施急转弯时，显然是乘客的抗荷服膨胀并压住了后舱的操纵侧杆，导致飞机滚转了大约 135 度，并且机头向下，尽管飞行员努力向左压杆到底并蹬舵，仍无法恢复飞机的姿态。

F－16 B/D－1 中包含了关于侧杆干扰会导致非指令性向右滚转输入的警告。本次事故发生前，曾经发生过多起类似的侧杆干扰事件，但部队都没有上报。飞行员没有确保让后座的乘客知晓已知的危险，说明他在风险管理方面缺乏纪律性。飞行员经常会被要求改变计划或任务意图，如果飞行素养习惯模式没有形成根深蒂固的纪律性，那么风险管理可能会在混乱中迷失方向。

12.9.2 自满和过于自信

风险管理中缺乏纪律性的另一个诱因是自满。在一项经典研究中，1000 多名飞行员被要求对自满做出定义，透过最终给出的定义我们可以清晰地看出为什么自满是风险管理的大敌。“自满是一种精神状态，在这种状态下，飞行员采取行动时会意识不到实际的危险或缺陷。尽管他仍然具备足够的处置能力——但由于种种原因，这种能力没有被激发。他在不知不觉中丧失了警觉。”(Fahlgren and Hagdal，1990)根据这一定义，很容易看出自满是如何对风险管理产生阻碍的，但是，如何才能抑制自满情绪呢？

为帮助飞行员尽力消除这种称之为自满的危险因素，理查德·詹森(Richard Jensen)给出了一些建议。首先也是最重要的，他建议大家要注意这种现象，进行内心演练、阅读事故和事故征候报告以及有关该现象的其他信息。除了基本的认知之外，詹森相信，通过自我批评，提高专注力训练，经常问自己“如果……会怎么样”之类的问题，可以让自己在驾驶舱中保持敏感度(Jensen，1995)。飞行员可以尝试不同的方法，找出最适合自己和团队的方式。

过于自信与自满不同。过于自信的飞行人员常常会意识到特定方案所涉及的风险，但又觉得自己有能力处置。简而言之，过于自信就是为自我意识开出了一张自我能力无法兑现的支票，它掩盖了已知危险对自己、飞机和任务安全影响的严重程度和相关风险。过于自信会让飞行员选择超出自己实际能力的行动方案，这进一步证明了实施切合实际的、有效的自我评估的必要性。

12.10 处境意识和判断的阻碍因素

飞行素养模型的所有要素都融入了处境意识和判断力的顶石。任何对知识基石(纪律、技能和熟练度)或知识支柱(自我认知、飞机、团队、环境和风险)产生阻碍的因素自然也会成为飞行素养顶峰的障碍。如果飞行素养的各个组成部分不能得到充分的发展，就会对处境意识和正确判断产生不利影响。

在更基本的层面上，缺乏学习和改进的个人动机，是提高处境意识和判断力的最大障碍。除非你能够将系统地提高飞行素养各个方面的渴望和学习的自律性根植于内心，否则想要最大限度地发挥飞行素养这些关键顶石的作用仍然是遥不可及的。

12.11 参考文献

[1] Barker, John M., Cathy C. Clothier, James R. Woody, Earl H. McKinney, and Jennifer L. Brown. 1996. Crew resource management: A simulator study comparing fixed versus formed aircrews. Aviation, Space, and Environmental Medicine. 67 (1): 3-7.

[2] Fahlgren, G., and R. Hagdahl. 1990. Complacency. Proceedings of the 43d Annual International Air Safety Seminar, Rome, Italy. Flight Safety Foundation.

[3] Helmreich, Robert L., and John A. Wilhelm. 1989. When training boomerangs: Negative outcomes associated with cockpit resource management programs. Proceedings of the 5th International Symposium on Aviation Psychology, ed.: R. S. Jensen. pp. 692-697. Columbus, Ohio.

[4] Hughes Training Inc. 1995. Aircrew coordination workbook. Abilene, Tx.:

CS-33.
[5] ----. 1995. Aircrew coordination workbook. Abilene, Tx.: CS-33, Computer disk.
[6] Jensen, Richard S. 1995. Pilot judgment and Crew Resource Management. Aldershot, UK: Avebury Aviation.
[7] National Transportation Safety Board (NTSB). 1991. Report brief. NTSB File No. 1630, Accident ID #LAX89FA078.
[8] Yeager, Brig. Gen. Charles. 1996. Personal communication. January 4.

第13章

教学与评估

J·D·加尔文(J. D. Garvin)
托尼·科恩(Tony Kern)

教育面临的最大挑战是如何在冒险和纪律之间充满风险的道路上找到正确的方向。

——罗伯特·克里甘(Robert Corrigan)

13.1 艾尔·马伦(Al Mullen)的观点

我看到我们正朝着一种全面整合的飞行方法迈进——将各个方面,从基本飞行技能到复杂的人的因素,纳入单一训练的方法。企业文化和监管文化已经开始支持这一转变。下面用一个例子来说明我们是如何朝这个方向转变的。

五年前,如果飞行监察员看到机长准备在不可接受的恶劣气象条件下起飞,可能会按照以下整改逻辑对机长采取纠正措施:"带他去模拟机,稍做准备后再次检查。狠狠教训教训他,让他动动脑子。如果顺利的话,让他尽快返回航线。"

同样的情况再次发生在五年后,纠正措施就完全不同了。你可以使用已被纳入规章的具体操作指南给违规的飞行员讲评,"把他带到模拟机上,让他体验预置在风切变训练科目中的微下击暴流剖面,向他展示这种错误决策涉及的相关风险。对他进行这方面的训练,以防他今后无意中遇到这类危险。"看到区别了吧!五年前,我们大多数人都知道,在恶劣气象条件下起飞很愚蠢,但那时对于少数缺乏这种意识的人,我们只有很少的有效方法量化或纠正他们的错误。

五年后,同样的场景,同样的结果,对机长采取同样的纠正措施。但是现在,监察员还会转过身来,看着副驾驶及第二副驾驶的眼睛说:"你们没有观察到我刚才发现的所有状况吗?为什么不按照程序规定和规章要求,果断进行干预呢?"现在,在模拟机上进行检查时,我们会录制纠正措施的视频,保存所有的声音和操作动作,这样就可以把发生问题的根源视为整个机组的差错而不是某个飞行员的错误决定。这表明,我们已经在识别和纠正驾驶舱差错的方法上取得了长足的进步。

在未来,我将看到我们的飞行教员和评估员会更加专注人的因素与飞行其他方面的整合，使人际关系方面的反馈就像你看到收襟翼时速度的反应一样自然。当这一切发生时，可能想要把“人的因素”作为独立的要素进行讨论都会非常困难。这种理念将会深植于每个飞行员的观念之中。

艾尔·马伦(Al Mullen)曾是海军顶级飞行教员，目前是 MD–11 的机长、机组训练国际公司的董事长。

飞行教员/评估员①同时扮演着多种角色：资源提供者、黑帽子评估员、激励者和热心的飞行素养传播者，因此他们必须在支持与评估之间、让学员在学习过程中经历风险的同时确保安全所需的纪律性之间保持微妙的平衡。这个过程最好分为三个不同的阶段完成。首先，教员必须概括讲解飞行素养的整体概念，并激发学员在飞行素养各个方面达到平衡与持续改进的动力。其次，教员必须在飞行准备、空中教学和讲评期间垂范并传授飞行素养，强调飞行素养各个方面的平衡发展。最后，必须积极主动地评估飞行素养，从飞行素养的各个方面对学员进行客观、主观的评价。最后一步对于促进个人在正规的教学或评估之间的反思性学习必不可少。

本章讨论飞行素养模型如何应用于航空教学和评估的多个领域，大致分为五个部分。第一部分讨论在培养和提高飞行素养过程中飞行教员的重要作用。第二部分是一项研究综述，说明当前飞行训练与飞行素养教育要求之间的差距，强调需要对飞行素养教育和飞行训练建立一个统一的定义并使用新的训练方式。鉴于飞行教员的特殊作用，第三部分阐述了在培养和训练飞行教员的过程中，使用飞行素养模型的重要性，展示了如何使用飞行素养模型对教员加强训练，特别是在大部分教员身上经常出现的几个薄弱方面：熟练程度、干预、教员/学员关系等。第四部分描述如何将飞行素养模型应用到教学过程中，在日常训练中如何全面有效地应用飞行素养。本章的最后一部分讨论了许多教员的第二个角色，即评估员，讨论如何使用特定的经验工具(如 LINE/LOS 检查单——一种机组资源管理指标)来衡量学员的飞行素养水平。本章的主旨是如何指导那些经验很少或几乎没有空中经验的初始学员，但这种方法同样适用于高阶学员，因而在讨论过程中，也涉及了一些对高阶学员的特殊考量。

13.2 典型的一天

又一天，另一个学员。这位飞行教员被家里的一堆琐事弄得心烦意乱地去上班，结果发现光是上周积累下来的书面工作就有一大堆。几个私人面谈，飞行计划被调整，突然冒出来一位已经等了她半个小时的新学员。当天早上同一架飞机被同时分配给不同的教学组，因此在简单的握手、自我介绍和草草的飞行准备后，飞机就起飞

① 飞行评估员(flight evaluators)，有时称为黑帽子(black hats)，参见本章 13.7 节“飞行素养评估”。由于监管模式不同，我国没有专门的飞行评估员，对飞行员的评估和检查一般由飞行监察员或飞行检查委任代表承担。——译者注

了。飞机着陆后，讲评是在从飞机返回休息室的路上进行的，也许还有 5～10 分钟的讲评是在教员办公室或飞行准备室里一边喝着可乐一边完成的。这一连串发生的事件并不构成飞行中典型的一天，但也肯定不是寻常的一天。这个例子中展示出的部分场景，不仅会影响到当天早上的训练，而且会对学员未来飞行素养的发展产生深远的影响：飞行素养的根基被烙上了一个严重、也许是永久性的烙印。学员会模仿他们的教员，这名学员刚才看到的是一名把其他事情看得更重要，而不是专心传授飞行素养的教员。飞行训练和飞行教员的垂范作用，对于学员建立追求卓越的态度和基础方面意义非凡。

从更积极的角度来看，那些资深的飞行教员都知道，在航空领域没有什么比教学出色更令人满意的了。看着学员开始了解飞行的奥秘，知道自己在这个过程中发挥了重要作用，的确令人感到欣慰。然而，飞行教员的职责不允许在飞行素养的表现上打折扣或有不专业的表现。作为学员建立学习态度和习惯模式的直接榜样，你必须认真对待这种责任。飞行素养无论是好是坏，都是飞行员传授给飞行员的，而飞行教员则是这个传承链条中关键的一环。

13.3　教员的重要作用

毫无疑问，良好飞行素养的基础是由飞行教员奠定的。大多数学员几乎都是没有什么飞行经验的航空界菜鸟，因此，他们对待飞行素养的态度尚处于初始的形成阶段。新学员很容易受到榜样的影响，为了尽快学会如何在新的环境中行为处事，他们常常会寻找并效仿心中的偶像。研究表明，飞行员从教员和评估员身上体会到的行为类型，可以很好地预测其未来在技术和行为方面的表现（Connelly，1994）。没有人会比学员的第一位飞行教员对其未来飞行素养形成的影响更大。通过良好飞行文化的展示、标准机组行为的示范、高标准操作的实施和对卓越的渴望，教员在帮助学员建立并形成良好飞行素养的过程中发挥着极其关键的作用。

飞行文化传达了期望、标准和偏见。从第一天起，飞行教员就在通过自身行为、是否遵守规章以及对飞行技能发展的态度传播着飞行文化。飞行训练的本质是教员示范动作，学员以教员为榜样习得技能并反复练习。这种教学关系的紧密程度，通过教员应用的那些促进学员学习效果的常用“技巧”进一步增强。学员很快就会将教员认作导师或教练，并建立起学员与教员的私人关系。效仿和崇拜通常会延伸到驾驶舱之外，学员会模仿教员在飞行素养方面表现出的每一个细节。如何学习、如何研究、如何进行飞行准备都是在学员训练的早期阶段确立的，同时飞行教员也在帮学员不断地修正和调整。飞行教员同时也传递着对待安全、规章和纪律性的态度。实际上，教员在学员面前所做的每一件事，都会对学员的发展产生潜在的影响。这种影响潜移默化地发生在空中、航线飞行，甚至市中心的社交场合。美国空军航空教育和训练指挥部（Air Education Training Command），为作战需要培养了数万名飞行员，在飞行教员的垂范作用方面，它特别强调了飞行教员全方位的榜样作用对学员的重要性（图 13－1），指出“你的一言一行会影响你的学员，你的影响会对飞行纪律产生重大作用（原文着重强调）”。（USAF，1990）

注：威伯·莱特（Wilbur Wright）正在向西班牙国王阿方索（King Alphonso）讲解飞行的奥秘。

图 13－1 学员与教员的关系一直非常重要（美国空军学院图书馆特藏）

作为新学员最重要的榜样和导师，飞行教员通常是第一个向学员介绍飞行素养理念的人。从第一天开始，我们在航空领域如何行事的处世哲学及行为态度就确立了。教员必须借助与学员的教学关系，强化飞行素养的整体观点及其对飞行职业的实际意义。一名飞行员对未来的承诺、行业的认知及自身的纪律性皆起步于飞行教员，飞行教员是飞行素养培养的向导、导师和强制践行者。

13.4 需要改变教学模式

在当今的航空训练活动中，飞行素养教育尚存在很大的空白。飞行员在飞行中的角色已经发生了很大变化，但飞行素养教育却没有跟上发展的步伐。现代的飞机是由多个复杂的航空部件组合而成的一个综合系统，在自动化系统、飞行计划、机组管理和人的因素等方面对飞行人员的知识和技能提出了新的要求。机组成员既是系统管理员，同时也是操作者，这在过去是前所未有的。然而，面对这样的挑战，航空教育和飞行训练的方式却还没有完全适应新的系统运行模式对训练要求的变化。当前的许多飞行训练计划依旧沿用简单的技能培养模式，因而造成飞行素养教育跟不上系统环境变化的步伐。许多飞行训练科目的教学实践要么方法过时，要么严重忽视飞行素养的培养。尽管航空公司的职业化培训越来越强调系统化教学以及人的因素的评估，看起来是在与发展统一步调，但在实际操作中，似乎仍然没有建立一种统一而全面系统的训练方式，将飞行素养的培养融入日常的飞行训练之中。

对通用航空和军事航空教育课程的审查结果，凸显了重新审视教员培训的必要性。时下许多训练计划都是在过时的、狭隘的行为主义教育理念基础上发展起来的，核心关注点是操作性条件反射技术（operant conditioning techniques）（通过奖励和惩罚实现激励和抑制）。在过去的 20 年中，现代高等教育已经摒弃了这种行为主义方法，开始转向个体化学习策略，教学方式也已逐渐演变，旨在通过小组学习和心智地图（mental maps）来培养批判性思维技能。视觉模型（模式）、以系统形式呈现知识以及思维能力的培养已成为全美高等教育的重点。然而航空训练的方式却滞后了许多年，没能跟上这些更加有效的新型教学方式的发展和变化。飞行素养模型代表了一种综合性方法，可能有助于加速航空教育迈向 21 世纪。该模型将飞行素养作为一种思维方式呈现出来，并借助表现为集成模块系统的可视化模型加以强化。为了传播和巩固这种新方法，需要对教员进行重新培训（或者自我培训）。

在军队，使用更全面的系统方法训练飞行教员，同样会在飞行训练中产生良好的效果。在为期三个月的美国空军飞行教员晋升计划的培训课程中，大部分时间用于训练飞行教员如何在飞机上演示操作技能，而讨论学员的学习风格及学员/教员的关系，仅仅占有几小时的课堂教学时间（USAF，1990）。现代培训项目不应当滞留在这种过时的教学方法中，更不能忽视新技术对飞行素养的影响。在人的因素、CRM 和教学技巧等方面取得的最新成果必须引入课堂和驾驶舱之中。毕业的飞行教员必须精通各种教学方法，而不只是在飞机中示范机动操作。如果教员不能“跟上步伐”、学会采用系统方法从事飞行素养的教学工作，那么就失去了向更好的飞行素养进行文化转变的基础。

机组资源管理与教学

在反复发现飞行员操作失误而导致飞行事故的驱动下，航空公司的专业人员开发出机组资源管理（CRM）训练项目，旨在解决飞行员在空中判断和决策方面的问题。尽管 CRM 具有突破性，但在解决“整体”飞行素养不足和决策能力缺陷等问题上的效果仍不尽如人意。正如 NASA/UT/ FAA 航空航天机组研究项目的皮特·康纳利（Pete Connelly）解释的那样，“对飞行学员来说，联邦航空条例（FARs）中详细罗列了从私照飞行员到航线运输飞行员的技术技能，然而对于人的因素/CRM 技能来说，除了自己的个人风格之外，FARs 中没有明确规定飞行教员要教些什么”（Connelly，1994）。国际民用航空组织（ICAO）进一步强调了这个问题，“在航空界，对人的因素有不同的理解。我们目前对人类能力本质认识的局限性以及航空方面的限制，导致了以往基于人的因素训练方法的碎片化和不完整”（ICAO，1991）。尽管按照定义，CRM 包括利用“所有可用资源”，但它在传统上主要关注飞行素养的“团队”支柱，而缺乏整合其他关联部分（如飞机系统知识、技能和熟练度）的方法。甚至在

CRM中,仍然缺乏对飞行素养多个相互关联组成部分的认知和理解,而这些飞行素养的组成部分恰恰是成为一名专业飞行员所必不可少的。

飞行素养模型填补了当前飞行教学实践的空白,它提出了飞行素养的完整定义,并为不同等级的航空培训提供了一个通用架构。或许更为重要的是,飞行素养模型代表了航空教育界姗姗来迟的教学模式的转变。正规训练内容之外的持续改进的个人学习策略,弥补了当前或许已经过时的行为主义教育方式带来的缺陷。作为一个具体样例,飞行素养模型提供了一个完整架构,清晰界定了以往模棱两可的飞行素养组成部分。有了这个新模型,飞行素养的传授,不仅能在技能训练的基础上发展出批判性思维方式,而且反过来又能更好地促进驾驶舱内的技能和知识的整合。

13.5 使用飞行素养模型培训教员

成为一名合格的飞行教员需要专门的训练并掌握专业化的技巧。所有的教员在其教学生涯中都会面临诸多挑战,其中三个难题几乎困扰着所有的教员,特别值得深入研究,它们是:个人技术熟练度、干预技巧以及教员-学员之间的关系。本节讲述了如何在飞行教员的培训中应用飞行素养模型,从而提高教员对这些常见难题的认知和理解,进而增强教学的有效性。

在涉及飞行教员的飞行员操纵失误事故报告中,通常会提到教员的技术熟练度不足及干预过晚。正如下面案例揭示的那样,把握全局、不断磨炼自己的技能、知道在什么时候停止教学进行干预,是飞行教员的主要职责。

案例分析:干预失败——太少、太迟(Hughes,1995)

一架KC-135飞机实施模拟发动机故障下的VFR着陆后连续起飞,在连续起飞中的起飞阶段要模拟单发应急训练。科目内容包括当飞机在跑道上时,教员将四台发动机中的一台发动机的油门收到慢车以模拟单台发动机失效,训练的目的是让学员保持对飞机的操控,快速分析问题,完成必要的恢复检查单操作以确保飞机安全升空。在训练过程中,学员在执行程序的第一步就出现了失误,致使飞机在距跑道头5300英尺处向左偏出跑道,飞机解体、起火并损毁。七名机组成员中五人死亡,两人没有受伤。在事故发生前的整个飞行期间,这架飞机一直都处于适航状态。

这架飞机执行的是常规训练任务,在完成一次顺利的加油和天文导航训练之后,机组返回基地进行改装训练。飞机从参照塔康系统确定的初始进近定位点开始下降,实施飞越高频-塔康(Hi-TACAN)进近直到执行复飞。在此之后,机组实施了五次进近,其中一次是在复飞后,后面四次则是着陆后连续起飞。在完成第四次着陆连续起飞后,机组申请目视起落航线并得到塔台许可。当飞机位于起落航线三边时,飞行教员向机组下达简令,这是一个目视条件下的四发进近和连续起飞着陆,他们将在连续起飞的起飞过程中模拟一台发动机故障,并继续起飞。

训练记录表明,这是该飞行学员第一次在左座进行模拟发动机故障连续起飞训练，在近20天的连续起飞训练中，他第一次坐上了左座，在学员第一次尝试之前，没有迹象表明教员在飞行中向学员示范过该操作。学员只在驾驶舱程序练习器(CPT)——一种仿真度较低的飞行训练器上实施过几次这个操作。在CPT中接受训练的学员是借助驾驶舱仪表来判断是哪台发动机失效的，这种判断方式与在飞机上学到的“向驾驶舱外看”的程序原则相互冲突。在地面上，外部视觉线索应当是用来判断控制输入的唯一方法。在之前的模拟发动机故障训练中，该学员就有方向舵控制问题，而当时所有的连续起飞训练他都是在右座上完成的。除此之外，该学员曾经的教员声称，在执行单发连续起飞动作期间，学员存在着没有控制住飞机方向之前就抬前轮的习惯性问题，而这个习惯极端危险。

飞机在跑道中间触地，然后弹起两至三次。着陆后，飞机以三点姿态沿跑道滑行。按照正常的连续起飞程序，襟翼重置到30度，配平机头上仰3.0，油门前推，发动机稳定在连续起飞的发动机增压比。在距跑道头6000英尺标志前，飞行教员模拟一号(机外左侧)发动机故障，将油门收至慢车，失去左侧的一台发动机推力将导致飞机向左偏转，因此在飞机以三点姿态滑行期间，要求学员平稳地蹬右舵保持滑跑方向，直至达到飞机抬前轮速度。

而此刻，学员操纵飞机上仰至前轮离开跑道的姿态，同时向左蹬满舵。跑道上消失的前轮痕迹说明在那之后飞机前轮再也没有回到过跑道上。在学员实施错误操纵1秒后，飞机偏离跑道中心线右侧2英尺，机头略微向上，右翼偏低，并迅速开始向左侧滑。

飞行教员此时大约有2.25秒的反应时间，在垂直尾翼失速前，操纵方向舵反向偏转到头，以取消方向舵的错误输入。在方向舵完全左偏转之前，如果飞行教员没能开始正确的反向操作，由于偏航力矩的作用已无法逆转，飞机就不大可能恢复正常姿态了。飞机在继续向左侧滑，右侧主起落架越过中线，在学员错误操纵2.75秒后偏出跑道。3.25秒后，左侧主起落架开始离开道面，飞机航向从跑道中心线左偏16度增加到25度。侧滑角由8度增加到16度，垂直尾翼失速。剧烈的左侧偏航和滚转速率持续增加，直至机翼外侧的一号发动机舱与道面碰撞。在飞机偏出跑道之前，一号发动机从飞机上脱落。从操纵错误到此刻的时间是6秒。

飞机的机头在距跑道外约70英尺处与地面发生撞击。最初的撞击点在机身左侧，正好处于机组舱门前方。由于此时机尾仍在继续按逆时针方向旋转，因此在初始撞击后，飞机开始以机头为支点转动。撞击造成驾驶舱从货舱门位置与主机身断开。飞机尾部继续逆时针旋转，旋转大约220度后，飞机吊舱与地面相撞。这架飞机从跑道中心线旋转285度后，飞机以尾部向后的姿态又滑行了近3500英尺，最终停了下来。飞机尾部的两名机组成员从尾部逃生舱门跳出，没有受伤。驾驶舱、机身和其他残骸持续燃烧至大火熄灭。

在这个案例中，尽管学员在最不恰当的时刻几乎做错了每一件事，但如果教员保持警觉，他仍然有可能挽救飞机和机组成员。教员只有不到3秒钟的时间反应并纠正学员的错误，他本应该“随时掌控”驾驶盘、油门和方向舵，随时准备在威胁出现时进行干预，然而他却没能做到这些。

导致飞行教员产生自满情绪的因素可能有这样几个。第一，学员年龄较大、有既往经验、知识丰富，导致教员放松了警觉。这种因素通常被称为“光环效应”，这种效应会因期望过高而导致干预延迟。第二，完成飞行计划要求的所有训练科目，给教员带来明显的压力。第三，教员也许没有完全意识到或考虑到，如果操纵不正确，这个动作可能带来的严重后果。尽管常识告诉他，在这个阶段纠正错误的时间非常短暂，但飞行试验没有发现在这个机动中出现操纵差错可能带来的巨大风险。第四，大家普遍认为该教员是一个自我形象高大的人，他可能过于自信，认为自己具备挽救所有不恰当操作的能力。

当学员突然实施了毫无征兆的意外操纵，包括操纵副翼、过早抬前轮、方向舵使用不正确，而教员的反应滞后于功率曲线时，那就只能听天由命了，他没有做到及时干预并履行机长职责，辜负了机组成员和学员所赋予的神圣信任。

这样的悲剧并不经常出现。同样，你什么时候听到过学员故意将飞机置于危险境地，只是想让教员用他的技能和处境意识来化险为夷？真正的问题不是谁拯救了飞机，而是谁真正将飞机置于危险境地。很明显，是教员让学员在偏离的路上走得太远，而又没能及时干预。在许许多多的类似案例中，教学或许在事故征候发生之前就早已经停止，干预也早就应当实施了。

13.5.1 教员应当在什么时候进行干预？

实施干预要基于三个关键要素：飞机和机组的安全、教员的熟练水平以及学员的掌握程度。如果其中任何一项存在问题，就应当由教员来控制飞机，并重新建立安全的教学环境。教员的熟练程度可能难以保持，对教员来说，这的确很有难度，保持熟练的基本操作需要足够的时间，更不用说复杂的机动操作了。即便如此，让学员将教员置于一个挑战教员自身极限的状态也非常荒谬。干预、熟练程度、安全和教学都与有效的指导密不可分，那么飞行素养模型能够提供怎样的帮助呢？下面通过一个假想案例，我们思考一下飞行素养的各个元素是如何发挥作用的。

指导技术不稳定的学员进行着陆时，每位教员可能都曾经遇到过这样的困境：在有教员指导的情况下，学员能够顺利着陆，如果教员只是观察而不参与学员的操作，学员的技术发挥就会变得不稳定。这种情况持续了大约1小时后，教员开始疲惫，决定让学员展示其已经掌握的控制能力。这一次，教员想，我争取不开口，看看会出现什么状况。进近很不稳定。首先，学员的瞄准点在不断变化，接着空速偏差开始在5～10节之间波动。距离跑道还有几千英尺，教员仍认为学员有可能把飞机安全落下去。他只要在跑道上方保持水平，降低空速，小心拉平，飞机就能着陆。毕竟，这就是他应该做的。结果，飞机在五边进近速度过快并且俯仰姿态过陡，接下来着陆拉飘，又导致飞机速度过低、拉平过高。你接过飞机，增加动力准备复飞。然而，不幸的是，你 1.5 秒的反应时间超出了飞机的使用包线，机翼失速，高度急剧下降，然后……

你让什么样的事情发生了？哪里是关键的决策点？首先，我们必须问问自己，作为飞行教员，允许学员在五边进近过程中速度不稳定、瞄准点不断改变，这样的指导他能学到什么？也许不施加干预在训练科目教学目的之外带给学员的收获就是：所有的进近都可以补救，空速和下滑道只是个粗略数值。难道这就是我们想要传授的内容吗？如果标准被持续的执行，大多数学员都会努力达到标准。为了自己和他人的安全，那些无法达到标准的人不应当继续参加飞行训练。如果教员放宽标准并帮助学员恢复飞机姿态，那么永远培养不出学员的良好飞行素养。在这个例子中，教学止步于短五边，干预过迟了。在飞机着陆前的拉平阶段，已经超出了安全范围。正常飞行的飞机，着陆时拉飘应该主动复飞。在严重拉飘状态下尝试着陆，只会造成着陆滑跑距离过长或失速。在这种情况下需要两次干预，一次是在短五边（学习），另一次是在着陆阶段（安全）。一般来说，在教学环境中，按照这样的顺序，至少要进行两次干预。

在这个例子中，也很容易评估熟练程度。教员决定在拉平高的状态下尝试着陆或复飞的最后时机是什么？教员面临独特的困境，其自尊心在说“每次着陆都要平滑”，但教员真正需要的，是时常内心构想一下自己一旦这样做可能出现的囧态。作为教员，如果你近期没有在某类飞行环境中的经历，那就不要让学员把你带到这样的环境之中。

飞行素养模型可以用来更好地指导教员进行更严格的干预和系统化教学。通过强调系统思维过程，而不是简单的技能培养，教员应该更加意识到什么是理想的表现，并建立更强的纪律性边界和相关指导原则。首先应考虑飞行素养最基本的准则，纪律、技能和熟练度。培养一名新飞行员，教员面临的第一个挑战是培养一名纪律严明的飞行员，这意味着强化高标准的信念和实践，培养对违规行为不妥协的态度。在五边上速度过快和俯仰姿态过陡都是不可接受的。作为纪律性的要求，要指导学员掌握什么时候必须复飞，能够做到每一次遇到此类情况都能果断执行复飞。技能和熟练度的自我评估可能需要教员回答“这个我能做到吗？”或者“我近期曾经完成过这个操作吗？”等问题。“我应该这样做吗？学员的操作可以接受吗？”这些问题的答案早在问题实际发生之前就应当明确，不应当在空中出现问题时才去讨论。

飞行素养的基本准则应当防范教员在训练中有意挑战极限，同时，飞行素养模型也应当塑造教员和学员不断完善飞行素养和严格遵守飞行纪律的思维模式。

13.5.2　教员-学员关系

教员-学员关系需要渐进式发展以及个人价值观层面上的统一。新学员以观光客的身份开始训练，天真而好奇地观看教员演示如何飞行。学员的角色很快扩展为参与者，并加入实际的机动操作之中。最终，学员在没有教员大量干预下就能完成绝大部分飞行任务。在学员的技能和责任感不断发展成熟的过程中，需要与教员建立一种动态、互助的关系。在整个训练期间,学员的角色由乘客向机长转变。教员必须帮助并推动这种转变,并与学员共同发展。尽管将学员纳入机组成员的CRM技能已经向飞行教员介绍了,但如果没有明确具体的指南,意识的建立和技术的应用都不会有什么成效。

13.5.3 把学员作为驾驶舱资源

以下是基因·哈德逊(Gene Hudson)在《南加州航空评论》(*SoCAL Aviation Review*)中讲述的事故。一名接近放单飞的学员与资深的飞行教员在训练空域中一架赛斯纳152飞机上进行训练时,飞机发生了真实的发动机故障。驾驶舱突然安静下来,教员立刻下口令:"我操纵!"与此同时,教员的工作负荷开始增加,最终达到超饱和状态。哈德逊讲述了不断趋于恶化的学员-教员关系。"很快,教员就完全投入到处置紧急状况的工作之中,学员则沦为惊恐的旁观者。只有5小时飞行经验的旁观者学员确信,坐在自己身旁的查克·耶格尔(Chuck Yeager)的挚友肯定知道他们刚刚飞过的简易土质机场。教员放弃这个选择肯定有令人信服的理由,学员不想质疑教员的处置。旁观者学员曾考虑过是否应当询问教员选择的理由,但最终决定保持沉默,以免分散教员的注意力,毕竟'他现在很忙很专注'。赛斯纳152迫降在离简易机场不到2英里的耕地上。没有人员严重伤亡,但飞机受损严重。"(Hudson,1992)

为什么学员不说出来?为什么教员不利用驾驶舱中的另一双眼睛和双手?作为一个故事,这个例子能促进学员和教员更加深刻地理解"将学员作为另一种资源使用"的真实含义,同时也强调了教员-学员关系中的确需要CRM的技能。然而,如何预先强调这种关系呢?我们如何知晓正在培养和建立那种可以将学习效率和安全保证最大化的正确关系呢?在这方面,飞行素养模型不仅可以作为帮助飞行教员和学员意识到相互关系重要性的训练工具,而且还可以当作飞行教学前强化教员-学员关系意识的飞行准备工具。评估模型中团队支柱应用情况的教员很快就会意识到,身旁的学员增加了团队的力量。即便学员在你检查系统问题或进行无线电通信时,帮你保持了30秒的平飞,他仍然是在为你提供宝贵的、甚至是挽救生命的帮助。一位好教员有责任利用好这一资源。

13.6 传授飞行素养:日常运行的典范

在理想的情况下,我们每一次飞行都在强化和讨论飞行素养的某些特定方面。作为一种简令工具,飞行素养模型强调了对飞行素养的具体实践者及其相互关系的意识。目前已经有许多飞行前简令和飞行后讲评检查单正在使用当中,其中一些甚至有单独的"CRM注意事项"或"人的因素"部分。尽管将这些有价值的条目纳入其中的意图值得肯定,但是这种做法却是错误的。人的因素不应当从任务的其他部分中剥离出来，而是应当融入人-机-任务的实际场景中。为了解决这个问题，飞行素养模型将人的因素内容融入飞行素养的“整体框架”中。此外，飞行素养模型还有助于我们开展训练中结合素养教育的讨论，并可专门用于某些特定的训练科目。

基于学员的经验及其已有的技能水平，不同学员的训练目标很可能会有差别。考虑一下，如何在飞行准备期间通过对以往经验的讨论来避免下面的通航事故。该事故也表明即便在地面操作中，教员也要保持适度的警觉性。

我与一个只有 3 小时经历的学员在地面滑行。由于曾经有驾驶推土机的经验，学员在滑行时产生了困扰。驾驶推土机时，如果你踩下右踏板，推土机就会向左转，反之亦然，而这恰恰与控制小型飞机滑行的操作相反。我们在滑行道上练习慢速转弯。在向左转弯时，飞机渐渐偏向滑行道的边缘，最后到达了距滑行道左边缘不足 5 英尺的地方。学员惊慌失措，切换到自己原有转向习惯操作。他在刹车的同时用力踩下左舵，并且保持双腿不动。为了尽快远离草地，他还加满了油门。我根本无法消除他在方向舵上的操纵，意识到我们即将脱离表面坚硬的滑行道，于是拉出混合比杆。飞机的左轮陷进了一个洞中，机头向下栽，螺旋桨两次打到地面上……飞机靠拉出混合比杆停了下来。(NASA ASRS，1995a)

鉴于首要的学习目标是培养正确的滑行技能，在教员和学员进入飞机之前，就应当完成相应的讨论。教员所强调的“一直保持在中线上，有问题就立即停下来”原则，应当牢固建立在学员的意识里。对于可接受的偏差，则应当在考虑纪律允许的前提下就容错达成一致。飞行素养模型也许无法培养实际的滑行技能，但会让你强化飞行素养方面的思考，并建立滑行过程中的意识、学习重点和标准。

此外，对学员了解过多也存在风险，可能会导致出现期望过高的陷阱。

13.6.1　飞行素养模型在飞行中的应用

飞行素养模型在飞行中的应用主要集中在培养系统化的飞行素养思维，进而提高处境意识和判断能力。我们已经在应急训练和故障分析中采用过这种思维模式。像“控制飞机—分析处境—尽快着陆”这样的练习，可以培养一种按照事件严重程度优先级排序的思维方式；而飞行素养模型却可以提供更全面、更系统的方法，将自我认知、团队、飞机、环境和风险这五大知识支柱综合考虑，进而形成一种新的思维模式，从而对问题的理解更加完整、更加全面。比如，在前往训练区域的飞行途中，教员们经常提出“如果……会怎样”这类问题，“如果发动机故障怎么办，如果无线电通信故障怎么办”。在这些模拟练习中，我们实际上并未执行检查单或进行操作，而是讨论需要考虑的因素和操作动作。这是在飞行中应用飞行素养模型的最佳时机。

“如果发动机故障怎么办？我会驾驶飞机滑翔(飞机)，我会评估最佳着陆区域(风险)，我会让你配合执行检查单、无线电通信并寻找更好的机场(团队)，我会分析着陆方向的风(环境)，我会在内心演练迫降程序(自我)。”这种练习超出了常规的飞行训练范围，再次强调了更加系统、更加全面的思维过程。在飞行素养模型中，具体考虑了以往模棱两可的飞行素养项目，比如团队、自我意识和风险等。应该说，飞行素养模型在飞行训练中的应用是实施综合性教学的关键。

13.6.2 避免注意力分散

除了是优秀的训练工具之外，完备的系统性思维还有助于避免注意力分散——它是飞行教员永恒的潜在致命敌人。飞行教员常常被迫要在教学所需的专注与保持对飞机和任务的主动控制所需要的注意力之间保持平衡。然而，即便是最优秀的教员也可能会分心，下面两个案例生动地说明了这一点。

空中危险接近(NASA ASRS,1995b)

飞行训练结束后，我和学员在返回机场……我们在正切三边时报告了位置，同时获准跟随前方三边上的飞机着陆。此时，我正忙着向学员讲解进近时应当遵循的步骤，并向外观察附近的交通状况，由于并没有看到前方的飞机，我误认为它已经落地了……过了一会儿，我就发现前方一架飞机正在采取规避机动……造成这个事故征候的原因是：学员将我带入一个有趣的“问答”情境之中，着陆前我没有(像平常那样)仔细观察并有效识别空中交通状况。这次事件发生后，我明确地向所有学员指示，起落航线期间，应尽量减少与其他飞行员交谈。

另一个军事领域的案例说明了同样的问题，但是结果却糟糕得多。

案例分析：不堪重负的优秀教员(Hughes,1995)

一架C-130的机组计划在本场飞行5小时，任务是为两名学员提供副驾驶资格晋升培训，包括仪表进近和目视飞行。由于本场起落航线流量饱和，训练任务被调整到一个经常使用的支线基地实施。在返回基地前的最后一段目视飞行前，任务进行得都很顺利。为了实施模拟发动机停车和单发后的连续起飞，学员驾驶飞机建立了比较窄的三边。学员复诵着陆简令，并要求飞行教员将襟翼放至50%。当飞机进近到第三边中段准备着陆时，塔台指示飞机向左盘旋一圈。盘旋结束后，飞机按照VFR模式重新进入三边。塔台管制员随后又指示飞机提前转向第四边，希望以此加大与其他飞机的间隔。C-130飞机在构型襟翼50%、起落架处于收上位置时，起落架的警报喇叭处于静音状态。在转向最后进近航段以后，飞机在飞越跑道头后1030英尺处接地，向左偏离中心线5英尺，飞机滑行3140英尺后，在中心线偏左18英尺处停了下来。机身以下部分和舷梯严重受损，6名机组人员安然无恙。

仔细分析导致起落航线第五边起落架收上着陆事件能够说明一些问题。在示范襟翼收上连续起落后，教员计划让学员在目视条件下完成两个着陆前的发动机停车模拟训练，然后返回基地。第一次进近和连续起飞很顺利，随后教员和机组成员的正常操作习惯模式开始被打乱。这时，真正的警报喇叭应该已经响起——我说的不是起落架喇叭，而是教员大脑中的那个喇叭。提醒他注意当时干扰因素的数量。

转向第三边后，学员执行了进近和着陆简令，并要求襟翼放至50%。此时，塔台批准另一架飞机从36号跑道反方向起飞，并指示C-130向左360度盘旋从而为那架飞机留出足够的起飞空间。盘旋操作打乱了学员的习惯模式，致使他忘记指令放起落架和执行检查单。在这个机动开始时，起落架警告喇叭响了起来。在重新进入第三边大约15秒后，飞机位置几乎正切跑道头，但此时塔台指示机组转向第四边。塔台的意图是让该机组在其他飞机着陆前完成连续起飞。由于飞机离跑道太近，教员指示学员将三边飞行时间延长几秒，并将飞机功率降至最低。当学员开始转向第四边时，飞行教员用无线电呼叫："（呼号），第四边，起落架放下，模拟发动机熄火，（请求）……。"然而起落架并没有放下，当学员降低功率时，因为三台发动机进近，需要高于正常功率的设置，因此他并未将油门拉到能够激活起落架警告喇叭开关的位置。

完成向五边的转弯后，学员的全部精力集中在保持飞机处于中心线、下滑道及空速上。飞行教员则专注于进近、指导学员，在思想上为返回基地做着准备。飞行工程师在监视跑道、下降率和发动机仪表。当飞机越过跑道头时，中心线、下滑道及空速状态良好。塔台管制员检查了C-130飞机，确认它在起落航线上正确的位置，但并未注意到起落架没有放下。学员将飞机拉平，飞机以正确的着陆姿态接地。听到刺耳的噪声后，全体机组人员起初都很困惑。飞行教员和飞行工程师都以为飞机轮胎爆了。学员将油门收至空中慢车，然后是地面慢车，给了一点儿反推。当油门减至空中慢车时，起落架警报喇叭开始鸣响；然而，驾驶舱的机组成员都不记得听到过这个声音。看到起落架手柄处于向上位置，手柄上的警示灯亮起，飞行教员这才意识到飞机刚刚是在起落架收上的状态下完成着陆的。

有几个因素导致C-130机组未能保持处境意识。机组没有听到起落架在收上位置的音响警告。进近和着陆期间如果起落架没有放下，当油门减至接近空中慢车位置时，警告喇叭应该响起。然而，学员并没有将油门减小到这个区间，因为在模拟发动机失效着陆过程中，需要更高的功率设置，同时他还想避免发动机处于负扭矩状态。如果在最后进近阶段警告喇叭响起，此次事故就有可能避免，然而警告喇叭并不是真正的罪魁祸首。

很有可能，起落架警告灯在上一次三台发动机进近和本次进近中都亮了。长时间暴露在环境线索中，由于习惯、适应以及随后对环境线索的忽视，使警告灯示警作用的有效性降低。由于在着陆过程中，起落架警告系统的音响功能没有被激活，并且视觉部分的有效性降低，因此产生了以下的人为因素。

左座的副驾驶是一名经验不足的"第一阶段"学员，事故发生前他的左座时间只有大约1小时37分钟。在最后一次起落航线和进近的关键阶段，由于交通冲突和塔台的多条指令，他的任务变得饱和。任务饱和打乱了他之前的着陆习惯模式，注意力集中到操纵飞机返回最后进近阶段正确的下滑道和空速上面。更为严重的是，在本次和前一次训练任务中，该学员在保持飞机对正中心线下滑着陆方面存在一定的技术难点。所以他把主要精力都放在了操纵飞机对准跑道上，由此可知，这名学员的工作负荷已经大大超出他的能力可接受范围。

飞行工程师同样受到了异常事件的影响。在整个360度转弯中以及四边航段飞行期间,飞行工程师一直忙于查看航线上是否有其他飞机。当左座的副驾驶忘记开始执行检查单操作时,飞行工程师也漏掉了自己要实施和检查与起落架设置相关的例行程序。在最后进近期间,飞行工程师一直在观察跑道,做好必要时重着陆的准备。虽然上述因素没有副驾驶学员所面对的那些因素更有说服力,但也足以让人分心,我们也就无法指望飞行工程师能发现错误了。

但是我们无法原谅飞行教员。尽管允许并监视学员实施360度转弯、指导学员实施这个相对困难的小航线进近占据了他的主要精力,然而飞机和机组的安全是完全掌握在他手中的。在整个任务期间,直到最后进近前,通过点评、指导和示范,飞行教员非常专业地完成了教学任务。即使与前一次进近相比,本次进近需要教员投入更多的关注和指导,而实际飞行中,飞行教员一直在忙于处置反方向起飞的交通冲突和应对多个无线电呼叫,但我们仍然无法原谅他犯下的错误。在没有实际检查起落架手柄位置及放下锁定标识的情况下,教员喊出了"起落架放下",他放弃了自己的最后一道防线——对照检查单。由于只注重"口头"喊话而不是实际操作,教员在与注意力分散的对抗中失败了。他任由自己置身于需要更多的注意力但却无力给予的境地。

13.6.3 飞行后讲评中的飞行素养

有效详尽的飞行后讲评会使飞行素养得到真正的发展,这是学员和教员对刚刚训练过、学习过的教学内容进行反思的时候。为便于在讲评过程中进行全面的回顾,飞行素养模型提供了直观的分析方式。你既可以识别和处理模型中的单一要素,也可以从系统的角度评估各个要素之间的相互联系。这样,学员就能体验到如何将飞行素养作为一个综合体系来考虑。飞行素养开始有了真正的定义,全局的观念产生了。飞行素养模型可以进一步促进有关学习目标的讨论与学习效果的评估,从而将飞行后讲评从简单的技能培养拓展为综合的系统化思维方式。

我们以最后一个案例为例,从飞行素养的基础开始,看看如何使用飞行素养模型作为概念性框架进行全面的飞行后讲评。当飞行教员屈从于诱惑,在没有实际检查起落架手柄位置或指示灯的情况下,喊出起落架放下之时,他违反了飞行纪律。这里飞行工程师和学员也有过失,他们没有做必要的复核。最终结果:丧失执行检查单的纪律性。

模型上移到技能和熟练度。我们看到学员在着陆过程中,近期存在对正跑道中心线方面的技术难点,这占去学员和教员很大的精力,他们将首要任务集中在挽救不理想的着陆、而后再次着陆的事项上。显然,技术熟练度在这次事故中产生了重要的影响。

飞行素养模型的五大知识支柱,为机组成员讨论如何认知以下问题提供了一个机会:学员和教员的最大工作负荷能力(自我)、起落架警告系统(飞机)、飞行工程师在起落航线运行中的作用(团队,“做好重着陆的准备”到底意味着什么?)、支线基地繁忙的起落航线(环境)以及与注意力分散和打乱习惯模式的相关危险(风险)等。

很明显,没有做到上述这些方面,引发了飞行素养顶石的可预见性问题。由于丧失处境意识,机组根本没有意识到起落架没有放下,而在没有确认起落架已经放下并锁定的情况下喊出起落架放下,进而导致机组在继续进近过程中做出了错误的判断。

这个简短的飞行讲评以系统化方式地结合了飞行素养的全部要素,这样事件就不会被简单地看作是一个线性因果链,而更应当看作是一个交互系统,只有依靠飞行员的飞行素养技能和知识才能够保持平衡。

13.7　飞行素养评估

飞行评估员(flight evaluators),有时也称“黑帽子(black hats)”,在飞行素养的培养中占有特殊地位。面对现实吧,只有面临飞行不达标的风险,飞行人员才更有可能将飞行素养放在心上。通常情况下,飞行检查员(flight examiners)①会依据定量标准来评定具体的人工操纵飞行技能,比如,飞行高度偏差±100 英尺或飞行速度偏差±5 节。然而整体评估应涵盖的内容远远超出操纵表现。评估不应当仅仅是一个周期性评审或训练结束后的检查,而应当是一个持续的反思过程。它意味着牢固地建立起飞行表现的基准线,并据此判断及确定改进的领域。教育心理学家断言,真正长期的学习发生在这个深入的思考阶段,而手持黑帽的飞行评估员可能是认真反思的关键。但是,自我评估和评价发生的频率要高得多,并且是所有相关评估讨论的核心。

每次飞行后,飞行员至少要对自己的表现进行自我讲评和评估,并制定未来训练的目标和适用的方法。正规评估是对自我评估的补充,同时有助于验证我们的个人能力。正规评估通常在两种情况下进行:训练进度或完成情况评估以及定期检查。本章最后一部分内容讨论评估的作用和怎样实施评估,主要涉及如何运用飞行素养模型完成对飞行表现的深入思考,并以此建立个人改进及完善的基准线。

首先,也是最重要的,评估的应用是自我评价。自我讲评会激发个人的深入思考,有助于形成持续的自我改进过程。自 20 世纪初以来,飞行后的讲评和讨论一直是军事航空领域的标准操作程序。然而,在通用航空领域,除了训练以外,从来没有执行飞行讲评的正式要求。不管纪律如何,飞行结束后进行评估被普遍认为是一种行之有效的方法,至少应当鼓励。但是,这种做法是否经过优化而收到最好的效果了呢?

教育和学习专家会建议,对飞行表现的深入思考需要建立一个标准的比较模板。

---

① 飞行检查员(flight examiners),在美国,飞行检查员和飞行评估员社会身份不同,但工作内容相似,飞行评估员只提供飞行员的评估数据和检查建议,但没有授权资质。——译者注

换句话说，自我表现的评估必须要与一个理想的模型进行对照。到目前为止，飞行素养还没有这样的理想模型。参与正规飞行讲评的航空部门通常都有针对自己特定环境定制的讲评检查单。这些检查单内容一般涉及公司特定的利益，比如准时起飞、燃油消耗以及僚机因素等，并没有一个被普遍认可的针对飞行员表现能力的讲评模板。

飞行素养模型是首个通用而全面的讲评模板。从 F－15 的飞行领队到 DC－10 的乘务员，所有飞行人员都可以应用飞行素养模型评估自己的表现。该模型的通用性准则适用于所有专业并且可以针对具体应用进行定制。F－15 飞行领队的“团队”支柱可能包括诸如与僚机的配合、编队协调、地面观察情况等特定内容，DC－10 乘务员的“团队”支柱可能包括更为传统的 CRM 指标，比如及时与驾驶舱就新近出现的情况进行沟通、地面服务协调以及同事间的配合。飞行素养模型为各个航空领域提供了独一无二的通用模板，并且同样可以根据具体任务进行定制。

同样重要的是，飞行素养模型提供的是一个综合评估模板，它将飞行素养视为一个由相互关联要素构成的能力体系。有了这个评估工具的指导，每个人都能够考虑到飞行素养的所有相关要素以及它们对飞行任务的相应影响。对于新入门的通航飞行员来说，“团队”要素的作用可能并不明显，随后可能会被忽略掉。但在基于飞行素养评估的鼓励下，新学员可能会被迫适应，他会逐渐意识到塔台和机场无线电通信系统也是团队的一部分，这样他就可以逐渐培养这方面的技能和执行纪律，从而在未来更好地利用这个潜在的团队。将飞行素养模型作为飞行后的讲评模板，强调并关注了飞行人员以往容易忽略或忽视的方面。在飞行后讲评这样一个持续自我改进的环境中运用飞行素养模型，最终将磨炼出一种全面、系统的思维方式，并且培养出更安全、教育程度更高的飞行员。

飞行素养评估通常发生在两个重要的层面，即日常飞行后自我评估以及年度或定期训练进度/结束检查。由于日常自我评估代表了学习的深入思考阶段，因此对于能力的发展极为关键；定期检查传递问责和强制执行的信息，也同样非常重要。由于飞行素养模型提出了飞行素养统一而全面的定义，因此可以据此开发评估指标。通过评估，能够强化对飞行素养重要性的理解。

教员/评估员会遇到一些困难和挑战，常见的问题包括与期望有关的陷阱，以及评估员作为“强制执行者”所面临的困境。

13.7.1 期　望

教员不要将学员以往的飞行表现与未来表现混为一谈。如果你是教员或评估员，那么你最终要对飞机的运行安全和机组安全负责。评估员的困境就是你几乎没有犯错误的余地。你必须给被评估对象证明他们技能（或缺乏技能）的机会，为学员提供展示他们能力的足够空间，同时还要做好随时接管飞机的准备，以防机毁人亡，这通常需要瞬间的及时干预。下面案例中这位飞行检查员的挫败感，说明了这种“危急关头”应变能力的重要性，以及处境恶化与否为什么常常取决于一个瞬间的干预决定。

案例分析:检查员的困境(NASA ASRS,1995c)

机长是一名经验丰富的私照飞行员,是这架飞机的主人,我负责对他实施两年一次的飞行检查。我和这位飞行员一同飞行过四次,没有理由置疑他的能力。他的短途转场科目飞得不错。飞行员申请获得机场雷达服务区和终端控制雷达区的许可,并和他们配合得很好,我们接受了目视飞行引导,直到我们能见到目的地时取消。飞行员在起落航线上方大约 500 英尺的高度飞过机场,观察风向,注意到 28 号跑道有左侧风。(我估计风速约为 20 节、240 度,在我看来,应该在飞机和飞行员的侧风能力范围。)飞行员实施了一个正常的右起落航线,襟翼完全放出后转向五边,飞行速度正常。我建议"向左压盘,向右抵舵",但飞行员回答他想在五边使用航向法替代侧滑法修正侧风的影响,随后设定合适的偏流角使飞机飞行轨迹对准跑道中心线。飞行员在跑道入口处消除了航向交叉,却在拉平过程中没能压住左侧机翼,飞机随风飘向跑道左侧,最终前起落架支柱断裂,右翼尖触地与跑道剐蹭。飞机在剩余的跑道上停了下来,机头向左偏转 45 度(迎风方向),主起落架和发动机整流罩底部构成的支架支撑住了飞机……

左翼抬起之前,我没有看出任何飞行员无法控制飞机的迹象。他看上去既有能力又很自信,我想是自己放松了警惕。(飞行检查员)面临两难处境:既要让有资格的机长驾驶飞机,在飞行检查中展示其熟练程度,又不能让机长使飞机受损。除了在拉平中没有下口令复飞以外(我怀疑是否有充裕的时间执行安全复飞),我唯一能做的就是接管飞行员的操纵,加大向左压盘和抵右舵的力量来防止此次事故。之所以没能做到这一点是因为我认为飞行员完全掌控着局面(这是我的判断失误,同时飞行员显然暂时放松了对侧风的警觉)。现在回想起来,显然我应该在顶风一侧机翼开始上升那一刻就接管飞机的控制权。但是如果一位有资格的飞行教员从来不让被评估对象操纵飞机着陆,那么后者如何证明自己具备胜任机长的能力呢?

该教员/评估员的经历突显了作为评估员,特别是在飞行检查时,除了需要操纵娴熟外还要果断。面对这样的选择:是让被评估对象"自作自受"(或证明自己),还是超出自己可接受的安全裕度,答案显而易见。但是,这样的情况并非总是非此即彼,一些飞行检查员不愿意在没有"确凿证据"或在没有明显、公然偏离标准的情况下将他人的资格"降级"。这种倾向不仅不安全还有危险。作为评估员,你的任务就是对个人的适航性进行主观和客观的评价。这就引出了评估员面临的第二个困境:降级还是通过?这是个大问题。

13.7.2 资格降级

评估员负责确保被评估对象符合标准,确切地说,评估员是不折不扣的执行者。作为评估员的飞行员通常会感到不自在,有时也不受欢迎,这是因为他有时必须做出艰难的决定。在地面检查或飞行检查时,没有让某位飞行员通过,评估员反馈的不只是个人意见。我们要求所有飞行员都必须严格执行最低可接受标准，他们必须达到标准，否则就不能飞行。一名F-16的飞行评估员使用了一个比较刺耳、但也许恰当的类比，从社会看待有毒废物的角度来审视你的产品（被评估对象）——不管是谁让他通过了考核，都要对他负责，从生到死……确保你投放到运行中的产品始终能够达到或超越标准——不仅仅是由于当天运气好或熟悉飞行航段。问问自己"我要把这件产品放在自己的联队或右座上吗?"这样做通常会让你把问题看得更清楚。（Del Toro，1995）

这个角色对于大多数飞行评估员来说很明确，但对教员而言却不那么清楚了。教员与学员建立的关系往往变得带有偏见，总是希望把最好的留给"自己的"学生。近期颁布的空军教员教学指南中明确强调了训练期间教员的评估职责，"如果在连续训练中的关键节点，'产品'无法在需要的时候展现其熟练程度，说明他没有进步，需要完成必要的补充训练。不要以为把训练实施拖到下一个阶段是在解决问题，或是由于其他方面能力突出就可以忽略某个方面的要求。如果达不到标准，教学进度就要停下来，直至达到标准为止。"（Del Toro，1995）显然，在执行标准方面，教员与评估员承担着同样的责任，甚至有可能更多。

从"满足标准"的角度评估飞行素养，一个很大的困扰是缺乏统一的定义。如果没有具体的标准，如何来评估飞行素养呢？飞行素养模型提供了衡量和评估飞行素养的起点。为了更好地推动经验性措施的使用，可以对这些准则做进一步的扩展。LINE/LOS检查单（参见附录）是一个先进的、受欢迎的新型实用评估工具。这是一个用来衡量团队表现能力的CRM矩阵。遗憾的是，尽管已经证明这个新工具很有前途，但它仍未完全纳入正式的飞行评估之中。即便没有飞行素养评估的正式工具，每一位评估员确实也需要考虑自己计划如何评估飞行素养。

我们关心的主要问题不是应当如何评估飞行素养，而是必须开始将飞行素养作为一个整体来评估。纪律性、技能、熟练程度以及自我认知、飞机、团队、环境、风险管理的知识、处境意识和判断——所有这些都要评估，这样才能给被评估的学员或飞行员提供全面的反馈。由于正式评估的机会较少，我们就更应该每次都对他们做出尽可能全面的评价。

13.8 飞行素养教学与评估总结

首先，飞行素养必须作为一个综合体系进行教学和评估。在本章开头，我们谈到飞行教员/评估员同时也是资源提供者、黑帽评估员、激励者和飞行素养的热心传授者，他必须在支持和评估之间保持微妙的平衡。以下的建议和技巧可以帮助你实现这些目标。（这些建议大部分引用并摘自Del Toro，1995。）

1. 首先要改变自己。如果你还没有践行全面的飞行素养，那么在尝试传授他人的同时或之前提高自己，这直接引出第2条建议。

2. 保持良好信誉。教员/评估员必须维护信誉才能保持效力。学员们能够看穿任何掩饰错误的企图。如果你搞砸了某次示范、飞行操纵或简令项目,那就承认!如果你说得到但是做不到,就失去了作为教员的作用和信誉。
3. 做好飞行准备,并要求你的学员也这样做。准备工作奠定了发展飞行素养的基础。没有进行正确的学习和飞行前简令,很可能会使飞行退化为有限的技能培养练习。
4. 与等级、表扬和批评项目保持一致。训练飞行员如同训练一只小狗。只有表扬和要求一致,学员才会达到你的期望。前后矛盾只会让学员感到困惑和沮丧,最终很有可能养成不良的飞行习惯。
5. 记住,你是训练的帮手。有太多的教员将飞行训练看作自己向学员展示飞行能力的机会。你不需要证明什么,你已经实现了自己晋升和获得教员资格的目标。虽然有时良好的示范是个不错的方法,但永远不要忘记你存在的主要意义——训练学员。
6. 必要时,将学员的资格降级。飞行训练容不得等级的虚假高位。不要让担心学员的职业发展受到影响或被评估对象是个"好人"而干扰自己的决定。培养飞行素养、能力和信心的最好方法是建立并执行标准。永远不要忘记,你很可能是阻止末流飞行员"买下农庄"①的最后一道防线。要认真对待自己的质量控制者角色。
7. 提醒所有的学员,正规训练只是一个起点,只有通过自己的努力和付出才能取得真正的进步。挑战他们在飞行素养的各个领域进行改进,与曾经的学员保持联络,不时遇到他们的时候,问问他们做得怎么样。

在培养飞行素养的过程中,无论怎么强调教员的作用都不为过。飞行员的习惯模式很容易在职业生涯的早期形成;当他们变得"成熟而且经验丰富"之后,想要改变这些习惯就非常困难了。每次读到判断失误导致的伤亡事故报告,或是回顾某次不良飞行习惯导致的事件时,请问问自己:"这种态度或错误源自哪些?"然后认真思忖一下自己在教学中扮演的角色。

13.9 参考文献

[1] Connelly, Pete. 1994. CRM in general aviation: Who needs it? Unpublished technical paper. Austin, Tx.: NASNUT/FAA Aerospace Crew Research Project.

[2] Del Toro, J. 1995. The Mishap in the Mirror: Instructor Responsibilities. Torch Magazine, March, p. 6.

① "买下农庄(Buy the farm)"英语谚语,是某人死去的一种幽默表达。——译者注

［3］Hudson，G. 1992. Cockpit resource management for a flight instructor. Flying Safety Magazine，December，p. 25.

［4］Hughes Training Inc. 1995a. Aircrew coordination workbook. Abilene，Tx.：Hughes Training Inc.，CS-61.

［5］International Civil Aviation Organization（ICAO）. 1991. Human Factors Digest No. 3：Training of Operational Personnel in Human Factors. Montreal：International Civil Aviation Organization（ICAO）.

［6］NASA ASRS. 1995a. Accession Number：231117. The Aeroknowledge，［CD-ROM］.

［7］----. 1995b. Accession Number：124564. The Aeroknowledge，［CD-ROM］.

［8］----. 1995c. Accession Number：92283. The Aeroknowledge，［CD-ROM］.

［9］USAF Air Training Command Study Guide. 1990. Instructor Development. Randolph AFB，Texas：USAF Air Training Command.

第 14 章 理解差错

你终究会犯错误，这是必然的。重要的是不要犯致命的错误。

——斯蒂芬·库恩斯(Stephen Coonts),《人身牛头怪》

14.1 航线运输飞行员艾伦·迪尔(Alan Diehl)博士的观点

调查过几十起民航及军方飞行事故，从事私照飞行多年，我得到一些关于航空领域人为差错的有趣结论。首先，我确信飞行员们并没有充分利用差错——这些差错通常可以并且应该视为积极的事件。其次，飞行员没有认识到自己容易犯最危险的错误——判断和决策错误。最后，作为飞行员，如果想要让飞行更安全更完美，就必须克服企图掩饰个人错误的倾向。

也许经验才是最好的老师，但是它的学费过于高昂，特别是在航空领域。如果飞行员犯了错，可能会带来致命的后果。然而，大多数错误并不会致命，我们需要将这些错误视为主动学习的机会，否则就浪费了为它们支付的"学费"。遗憾的是，大多数人在犯错后都希望尽快遗忘，因为这会使我们难堪，或者使自我形象不完美。

如果我们对自己都很难承认错误，那么在其他飞行员面前就会更加困难。研究表明，优秀的带队机长会在下达飞行前简令期间有意识地暴露自己的弱点，比如"人无完人，如果你们在飞行中看到有什么不对的地方，一定要告诉我"或简单地说"我也会犯错"。这样，就会让其他机组成员保持警觉并促进驾驶舱内的有效沟通。通常情况下，经验最少的机组成员反而会留意到那些可能被"更有经验"的机组人员忽视的潜在错误。决策错误是飞行员最常见的错误，也是最致命的差错。颇具讽刺意味的是，当那些可能导致个人判断失误的因素和个人缺陷出现时，我们却无法识别。这也正是我们应该同他人分享自己错误带来的教训的主要原因之一。

没有人喜欢出错，但是我们有义务从错误中吸取教训。虽然我们的天性是遗忘、甚至掩饰自己的错误，但这样会浪费宝贵的学习机会。经验也许是最好的老师，但我们没有足够的时间犯下所有可能的错误。因此，我们需要从他人的错误中吸取教训，并且帮助别人从自己的错误中学习。

艾伦·迪尔博士曾是 NTSB 和美国空军的事故调查员。

早在 2000 多年前，伟大的罗马哲学家西塞罗(Cicero)就曾断言，"犯错是人类的天性”。人类20个世纪的进化并未让我们置疑这位伟人的洞察力:今天我们仍然在犯各式各样的错误。西塞罗继续说道:“只有傻瓜才会坚持错误。”在这一点上,他的结论可能有些偏颇,因为人为差错本质上很复杂,而现代航空中所需的任务又来得如此之快,以至于我们往往没有多少时间充分识别所有的错误,更不用说分析和纠正了。然而,为了提高飞行素养,我们必须纠正错误,并摆脱这种“人为差错是神秘而不可避免的”思维模式,我们必须学会与错误共存。

航空界有句老话“永远无法消除飞行员的差错”。几十年来人们一直用这句“格言”“贬低”那些在组织层面和个人层面开展的有关人的因素研究及相关训练的价值。虽然可能永远无法消除航空领域中的所有差错,但是把它作为不去改进的借口就太荒谬了。如果希波克拉底(Hippocrates)也采用这种冷漠的方式,或许医学界现在还在把水蛭放在太阳穴上治疗偏头痛呢。就像美国医学协会(American Medical Association)说的那样,“疾病总是会出现的,所以我们要停止治疗”。现在是时候对错误采取不同的方法,并将我们的错误作为提高改进的路标了(见图14-1)!

注:奥维尔·莱特(Orville Wright)完成了一次成功的学习体验,爬下飞机。

图14-1 克服逆境并从错误中学习是良好飞行素养的关键要素(USAF学院图书馆特藏)

14.2 谁来负责解决差错问题?

既然我们已经下决心改正飞行中出现的错误,就必须扪心自问,这场战役应当在哪个层面上开展?这是一项研究课题、组织或训练问题,还是个人问题?科研人员、组织和个人应该扮演什么样的角色？人为差错的严重性为所有人留下了努力空间，但最终它依然是对个人的挑战。

14.2.1　科研群体

科研群体已经尽到了自己的职责。在航空领域，将安全与人的因素作为研究对象的人员一直对差错很感兴趣。历史学家莫里斯·马特洛夫(Maurice Matloff)在指出"过度关注人类的异常……而不是所谓的常态"(Jessup and Coakley，1978)时强调了这一点。关于人为差错的正式研究项目，没有上千个，也有几百个，几乎涵盖了你可以想象到的每个角度和领域，然而，错误却仍然有增无减。当然，仅仅依靠研究并不能有效解决问题，但它是解决问题的第一步，通过向组织和个人提供需要的分析结果，让人们开始理解错误的复杂性。

14.2.2　飞行组织

显而易见，组织会关注如何将差错减少到最低限度。组织的底线会受到导致安全性变差、有效性降低或效率下降的差错和错误的影响。不同的组织会以不同的方式处理这个问题，有些组织认为错误是走向成熟的自然过程，会帮助飞行人员进行改进，并提供相应的训练；另一些组织为了防止飞行员出错，会采取惩罚或恐吓等手段；还有一些组织对那些在检查和评估中发现，但没有包含在规章强制要求中的差错不予理会。由于本书主要关注的是个人飞行素养的提高方式，而非组织的改进方式，因此寻求有效决策的组织不应当营造每个错误都必须有人承担责任的恐慌和焦虑氛围。对组织而言，最理想的角色似乎应该是激励者、培训者和资源提供者。

14.2.3　飞行员个人

毫无疑问，减少差错最好在个体和个人层面完成。我们自己掌握着释放自身潜能的钥匙，而要做到这一点，必须满足三个基本条件。第一，我们必须对差错有一个基本的认识，对差错理论有一般性的了解，这部分内容我们将在本章介绍。第二，我们必须能够认识到自己的错误，并以正确的态度和角度来看待。例如，如果某个飞行员不断重复出现同一类差错，就应该查找诱发差错的那个特定的危险源；如果差错的发生是随机的，则可能表明该飞行员缺乏普遍技能和熟练度，或丧失处境意识。减少差错的第三个条件，要求我们在日常飞行训练和行为习惯模式中保持适当干预差错的积极性和纪律性，这样才能减少或消除错误。同时，持续的自我分析能够为永无止境的改进提供积极的反馈。

三个基本条件中最困难的是第一个，即了解一般人为差错的本质，特别是航空领域中的人为差错。

14.3 差错的范围

差错的分类方法似乎与研究它的人员一样多。《人类差错》(*Human Error*)一书的作者詹姆斯·瑞森(James Reason),被许多人视为该学科的现代大师,他认为,我们完全有权利乐观地努力克服差错,并从差错中吸取教训。

从表面上看,做到无差错的可能性似乎很高。正确执行任务的方法只有一种,或者最好的情况下只有很少的几种,但计划中的每一步……都提供了多种意想不到或在不恰当路径上误入歧途的机会……幸运的是,事实并非如此。人为差错并不像其巨大潜在影响力所暗示的那么丰富,也不是那么多种多样。不仅差错比正确的行动少得多,而且形式上也出人意料的有限。(Reason,1990)

本章,我们将从一般到具体,对人为差错进行审视。讨论中涵盖了来自工业界、海上作业及其他相关领域的一些简要研究结果,这些研究向我们展示了差错的不同类型及常见原因,而且都适用于飞行员。这样的讨论会让我们更好地理解一般人为差错的类型、原因及后果。在此基础上,我们将具体地讨论飞行素养中的常见差错。本书试图将大量研究成果精炼为一些有用的模型或分类标准,从而帮助每个人将减少差错的努力集中在最适合自己的领域。

14.3.1 人为差错

人为差错渗透到社会的方方面面。由于本章主要关注机组成员的差错,因此对差错的讨论仅限于相关领域(如工业界),并举例说明差错的不同类别。尽管在概述中已经阐明差错是一种被广泛研究的现象,但目前尚未出现统一的、公认的错误分类方法。因此,个人可以选择使用文献中提供的几种模型或是使用自己开发的模型作为差错识别和改进的起点。

14.3.2 差错的定义

我们先来问两个简单的问题:“什么是人为差错?”“航空领域中的人为差错问题有多严重?”韦氏词典对错误的定义是“一种因无知(ignorant)或鲁莽(imprudent)违反行为规范的行为或状态”(Webster's,1990)。定义当中的两个关键词引发了对人为差错本质的广泛讨论。第一个词是“无知”,意味着犯错者不知道或没有能力知道自己的行为会导致错误的后果。这种知识方面的欠缺大体上与航空术语“丧失处境意识(SA)”意思相当。很有可能,错误本身就是在丧失处境意识的状况下发生,而不是在随后的行动中产生的,但是“先有鸡还是先有蛋”的问题最好由其他人来回答。就我们的目的而言,差错就是差错。

定义中需要澄清的第二个部分是“鲁莽”的概念。这个概念意味着犯错者知道并理解自己的行为可能产生差错,但还是采取了行动。区分这两种最基本差错分类的关键在于意图(intention)。在丧失处境意识的情况下,不存在有意的偏离。下面我们举例帮助大家理解它们之间的差异。为简单起见,假设规章明确要求禁止在雷暴10英里范围内飞行。由于没有"设置"好雷达,鲍勃飞入风暴10英里范围内,他没有意识到危险。错误的根源在于鲍勃没有意识到自己的信息有限,但他终究还是犯了一个错误。与之相反,苏姗完全了解雷暴的位置,但她仍然驾驶飞机到距离雷暴不足10英里的范围内,因为她要赶回家看儿子的足球比赛。显然她是有意偏离标准,这就引出关于纪律性、知识和判断力等飞行素养方面的问题。但是"什么是差错"这个问题只得出了部分答案。在这个错误的基本定义中,还有其他的子类别,对飞行员来说,理解它们同样非常重要。

14.3.3　感知、执行和意图偏差

对人为差错最灵活、最巧妙的一种解释由著名航空心理学研究者J·W·森德(J. W. Sender)给出。森德将差错分为感知类(perception)、执行类(execution)和意图类(intention)三种类型,并把它们与交通信号灯进行类比,指出它们之间的不同之处(Sender,1983)。

我们假设鲍勃(落地及飞行讲评后)在开车回家的路上看到了红灯。他正确地决定停车,但却不小心把刹车当成了油门,这是执行差错。这类差错在航空领域通常(但不总是)与训练、当前熟练水平及熟练程度有关。如果你发现自己出现了执行类差错,那么解决措施就是增加飞行时间和对容易产生差错的动作进行更有针对性的训练。

换一个场景,如果鲍勃一直在注视夕阳,误把红灯认为绿灯或黄灯,他就犯了感知类差错。这类差错可能与人因工程和人体工程学问题相关,比如视野,仪表和读数,或软件的易用性。这类差错也可能是任务饱和的结果,导致飞行员的思维"滞后于飞机"。对于这类情况,工作负荷管理是可能的解决办法。感知类差错通常伴有警告性标志和提醒,可以让飞行员保持更警觉的态势。然而疲劳、任务饱和、自满都有可能诱发飞行员产生感知类差错。

如果鲍勃在匆忙之中正确地感知到红灯,但仍然决定无论如何都要通过路口,他就犯下了意图类差错。这类错误在航空领域最难纠正。意图类差错根本不是真正的"差错",而是缺乏纪律性,它是缺乏飞行素养坚实基础的一种表现。

14.3.4　差错的内部和外部来源

下一个层级的判定主要与差错的来源有关。由个人内在因素导致的差错称为内源性(endogenous)或内部引发的差错。如果急着回家看儿子足球比赛的渴望让苏姗采取了接受不可接受风险的行动,她就产生了一个内源性差错。这类差错也是航空人因训练经常针对的目标。反之,外源性(exogenous)差错是由人以外的事件诱发的,例如,在鲍勃接近路口时,被阳光晃了眼睛(Sender,1983)。

14.3.5 遗漏性、重复性、插入性和替代性差错

我们用最后一种分类法结束对一般性差错的讨论，它对我们分析个人差错非常重要。从本质上看，航空领域的差错可以分为四个基本类别。如果某人没有完成一项在规定的时间、场合必须要完成的任务，例如在着陆前放下襟翼或起落架，就出现了遗漏性(omission)差错。在航空领域，遗漏性差错通常与环境压力程度范围两端的压力因素有关。在低负荷压力端，自满和无聊可能引发差错；而在高负荷端，差错则可能主要来自任务饱和或缺乏交流。

重复性(repetition)差错是指已经做过某件事情，却又重复做了一遍。美联航173号航班在俄勒冈州波特兰市坠毁就是这类差错的典型案例(详见第9章)。在飞机燃油即将耗尽之时，DC-8的机长仍然多次要求对起落架位置和机舱准备情况进行检查。

与重复性差错密切相关的是插入性(insertion)差错，即在某一时刻做了不应该做的事情。这类差错通常与经验不足或过于热心相关，克服这类差错的最好方式是进行有效的监控和机组协作。轮挡还没拿开就急着做“起飞前”检查单的飞行学员，通常会犯插入性差错，毫无疑问，我们都无法绝对避免差错的出现。

最后一种，如果在正确的时间做了错误的事情，就犯了替代性(substitution)差错(Sender，1983)。这类差错通常是一种称为训练负迁移现象的结果，当飞行员在某种型号飞机上养成了固定的行为习惯，并将这种习惯错误地应用到其他型号的飞机上时就会产生。的确，大多数飞行员在职业生涯中都会驾驶不止一种型号的飞机，因此我们需要关注这个问题。在以下事故征候的发生过程中，军事训练基地的一名学员成为替代性差错的受害者。他将“释放机舱压力”(旧型号飞机的操作要求)的检查单步骤，迁移到新型号飞机的“着陆后”检查单之中。新型号飞机“座舱盖抛放”手柄位置与旧型号飞机“释放压力”开关位置大致相同。其结果是在完成早班飞行训练滑行回来的过程中，他不小心抛掉了座舱盖，这无疑给他的新教员留下了深刻的印象。虽然经验和飞行素养的某些要素可以从一架飞机成功迁移到另一架飞机上，但操作程序和技术通常不行，在熟悉新飞机的操作程序期间，应当格外留意替代性差错。

14.4 人为差错和事故

虽然差错很容易分类，但预测差错发生却极为困难，更不用说纠正差错了。由于差错的环境特性，差错公式中可能存在诸多不同的参与者和变量，这使得许多心理学家和训练专家开始将差错识别和消除问题作为一个模式识别的问题来处理，而不是采用“如果……那么”流程化(或检查单)的行为修正方式。在航空领域我们面临的一个最大挑战就是，让专业人员认识到人为差错的严重性和潜在后果，因为通常只有在发生了事故或事故征候之后，他们才会将资源投入到减少差错方面。飞行员通常将

这种事后的处理方式称为“赎罪钱”。森德也谈到过这个问题：

……研究差错不可避免地夹杂着事故调查。事故不是心理事件，大多数是操纵事件。并非所有的事故都是差错产生的，也不是所有的差错都会造成事故。后者是最幸运的，如果所有的差错都会造成事故，那么飞机就会像秋天的落叶一样纷纷从天上掉下来。(Sender，1983)

这些话听起来很真实。但同样真实的是大多数与差错相关的证据资料都来自事故调查。在一篇关于工业安全近代史的文章中，针对工作场所中的差错种类和范围提出了有价值的见解。这也为航空领域人为差错的研究提供了理论基础，研究发现航空差错与其他工业领域中所出现的差错并没有本质的区别。除了战斗环境(压力水平)和飞行状态的加速动力特性方面可能存在差异外，前面讨论的差错理论对飞行员和其他领域研究差错的人一样有用。

从非航空领域的差错中吸取教训

在寻找解决人为差错问题答案的过程中，飞行员并不孤单，对海上安全数据的分析说明了这一点。1992 年，是近代航海运输安全记录最为糟糕的一年，一连串的碰撞、火灾和沉船(Westlake，1992)事故共造成 1204 人丧生。被公认为海上安全基准衡量标准的劳氏认证(Lloyds Register)指出，在这些海上事故的致因中，人为差错占到 80%以上(Westlake，1992)。这个数字与航空安全研究所认定的数据大致相同。在一项单独的纵向研究中，“对航运业主要保险索赔的审计结果表明，人为差错导致事故的索赔数量超过了涉及设备和机械故障相关事故的索赔数量之和，比例是五比一”(Global Trade，1993)。

对陆地交通运输事故率的研究也得出了类似的结论。“高速公路事故(人为差错原因导致)是交通环境中人员死亡的主要原因”(Messer，1992)。这一发现导致相关培训在过去 20 年中发生了根本性的转变：在所有工业领域，不仅仅是航空领域，人们更加关注人的因素的培训以及人为差错的识别和防范。

最令人震惊的工业安全事故之一发生在日本的核电产业。1991 年初，人为差错导致日本福井县 Mihama 2 号核电站发生了日本历史上最严重的核动力设备事故。尽管发生了核泄漏，但紧急冷却程序的正确实施勉强避免了一场完全熔毁的灾难(Washio，1991)。由此引发的公众抗议威胁到日本整个核电产业的发展(日本是一个对核性质差错容忍度极低的国家)，而像这一类受到广泛关注的事故或事故征候产生的负面影响将会持续很多年(Washio，1991)。

可以与这些事故比肩的可能是商业航空或军事航空中的飞机失事。一连串的通勤航空事故迫使 FAA 加大了对通勤航空的监管力度。美国空军的多起事故征候引发社会的广泛关注，并导致类似于纪律处罚的惩戒。美国海军 F-14 机队发生的问题曾造成一次该机型的“禁飞”，并带来长时间对飞行员精神层面的考察，以试图找出飞机如此频繁坠毁的原因。由此可见，简单的人为差错就能导致如此悲惨的事故，以至于可以将整个航空界置于“显微镜下”审视。

也许历史上收视率最高的人为差错事故是“挑战者号”航天飞机的解体，全球亿万观众惊恐地看着在新闻中反复播放的悲惨画面。事故中存在多种不同类型的人为差错，涉及范围从设计问题到 NASA 高级官员缺席的会议。除了莫顿-塞奥科尔(Morton－Thiokol)公司固体火箭发动机项目的负责人强迫“关闭”(忽略)了助推器O形环密封圈的已知缺陷外，还有许多人由于忽视大量红色危险警告信号而对本可避免发生的悲剧承担责任(Reason，1990)。此外，相关技术人员无视或者不重视发射时温度过低的警告也是一个重要的事故原因。现在，挑战者号航天飞机灾难性事故已经成为高科技活动中人为差错的代名词，同时，它也引发了 NASA 安全审核程序的彻底变革。

在回答“人为差错有多严重”这个问题的时候，我们已经从简单的叉车操作到高科技巅峰——空间发射及核电站的运行中看到了差错对人类活动产生的巨大影响。因此，对于人为差错在航空领域产生的带有悲剧色彩的深远历史影响，应该也不足为怪。

14.5 航空领域中的人为差错

航空领域中的基本差错类型与其他领域的差错类型非常相似，进一步深入分析得出的发生趋势和构成模型，对于那些想要通过减少或消除差错提高自身飞行素养的个人会很有帮助。在开始研究这些内容之前，首先理解“机组差错远比许多事故调查给我们的结论要复杂得多”，这一点非常重要。

14.5.1 “飞行员操纵差错”问题(Roscoe，1980)

航空领域一直存在着这样一种趋势，即将众多复杂的生理和心理错误类型归结为一个单一的差错类别——飞行员操纵差错。这种做法主要是在“推卸责任”，而不是识别并发现问题的解决方案。此外，这种做法对于防范未来的人为差错几乎毫无价值。“飞行员操纵差错”通常用来推卸那些与事故相关的训练、监管或维修主管和单位的责任。这并不是暗指存在某种形式的掩盖，它只是表明事故调查委员会采取了过于简单、毫无益处的做法。最新的飞机事故调查研究仍在通过差错类型来识别机组差错，但是人因专家通常必须从大量的报告中筛选出导致事故的实际因果活动。空军 110－14 事故调查报告认定 1992 年 11 月 30 日发生在得克萨斯州西部山区的 B－1B 事故为“飞行员操纵差错”。通过对飞行剖面的仔细研究，明显能够看出飞行员丧失了处境意识、错误解读了飞机的提示，并且产生了空间定向障碍，然而这些因素都没有出现在正式的报告中(Kern，1992)。

将事故原因归咎于飞行员操纵差错，就如同我们说“飞机损坏”但却并未指出存在故障的机械装置或存在问题的部件，绝对是没有什么价值的。差错识别的作用在于提供最新的改进工具，但我们必须避免过于简单地使用一句“飞行员操纵差错”去描述各种各样的问题和挑战。以下对航空领域差错类型的细致分类有助于实现这一目标。

14.5.2　机组差错类别

为了减少个人差错，我们需要一种能够针对所犯错误制定改进策略的差错分类方式。相关研究提供的一些分类方法或模型，可以帮助我们完成这项任务，其中每一种分类方法的研究中都涵盖了如何降低模型中所包含的各种类型差错的策略。

航空心理学家艾伦·迪尔建议将作战机组人员的差错分为三个类别：程序活动类(procedural activities)、感知活动类(perceptual - motor activities)和决策活动类(decision - making activities)，即他所说的“遗漏(slips)、笨拙(bungles)和犯错(mistakes)”(Diehl，1989)。这种分类方法对于实现我们的目标的确很有帮助，因为它与飞行素养模型的要素相契合，对于差错的分析和安全的改进大有益处。例如，感知类差错与生理因素和处境意识密切相关。误解某个线索会让飞行员失去对任务当前状态动态变化的跟踪。如果发现自己出现多个感知类差错，那么在生理或处境意识方面加以提高是较为明智的方法。

笨拙或运动误差表明，可能存在技能或熟练度方面的问题，可以采取增加飞行时间、寻求指导或进行针对性强化训练等方式改进。

犯错或决策失误，可能会在支撑判断顶石的任何一个飞行素养模型要素中找到根源。如果发现自己总是做出错误的决策，那么就应该关注飞行素养模型的所有关键组成部分。

美国陆军安全出版物《飞行传真》(*Flightfax*)刊载了第二种分类方法，它罗列了导致大多数陆军航空事故的八个方面的机组差错(Brooks，1994)。虽然这些方面是通过对军事行动的分析确定的，但是很显然，它们也代表了几乎所有飞行人员的常见差错形式。

1. 扫视(Scanning)。这类错误是视觉关注方向不正确，或是扫视的方法不全面、不系统或者与其他机组成员的扫视范围重叠。一种可行的解决办法是，在进行扫视时，与其他机组成员共同协作完成。
2. 机组协作(Crew coordination)。这类错误是在执行飞行任务时，机组成员的交流(沟通)和行动(顺序和时间)不正确。在组织层面上实施有效的 CRM 培训是最好的改进方式。全面回顾第 6 章中与领导力和追随者经验教训相关的内容，有助于改进和提高。
3. 保持/恢复定向(Maintain/recover orientation)。这类错误指在飞行环境中，不能正确执行保持或恢复方向感的必要程序。在飞机改出紧急状况后，想要从丧失处境意识的状态中恢复常态，就需要识别及恢复技巧。我们在第 9 章中详细讨论了这些步骤。
4. 飞行前计划(Preflight planning)。这类错误指没有根据已知条件及可能发生的状况选择适宜的飞行计划，未能制定最大程度保证任务顺利完成的行动方案。个人纪律性意味着每一次都必须完成飞行前的计划工作。如果你忽略了这个计划工作，那么就需要重新学习，直到熟练掌握计划流程。

5. 飞行中计划(Inflight planning)。为了应对突发事件或状况，对飞行计划做出不恰当的改变可能会给毫无准备的人带来许多问题。应急计划和处理飞行中变化的系统化方法，是提高应对这一飞行素养挑战成功概率的第一步。
6. 估算差错(Estimation errors)。当机组人员对物体间的距离、飞机与物体的接近率、燃油或时间计算等估算不准确时，就会产生估算差错。改进估算差错意味着你需要在出现过类似问题的特定类别飞行中提高熟练程度。
7. 察觉(Detection)。察觉差错包括无法感知和识别驾驶舱内、外的危险条件。处理这类差错的最好方法是增加与风险相关的知识，这样你就知道要查找什么，同时要保持自己身体和思维方面的敏锐度。本书的第8章详细讨论了风险的识别和管理。
8. 判断/应对突发事件(Diagnose/respond to emergency)。美国陆军在事故分析中还发现，对于实际的、模拟的或感知的紧急情况，飞行员存在识别或反应不正确的趋势。应对这类问题的关键是具备程序、系统和环境知识，同时要有良好的处境意识。

使用差错分析尝试持续改进在航空领域并不是什么新鲜事儿。早在1951年美国空军监察长(IG)办公室的一篇题为《缺乏团队合作是飞机事故原因之一》的研究报告中，我们发现了机组差错的最后一种分类。这项研究涵盖的时间段自1948年1月1日至1951年12月31日，其中分析了7518起重大飞机事故(DAF,1951)。仅是这个数字就足以说明我们在预防事故发生方面是如何开展研究的。尽管研究得出的结论有些过时，但是识别出的人的因素差错类别与最近事故分析中发现的差错类别仍然非常接近。研究发现，四个常规领域内的差错——飞行员熟练度、机组纪律、机组熟练度和团队合作——几乎涵盖了绝大多数的人为差错。同时，这项研究还将这些差错的常规类别进一步拓展为具体的差错类型，包括缺乏警觉、简令不充分、无法成功返航、接管控制(干预)失败、行动方案错误、判断力差、飞行领导或监督能力差、控制权混乱、导航偏差、信息不正确以及缺乏团队合作等(DAF,1951)。像今天的许多事故分析一样，1951年的研究建议组织采取相应措施以解决机组差错问题。但在1951年，这种方式还不足以确保个人改进和问责制的落实，即使在今天的航空界，组织层面的措施仍然远远不够。

14.6 个人就是答案

差错的性质种类繁多，即使是最优秀的组织方法也注定只能收效甚微。这反过来给人的因素的反对者以口诛笔伐的口实，例如“人为差错永远无法消除”或是“无论做什么,人总是会犯错的”。在某种程度上,他们没有错,我们可能永远无法消除人为差错的威胁,但是,你和我肯定可以在个人层面上解决它,而且已经有人这样做了。

我见过许多飞行员,和他们一起飞行过,他们在飞行中极少(如果有过的话)出现严重差错。这并不是说他们不会犯错,而是说他们的飞行素养已经达到让他们几乎每次都能正确行事的个人水平。这些飞行员的方法看上去有些教条,但是它们已经帮助飞行员对绝大多数状况建立起自动反应的习惯模式。当新的麻烦出现时,他们广博而深厚的知识也足以应对挑战,同时严格的纪律性又能确保他们的处置方案保持在规章及自己技能和熟练水平的限制范围内。这些人都是专家,我们应当从他们的身上学到差错可以在个人层面上成功解决。

这种水准的飞行素养不是一夜之间就能达到的。你不可能在第二天醒来时突然发现自己不会再犯错。但是你可以在第二天醒来时,突然开始分析差错,并制定消除差错的个人计划。除了使用前面介绍的分类方法和策略之外,具备全局观的分析方法是一个很好的切入点。

14.7　差错模式:一个很好的起点

研究差错的另一种方式可以参看图 14-2 中靶子上的靶痕。这种简单的分析技术,最早是由查帕尼斯(Chapanis)在 1951 年提出的,可以作为启动差错消除计划的理想途径(Chapanis,1951)。图中列举了随机性和系统性两种差错模式。

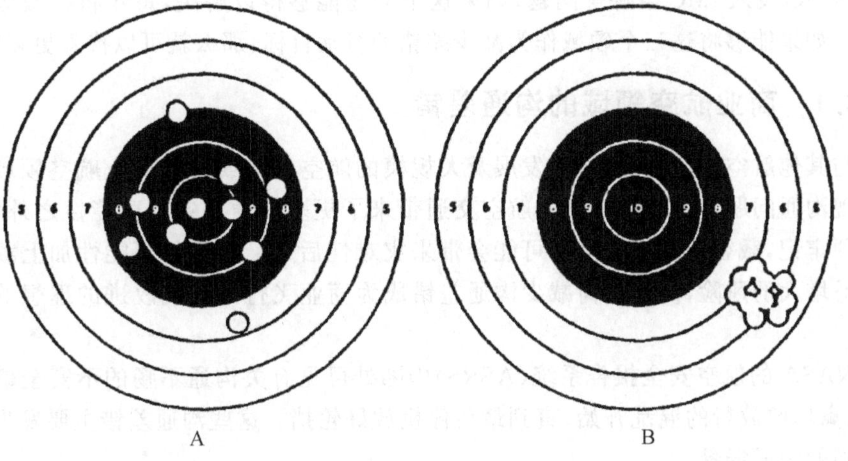

注:识别自己的错误模式可以让你将注意力集中在能产生大回报的小问题上面。

图 14-2　随机性和系统性错误模式(Chapanis,1951)

第一个靶子展示了随机性差错,表明某个人差错种类较多,而且错误程度不同。这说明他缺乏技能或熟练度,或者只是注意力不集中,或者对差错的容忍度较大,这是动机问题。总之,很明显这个人不是专家,为了能够真正提高,他需要在许多方面同时发力。

第二个靶子展示了系统性错误。错误的变化性很小，但所有的靶痕都偏离中心点。这个人展现出较强的控制力和专业能力，但仍然在某些方面存在薄弱环节。差错专家詹姆斯·瑞森把这种现象称为“对不准目标”(Reason，1990)。这对个人和教员来说是个非常重要的论断，因为如果能够找出并解决导致偏差的主要因素，我们就可以培养出一位飞行专家。

当然也肯定存在零星或偶然的差错，甚至在公认的那些专家身上也会出现这种情况，这是最难预料和分析的。有时这是某个罕见环境因素或者只有他自己才能意识到的情感因素作用的结果。总之，零星发生的偶发性差错是所有飞行员时刻保持警觉性的充分理由。

14.8 减少差错的三个目标

尽管飞行员身上有许多共同的差错模式，但是事故和事故征候分析表明，在商业、军事和通用航空领域的飞行员差错之间存在着重要的系统化差异。在商业航空的事故和事故征候中，缺乏交流似乎是多数(如果不是绝大多数的话)事故的重要因素，组织和个人在这方面的改进可能会产生最好的结果。在军事航空领域，走火或友军误伤的悲剧是一个严重但可预防的问题，必须由所有扣在扳机上飞行人员共同解决。最后，在通用航空领域，必须要解决意外遭遇复杂天气，或者在毫无准备的情况下从 VMC 飞入 IMC 条件等问题，如果这个问题能够得以解决，每年将拯救数百条生命。如果能够将这三个领域作为减少差错的行动目标，那么就可以挽救更多的人。

14.8.1 商业航空领域的沟通差错

与其他航空领域相比，迅猛发展及大规模的航空运输或许让商业航空领域更容易出现沟通问题。除了高密度的航空交通带来了更多沟通差错的可能性之外，我们还必须牢记，载客航班上的危险可能会带来灾难性后果。出错的可能性加上载客运营日益增大的风险，使得如何减少沟通差错成为商业飞行员自我改进的理想的首选目标。

NASA 的航空安全报告系统(ASRS)中随处可见有关沟通不畅的不安全事件报告，从离场前放行的混乱开始，直到最后停机放好轮挡。这些沟通差错主要发生在四个不同的沟通场景。

在商业运行中，最常见的是飞行机组与签派员之间的沟通差错。这方面的问题最好留给各个组织去解决，但在许多 ASRS 报告中，它被强调为错误链的第一环。底线是在每一次飞行开始时，要确保消除了所有在随后的运行中可能导致更大混乱的问题。

飞行机组与空中交通管制(ATC)间的沟通不畅

在沟通差错方面,飞行机组与空中交通管制(ATC)之间沟通不畅,可能是导致发生事故和事故征候的最大安全隐患之一。航空领域的研究人员比林斯和钱尼(Billings and Cheaney)花费了五年的时间(1976—1981 年),在查阅了 28000 份 ASRS 报告后发现,所有需要的信息通常都是可以得到的,但它们却并不总是能够被准确地传递。他们的报告是这样解释的:

仔细研究 ASRS 报告后发现,我们所说的信息传递问题,通常不是由于无法获得信息或信息源信息的内容不正确(虽然也存在一些例外)造成的。相反,我们发现最常见的信息未被传递是因为(1)掌握信息的人认为没有必要传递,或者(2)信息传递了,但传递得不准确。(Billings and Cheaney,1981)

这些发现似乎揭示出沟通差错问题的部分解决方案,要求在沟通环节上的所有人员都要尽可能及时提供任何所需的信息,并在传递信息给需要它的人员时,有意识地核实所传递信息内容的准确性。另一方面,信息的使用者应在必要时,对信息的准确性进行置疑及重新核实,尤其是在起降空域等交通流量密集区域运行时。

术语不规范

另一种常见的沟通差错是术语不规范。在一份包含对 250 多起 ASRS 事故征候研究的报告中指出,"近一半的事故征候涉及空中危险接近、没有保持标准的 ATC 间隔、跑道入侵,或其他有可能造成严重安全后果的冲突。"(Matchette,1995)这类问题大多源于飞行员对系统过于熟悉,通常想幽默地"活跃"一下沟通气氛。遗憾的是,结果却并不总是那么幽默,正如下面案例中所看到的那样:

我向圣·路易斯管制中心申请:"放行许可,公司识别,ATIS 信息,到圣·路易斯的联邦援助(federal aid to St. Louis)。""联邦援助"是在开玩笑地表示 FAA 许可。结果,管制员误以为我们被劫持了,于是给 FBI 和机场警察局打了电话。(Matchette,1995)

大多数经常与 ATC 打交道的人都知道,术语不规范的现象非常普遍——比应该出现的更常见,但这的确不应当发生。为消除这类沟通差错,NASA 航空安全报告系统(ASRS)的定期刊物 *Directline*① 给出了如下建议(Matchette,1995):

1. 无论什么时候只要许可或指令中有一点含糊不清的地方,就必须要求对方澄清。不断澄清,直到每个人都清楚意图和需求。
2. 清晰认真地沟通,只使用航空信息手册(AIM)中的标准术语。
3. 机长应当在下达飞行前简令时讨论术语问题,强调使用标准术语以及准确沟通的重要性。

---

① *ASRS Directline* 定期发布,以满足复杂飞机驾驶员和机组人员的需求,如商业航空公司和公司机队。*ASRS Directline* 中包含的文章是基于 ASRS 分析师认为具有重要意义的 ASRS 报告。——译者注

4. 在空中沟通许可及期望时,要克制变成小可爱或有趣萌宠的冲动。沟通错误的潜在后果可不是闹着玩的。

机组成员之间缺乏有效的沟通

关于信息传递准确性和完整性的观点,也适用于第二个常见沟通差错,即机组成员之间缺乏有效的沟通。驾驶舱内部的差错通常是由压力或正常程序被中断造成的,正如一位航空公司的机长在这份 ASRS 报告中清晰描述的那样,他们为什么会在没有得到塔台着陆许可的情况下落地。

天气和交通状况都很糟糕……恰好在指点标前……我们遭遇到一次雷击,造成导航仪表瞬间失效。我相信这是副驾驶没有将通信频率调到塔台频率的原因,我忘记核实我们是否收到了着陆许可。在着陆后的正常滑行过程中,我突然意识到我们仍在使用进近管制频率。当注意力分散或受到惊吓时,即便经验丰富的飞行员也会犯一些低级的错误。

这个差错的解决方案明确指向机组成员间的协作能力。当一种习惯模式被打乱,就像案例中的机组那样,他们被雷击而分散了注意力,必须有人带头确保标准程序得到遵守。理想情况下,应该对机组进行口头声明,例如,"嗯,刚刚出现了重大干扰,我们退回去互相检查一下,看看是否完成了所有必需的项目。这里给我们设置了一个陷阱,但我们不能犯错。"通常类似的声明会让机组更加警觉,从而发现注意力分散所引发的任何潜在差错。

有一种类型的沟通差错对飞行员或机组来说可能并不明显,它是发生在空中交通管制单位之间(例如 ATC 区域管制和进近管制)的沟通差错。虽然在通常情况下机组无法听到管制员之间的通话,但你需要假定之前已经传递出去的信息可能存在误传或内容不完整的风险。因此,如果你驾驶的飞机遭遇紧急情况或有特殊的运行要求,那么在切换频率后,请你无论如何都要向新管制员再清楚地说一遍。

更加隐蔽的沟通差错可能发生在飞机机舱内部,其结果同样具有危害性。

客舱机组与驾驶舱的互动

驾驶舱和客舱机组之间的摩擦可能引发安全问题。在一份 ASRS 报告中强调了由于飞行员和乘务人员之间缺乏交流可能出现的问题:某个忙碌的夜间,乘务人员在进近的关键时刻打开了驾驶舱门,灯光瞬间照亮了整个驾驶舱。

在飞行的早些时候乘务人员拒绝了机长提出的把餐食送到驾驶舱的要求,飞机开始下降后才把食物送到驾驶舱。机长在报告中写道:"进近不安全",并明确表示驾驶舱和客舱机组之间存在着严重的沟通障碍。"ATC 变得非常忙碌,速度、航向和高度在不断变化。突然进近管制员说:'立即中止下降,12 点方向有不明飞行物。'(我们)没有发现任何冲突,于是从飞机的左侧向外看,看到一架轻型飞机在黑暗中从我们的下方飞过——差一点就撞上了。在驾驶舱最繁忙的时候……乘务员打开了驾驶舱门。"

机长接着写道:“机长无法按计划继续进近。乘务员无视机长的要求和指令。他们为市场部门工作,并且大言不惭地告诉飞行员,乘务员用不着听飞行员的。”(Chute and Wiener, 1995)

丘特(Chute)和维纳(Wiener)的研究给出了改善这种关系的几个建议,从而避免可能将乘客置于危险境地的沟通差错。他们建议 CRM 培训应该包括并解决驾驶舱/客舱之间的沟通问题,并且通过练习来建立牢固的习惯模式。他们再三强调良好的简令对于建立融洽关系的重要性,并为两个机组的人员设定了指导方针和期望。至少,机组之间应该遵守相互介绍的礼仪。研究人员指出,这个问题被反复提出,是一种免费的补救方法。他们还鼓励乘务人员参与 ASRS 的自愿报告项目,这是一个庞大的、尚未充分开发的安全信息源。底线是保证飞机和乘客的安全,一个能够有效沟通的团队才会产生双赢的结果。

虽然在商业航空领域还存在许多其他类型的沟通差错,但也许失去联系才是终极的沟通差错。

通信中断

在一个几乎完全依赖有效双向通信来提供飞行间距保障的环境中,实际发生在商业航空领域的通信中断次数却高得惊人。结果可能是灾难,也可能是尴尬。下面的案例强调了这样一种情况,在尝试消除其中一个无线电台(共两台)的“噪声”时,飞行员不经意偏离了指定的进近控制频率。

在几分钟的无线电静默后,我们意识到发生了什么,重新切换回进近(控制)频率并进行呼叫。管制员非常不悦地告诉我们,我们的差错造成其他 7 架飞机的延误。

这是产生通信中断的最主要原因的典型案例——无线电频率设置出现差错。在一项 1995 年的 ASRS 报告研究中(NASA ASRS Directline,1995),此类差错导致的事件占到全部通信中断事件的 52%,但这肯定不是唯一原因。导致通信中断的其他原因包括:飞机无线电音量设置过低、管制员分配的频率不正确、麦克风被“卡住”、用错无线电通信设备、电气故障、ATC 设备故障,或者偶尔管制员的频率不正确。在商业航空领域中,无论何种原因,如果你不在通信频率上,就处于危险的水域。解决通信中断差错的关键在于意识、预防、识别和纠正。让我们先从意识谈起。

真实发生的通信中断事件远比许多飞行员意识到的频繁得多,要知道,在实际运行中,通信中断的平均时长为 7.6 分钟(NASA ASRS Directline,1995)——这在流量高度密集的空中交通区域的确是相当漫长。幸运的是,航母舰载机飞行员在巡航中遇到此类问题的可能性是我们普通飞行员的 2 倍。不幸的是,与我们共享空域的通航飞行员很有可能在进近过程中通信中断。一个更为可怕的统计数据显示,经验水平越低,发生通信中断的可能性就越大。一个经验不足的飞行员在交通密集区域内遇到通信方面的问题,会由于他可能不熟悉正确处理通信问题的应急程序而最终导致情况失控。(NASA ASRS Directline,1995)

对于通信中断的防范、识别和恢复,*ASRS Directline* 杂志给出了一些建议:

1. 无线电频率设置错误最常见的原因是飞行员不经意间的动作。解决这个问题的最好方法还是老办法——适当关注细节、良好的驾驶舱管理和监控机组人员的操作动作。
2. 飞行员应该意识到，当驾驶的飞机型别等级比较低时，发生通信中断的概率会大大增加。
3. 飞行员应该手写记录所分配的频率，这样，当新分配的频率出现通信中断时，就可以比较容易地切换到以前的频率。
4. 在高空飞行期间，要留意图表上标注的、用来提醒飞行员切换通信频率的空中交通管制中心的边界位置。
5. 飞行员在监听"守听"频率(121.5/243.0)时，音量应当足够大，这样才能保证在所分配的频率发生通信中断时听到紧急呼叫。如果怀疑通信中断，那么在必要时飞行员应该毫不犹豫地使用守听频率重新建立通信连接，尴尬总比死了要好。

谈到尴尬，下面这份由某位航空公司机长撰写的 ASRS 报告，提示我们所有人应注意"麦克风按键卡住"事件的性质和发生的可能性。

无线电静默 3 分钟后，我开始怀疑是否与雷达管制员失去了联系。我的直觉是对的，我们失去了无线电联络……在驾驶舱，我对飞机和无线电设备说了几句任何时候都不该说的话。

后来，在按要求用电话联系设备主管时……他(主管)说"你一直在盲发的无线电设备怎么样了？我们在磁带上录下了你所说的一切，一切！由于你的抱怨，我们不得不去备份频率。显然你的麦克风很棒。"

总而言之，商业航空中的沟通差错，向每个人提供了一个为提高职业安全性和有效性做出重大贡献的机会。通过意识、预防、识别和纠正个人的沟通差错，影响商业航空安全中一个比较大的问题领域能够得到明显的改善。良好的习惯模式、驾驶舱管理和个人意识都有可能极大地减少沟通差错。同时，给个人飞行素养在应对组织范围内的挑战中有所建树提供了一个极好的机会。

14.8.2 军事领域中的沟通差错:消除误伤的挑战

对战争中人为差错的历史分析为研究人员提供了一长串的轶事证据，从汉尼拔(Hannibal)在战役中缺乏围城装备，到李将军(Lee)决定派遣皮克特(Pickett)将军穿越开阔地带。尽管人为差错的案例在历史上相当丰富，但就本章的目标而言，这些分析几乎都不适用。之所以产生这样明显的矛盾，主要有两个原因。第一个原因是，很多的历史分析关注于指挥层面，通常并不讨论单个士兵或飞行员的战场战术失误，而这恰恰是本书的重点。第二个原因更为重要，几乎没有涉及个人差错的系统化历史记录，除了一个明显的例外——误伤，或者"友军之火"的数据统计。我选用这些统计数据作为军事领域中昔日人为差错的基准，因为它是战场上与系统识别差错类型最接近的数据。在《误伤:现代战争中的友军误伤问题》一书中,美国陆军战争研究所的查尔斯·施雷德(Charles Shrader)中校回顾了空军从第一次世界大战到越南战争期间误伤统计数据的变化趋势。

飞机误伤

从飞机误伤的统计数据来看,个人的人为差错是首要原因并不令人惊讶。虽然友军误伤问题远远超出航空范畴,但是遭受空中打击远比其他方式造成的伤亡更具破坏性。施雷德解释说,"就友军误伤人数而言,无论伤亡总数还是每一次事件中的伤亡人数,空中事件中的伤亡人数显然占绝大多数。仅仅在第二次世界大战的一次事件中,友军就有111人丧生,490多人受伤。"(Shrader,1982)一段简短的史料说明这个问题日益严重。

在第一次世界大战中,飞机的误伤事件相对较少,因为那时使用飞机实施空地作战的技术和战术还不够成熟。"在地面武器造成的巨大伤亡中,友军空袭造成的伤亡几乎没人注意到。"(Shrader,1982)然而,在接下来的战争中,飞机的作用增强了。

在第二次世界大战中,从悲剧到近乎幽默的飞机误伤案例比比皆是。其中,1943年5月4日的事件发生在一艘停靠在突尼斯的满载盟军战俘的德国船只上。在停泊的3天多时间里,这艘船不断遭到"至少40架盟军战斗机的扫射,100多枚炸弹的轰炸。幸运的是,战斗机飞行员的操作并不娴熟,只有一枚炸弹,而且还是哑弹,击中了船身,最终也只有一名盟军战俘死亡"。(Shrader,1982)这个案例突显了从空中准确识别目标的困难程度,这是地面误伤和空中误伤的主要差别。随着"智能"精准武器的出现,这些射击准确性的问题迎刃而解。

第二次世界大战也标志着为避免误伤而采取近距离空中支援(CAS)的开端。近距离空中支援就像听起来的那样:飞机向地面部队提供近距离的火力支援。在CAS行动中,地面及空中部队之间的协作出现了"缓慢但稳定"的改善。唯一的例外是在CAS行动中尝试使用重型轰炸机从高空进行轰炸(Shrader,1982)。非参战人员可能遭受攻击而成为对地攻击时人为差错的意外后果,下面的案例清楚地说明了这一点:

> 这是一起重大错误——由于导航能力差、考虑不周全及目标识别差错,1944年10月2日上午,地处指定目标以西28英里的比利时小镇珍克(Genck),遭到第九轰炸分队一群中型轰炸机的袭击,造成34名平民死亡,45人受伤。(Shrader,1982)

这个案例揭示出第二次世界大战期间普遍存在的3种差错类型,它们在历史上一直是导致战场误伤的常见原因:导航偏差、判断差错和目标识别差错。太平洋战区茂密的丛林使得飞行员执行飞行任务的复杂程度不断升高,而美国飞行员在四分之一个世纪后的越南战争中又再次面临同样的问题。

武器技术的进步使越南战争中的友军误伤事件更具破坏性。集束炸弹(CBU)和凝固汽油弹都会造成毁灭性后果。一名前方空中管制员(FAC)由于"错误地批准目标区域,同意一位F-100飞行员向FAC推测的授权投掷区扔下2枚CBU-2As

集束炸弹”,导致己方 23 名人员受伤。(Shrader,1982)这个事件中暴露出的是“错误假定”差错,同时它也是丧失处境意识的一种表现。

越南战争还出现了一种新的作战形式——空中袭击。当直升机遇到气穴或高度快速变化时,直升机门炮手发现他们难以控制自己的火力线。这些问题导致炮手好几次将炮弹射向刚刚离开直升机的部队。(Shrader,1982)

总体来说,越南战争发现的差错类型,都包括在近年来在安全事故调查中发现的典型差错类型之中。机组成员缺乏合作、目标识别错误、迷失方向、丧失处境意识、导航偏差,以及感知问题等,所有这些都被认为是导致误伤的重要原因。(Shrader,1982)

风险不断升级

分析“沙漠风暴”中发生的误伤统计数据,揭示了与以往战争相同的趋势,飞行员个人的人为差错是造成悲剧的唯一原因。然而,3 个显著差别使出现误伤的风险比以往任何时候都要高得多。

第一个差别是现代武器系统日益强大的杀伤力。过去,如果你向他人开枪,他们的生存概率仍然会高于平均水平。然而,精准武器改变了这一切,如果你被现代目标系统“锁定”,那么你的生存概率几乎为零。

第二个差别在于现代战争的性质。在海湾战争中,由于盟军在敌人火力下的整体伤亡率较低,因此误伤友军的死亡率明显高于以往战争。此外,由于我所说的“CNN 综合症”(CNN syndrome),即现代新闻网络播报突发事件的能力——诸如一起误伤事件,在事发后几分钟内就会播出,因而人们对这个问题的认知也变得愈加深刻。随着现代卫星通信和广播技术的发展,误伤事件的报道不需要等到第二天就能在头条新闻中看到,相关信息会出现在下一个“30 分钟更新”之中,它将被完整记录,并在第二天的晚间新闻中被一组“专家”分析。

比以往任何时候都更加需要避免误伤的第三个差别是多国部队共享同一战场的联合作战特性。如果联合作战的国家之间发生了误伤事件,这个悲剧会立即在全世界播报,无疑会产生重大的国际影响。这一点在沙漠风暴以及随后两起事件中得到了印证。

在第一起事件中,两名执行近距离空中支援任务的美国空军 A-10 飞行员,误将英国“勇士”装甲车认作是伊拉克的装甲部队。他们向盟军车辆发射了“小牛”导弹,造成 9 人死亡,11 人受伤。对于这起事件,英国进行了为期五个月的调查,结论是“英国军队没有责任”。随后几个月,英国媒体在小报头条上大肆报道了这一事件。(Powell,1991)

第二起事件是在实施战后禁飞期间,两名美国 F-15 飞行员在美国预警机的指挥下,发生识别差错,攻击并摧毁了两架友军直升机,引发一起国际事件。僚机飞行员悔恨地说道,“确实是人为差错……对我来说,这是惨痛的、永远无法忘怀的致命错误,我失去了一辈子的安宁。我只能祈祷逝者的灵魂和生者的内心能够原谅我。”调

查披露的细节甚至令人失望。误伤的深层次原因是交战规则可能没有被准确地理解、传达或遵守。(USAF,1994)

误伤事件不仅发生在军事行动中,还有可能发生在射击训练的靶场和周边地区。在过去几年中,由于飞行员目标区域识别差错,已经发生过几起向友军或友军周边或平民住宅投掷弹药的事件。

14.8.3　通用航空领域:消除无意中进入IMC

除了对飞机丧失基本的控制外,在目视飞行条件无意或未经授权飞入仪表气象条件环境,是发生通航事故的主要原因。如果能够减少类似的判断差错,那么将对通航的安全产生巨大的影响。我们已经知道,判断力处于飞行素养模型的顶层,因此产生这些致命差错的根本原因可能多种多样,并且可能有多个来源。NTSB主导的一项研究阐明了问题的严重性。在NTSB的事故档案中,分析了连续9年间的2026起致命事故。这些事故导致4714人死亡。在这9年间,与天气相关的事故占通航所有致命事故的三分之一以上。(Craig,1992)

没有仪表等级的飞行员在遭遇恶劣天气后能够幸存的概率不大。1955年,航空器拥有者及驾驶员协会(AOPA)资助了由布莱恩(Bryan)、斯通塞弗(Stonecipher)和阿伦(Aron)从事的一项研究,研究旨在找到帮助飞行员在一旦进入恶劣天气之后,如何摆脱的最佳方式以及如何训练飞行员掌握这种技能。他们共邀请到20名总飞行时间在31～1625小时之间、没有仪表等级的飞行员,要求他们在一架装备了IFR飞行必备仪表的飞机上,使用仪表罩模拟IFR条件下保持水平和直线飞行。

“在第一次尝试仪表飞行时,19名受试者将飞机置于‘死亡盘旋’状态,第20位受试者的飞机则进入了机头向下的‘急盘旋下降’状态。进入危险初始状态的最短时间是20秒,最长时间是8分钟。”(Bryan et al.,1955)

基于广泛的研究,NTSB合成了一张最有可能发生与天气相关的致命事故的通航飞行员肖像。你能认出其中一些特质或特征吗?(Craig,1992)

1. 事故当天,飞行员很可能通过电话获取到一份详细的起飞前天气报告。这些信息在四分之三的时间中“基本正确”。遭遇到比预报“严重得多”的气象条件大约只占5%的时间。
2. 飞行员在愉快地飞行。
3. 飞行员有私照,但没有仪表等级。
4. 飞行员相对缺乏经验,通常只有100～299小时的飞行时间。
5. 飞行员通常并不熟练,在事故发生前的90天内,飞行时间不到50小时。
6. 事故发生在白天,飞行员在目视条件下有意或无意飞入了仪表气象条件。
7. 在教员的指导下,飞行员接受过一些仪表飞行教学训练,通常1～19小时。
8. 飞行员的飞行记录中没有实际的IFR(至少在遭遇致命事故前)飞行时间。
9. 飞行员没有提交仪表飞行计划。

10. 飞行时至少有一名乘客。

这个肖像描绘了这样一幅画面：一位没有经验、技能欠缺的飞行员，在白天有意飞入云层。简而言之，自负的飞行员开出了一张自身技能无法兑现的支票。乘客在其中扮演着重要角色。大多数新晋飞行员都会为自己能够在蓝天翱翔感到自豪，并渴望向他人展示自己的技能。自负和机遇，为错误的判断创造了条件，如果再考虑到复杂的天气变化，其结果将更加具有不确定性。对于新晋飞行员而言，面对不熟悉的环境（复杂天气），即使不是极度恐惧，也应当保持一种理智而谨慎的态度。然而不知何故，如果有朋友坐在你身边，我们常常会将它视为需要攻克的另一种挑战。这是一种愚蠢、可能会致命的错觉。即使操作娴熟、经验丰富的仪表等级飞行员，在恶劣天气中飞行也会保持理智而谨慎的态度，尤其是在遭遇到意料之外的状况时更是如此。

对通航飞行员来说，这个挑战没有简单的答案。在个人层面，也许恐惧是正确判断的关键。如果不具备仪表等级，无论熟练与否，你都应该像躲避烧红的拨火棍那样远离云层。

14.9 总　结

在航空领域，至少可以在自身和个人层面上战胜飞行员差错的挑战。我们首先把差错定义为“一种因无知或鲁莽，违反行为规范的行为或状态”。接下来，我们将常见的人为差错划分为感知类、执行类和意图类 3 种类型，并且指出战胜差错就需要理解差错。我们还确定了一些有使用价值的差错分类或差错模型，以此帮助飞行员分类并应对个人差错。通过简单地回顾工业界中人为差错的本质，揭示出某些类型的人为差错存在于各行各业之中。

误伤被强调为军事飞行员所面临的一项极为重要的挑战，我们指出，即使误伤事件的数量有所下降，但现代战争武器所带来的杀伤力，也会使受到友军炮火攻击后生存的概率近乎为零。

最后，也是最重要的，我们打破了飞行员差错不可避免的魔咒。我们认为，对于航空差错，虽然组织方法可能作用有限，但作为个人，我们是自己命运和无差错未来的主人。

14.10 参考文献

[1] Billings, C. E., and E. S. Cheaney. 1981. Information transfer problems in the aviation system. NASA Technical Paper 1875. Moffett Field, Calif.: NASA-Ames Research Center.

[2] Brooks, Robert. 1994. Crew errors and the night environment. Flightfax. August 5.

[3] Bryan, L. A. , J. W. Stonecipher, and K. Aron. 1955. AOPA's 180 degree rating. AOPA Foundation, Inc. and Aircraft Owners and Pilots Association, Washington, D. C.

[4] Chapanis, A. 1951. Theory and method for analyzing errors in manmachine systems. Annals of the New York Academy of Science 51:1179-1203.

[5] Chute, R. D. , and E. L. Wiener. 1994. Cockpit and cabin crews: Do conflicting mandates put them on a collision course? Flight Safety Foundation Cabin Crew Safety, 29(2): 1.

[6] Craig, P. 1992. Be a Better Pilot: Making the Right Decisions. Blue Ridge Summit, Pa.: TAB/McGraw-Hill.

[7] Department of the Air Force (DAF). 1951. Poor teamwork as a cause of aircraft accidents. USAF IG Report.

[8] Diehl, Alan. 1989. Understanding and preventing aircrew judgment and decision-making errors. HQ USAF Inspection and Safety Center. November 13.

[9] Global Trade and Transportation. 1993. Study cites human error in maritime accidents. 113(7):12.

[10] Jessup, J. E. II, and Robert W. Coakley. 1978. A Guide to the Study and Use of Military History. Washington D. C. :Center of Military History, United States Army.

[11] Kern, Anthony. 1992. Personal testimony to USAF 110-14 accident investigation board, B-1B crash, Dyess AFB. November 30.

[12] Matchette, R. 1995. Nonstandard phraseology incidents. ASRS Directline, Issue 7.

[13] Messer, M. E. 1992. Transport vehicle accident rates drive operator training programs to change. Occupational Health and Safety 61(1):20-22.

[14] NASA ASRS Directline. 1995. Lost com. Issue 6, p. 18.

[15] NASA ASRS monthly update. 1995. Say the magic words. Number 196.

[16] Powell, Stewart. 1991. Friendly fire. Air Force Magazine. December: 59.

[17] Reason, James. 1990. Human Error. New York: Cambridge University Press.

[18] Rommel, Erwin. 1953. The Rommel papers. Dictionary of Military and Naval Quotations. ed. : R. D. Heinl, Jr. (1966), p. 194. Annapolis, Maryland: Naval Institute Press.

[19] Roscoe, Stanley. 1980. Aviation Psychology. Ames, Iowa: Iowa State University Press.

[20] Sender, J. W. 1983. On the nature and source of human error. Proceedings of the Second Symposium on Aviation Psychology, Ohio State University,

Columbus，Ohio.
[21] Shrader，Charles R. 1982. Amicide：The problem of friendly fire in modern war. Combat Studies Institute，Fort Leavenworth，Kansas.
[22] United States Air Force. 1994b. Report on Blackhawk shootdown. Vol 12：13，July.
[23] Washio，A. 1991. Nuclear "incident" report fails to calm public fears. Japan Times Weekly International Edition. 31(49)：4.
[24] Webster's Ninth New Collegiate Dictionary. 1990. Springfield，Mass.：Merriam-Webster，Inc.
[25] Westlake，Michael. 1992. It was a bad year at sea. Far East Economic Review. November 19：50-51.

第 15 章

优秀飞行员的标志

狂风和巨浪永远站在最有能力的航海家一边。

——爱德华·吉本(Edward Gibbon)

打造优秀飞行员没有固定的模式。虽然本书为飞行素养的发展提供了一个模型,但却无法保证任何两名按照这个模式发展的飞行员最终达到相同的优秀水平。在这个世界上,每个人都是独一无二的,都有自己独特的天赋以及飞行的优势和短板,我们不应当从飞行素养模型中期待或寻求完全一致的结果。然而,当你深入理解一名优秀的飞行员意味着什么之后,你就可以从中得到自己期望的启示和帮助。

15.1 需要建立标准

每一种职业甚至爱好,都在各自的领域建立了得到广泛认可和接受的用于评定、竞争、评估和自我改进的基础标准。然而奇怪的是,飞行活动除了很少的一些衡量自身发展、以技能为基础的个人规范之外,什么都没有。这些规范通常以飞行评估标准的形式出现,例如,在飞行训练和定期评估中使用的飞行速度和高度偏差容限。产生这种奇怪的缺乏标准现象的原因颇具争议,也许导致这种对标准漠不关心的根源要追溯到航空界内职业发展的模式。

在商业航空领域,提升和晋级主要取决于资历。这当然不是说商业飞行员不需要技能——当然需要!但是,一旦达到一定的能力水平,除了个人自豪感和职业精神之外,个人通常会失去追求更高专业水准的动力。很多人满足于按计划飞行和口袋里的工资,按自己喜欢的方式生活,在这方面,军事航空领域的情况与商业航空相比并没有什么显著的不同。

军事飞行员的晋升要考虑更多的因素,但肯定不需要最大限度地发挥自己的飞行素养潜能。当然,你必须有能力,如果你符合资格要求,并且远离是非就不会有太大问题,追求卓越的个人飞行素养并不是晋升的必要条件。事实上,许多飞行员认为,在驾驶舱待得太久反而会影响自己的晋升机会。这就是所谓的“全人理念”(whole person concept):需要军事飞行员在其他领域花费大量时间,比如取得硕士学位、完成专业军事教育(PME——与飞行素养没有任何关系),以及其他的职业拓展活动。

通航资格的要求同样难以激励飞行员追求个人卓越。在获得特定的等级或资格之后,除非你想要继续取得更高的等级或资格,否则外部动力也就消失了。

所有这些因素可能都是导致缺乏一套全面飞行素养标准的根本原因。也许正是因为我们不承认建立此类标准的必要性,所以才没有制定出来。只要综合资历、经验以及基本能力达到一定水平,传统上就满足了职业晋升的需求,但我们可能因此失去了某些更宝贵的东西。虽然对组织而言,全面的飞行素养标准可能没有必要,但对于希望提升自身能力的个人来说,绝对是必不可少的。不良的飞行素养及人为差错事故会持续地降低飞行的效力和效率,同时使飞行安全受到损害。作为一个行业,我们曾经花费了几十年的时间寻找这个问题的答案。而实际上,答案也许并不像我们想象的那么遥远。

在这里,个人的持续改进和责任是关键。通过建立一条通往良好个人飞行素养的清晰而崎岖的道路,那些追求自我完善的人可以采取系统化的方式实现目标。困扰整个航空界的某种弊病可以被我们当中任何一个有决心、有自律、追求改进的人给予解决。向良好飞行素养文化转变的渴望发自内心——一名又一名飞行人员——直到因判断失误导致的事故成为特例而不是常态。这一天即将到来,方法就在这里。但是个人的改进仍然面临两个巨大的阻碍因素。首先是缺乏公认的定义和模型,这一点希望本书已经开始着手解决了;其次是个人持续改进的源动力,在这方面组织依旧可以发挥主导作用。

15.2 组织在提高飞行素养方面的作用

首先,即便是职业动机最为良好的人,也需要持续自我改进的源动力。无论是政府、商业、军事还是通用航空领域的航空组织,都应该提供具体的措施激发个人提高飞行素养的渴望。激励可以采用多种方式,从飞行素养继续教育课程的认证证书,到与晋升和提升实际联系在一起的飞行素养各个方面所展示出的熟练性水平。飞行素养奖可以用来奖励稳定的行为表现,而不是对奇迹般挽救业已受损飞机的行为的奖赏。在军队,诸如机长和高级飞行员翼形章那样的飞行素养徽章代表的不仅仅是执业时间和飞行时间,它应该和完成了覆盖飞行素养模型所有领域的特定飞行素养培训联系在一起。在各个航空领域,教员晋升应当是对其在飞行素养各个方面展示出的熟练性水平和能力的认可,而不应成为每个人都有平等机会获得的某种资格的通过仪式。简而言之,组织应该成为飞行素养的支持者,并为那些选择自我改进的人给予鼓励并提供具体的支持。

其次,组织应当是资源的提供者。所有追求持续改进的个人,都可以随时方便地获取飞行素养教育和训练的相关资料。这些资料可以是类似小册子的简单读物,也可以是结构化的多媒体课程。重要的是提供涉及飞行素养所有方面的资料,因为每个人在自我评估后产生的训练需求都会有所不同。通常人们倾向于将近期出现问题或事故的领域作为改进的目标,这是一种错误的方式。故障排除法在本质上是被动的,因而会违背自我评定和个人改进的整体目标。如果组织规定哪些培训资料应当放在书架上,就相当于否定了基于个人需求改进的个人责任原则。

在有关提供新型服务或培训的所有讨论中,肯定绕不开成本因素,但这些必须从未来节省整体费用的角度来考虑。如果组织的安全水平可以上升 10%,你愿意付多少费用?上升 20%,甚至 50%呢?——这样的改进其经济价值是多少?那么有效性、效率、工作满意度和雇员留任情况呢?假如你从系统整体的角度考虑,就会发现提高飞行素养绝对是一件有意义的工作。

最后,组织必须要清除飞行素养发展过程中的障碍。这些障碍会以多种形式呈现,但最重要的两个障碍是不遵守纪律的飞行员和不必要的任务。如果让一名违纪的飞行员免受惩罚而继续在组织内飞行,将会给组织带来不可估量的损失。其他人会将容忍不良飞行素养的态度视为组织文化的一部分,并以此做出相应的回应。组织还应当设法尽量减少甚至是取消那些占用飞行员工作时间的不必要任务。也许个人飞行素养提高的最大障碍是时间。给飞行员腾出时间并说明组织这样做的理由(是为了让飞行员们有充足的时间追求个人改进),就会释放明确的信息:组织在鼓励飞行员追求卓越方面的诚意和组织的承诺。

从某种意义上说,这种通过激励、提供资源、消除障碍的方式帮助个人进行自我改进的做法,使组织变成"服务型领导者"。有一些人会明智、有效地利用这个机会,而另一些人则肯定不会。但是,通过采取积极主动的方式,而不是传统被动的故障排除方法,我们将在组织内最大限度地发挥个人的能力,以有意义的、个性化的方式提高他们的飞行素养。

此外,组织还必须在实际运行中执行飞行素养标准。宾夕法尼亚州前州长理查德·索恩伯勒(Richard Thornburgh)下面这段话,在航空组织的人看来就像预言一样:

> 不允许下属推测组织的价值观。最高领导层必须释放清晰、明确的信息,以防止在"允许哪些行为""禁止哪些行为"的问题上存在困惑或不确定性。否则,非正式的、具有潜在颠覆性的"行为准则"就会在眨眼或点头间传播开来,就会形成鼓励基于"以求相安无事"或"每个人都在这样做"观念的低劣思想体系氛围。(Hughes et al.,1993)

为帮助组织和个人完成这项关键的任务,建议遵循以下飞行素养准则和标准。

15.3 飞行素养的十大准则和标准

飞行员需要的不仅仅是监管指南、运行程序和口口相传的技术来定义并成为专家。在培养卓越飞行素养的道路上,我们需要与其他领域同样的指导原则来衡量所取得的进步。下面的准则可以作为飞行素养发展的提示和标准。每项飞行素养准则后面都附有一个判断进步与否的标准。这些标准不是传统意义上的量化指标(例如，±10 节)，而是定性的、衡量个人飞行素养发展水平的标尺。我们希望对良好飞行素养本质已经有所了解的飞行员，可以将这些准则作为工具，并帮助他们采取下一个步骤——个人行动。

15.3.1 准则一：必须把飞行素养当作一个整体看待

飞行素养所有的要素都是相互影响和相互作用的，不能理解每个部分相互关联的本质，就会削弱整体的系统效应。纵观历史，飞行员通常倾向于认同那些在单一特质方面表现出色的飞行员——奇迹般地改出复杂状态、超低空通场、起落小航线、着陆极其平稳。有些飞行员则将系统专家或战术专家视为自己的榜样。然而，这两种观点都存在缺陷，除非这些所谓的“专家”从整体角度评估具备“完备”的飞行素养：纪律性、技能、熟练度，以及与自我认知、飞机、团队、环境和风险相关的知识，否则就不应该成为效仿的典范。良好的飞行素养意味着飞行员已经基于所有这些要素，养成了敏锐的意识和准确的判断力。错失飞行素养结构中的任何部分都意味着你要么缺乏对飞行素养的理解，要么对飞行素养发展持冷漠的态度，而这样的状况通常预示着存在一些潜在的运行风险。

标准：多学科能力

飞行素养中包含身体、心理和情绪的控制技能，或者就像教育心理学家说的那样，包含精神运动、认知和情感领域。飞行素养意味着要同时驾驭这三匹马并且保持良好的状态。显然，这不是一件容易的事，有些人甚至不敢尝试去获得这种能力。技术娴熟却不能在飞行中控制好情绪的飞行员，以及沉着冷静却无法在侧风中着陆的系统专家，都没有展现出良好的飞行素养。真正的飞行素养需要培养对身体、心理和情绪的有效控制能力。飞行素养在某一领域内的具体标准则留给个人或组织根据自己驾驶的飞机机型和飞行运行类别来制定。

15.3.2 准则二：飞行素养要求一致性

专业要求一致性。飞行运行的需求在不断变化，就像是立体声均衡器上的光柱会随音乐节奏而上下跳动。当你面对恶劣天气时，飞行中的某些任务可能需要你专注地进行风险分析；而接下来的任务可能需要密切的团队合作或是基于个人能力和限制做出决策。由于我们无法知晓飞行中的下一个挑战会在何时何地出现，因此我们必须坚持不懈地做好全方位的准备。我们的行动策略应当与我们对飞机的掌握、对团队的了解、对自我的个人评估相匹配。这并不是说我们不会有糟糕的一天。要知道，即使是最好的渔夫也不可能每天都会在湖里捕到鱼。但是专家会带着对下一次成功的期待在艰难时刻蓄势待发。由于这种信心是建立在真正的技能与知识之上的，它必定会带来行动的一致性和当之无愧的成功。

标准：可预见性

“惊讶”在航空领域可不是个好词。遗憾的是，当“惊讶”来自外部环境时，它们总是无法避免，但我们永远不应该让自己感到“惊讶”。一致性意味着我们在面对每一种状况时，都拥有建立在已经做好充分准备基础上的信心，从而避免感到惊讶。对于给定的一些常见状况，你每次处理这些状况的方式都应当大致相同。当你成功解决了自己已经做好充分准备的问题时，就应该不会感到惊讶。同样，在自己能力极限边缘实施操作时，也不应当对不理想的结果感到惊讶，这只能说明你可能存在技能方面的欠缺或自我评估不准确的问题。

15.3.3 准则三：飞行素养需要平衡

只关注某一方面的发展，不会带来卓越的飞行素养。为确保飞行素养结构保持平衡，你必然要从整体的角度看待飞行素养。这意味着你要有意识地从两个方面提高飞行素养——保持和发展。每个人都有优势和短板，通常我们会自然地将重心放到自己的优势领域。我们都愿意把事情做好，所以就更愿意做自己擅长的事。然而，这只有我们在飞行素养各个方面取得平衡发展后才合适，这意味着首先要解决自身的薄弱环节，不管它让我们有多么的不舒服。当我们把自身短板转变为优势时，也不能完全不去关注保持自己的优势。保持能力通常是个棘手的问题，因为只有你才真正知道自己的熟练性水平何时开始下降。试着对自身优势给予足够的持续关注，这样才能将技术水平一直保持下去。

标准：没有短板

将教育和训练重点转换到需要的领域，同时又能保持自身的优势和专业技能，是成熟的飞行员的明显标志之一。标准是全方位能力的发展。

15.3.4 准则四：专业性只有在达到平衡之后才会显现

我们都渴望自己成为某方面的佼佼者——公认的专家。有些人沉迷于战术，另一些人则热衷于仪表程序、空气动力学、飞行性能或系统知识。无论我们感兴趣的领域是什么，专业化首先要求能力的平衡和充分的准备。牢固掌握飞行素养的每一个领域，可以增加与其相关领域专业化程度的可靠性。记住，飞行素养中没有孤立的要素，想要在某个特定专业领域得到充分的认可和发展，就必须在飞行素养的各个领域具备坚实的能力基础。

标准：广泛的能力

就像平衡准则一样，专业性需要做好准备，做好准备意味着我们在飞行素养各个方面的能力完全匹配上了发展的速度。你必须首先成为一名有能力的飞行员，然后才能成为一名专家。

15.3.5 准则五:飞行素养是毫不妥协的飞行纪律性

这项原则无须进一步解释。良好的飞行素养意味着不会有意偏离颁布的规章、程序或基本常识。违反飞行纪律会导致习惯性不遵守规定。一旦朝这个方向迈出了第一步,并且是自主的有意偏离,那么很有可能你会再次犯下同样的错误。良好的飞行素养绝不容忍任何形式和任何程度的违纪行为。

标准:零违反-零容忍

只有自己践行良好的飞行纪律是不够的,你还必须明确表示,不能容忍与自己一同飞行的人违反飞行纪律。这样做在刚开始可能比较困难,因为很多人在面对其他人时会感到不自在,而且认为对朋友的忠诚比安全更重要。但是真正的忠诚不会容忍不安全的行为,并且会明确地表示任何人违反飞行纪律都是不可接受的。飞行人员彼此间都负有维护运行安全的道德义务。请记住,我们共享同一片天空。

15.3.6 准则六:飞行技能无可替代

优秀的飞行员飞得好,同时他们也理解飞行技能很容易退化,如果想要保持飞行技能水平,就必须始终保持对技术退化的警觉。除非你正在接受正规训练,否则这样的警觉只能来自成熟的自我评估。飞行人员应当具备或培养一种成熟的能力,能够识别自身短板以及努力消除这些短板的纪律性,即便更愿意在自己技术熟练性较高且感觉良好的领域练习。飞行素养不只是驾驶杆和方向舵的操纵技能,它意味着在执行程序和应用技术方面不断地磨炼及完善以达到个人最佳水平,使类似于遗漏检查单步骤或搞砸无线电通信的事件不再发生。无差错飞行以及"技术娴熟"是优秀飞行员的标志。

标准:熟练掌握各种飞行技能并且完美地执行程序

注意这个标准的三个部分。首先,准确、成熟的自我评估必须成为飞行后例行程序的一部分。只有自己知道侧风是否令你措手不及,管制员变更跑道时自己的胃是否在痉挛。没有哪一位教员像你一样能够准确找出自己的弱点,要学会使用这个礼物。其次,追求完美地执行程序。这是一个真正没有灰色地带的领域。检查单项目和相关程序的数量并不多,学习全部的内容并且不断地练习,一直达到不再有遗漏为止。这需要自律和形成习惯,但你付出的努力是绝对值得的。最后,从自己的薄弱环节开始,不断磨炼自己的飞行技能,当短板慢慢得到改进时,再发挥你的优势。

15.3.7 准则七:飞行素养需要多方面的知识

纵观历史,优秀的飞行员会从多个领域的丰富知识库中汲取知识,如果想发挥自己的潜力,就要沿着他们开辟的道路前进。我们可以从研究人员确定的良好飞行素养五大知识支柱入手,然后再补充你认为自己所需的与运行类别相关的知识。飞行专家应该具备自身、飞机、团队、自然环境、监管环境、组织环境和风险等多方面知识。系统地学习这些知识，使每一方面的知识都达到可接受的水平，然后再制定一个定期复习计划。

标准：立刻回想起关键项目，充分了解自身、飞机、团队、环境和风险，使能力最大化

有一个老笑话问："对飞行员来说，最没用的三样东西是什么？"标准答案是："跑道在后面，高度在上面，以及__________（自己填写）。"我填的是：僵化的知识。这是指那些没有使用价值的书本知识，它只能用来应付地面上的考试，而当你命悬一线时，由于理解不充分而回想不起来的知识。在整本书中，我们看到了许多飞行员在需要的时候不能回忆起重要信息的案例，他们往往为缺乏准备而付出了最终的代价。解决僵化知识的唯一办法是更加深入地学习和训练，这样关键知识的记忆会成为一种潜意识事件，在需要的时候毫不费力地浮现在脑海中。这个标准的后半部分是知道在哪里可以找到其他需要的信息——不仅为了在飞行中使用，而且为了在整个飞行素养领域拓展你的知识。像驾驶舱/机组资源管理（CRM）、处境意识、复杂天气等资料应当随时可以找到，以便加深你对这些重要的飞行素养专题内容的理解。

15.3.8　准则八：飞行素养帮助你最大限度地提高处境意识(SA)水平

没有人能够时刻保持完美的处境意识，但是持续保持高度的处境意识是优秀飞行员的另一个标志。处境意识直接关系到飞行员的注意力是否集中。每个人分散在不同飞行任务上的注意力是有限的，因此在飞行素养模型中基础部分的能力发展和专业知识的熟练掌握，可以为处境意识释放更多的注意力。例如，一名守纪律、技术熟练、知识渊博的飞行员在实施仪表进近时，就不需要在程序和技能方面耗费太多的精力；充分的准备几乎让所有正常的操作成为他的第二本能。如果突然出现类似跑道变更或天气意外变化那样的干扰，这位飞行员通常也有额外的精力去识别并安全应对意外的挑战。相反，如果飞行员的准备不充分，所有精力几乎都投入在进近的控制操作中，那么他就不太可能在应对干扰的同时确保安全着陆。问题的关键在于，我们每个人的注意力都有饱和点，超出这个饱和点时，我们就会丧失部分处境意识。飞行素养是通过纪律性、技能和知识帮助我们做好充分的准备，最大限度地使用"剩余"注意力处理意外干扰。然而，由于每个人都有可能超负荷工作，因此我们必须能够识别导致丧失处境意识的一些征兆，并且将关键的恢复动作"固定下来"，从而防范灾难的发生。

处境意识的三个标准

标准如下：

1. 理解保持处境意识的能力储备需求。
2. 当丧失处境意识发生时，能够识别自己和他人的这种状态。

3. 熟练掌握恢复处境意识的即刻行动步骤。

保持良好的处境意识需要有坚实的飞行素养基础，各个领域的能力和知识都是必备的。在第9章中详细介绍了识别处境意识丧失的技巧，培养识别他人和自己丧失处境意识的能力非常重要。也许理解处境意识最重要的方面，也是每个人首先应该牢记的一点是，一旦丧失处境意识，如何安全恢复的步骤：

1. 远离危险。

2. 稳定状况。

3. 给大脑一个“跟上进度”的机会。

4. 一旦着陆，就要分析导致处境意识丧失的原因是什么，以确保今后不再发生。

15.3.9 准则九：扎实的飞行素养带来良好的判断力

判断力在飞行员眼中颇具神秘色彩，但它其实相当简单。一旦具备了所有的先决条件，良好的判断力就是做好飞行素养充分准备的自然和必然结果。如果你提出一个判断错误的例子，我就会让你看到那是一个缺乏准备的例子。我们几乎在每一个判断错误的案例中都能发现早已存在的纪律性、技能或知识方面的问题。

航空界有句老话“判断力是无法传授的”。就像许多危险的误解一样，这句话有一部分是正确的。虽然判断力无法作为单独的传授目标，但它肯定能够通过学习飞行素养的基础知识实现，这是可以达到的，相对来说也不复杂。那些“判断力，你要么有，要么没有”或者“判断力只能靠经验获得”一类的传言是完全错误的。这些传言已经被那些没有花费时间去理解飞行素养的人信奉了几十年。实际上，教会我们自己判断其实并不复杂，尽管肯定不容易。我们所要做的就是搭建一个坚实而完整的飞行素养结构，良好的判断力自然就会从中产生。有价值的事物都来之不易。你不可能像中彩票那样或是某天早上醒来就一下子拥有判断力，同样你也无法从查克·耶格尔、你的教员或我这里学到。这是一场基于个人优势、弱点和愿望的飞行素养之旅。旅程本身既有启发性又令人愉快，而且当你到达目的地时，你绝对会发现自己的努力物有所值。

标准：始终做出正确的决策

良好的判断力是衡量优秀飞行员的终极标准。没有什么能比让飞行员知道自己在困境中做出了正确的判断而感觉良好了。虽然，有时糟糕的飞行员也能做出好的决策，但就判断力而言，真正的标准是能始终如一地做出正确的判断。“杰出的飞行员凭借自己出色的判断力，摆脱了必须发挥自己高超技能的处境”这句话不知何人所说，但切中要害；反之亦然。高超的技能、严格的纪律和渊博的知识创造了正确判断的基本条件（例如稳定性、处境意识等）。飞行素养的这些特性也形成了优秀飞行员的另一个标志——一贯稳定的正确判断和决策。

15.3.10 准则十:良好的飞行素养具有感染力

卓越的飞行素养是自我保持和富有感染力的。追求卓越的过程令人兴奋、充满乐趣并且会对其他人产生影响。当他们感受到你的热忱和快乐,就会开始认真审视自己的飞行素养水平和发展方式。这时,你要与他们分享你的成果。要知道,同行评议可是已知最有效和最高效的改进方式之一。这在商业领域或以色列空军中已经不是什么秘密,在以色列空军,这是对作战飞行员正式的强制要求。分享你的发现、资源和见解,找一个同伴或者组建一个团队。

标准:分享所学

尽管根据定义,追求卓越的飞行素养属于个人行为,但是与其他飞行员分享自己的成果,对个人和组织都大有益处。首先,你很有可能与你的同事共享本地空域,他们的惯常行为和飞行素养会直接让你受益,也会让所有共享同一片天空的人受益。其次,如果知道自己并非在孤独的努力,那么坚持改进计划就会变得更加容易。最后,我们有道义与他人分享:到底是什么在飞行这项高风险的活动中发挥着作用。也许你分享的那一点点信息会在某一天挽救他人的生命,或者你自己的性命。

飞行素养十项准则并非想要包罗万象,或作为医治不良飞行素养的灵丹妙药,而是旨在强调前面章节中阐述的内容,并在追求个人卓越的道路上为我们提示要点。在当今许多飞行员身上,我们很容易看到早期职业化的影响和知识的差距,他们无法理解自己为什么偶尔会陷入困境,做出错误的决策。牢记这些准则迫使我们回到要继续的工作上——建立并完善整体飞行素养。

15.4 快速启动:从六个月的自我改进计划开始

千里之行始于足下,然而第一步却往往很难迈出。考虑到这一点,本书提供了以下方案作为个人改进的起点。不管它对你意味着什么,这是一份每周 3 小时的学习计划和定期飞行时间表,包括 78 小时的自我指导,这比许多研究生课程的时间还要长,因此学习的层次对于飞行素养课题的初步窥探足够深入。你需要一份计划日历、日记和飞行日志,以及我们在描述计划时讨论的各种学习材料。改进计划需要自我评估、自我指导和诚实。除了自己,我们不需要打动或愚弄他人,否则就会适得其反。

15.4.1 工具:计划日历、飞行日志和日记

启动计划就是将飞行活动与非飞行活动的步骤具体分配到几个月之内,还需要建立一个用来跟踪进展情况的系统。使用这三种工具的目的,是帮助你建立训练和教学的优先顺序,实施训练,反思自己的表现,进而获得进一步改进的建议。

计划日历

付出努力取得成功需要计划，飞行素养也不例外。每天的计划日历可以用来跟踪飞行和地面活动。这样做的目的是在方案中加上时间进度。在当今忙碌的世界，未被安排的活动往往难以完成。在实施改进计划前，坐下来看看日历，思考一下把学习安排在什么时间最为合适。有些人喜欢在周末进行 3 小时的学习，另一些人则喜欢把学习时间分散在工作日的晚上。为了防止不必要的干扰抢占计划中用来学习的时间，开始之前至少应该提前一个月做好规划。提前安排自我改进工作有明显的优势。（“亲爱的，今晚我不能修剪草坪，因为我安排了学习计划。”）如果计划确有变动，要立即重新安排学习时间。要跟踪计划的执行情况，为便于回顾查看发生过多少次变动，可以在日历上进行标记，这样在下个月安排时间时，你会更加明智。

日历也可以用来记录飞行活动。虽然这似乎与飞行日志功能有些重复，但日历可以让你看到计划相关的两个部分（飞行训练和知识获取）如何关联，还能帮助你保持飞行计划的连续性，以及安排训练的优先排序。

日　记

与日历相伴的应该是改进计划日记。为了在飞行时便于携带，可以用一个小尺寸的本子写日记，小型螺旋记事本就比较理想。日记记录你对各种感兴趣的飞行素养专题的思考，或是自己希望找到答案的问题。在六个月的改进计划结束时，日记可以帮助你回顾并完善持续改进计划，因此它是日志和学习资料的伴侣。

一则典型的日记条目应当具有反思性，应当突出在阅读或操作中自己认为重要的内容。这对于观察（“今天侧风操作处理得不好”）或反思（“下一次在五边上我会尝试进一步的航向交叉控制”）非常理想。虽然应该将飞行和地面条目分为单独的部分，但还是尽可能尝试把它们联系在一起。在现实中知识和飞行密不可分，因此在日记中尽可能把它们结合起来。下面是一则简短的将知识与操作（或教学与训练）联系在一起的日记范例。

日记条目：2月 4 日

今天在起落航线遭遇了风向突变型的风切变，这一点我直到落地时才意识到（只飞了两个起落）。塔台报告跑道上的风为 170/15G20（风向 170 度，每小时 15 节，阵风 20 节）；风向标的显示与报告一致。我在第三边没有采用航向法利用偏流修正方向，结果被风吹成了小航线。我认为自己刚才对航向的控制不当，于是在第二次时便更加注意，然而却是同样的结果。发动机停车后，我看到一些低空碎雨云正向东飘去——这才恍然大悟。同样的线索我在空中也看到了，但却被自己忽略了。我在停车场遇到一位商业飞行员，他告诉我 INS（惯性导航系统）显示，起落航线上的风是 260/30。要是能有 RIREP（飞行员报告）就好了！注：（当晚补充）查看了风切变资料，用来“发现”风切变的目视线索包括扬尘、尘卷风、鸟的飞行方式、低云，以及观察你前面的飞机。RIREP 可能依旧是最好的信息来源。如果下一次我怀疑有风切变，我可能会向塔台询问是否有人报告航线上风的状况；这样某个配备“高科技设备”的飞行人员可能会为我提供一些验证。

这个条目是尝试用日记完成的典型的工作。日记条目应当短小精悍，突出得到的经验教训。日记也可以采用个人速记方式，不用介意语法或拼写，每周及每个月要定期回顾。由于定期回顾可以提供需要强化的学习重点，所以这一步再怎么强调都不为过。归根结底，日记就是迈向卓越飞行素养的个人成长记录。你可能希望某一天向他人讲解这一过程，那么可以对条目进行相应的设计。

飞行日志

飞行员日志用于核对是否完成准确而反思性学习的工具列表。日志应当有标准条目，然后在日记中按照日期或架次进行交叉引用，例如，“1996 年 2 月 4 日/第 2 架次”，这样你对训练当天发生的事情就有了完整的了解。你可以浏览日历上的准备工作，查看日志里的具体飞行情况，回顾日记中与飞行相关的经验教训或问题。

15.4.2 获得学习资料

在整个六个月的改进计划中，我们推荐了各个领域前沿文献中的不同读物。这些资料可以在本地书店订购和购买，有些书籍的价格比较高，除非是想用作永久收藏否则不需要购买；你可以把书目清单交给本地图书馆管理员，大多数地区公共图书馆都提供馆际互借服务。

15.4.3 开始之前

在开始自我改进计划前，我们需要建立一些启动计划的指导方针和假设。首先要意识到，种瓜得瓜，种豆得豆，付出越多，回报越大。在这里需要牢记三个要点：

1. 制定的目标要适度。寻求知识的广度，而不是学科领域的专业化。这并不是说不应该深入研究自己感兴趣的方向，而是你的学习计划要在 26 周内跨越许多知识领域，因此不要过分陷入其中的某个特定部分。
2. 尽可能使用现有的指导和评估工具。这项计划的最佳启动时间是在飞行评估评审会议之后。如果你的飞行进度处于两次飞行检查之间，建议与本地教员进行沟通，向他说明自己的目的。进行一次全面的飞行和地面评估，以及不留情面的飞行后讲评。完成专业评估后，你就可以更好地制定个性化的训练和教学计划。
3. 个性化计划。下面的指南只是一个模板，你可以按自己的需求插入、删除及修改。只有你知道自己当前的水平如何及想要达到的目标。如果自己对所掌握的飞机知识感到满意，而对规章缺乏了解，你就可以根据需要调整计划。回顾第 3 章中有关“制定个人计划的简化方法”，它可以为制定有效实用的计划提供技术帮助和指导。

好，让我们开始吧！

15.4.4 第一个月

第一个月的目标旨在建立一个起点。目标应该是从整体上了解飞行素养,并确定当前状况与理想状态的差距。这也许是整个计划中最为关键的一个月,因为这将确定你的学习态度和所要付出的工作强度。第二个目标是开启完美的飞行纪律旅程。这两个目标在前30天都是很容易实现的。

第一步:从整体上认识和理解飞行素养(四周/12小时)

1a. 把本书从头到尾看一遍,花些时间将问题记录在书的空白处或日记中。与其他飞行员、教员讨论这些问题,或者给作者写信、打电话澄清问题。不要遗留任何问题,除非你确实明白它们的含义。

1b. 反思你可能遇到的与飞行素养模型涵盖的专题领域相关的个人经历,把它们记录到日记中。

1c. 用1～10十个等级,在每一个飞行素养领域给自己打分,10代表完美,1代表完全缺乏技能或知识。发现的问题将有助于你进行个人评估,一定要诚实地面对自己。

飞行素养基础

飞行纪律性。你多久会故意违反规定?当天气条件低于最低标准时,你是否会暗自钦佩那些成功"闯入"复杂天气中的飞行员?有时候规则会妨碍到你吗?你的榜样是遵守纪律的飞行员还是违反纪律的飞行员?

你如何评价自己当前的飞行纪律性?

1——2——3——4——5——6——7——8——9——10

飞行技能。你的优势和短板分别是什么?你对驾驶飞机达到飞行手册规定的极限值感到舒服吗?是否对自己的能力产生过怀疑?如果有,是什么状况?出现的频率如何?

你如何评定自己当前的飞行技能?

1——2——3——4——5——6——7——8——9——10

熟练程度。你多久飞行一次?通常每两次飞行间隔多长时间?哪些动作是你练习最频繁的?你最常练习的动作是什么?在很长时间不飞行之后,你有哪些顾虑?

你当前的熟练度如何?

1——2——3——4——5——6——7——8——9——10

知识支柱

自我认知。你对自己的飞行表现和局限性了解如何?你上一次真正"逼迫"自己是在什么时候?你的个性对飞行产生怎样的影响?在飞行中你表现出来的危险态度是什么?你是否有自己的"个人最低能力标准?"你怎么知道什么时候已经超出了自己的能力范围?

你对自己的了解如何？

1——2——3——4——5——6——7——8——9——10

飞机知识。无论什么时候你都能背出所有的关键操作步骤吗？你是否从头到尾阅读过飞行手册？你记住所有的操作限制了吗？你知道多少警戒(cautions)和警告(warnings)(百分比)？你对飞机系统的技术部分了解多少？

你对飞机了解如何？

1——2——3——4——5——6——7——8——9——10

团队知识。你对与自己一同飞行的人的能力和局限性了解如何？他们的熟练程度、健康状况、压力因素、恐惧和态度如何？你会把生命托付给他们吗？你愿意吗？

你对团队了解如何？

1——2——3——4——5——6——7——8——9——10

环境知识

自然环境。你对天气现象了解程度如何？你完全熟悉自己运行的机场和空域吗？你对地形的影响知道多少？你是否充分了解其他自然因素的影响，比如高度、黑暗、鸟类和眩光？在你的飞行空域中，特殊空域在哪里？与你本地机场有关的塔台和其他障碍物在哪里？

你对自然环境了解如何？

1——2——3——4——5——6——7——8——9——10

监管环境。你对与自己和飞机相关的 FARs 和其他监管指南了解多少？你能说出并实际找到与运行相关的所有规章和程序吗？作为机长，你的权利出自哪部规章？

你对监管环境了解如何？

1——2——3——4——5——6——7——8——9——10

组织环境。你所在的组织中优先考虑的事项是什么？这些事项与飞行安全或你的个人观点冲突吗？谁是组织的英雄或不受待见的人？他们是怎样成为的英雄或不受待见的人的？你能从管理的角度描述组织中“理想”的飞行员吗？你和他相像吗？

你对组织环境了解如何？

1——2——3——4——5——6——7——8——9——10

风险知识。你所在的飞行组织中，下一次事故会在哪里发生？会是什么原因？如果你发生意外，可能的原因会是什么？你能在脑海中列出多少种风险因素？你能说出本地安全代表的名字吗？

你对风险了解如何？

1——2——3——4——5——6——7——8——9——10

顶　石

处境意识。飞行中，你是否经常觉得自己错过了什么？你多久会对另一架飞机、某种天气现象或管制员的指令感到惊讶？你上一次感到思维滞后于飞机是在什么时候？飞行时，你会总想着所犯过的错误吗？在起落航线上，你能清晰地看到几架飞机？

你如何评价自己的处境意识？

1——2——3——4——5——6——7——8——9——10

判断。你对自己的决策有多大的把握？你是否经常希望自己当初能选择另一个行动方案？你是否发现自己不得不逃离原本可以避免的处境？有人质疑你的决策吗？你对那些与你一同飞行的人有多大信心？

你如何评定自己的判断力？

1——2——3——4——5——6——7——8——9——10

采用这种自我评估方式，加上合格教员对你在飞行和地面操作的全面评价，就可以帮助你确定自己的改进重点。如果愿意，可以把分数加起来，再除以 12，就得到整体飞行素养的平均分。在一项应用该工具进行的小规模样本研究中，职业生涯中期的军事飞行员的平均得分为 6.5。要记住所得分数不是为了在飞行人员之间进行对比，而是深入了解自己所感知的个人优势和短板。颇为讽刺的是，如果利用这个工具评估自己六个月来取得的成果，你的分数实际上可能会下降。这是因为当你开始认真进行自我分析和资料学习时，就会认识到自己有多么的无知。曾经有人说，无知是福——但肯定不是指飞行素养！

1d. 将注意力集中在飞行纪律上。通过全面复习第 2 章的内容来做好这一步的准备。要想奠定飞行素养的坚实基础，首先要发誓永远不会有意违反飞行纪律——永远不会！这意味着即使在没有监督的情况下，也要严格遵守所有的规章和政策指南。除非发生紧急情况，否则必须守住底线。这应该已经是我们大多数人的标准了。立下这个誓言之后，你就已经朝着卓越飞行素养迈出了第一步。

15.4.5 第二个月

第二个月的重点是基本技能以及自我认知与飞机知识。复习第 3 章，特别要关注技能发展的 4 个层次以及第 4 章前半部分的"医学适航性"内容。第二个月的飞行目标是确保自己被批准在运行中使用的每一个机动动作都达到安全水平。我们要复习每一个被批准的机动操作，通常包括低速飞行、急转弯、失速或接近失速等，所有的动作取决于飞机型别。由于要实际体会飞机的操纵特性，因此我们需要复习飞行手册中有关飞机性能和操作品质的章节。本月的第二个教学目标是，通过浏览航空生理学资料了解身体自我。

2a. 飞行目标。所有基础飞行科目都能安全操作。安全地向自己挑战，找出自己在这些领域的能力范围。如果需要指导，安排好时间，精力充沛地挑战薄弱环节。记录自己擅长哪些科目，哪些科目需要多加练习。这一步的目标是确保所有操作的安全，因此，不要因为在自己长时间没有练习过的领域中出现熟练程度不够的情况而感到沮丧。

2b. 知识目标。从飞机技术指令或飞行手册中有关的飞行性能部分或章节概述入手。密切关注与低速操纵特性和失速恢复相关的信息。记住任何相关的警告或操作限制。第二个教学目标是，复习本书第 4 章的前半部分，强烈推荐医学博士理查德·莱因哈特（Richard Reinhart）的《适宜飞行：飞行员的健康和安全指南》（*Fit to Fly：A Pilot's Guide to Health and Safety*）（TAB/McGraw-Hill，1993），以及厄尔·维纳（Earl Wiener）和大卫·内格尔（David Nagel）合著的《航空业中人的因素》（*Human Factors in Aviation*）（Academic Press，1988）中的第 4 章和第 10 章。如果无法找到这些书籍，航空生理学的其他相关文献对于奠定这一重要领域的知识基础也都会有所助益。要特别重视营养的重要性和疲劳的危害，以及身体和情绪压力的影响等相关内容。

15.4.6　第三个月

第三个月的目标是起落航线的运行、相关的程序和技术，以及飞机出版物中包含的其他相关系统信息。通过学习与机场交通区域运行相关的空域要素和规章，强化环境知识。

3a. 飞行目标。最大限度地熟练掌握地面运行、起飞、目视起落航线和着陆，包括对本地特殊程序的深入研究。关注起落航线的精准性，尽量将空速、航向和高度偏差控制在较小范围内。例如，在起落航线，如果你目前允许自己有±50 英尺的高度偏差，试着缩小到 20 英尺，然后 10 英尺。很快，你就会不自觉地对所需参数进行细小的修正，起落航线运行的精度将大大提高。试着找机会在侧风环境下练习起飞和着陆，不要忘记强风条件下的修正方式。在日记中记录自己的成果、自我评估情况和应吸取的经验教训。

3b. 知识目标。这个月的学习集中在与起落航线运行相关的飞机知识、环境知识和自我认知。首先应全面复习飞行手册中正常及紧急状态下起落航线的程序和技术。然后，学习航线运行所依赖的飞机襟翼、起落架和仪表系统（即空速、AOA、航向和姿态参考系统）。找到你所驾驶机型运行中遭遇风切变的资料，如果没有，可以阅读相关的一般性资料，了解在预期可能遭遇风切变的情况下，如何计算和使用参考地速预测风切变。复习 FAR 91 中有关通用飞行规则（91.101～91.144）和目视飞行规则（91.145～91.159）的内容，特别要浏览右侧避让规则以及其他与起落航线和机场程序相关的资料。由于要掌握多种起落航线的飞行技术，复习第 4 章和第 9 章中与自满情绪相关的内容可能会有所帮助。

15.4.7 第四个月

第四个月的目标与导航和天气有关，飞行目标侧重于申请计划及飞行计划变更程序。知识目标的重点是自然环境和仪表飞行规则。

4a. 飞行目标。第一个飞行目标就是使用各种手段安全精准地导航，有效利用空域的能力最大化。根据飞行的高度和飞行类型，你可能习惯于依据目视或仪表方式进行导航，但你必须打破自己的习惯模式。无论是 VFR 还是 IFR 规则运行，都要一丝不苟地执行申请计划。显然，这项工作必须以公司政策为指导，并基于个人的资格水平，尽最大可能理解和体会“其他人”在实施导航和完成任务时必须做的事情。这对提高处境意识，加强自己、其他飞机和空中交通管制之间的团队合作大有帮助，同时会更好地理解整个空域结构以及其中包含的多种运行模式。

要特别注意与飞行中改变航线或目的地变更相关的方法和风险。当你要偏离计划的飞行轨迹时，为了确保地形回避、燃油充足和导航性能可靠，应当采取什么样的防护措施。记住，变化是导致注意力分散的根源，注意力不集中之后通常会是处境意识的丧失，而丧失处境意识则会导致……因此，你需要认真研究自己在应对空中飞行计划变更时的习惯模式。在日记中记录经验教训和个人的反思，并找出技术资料与飞行活动联系起来的方法。

第二个飞行目标是重点研究所有的复杂天气现象，注意它们对飞行产生的影响、构成的威胁，或者可能带来的好处。研究并讨论与天气危害相关的所有可行的方案，而不仅仅是规避，尽管规避通常是最好的，但并不总是可行的方案。

4b. 知识目标。这个月的知识目标重点是飞机、环境和团队。复习第 7 章以及 91 部 91.161～91.193 条的仪表飞行规则。推荐罗伯特·巴克(Robert N. Buck)的《复杂天气中的飞行》(*Weather Flying*)(Macmillan Publishers, 1978)一书，特别是其中的第 2、8、11 和 17 章。这些章节涵盖了所有复杂天气中的飞行原则和实用技术，适用于所有类型的飞行员。此外，仔细研究在复杂天气条件下使用的飞机系统，包括雷达系统、防结冰设备以及与复杂天气运行相关的所有警戒或警告；同时要查阅所有相关的公司或军事部门的指导方针、政策或规章。

15.4.8 第五个月

第五个月的目标旨在复习空中和书本上的所有应急程序。飞行目标应包括模拟发动机从启动到关闭过程中的所有紧急情况。由于在飞行中尝试过于危险，如果有模拟机，那便是练习处置重要紧急情况的理想设备。知识目标的重点是风险、自我认知、团队和飞机，包括处置所有紧急情况的基本的三个步骤以及飞行手册和公司条例中所有适用的程序和规章。

5a. 飞行目标。在复习完本月所有适用的知识目标后，至少安排与教员一同飞行两次，尽可能多地练习应急程序。如果有模拟机，最好在模拟机上练习那些无法在飞机上尝试、过于危险的应急程序。如果没有模拟机，就用“椅子飞行”的方法进行练习。不要忘记可能在地面出现的紧急情况，比如发动机着火，离开维护坪以及各种需要中止运行的状况。通过全面的飞行后讲评找到自己的薄弱环节，在日记中记录反思内容，并制定克服薄弱环节的计划。

5b. 知识目标。第一个知识目标是复习应对所有紧急情况的基本的三个步骤：

1. 控制飞机。
2. 分析处境。
3. 采取适当行动，条件允许尽快着陆。

虽然这些步骤听起来并不复杂，但每一步都包含诸多条目。深入研究飞行手册中应急程序的章节，找出所有可能的条目。如果这看起来太像学术性练习，推荐阅读以下两本优秀书籍中任意一本中的案例分析，这两本书分别是诺伯特·斯莱皮恩(Norbert Slepyan)的《驾驶舱中的危机》(*Crisis in the Cockpit*)(Macmillan Publishing，1986)，和罗伯特·科恩(Robert L. Cohn)的《他们称它为飞行员操纵差错》(*They Called It Pilot Error*)(TAB/McGraw-Hill，1994)。利用飞行素养模型分析那些事故和事故征候的本质，并想象自己在飞行中遇到类似的场景，从中吸取教训和经验。

第二个知识目标是在处理紧急情况时，识别所有可以利用的资源。使用团队方法(例如，其他机组成员、同行或教员等)，看看你能列出多少个在紧急情况下可能帮助到你的资源。不要忘记看看驾驶舱的内部和外部。有关利用所有可用资源和驾驶舱/机组资源管理的更多内容，推荐阅读理查德·詹森(Richard S. Jensen)的《飞行员判断力和机组资源管理》(*Pilot Judgment and Crew Resource Management*)(Avebury Aviation，1995)，以及厄尔·维纳(Earl Weiner)、芭芭拉·坎吉(Barbara Kanki)和罗伯特·赫姆里奇(Robert Helmreich)合著的《驾驶舱资源管理》(*Cockpit Resource Management*)(Academic Press，1993)。这两本书都是与资源利用最大化和正确决策相关的最佳研究综述。

15.4.9　第六个月

快速启动计划最后一个月的重点是飞行素养的顶峰——处境意识和判断力。这个月唯一具体的飞行目标是监控和分析自己在飞行中的决策过程和处境意识。

6a. 飞行目标。每次任务结束后进行过程回顾，问问自己和机组(如果有的话)为什么会在任务的每个决策点如此选择。尽管大多数人相信自己在整个飞行过程中都能保持完整的处境意识，但是如果在每次飞行后花上几分钟反问自己在什么地方最不舒服或最容易分散注意力，那么就能识别出自己丧失处境意识的高风险区域。如果自己确实经历了短暂的处境意识丧失状态，那就要深入分析当时的场景，找出原因和解决方案，同时一定要评估自己出现的症状。你是如何确定自己丧失了处境意识的？一定要仔细看看自己对这个情景的反应。你是如何恢复的？是幸运还是优秀？要把这些反思和反应记录在自己的飞行素养日记里。

6b. 知识目标。这个月的知识目标是对处境意识和判断力这一复杂专题有基本的认知和理解。这些内容在大学有完整的课程，因此要避免研究过于深入。复习第 9 章和第 10 章，理解处境意识在决策中的作用，以及处境意识的各种输入信息。重要的是要认识到，处境意识有积极和消极的“反馈”，注意力分散的源头也是影响处境意识的关键因素。同样重要的是，要了解处境意识和判断力背后的生理因素。再次推荐理查德·莱因哈特博士的《适宜飞行：飞行员的健康和安全指南》，这是一本操作性很强的书籍，它说明各种生理因素如何极大地影响我们在这方面的感知和表现。

在六个月计划的最后，你将接触到飞行素养的所有要素。接下来还有很多工作要做，改进永远不会停止，而且我们需要很多年才能让飞行素养达到完美境界。很可能你已经具备了成为一流飞行员的许多技能和知识，那么你的改进过程可能只是修正、补充和完善，而不需要全面建立。希望这个快速启动计划能够打开各种新信息的大门，并能够提出一种更加系统的方法，帮助你在苛刻、复杂并且常常充满敌意的环境中持续改进。

15.5 本章精要

飞行员的身高、体型、宗教、性别、种族、信仰及飞行素养熟练程度各不相同。我们在不同的地方驾驶不同类型的飞机，从密西西比的草皮简易机场到印度洋上的航空母舰。我们从事飞行活动的原因也各不相同。有人为了钱，有人为了面子，还有人单纯为了娱乐。然而，无论有什么样的背景，驾驶哪种飞机，飞行动机如何，我们每个人都对彼此负有道义责任，践行良好的基本飞行素养。这个义务也延伸到广大公众，我们从他们头顶上方飞过，由于我们能力上的不足常常让他们成为无辜的受害者。如何履行这一义务是本书的主题。飞行素养模型作为一种方法提供给每一位飞行员，在我们唯一能够完全控制的领域——我们自己，对不良飞行素养进行抵制。

解决人为差错事故和事故征候的良方就在我们的指尖。作为飞行员，我们可以通过自我完善改变航空业界的文化。我们可以让飞行员违纪、技能不足、知识欠缺成为历史。在期待别人改变之前，我们必须首先确保我们自己的阵营井然有序。飞行素养模型提出的标准绝不是这个问题的最终观点，但它的确可以代表飞行活动出现以来成功飞行员的特质和特征。

作为飞行员，我们不能半途而废。正如肖将军在前言中明确指出的那样，我们需要对“我们是谁，我们的立场是什么”达成共识。这本书提出的通用结构和思想可能是朝这个方向迈出的第一步。下一步就要看你们的了！

15.6　参考文献

Hughes, R. L, R. C. Ginnett, and G. J. Curphy. 1988. Leadership: Enhancing the Lessons of Experience. Homewood, I11.: Irwin Press.

附 录

LINE/LOS 检查单

NASA/UT LINE/LOS 检查单

观察员须为每段飞行填写一份表格

日　期	
观察员代码	
航　路	
飞机型别	
观察时长	

面向航线飞行训练	
场景代码	
航线观察	

机组统计	机　长	第一副驾驶	第二副驾驶
飞行基地			
总飞行时间			
机型飞行经历时间(机长/副驾驶)			

对该机组观察航段的航段号	
驾驶员	

选中一个方框

第一段同飞		一天以上同飞	
第一天同飞			

按照飞行阶段评定机组表现

1	2	3	4
差:机组表现严重低于期望,这包括必要行为缺失的情况,以及在涉及任务有效性的步骤上实施了不恰当的行为	最低期望:观察到机组的表现满足最低要求,但仍有很大的改进空间。这个等级的表现没有达到有效机组运行的期望	标准:机组的表现为保持和提升有效的机组运行提供足够的支持。这个等级的表现应当在飞行运行中正常出现	优秀:机组在特定行为应用中表现出超常的技能水准,可作为团队合作的典范——真正值得注意和有效的

以下机组表现标识是一些特定行为,可以作为有效资源管理的指标。它们并不是应当被看到的行为的详尽清单,而是那些可以提高或降低机组资源管理有效性的典型机组行为表现。如果评定的分数为(1)或(4),请在“评价”栏中描述具体的理由和原因。

团队管理和机组沟通	起飞前	起飞和爬升	巡　航	下降/进近着陆	评　价
1. 建立和维护开放式沟通的团队概念和环境（如机组成员耐心地听取其他机组成员发表意见、没有在别的机组成员发表意见时打断或“抢话头”、简令的下达从容不迫、机组成员之间适度的眼神交流）					
2. 下达的简令可操作性强，能引发机组成员的兴趣，强调在面对安全隐患挑战时的工作计划性和机组成员之间的协作。当出现偏离正常运行的偏差时，制定如何处置的预期					
3. 在简令时，乘务组包含在团队成员之中；建立驾驶舱和客舱之间的工作协调要求。在出现延误和遭遇复杂天气时，对客舱旅客的及时广播及信息更新要求					
4. 机组氛围与运行状况相适宜（如社交谈话）。机组确保非运行性质的因素（如社交互动）不会干扰到执行必要的任务					
5. 机组成员会提出有关机组行动和决策的问题，即有效的质询					
6. 机组成员会大声陈述自己的观点，并适当坚持，直到得到明确的解决或者做出相应的决策，即有效的倡议和主张					
7. 运行决策清晰地传达给其他机组成员并得到确认，在必要时包括客舱乘务员和其他相关人员					
8. 机长协调驾驶舱的行动，在指挥权限和机组成员参与之间建立适宜的平衡，并在情况需要时采取果断行动					
处境意识和决策制定					
9. 工作负荷及任务分派明确地传达给机组成员并得到确认。为完成任务提供充足的时间					
10. 对次级运行任务（如处理旅客需求、公司联络）适当排序，以确保足够的资源被有效地用于保障一级运行任务					

续表

处境意识和决策制定	起飞前	起飞和爬升	巡　航	下降/进近着陆	评　价
11. 在高负荷及低负荷工作期间，机组成员彼此交叉检查，从而保持处境意识和警觉性					
12. 机组对运行中的预期或意外情况做好了准备，包括进近、遭遇复杂天气等（如“思维保持在飞机前面”）					
自动化系统管理					
13. 建立了自动化系统操作指南（即什么时候断开系统，软件指令动作必须喊出并得到确认）					
14. 明确规定 PF 和 PNF 针对自动化系统的职责和责任（如 FMC 输入、交叉检查等）					
15. 机组成员定时检查并核实飞机自动化系统状态					
16. 机组成员喊出并确认自动化系统参数的输入和变化					
17. 在实施机动之前，机组计划有足够的时间进行 FMC 的输入					
18. 自动化系统的使用达到最理想状态。（即当程序性需求可能导致处境意识水平下降并造成超负荷工作状态时，自动化程度的等级就会降低或者系统被断开）					
特定情况					
19. 在适当的时间，给出正面和负面的执行情况反馈意见，并为整个机组提供积极的学习经验——反馈应当具体、客观、基于所观察到的行为、具有建设性意义					
20. 客观地、非戒备性地接受执行情况的反馈					

续表

特定情况	起飞前	起飞和爬升	巡 航	下降/进近着陆	评 价
21. 当出现冲突时，机组成员能够保持对当前问题或状况的关注。在确实发生错误时，机组成员主动听取其他机组成员的意见和建议，并承认错误，即冲突是否得到了解决？					
22. 在长航线飞行中，机组成员积极采取措施保持高水平的机组警觉性，并采取降低疲劳效应的手段					
23. 机组的行动能够避免机组成员产生自我强加的工作负荷和压力。例如由于缺乏处境意识/计划导致延迟下降					
24. 机组成员识别并报告自己和其他成员超负荷工作					
25. 在适当的时机，机组成员会主动花时间分享运行知识和经验，即新的机组成员、航线、机场、不正常状态等					
整体观察	机组整体评定				
28. 技术熟练性整体评价					
29. 机组有效性整体评价					
运行考虑因素					
30. 评估飞行中发生的不正常状况和其他系统故障的严重性，此项指标的等级为 1=低～4=高					
31. 评估运行环境的复杂性(如天气、空管、交通流量、MEL 项目等) 1=低～4=高 — 评价影响飞行的条件					

某些情况下，如果某位机组成员的行动对于观察到的行为的结果可能产生特别重要的影响，请从上面的检查单中输入相应的项目编号和个人评定。

项目编号	机组位置（左、右）	评　定	评　价

对飞行过程的补充评价

作者简介

托尼·科恩(Tony Kern)博士是航空领域人为因素训练方面的世界级权威人物之一。科恩博士曾是美国空军中校，在他 16 年的军事生涯中多次执行飞行任务，担任过超声速 B-1B 轰炸机机组指挥官、飞行教员和飞行检查员。他曾参与过多种军事行动，培训能力出众，在服役的最后 10 年专门负责培训机组人员。科恩博士曾经是美国空军空中教育和训练司令部驾驶舱资源管理(Cockpit Resource Management，CRM)计划及项目的负责人，设计并指导覆盖飞行员职业生涯的综合训练系统，该系统被美国空军用于人为因素的训练。

科恩博士拥有公共管理和军事史硕士学位、高等教育博士学位，著有 9 本与人的绩效相关的书籍，其中《文化、环境与 CRM》作为"控制飞行差错"丛书中的一本，于 2003 年由中国民航局飞标司、中国民航出版社引进版权联合出版。